多胎羊养殖与高效利用技术

侯广田　郝　耿　等编著

中国农业科学技术出版社

图书在版编目（CIP）数据

多胎羊养殖与高效利用技术／侯广田等编著．—北京：中国农业科学技术出版社，2019.11

ISBN 978-7-5116-4445-9

Ⅰ.①多… Ⅱ.①侯… Ⅲ.①羊-饲养管理 Ⅳ.①S826

中国版本图书馆 CIP 数据核字（2019）第 217303 号

责任编辑 金 迪 崔改泵
责任校对 李向荣

出 版 者 中国农业科学技术出版社
北京市中关村南大街 12 号 邮编：100081
电 话 (010)82109194(编辑室) (010)82109702(发行部)
(010)82109709(读者服务部)
传 真 (010)82106650
网 址 http://www.castp.cn
经 销 者 各地新华书店
印 刷 者 北京富泰印刷有限责任公司
开 本 710mm×1 000mm 1/16
印 张 21.25 彩插 16
字 数 436 千字
版 次 2019 年 11 月第 1 版 2019 年 11 月第 1 次印刷
定 价 68.00 元

《多胎羊养殖与高效利用技术》

编著委员会

主 编 著：侯广田　郝　耿

副主编著：蔡铁奎　郭同军　王文奇

编著成员：刘艳丰　刘　黎　王建勋　王铁男　陈世军

王光雷　刘志强　王　勇　王国春　赵芸君

卡那提·沙力克　叶尔肯·黑扎提　姜万利

徐　冬　杨会国　袁　芳　刘佳佳　张　敏

序　言

新疆维吾尔自治区（全书简称新疆）是一个养羊大省，也是羊肉消费大省。近年来，随着各族人民的物质与文化需求的日益增长，羊肉生产与市场需求的矛盾日益突出。由此而引发了多胎羊养殖及其杂交肉用在我区广大农区和牧区的迅猛发展。其对新疆地区肉羊产业逐步由传统粗放低效型向精细高效型转变，以及产业化水平的快速提升起到了巨大的推进作用。但由于前期研究示范及技术准备不足、政策推行速度过快，产生了一些与初衷相悖的负面效果，致其处于进退维谷、徘徊不前的境地，也给引种和养殖者带来了许多困惑。为消除不良影响、满足群众的技术要求，笔者总结十多年来的研究成果和生产实践经验，编写了《多胎羊养殖与高效利用技术》，以期对多胎羊养殖业的进一步发展起到积极的促进作用。

本书从新疆的现状出发，理论联系实际，针对性地介绍了本地区常见多胎羊品种、引种应注意的事项及其饲养管理技术要点，适宜南北疆的多胎羊杂交利用的优势杂交组合、母羊营养调控与两年三产频密繁育技术、羔羊代乳粉育羔技术、羔羊早期断奶—直线育肥技术，粗饲料加工调制与科学饲喂技术，多胎羊常见与特殊疫病防治等急需的关键技术。期望该书的出版，能够对新疆农区多胎羊规模化养殖与健康发展提供基本的技术支持、对推动新疆肉羊产业化发展起到积极的推动作用。

本书供广大基层科研人员和技术人员、规模化羊场和专业养殖户学习参考。鉴于编者水平有限，难免存在疏漏的地方，敬请广大读者及同仁批评指正。

本书编写过程中引用了许多来自网络的信息，在此向那些不知名的提供者一并表示感谢！

编著者

2019 年 8 月

目　录

第一章　多胎羊优良品种

具有常年发情、产羔率≥200%繁殖特性的绵山羊称之为多胎羊。目前，国内及从国外引进的多胎羊品种主要有小尾寒羊、湖羊、多浪羊、策勒黑羊，德国肉用美利奴羊、布鲁拉美利奴羊、兰德瑞斯羊和波尔山羊等。

第一节　小尾寒羊

【原主产地】 小尾寒羊（彩图1-1、彩图1-2）是我国著名的肉裘兼用型绵羊品种，以其繁殖率高、养殖效益好被定为我国名畜良种，也是“国宝”级世界“超级羊”及“高腿羊”品种。主产于我国山东西南部地区，梁山、菏泽是其中心产区。河南北部、河北南部及江苏北部等地也有少量分布，目前几乎遍及我国北方各地。

【产地生态】 山东小尾寒羊主产区地处北纬35°~36°、东经115°~117°，这个区域正好是地球北半部养羊带（北纬23°~60°）的中心位置，也是世界上饲养绵羊的最佳区域。产区年降水量500~900mm，夏季（6—8月）降水量占全年的60%~65%，春、秋、冬三个季节比较干旱，有春旱夏涝的自然现象。

产区属于暖温带季风大陆性气候，夏季炎热，冬季寒冷，四季分明。无霜期160~240d，初霜期在10月上旬，终霜期在4月中旬。年平均气温13℃，最高气温40.8℃，最低气温-19.2℃。平均相对湿度65%~70%。全年平均风速3~4m/s。全年日照2 400~2 600h。

产区为黄河冲积平原，海拔在50m左右。除巨野、梁山、嘉祥3县有一些孤立的小山丘外，全部为自西向东稍倾斜的一望无际大平原。产区土壤以黄河冲积土为主，层次分明，土层较厚，土质肥沃。黏土和沙壤土的面积约占耕地面积的78%，适于多种农作物生长。

小尾寒羊主要分布在京杭运河两岸、南四湖和东平湖周围，宽阔的湖区、纵横交错的河流沟渠以及大面积沿湖沿河流域水浸地、涝洼地、沙荒地、林下和路旁均属小尾寒羊的放牧之地。重点产区菏泽已实现了粮、林、牧生产的良性循环，有“平原森林，林中粮仓”之称。在零星的闲地、河滩、湖边、村头以及道路两旁生长有各种野草；人工种植牧草有豆科牧草紫花苜蓿、沙打旺以及禾本科牧草黑麦草等；大量的树叶、杂草等也为小尾寒羊提供了丰富的饲草资源。产区是全国重要的粮棉油生产基地，农作物一年两熟或两年三熟。小麦、高粱、玉米、大豆、谷子、棉花、水稻、地瓜和花生等农经谷物及其秸秆饲料较为丰富。良好的生态环境和丰富的饲料资源为小尾寒羊提供了较好的物质基础和适宜的生态条件。小尾寒羊养殖业在该县畜牧业中占有重要地位。

【品种形成】小尾寒羊在绵羊的分类中属于短脂尾羊，是蒙古羊的派生种。“寒羊”之意是指其耐寒性好；“小尾”意指尾长在飞节以上，超过飞节以下则为“大尾”，以区别于大尾寒羊。

小尾寒羊的选育经历了一个漫长的历史过程，自然和社会生态因素贯穿始终。据考证，小尾寒羊起源于宋朝中期。随着社会变革，人口迁徙，贸易往来，生活需求和社会发展，人们把蒙古羊带到了黄河流域。由于气候环境以及饲草饲料和饲养方式的改变，使得原产于蒙古大草原、以放牧为主的古老的蒙古羊生态习性和种质特性发生了变化。历经约1000年的风土驯化和劳动人民长期选择与精心培育，逐渐形成了生长发育快、繁殖率高，适合农区舍饲、半舍饲及分散饲养为主的地方优良绵羊品种。

首先，随着社会变迁、人口迁徙及商业贸易的发展，蒙古羊从大草原来到了气候相对温暖、草料富足黄淮平原的农区，以农家小群饲养为主，在气候适宜、饲养管理较好的条件下，促使其生长发育速度加快，体型逐步增大，繁殖生产能力逐步得到提高。

其次，是人们的社会生活需求。一是，羔羊肉是产区群众的第一大生活需求。产区群众对羊肉的需求量增加，尤其是当地的回族对羊肉需求量增长，促使小尾寒羊向肉用型方向发展，羔羊除留种外不分公母、不足1岁的都要当年出栏屠宰上市。二是，穿皮袄是当地中老年人冬天御寒的佳品，也曾是民间展示家庭生活水平、社会地位与荣耀的标志。于是，“二毛皮”“大毛皮”“大一生”“小一生”的羊皮都成了重要的制裘原料，也促使着产区群众对寒羊朝着肉裘兼用方向进行定向选择和培育。三是，崇尚多羔不仅与社会需求和经济收益有关，也许将“多子多福”“繁荣昌盛”传统的观念无形中植入了养羊业。在这种观念的潜移默化下，人们有目的地进行选种选配，对多羔母羊的选择强度逐渐加大，使小尾寒羊的繁殖能力得到不断提高、比其先祖的繁殖能力（年产一胎、每胎一羔）

提高了3~4倍；与此同时，改善和提高饲养条件、像关爱自己的孩子般细心照料这些可给自己带来财富、荣耀和地位的高生产性能母子们，也是小尾寒羊得以延续提高的关键因素。

新中国成立后，小尾寒羊的选育与推广得到了大发展。自20世纪60年代初开始，菏泽地区就成立了小尾寒羊育种机构。80年代，国家和省市有关部门拨出专款支持育种工作，并将郓城、梁山划为小尾寒羊保种区。农民群众喜闻乐见的"斗羊"比赛暗含的"优胜劣汰"自然法则，也下意识地促进了种羊质量的提高和优良种羊的扩散。通过采取以上措施，小尾寒羊选育工作得到了较快发展，不仅数量增加，而且品种质量也有大幅度提高。

小尾寒羊选育经历了1964年前的群体选育、1964—1988年的改良与选育提高和1988—2003年的开发、推广与利用三个阶段。在其发展历程中也曾经波澜，先后经历了2次低潮期。一是1958年前后全民大炼钢铁及浮夸风，损伤了畜牧业，致使小尾寒羊的存栏量大幅度下降；二是20世纪70—80年代的"粗改细"风潮，给小尾寒羊的选育和发展以沉重的打击。从重点产区菏泽市小尾寒羊历年存栏的消长（表1-1）可见一斑。

表1-1　菏泽市小尾寒羊存栏增消

年份	存栏量（万只）	备注
1949	9.0	山东农科院方国玺教授调查
1956	33.0	新中国成立后快速发展
1958	14.9	"大跃进"干扰而大幅下降
1959	16.0	消除"大跃进"遗余干扰，开始恢复
1960	16.0	三年自然灾害影响，停滞不前
1964	27.4	菏泽地区寒羊育种辅导站成立，划分为保种区和改良区，恢复
1973	3.0	山东农学院于宗贤教授调查，引进德国美利奴等杂交改良小尾寒羊
1979	3.0	国家小尾寒羊育种基地建立，开展品种保护与选育
1988	30.0	菏泽育种基地生产性能测定，各项指标再次提高
2005	261.9	2001—2003年推广种羊140多万只、出栏小尾寒羊271.8万只

正是在这样的社会背景与生态条件下，经过广大农民群众长期的定向选育，逐步把来自草原的蒙古羊培育成了生长发育快、性成熟早、繁殖率高、遗传性能稳定的肉裘兼用型小尾寒羊。在主产区内相继制定了山东小尾寒羊品种标准与饲养标准，并按标准进行选种选配和饲养管理，选育效果比较明显。另一方面，在

此期间所举办的多期小尾寒羊赛羊会，也大大地促进了优秀种羊的选育和流通。通过开展以上工作，以及业内人士的共同努力，终使小尾寒羊逐渐从一个普通的地方绵羊品种成为被专家誉为“国宝”的“世界超级绵羊”品种。

近十多年来，山东小尾寒羊主产区以及从产区引种的中西部地区，都把发展小尾寒羊作为振兴农村经济的突破口来抓；制定了许多优惠政策，采取了诸多行之有效的方法，扶持农户饲养小尾寒羊，形成了规模化饲养小尾寒羊的热潮。山东省小尾寒羊的数量已从20世纪70年代不足3万只发展到2002年的400万只，并已推广到全国20多个省、市、自治区，推广总数已超过300多万只。

【外貌特征】小尾寒羊体形结构匀称，侧视略成正方形；鼻梁隆起，耳大下垂；短脂尾呈圆形，尾尖上翻，尾长不超过飞节；胸宽深、肋骨开张，背腰平直。体躯长呈圆筒状；四肢高，健壮端正。公羊头大颈粗，有发达的螺旋形大角，角根粗硬；前躯发达，四肢坚实，彪悍威猛、尤善抵斗（产区百姓常以斗羊比赛选留种羊）。母羊头小颈长外观清秀，大都有角或角根，角形不一，有镰刀角、鹿角、姜芽角等，极少数个体无角。

小尾寒羊被毛为白色，部分母羊头部有黑斑，头部、腹部、四肢无绒毛，多为粗刚毛，被毛长超过10cm。可分为粗毛型、半细毛型、裘皮型。粗毛型毛粗，花弯大；半细毛型毛细密，毛股不清晰，花弯小，不规则；裘皮型毛股清晰，花弯较多，花穗美观，适于制裘。其中以粗毛型体格健壮，耐粗饲，适应性强，生长发育快。

小尾寒羊成年公羊体高可达95~110cm，体重高达95~113kg，最高可达170kg，母羊平均体重为57kg左右。

【生长发育】小尾寒羊生长发育快，体成熟较早。在一般饲养条件下，3月龄公羔断奶体重平均在22kg以上，母羔在20kg以上；6月龄公羔体重平均38kg以上，母羔35kg以上；周岁公羊体重平均75kg以上，母羊50kg以上，分别是其成年体重的75.6%和78.9%。在较高饲养水平下，3月龄公羔断奶体重平均27kg以上，母羔25kg以上；6月龄公羔体重平均42kg以上，母羔38kg以上；周岁公羊体重平均90kg以上，母羊60kg以上。一级羊体重体尺指标见表1-2。

表1-2　小尾寒羊一级羊体重体尺指标

性别	年龄	体重（kg）	体高（cm）	体长（cm）	胸围（cm）
公羊	6月龄	64	80	82	95
	周岁	104	91	92	106
	2岁	116	95	96	108

（续表）

性别	年龄	体重（kg）	体高（cm）	体长（cm）	胸围（cm）
母羊	6月龄	36	71	72	85
	周岁	50	75	78	90
	2岁	58	82	84	98

【繁殖性能】小尾寒羊性成熟早，常年发情，四季均可配种。母羊5~6月龄即可出现发情，公羊7~8月龄可用于配种。母羊初情期186d左右，平均202d即可配种怀孕。母羊平均产羔率为260%。其中初产母羊产羔率230%，经产母羊267%。产后发情天数为71.88d±23.78d，第一胎最长，第四胎最短。小尾寒羊第一胎一般产2只，二胎以后产羔就慢慢增多，大多数母羊每胎产3~4羔，多者5~7羔。小尾寒羊一般两年产三胎，高产母羊可以一年产两胎，每胎产羔2~3只。

【产毛性能】小尾寒羊毛被为白色异质毛，夹杂有少量干死毛。成年公羊年污毛产量5.1kg，母羊2.0kg；一般毛长在10cm以上，成年公羊平均达到13.27cm；被毛油汗为白色和乳白色，含脂率4.07%，净毛率63.62%。

【产肉性能】在良好的饲养条件下，3月龄公羔断奶体重达26kg，胴体重13.6kg，屠宰率52.31%，净肉重10.4kg、净肉率38.5%；母羔体重达24kg、胴体重12.5kg、屠宰率52.08%，净肉重9.6kg、净肉率40%。6月龄公羊体重可达46kg、胴体重23.6kg、屠宰率51.3%，净肉重18.4kg、净肉率在39.1%；母羊体重可达42kg、胴体重21.9kg、屠宰率50%；净肉重16.8kg、净肉率40.5%（表1-3）。8月龄公、母羊屠宰率为53%，净肉率在40%以上。周岁育肥羊屠宰率55.6%，净肉率高达45.89%。

表1-3　小尾寒羊羔羊不同年龄段产肉性能

年龄	性别	活重（kg）	胴体重（kg）	屠宰率（%）	净肉重（kg）	净肉率（%）
3月龄	公	26	13.6	52.31	10.4	38.5
	母	24	12.5	52.08	9.6	40.0
6月龄	公	46	23.6	51.30	18.4	39.1
	母	42	21.9	50.00	16.8	40.5

【产乳性能】由其品种标准得知，小尾寒羊日均泌乳量在0.60~1.70kg。

【皮革品质】小尾寒羊裘皮皮板薄轻，花穗明显，毛股大小适中、倒向灵活，花弯较多，花案美观；板皮质地坚韧、弹性好，板质薄（0.6~0.8mm）、重量轻（0.6~1.8kg/张）、质地坚韧，适宜制做裘皮。4~6月龄羔皮加工熟制后，毛色洁白如玉、光泽柔和、花弯扭结紧密、花案清晰美观，制裘价值堪与我国著名的滩羊二毛皮相媲美，皮张面积却比滩羊二毛皮大得多。1~6月龄羔皮，毛股花弯多、花穗美观，该类皮张是冬季御寒的佳品。成年羊皮面积大、质地坚韧，适于制革，一张成年公羊皮面积可达12 240~13 493cm^2，相当于国家标准的2.48张特级皮面积，加工鞣制后，是制做各式皮衣、皮包等革制品及工业用皮的优质原料。

【饲养方式】小尾寒羊遗传性能稳定，适应性强。尤其是耐粗饲、抗病力强，在舍饲、半舍饲条件下都能很好地发育和繁殖。可采取小群圈养、拴放或牵牧、小群放牧和规模化养殖等饲养方式。

小群圈养是小尾寒羊产地主要家庭养殖方式，在山东、河北、河南农村很常见。其特点是把羊拴在庭院或圈养在棚栏内饲养。喂的是刈割的青草，捡拾的树枝、树叶，或晒干的青草、蔬菜、豆秆、甘薯秧等，以及农作物秸秆、青贮饲料，有时也喂一些精料、剩饭或泔水。这种饲养方式较方便，不占用劳力。缺点是环境、卫生条件差，羊采食新鲜饲草的机会少，影响其生长发育与生产性能。

拴放或牵牧是产地小尾寒羊的一种独特饲养方式。前者是指白天将羊缰绳牵拉端拴在田间地头闲散土地上的一固定物体上或打进地里的橛桩上，羊活动采食的半径为绳子的长度。采食一段时间后，视周围牧草采食情况再移动到另一处。牵放则是人拉着羊缰绳或铁链在渠边路旁放牧，放羊人随羊走动或人控制羊的前进速度。这两种方式大多都是单只放养，最多不超过3只。归牧后，可根据羊只吃饱与否适当补饲。

小群放牧是小尾寒羊较常采用的一种饲养方式。在春末和夏、秋野草生长繁茂季节，放羊人赶着羊群在路边、沟旁、河岸附近和部分农闲地或农作物收获后的茬地里进行放牧。羊群的数量一般为3~5只或20只不等。羊群队形多为纵队，羊只边走边吃。归牧后，可根据羊只饱食与否适当补饲。

规模化养殖是随着近年来规模化舍饲养羊业发展而产生的一种饲养方式，也是从家庭棚栏小群圈养发展演化而来。千、万只规模的标准化羊场已在当地很多地方出现。这种饲养方式科技含量高、效益显著。但对标准化、机械化和饲养技术要求高、投资大，适宜养殖大户和大中型企业。

【利用前景】小尾寒羊是我国的一个杰出的地方优良品种，但尚存在品种间、体型外貌和生产力的地区间差异，体躯略显单薄，肋骨开张不够，胸宽胸深欠佳，肉用体型差，产肉量和肉品质低等问题。但是该羊是杂交育种和经济杂交较好的母本素材。即以小尾寒羊作母本、以引进良种肉羊为父本进行肉羊杂交育种和商品肥羔生产。

据估计，新疆自2010年实施“年出栏千万只肉羊生产能力建设工程”以来，从山东、甘肃、宁夏回族自治区（全书简称宁夏）和内蒙古自治区（全书简称内蒙古）等地引进的小尾寒羊在50万只以上，加上自繁自育的，估计应在100万只以上，对发展当地农区肉羊产业起到了积极的促进作用。

【引种提示】严格把好种羊质量关，严格落实种羊检疫。

（1）严格把好种羊质量关。历史上，由于小尾寒羊大多是一家一户小群散养，鱼龙混杂，纯度和品质差异很大。因此，在引种时应进行必要的调研和实地考察，确定理想的种群或挑选理想的个体，最好是从原产地有较长历史的大中型种羊场引种。

（2）严格落实种羊检疫。一直以来，为了应付运输途中关卡检疫，通常都采取交钱开具检疫证、实际并未真正进行逐个检疫的投机办法蒙混过关。结果导致引入后疫病在非疫区产生暴发传播、人畜感染，造成严重损失。对此，应亲自或委托产区兽医防疫部门（动物疾控中心或兽医站）切实做到逐只检疫、接种疫苗和抗体检测（具体要求和做法参见第二章第一节相关内容）。

【养殖注意事项】选择正确的饲养方式，保证母羊营养均衡供给，采用两年三产高频繁育模式提高利用效率，应用代乳粉人工育羔技术保证羔羊成活率。

（1）选择正确的饲养方式。规模化饲养小尾寒羊应采取舍饲圈养，不宜放牧。有人工草场或平原草场的，可采取暖季放牧与冷季放牧+补饲的饲养方式；散养个体户，则可采用田间地头监管放牧、农田茬地放牧和冷季舍饲方式。

（2）保证母羊营养平衡供给。鉴于小尾寒羊一胎多羔的特性，饲养中务必依据其饲养标准（附件1），按照不同生理阶段科学配制日粮配方，以满足其营养需要，从而提高羔羊成活率。

（3）两年三产高频繁育。充分利用小尾寒羊常年发情配种的特性，提高舍饲养殖效益（详见第四章）。

（4）代乳粉人工育羔技术。小尾寒羊一胎三羔的频率很高，单靠母乳喂养很难保证所产羔羊全部成活，必须加入羔羊代乳粉和人工育羔技术（详见第四章第三节）。

第二节 湖 羊

【原主产地】湖羊（彩图1-3、彩图1-4）是我国著名的羔皮羊品种之一，也是我国一级地方畜禽保护品种。因其原产于太湖流域而得名。主要分布在浙江省的湖州、长兴等部分县区。从1923年上海“钧泰”皮毛行将小湖羊皮首销美国“和大洋行”算起，湖羊羔皮出口贸易已有近百年的历史。

【产地生态】太湖流域位于东经119°52′32″~120°36′10″，北纬30°55′40″~31°32′58″中纬度地区，属湿润的北亚热带气候区。具有明显的季风特征，四季分明。冬季有冷空气入侵，多偏北风，寒冷干燥；春夏之交，暖湿气流北上，冷暖气流遭遇形成持续的“梅雨”天气，易引起洪涝灾害；盛夏受副热带高压控制，天气晴热，此时常受热带风暴和台风影响，形成暴雨狂风的灾害天气。流域年平均气温15~17℃，自北向南递增。平均年降水量为1 181mm，其中60%的降雨集中在5—9月。

太湖流域水、光、热资源充足，是发展农、林、牧、渔业的有利条件。流域面积36 900km^2，行政区划包括江苏省苏南地区，浙江省的嘉兴、湖州二市及杭州市的一部分和上海市的大部分。流域河网密布，湖泊众多。由西部山丘区各独立水系、太湖和低平原的黄浦江水系、沿江沿海水系，以及穿越南北的江南运河组成了密集的水网。太湖流域有面积大于0.5km^2的浅水湖泊3 160km^2。主要农作物为水稻、小麦及其他经济作物，畜牧业也十分发达。1998年流域内包括湖羊在内的小牲畜饲养量已达到3.19亿只。

【品种形成】该品种形成于10世纪初，由蒙古羊选育而成。这一点，不仅因为其外貌特征与蒙古羊相似，也被现代分子遗传学所证明。大量古文献及考古资料研究表明，太湖平原饲养绵羊至少已有800多年的历史。北方草原“胡人”所饲养的蒙古羊（即“胡羊”）南下进入太湖流域，最早可追溯至距今1 600多年前的东晋时期，最迟也应在唐代。蒙古羊真正大批从中原地区南下到达太湖地区，应该是北宋末年因战乱致国都南迁，造成大批“北羊南下”和“南地养北羊”，也是当地大量饲养湖羊的开始。

当然，北方蒙古羊南迁太湖地区变成现今的湖羊，经历了一个缓慢、长期发展的历史过程。在这一过程中，蒙古羊由“胡羊”演化为“湖羊”，受到太湖的自然条件和人为选择的影响。一方面，人口大量南迁，使太湖地区的人口大增，尤其是临安城（杭州）对羊肉需求的急剧增长；另一方面，又因“北人不喜南羊肉（山羊肉膻味大），而好食北羊肉（绵羊肉）”。这就必然促进了“胡羊”在当地的大量饲养，并逐渐进行驯化和选育，以满足社会对羊肉的需求。

然而，来自北方草原的大宋贵族和农耕移民始终对“四季如春”大江南的冬天不太适应。在满足了对羊肉的需求的同时，他们依然怀念起北方冬天那种蹬皮靴、穿皮衣戴皮帽的温暖生活。社会随之对毛皮的需求量增加，人们便开始选育能多剥羊皮的多胎羊。于是，具有多胎性状的湖羊就在太湖流域——这个周边高、中间低，水草茂盛、气候温和湿润的中热带平原盆地诞生和繁衍了，历经千年形成了今天这个世界稀有的白色多胎羔皮羊优良品种。

舍饲和桑叶喂养是太湖人民的举世创举。由于当时临安及其附近地区的人口剧增，这样使得太湖地区过去“地广人稀”的局面完全被改变，可用耕地变得十分紧张；随之南下的蒙古羊也失去了过去大草原放牧的条件，它们不得不被圈养在家、进行舍饲或半舍饲饲养。由此开创了我国太湖地区几百年舍饲养羊的新局面，至今在世界养羊业中也是十分罕见的。它不仅解决了当时无放牧场地的问题，而且也为蒙古羊生长繁育避免了南方（尤其是夏季）强烈的日光照射和室外高温，避免了南方饲草中多针茅、荆棘的危害以及多雨水、多虻蝇的问题，减少了羊的运动，为迟到的蒙古羊提供优质饲料创造了条件，为湖羊的形成发展扫除了障碍。

自宋迁都临安以后，江南的桑蚕业飞速发展起来，一跃成为全国种桑养蚕和丝织业的中心。这就给湖羊提供了大量营养丰富的桑叶饲料。这是湖羊优良特性如生长快、成熟早、产羔早、泌乳多等形成的重要原因之一。“有饲养湖羊的地方，必定是种桑养蚕的地方，养湖羊多的地方，必定是桑蚕业较发达的地方。”由此可见，蚕桑业和湖羊的形成与发展紧密相关，又为该羊肉赋予了独特的清桑风味。

新中国成立后，“为了保存和发展这一特有的名贵品种和满足国内外市场需要”，国家对湖羊的发展给予了高度重视。早在1956年，国务院就明确指示：“湖羊是稀有品种，又是出口物资，应特别注意繁殖和发展。”当然，随着我国社会的发展变化，湖羊经历了艰难曲折的发展历程。“大跃进”、偿还苏联外债、三年自然灾害、细毛羊改良和“文革”割资本主义尾巴、外贸受阻等，都影响到了湖羊的发展。这一点由羔皮的收销量（表1-4）变化可见一斑。据1980年底统计，产区共有羊170万只，其中浙江占76.63%、江苏占17.14%、上海占6.23%。为了提高湖羊的生产性能、加强对湖羊育种工作的领导，1980年11月浙江省成立了湖羊育种委员会。1981年11月，湖羊育种委员会第二次扩大会议通过了《湖羊品种标准（草案）》，1984年制定出《湖羊品种标准（参考）》（GB 4631—1984），“六五”计划期间（1981—1985）中国农业科学院兰州畜牧研究所杨诗兴教授对湖羊不同生理阶段的营养需要量进行了研究，提出了《湖羊饲养标准》。2006年《湖羊品种标准》（GB 4631—2006）问世。2000年和2006年，先后两次被农业部列入《国家畜禽遗传资源保护目录》。此后，随着肉羊产业的崛起，湖羊养殖转向以肉为主的生产模式，华中农业大学、南京农业大学、浙江农科院和江苏省农科院等教学科研单位又进行了遗传鉴定、杂交组合试验等研究，为湖羊的规模化饲养及其在全国推广奠定了基础。2006 年，全国有湖羊约 200 万只，其中仅江浙湖羊存栏量就已达到 150 万只。随着农区肉羊规模化舍饲养殖和产业化发展，湖羊以其独特的魅力不断向全国扩散。据不完全统计，截至 2015 年，全国存栏母羊在 3 000 只以上的湖羊繁育场和杂交肥羔生产场不下 100 余家。

20 世纪 70—80 年代，为提高库车羔皮羊的繁殖性能与羔皮品质，“三北羔皮羊”项目实施中给库车羔皮羊导入湖羊血液，获得了良好的效果。湖羊在新疆也表现出良好的适应性；近年来，大规模引进的湖羊大多分布在新疆石河子垦区和南疆地区，纯繁存栏约在 20 万只以上，主要用于舍饲规模化养殖的杂交肥羔生产及肉羊新品种培育。

表 1-4　1956—1982 年全国收购湖羊羔皮统计

年度	1956	1967	1971	1978	1982	1986
数量（万张）	28. 09	126. 40	95. 30	89. 62	187. 30	111. 67

【外貌特征】湖羊属羔皮肉食兼用粗毛羊品种。体格中等，体质结实，四肢偏细而高。头狭长，鼻梁隆起，多数耳大下垂，公母羊均无角。颈细长，体躯狭长，背腰平直，腹微下垂。脂尾扁圆形、不超过飞节，尾尖上翘。全身被毛呈白色，腹毛粗、稀而短。少数个体的眼圈及四肢有黑、褐色斑点。成年种公羊体重 65kg 以上，种母羊 40kg 以上。

【生长发育】湖羊早期生长发育快，体成熟较早。3 月龄断奶体重公羔 25kg 以上，母羔 22kg 以上；6 月龄公羔活重可达 30kg 以上；成年公羊平均体重 40~50kg，成年母羊 31~47kg（表 1-5）。

表 1-5　湖羊体尺体重指标统计

年龄	性别	体重（kg）	体高（cm）	体长（cm）	胸围（cm）
6 月龄[1]	公	38. 0	64. 0	73. 0	
	母	32. 0	60. 0	70. 0	
周岁[2]	公	34. 4±6. 3	63. 3±4. 3	66. 2±5. 2	76. 7±6. 2
	母	26. 3±5. 2	59. 0±3. 0	62. 8±4. 2	74. 2±5. 4
成年[2]	公	48. 7±8. 7	65. 8±4. 2	70. 9±5. 6	82. 6±4. 7
	母	36. 5±5. 3	61. 4±2. 8	66. 2±4. 1	79. 5±4. 8

[1]《湖羊品种标准》（GB 4631—2006）；

[2]南京农业大学王峰 2015 测定值。

【繁殖性能】湖羊是我国优良绵羊品种之一，是世界上唯一没有退化的稀有白色羔皮羊品种。母羊 4~5 月龄性成熟，6 月龄即可配种；公羊一般在 8 月龄可用于配种。母羊四季发情，可一年产两胎或两年产三胎，每胎 2~3 羔，多的可达 4~5 羔，经产母羊平均产羔率 220%，高繁群达 260%。

【产毛性能】成年羊每年春、秋两季各剪毛一次，公羊 1.25~2.0kg，成年母羊 2.0kg。湖羊毛属异质混合型毛，适宜织地毯和粗呢。被毛中干死毛较多，因毛粗、纤维短，不能形成毛辫。毛纤维平均细度 44 支（37.1~40.0μm），净毛率 60%以上。

【产肉性能】3 月龄断奶公母羔羊屠宰率均在 50%左右，胴体重分别达 12.5kg 和 11kg，净肉率 38%左右（表 1-6）。湖羊肉质鲜美、口味好，具有肉质细嫩、多汁、膻味小等优点。

表 1-6　湖羊的产肉性能统计

年龄	性别	活重（kg）	胴体重（kg）	屠宰率（%）	净肉率（%）	肉骨比
3 月龄[1]	公	25.00	12.50	50.00	38.00	3.17
	母	22.00	11.00	50.00	38.00	3.17
6 月龄[2]	公	33.95	17.85	52.58	69.80	2.20
	母	26.69	12.81	49.10	69.80	2.31
周岁[3]	公	45.55±4.93	23.15±2.52	51.80±1.33	39.29±1.99	4.16±0.97
	母	44.27±4.10	21.20±2.40	50.99±4.08	38.91±2.55	5.07±0.41

[1] 依据胴体重屠宰率和净肉率推算出活重、骨肉比；

[2] 华中农大姜勋平提供；

[3] 南京农大王峰提供。

【产乳性能】在正常饲养条件下，日产乳 1kg 以上。

【皮革品质】羔羊皮：羔羊生后 1~2d 内宰杀剥制的皮张（小湖羊皮），质量最优，毛色洁白、光泽很强、毛纤维束弯曲呈水波纹花案、弹性强、洁白美观，皮板轻软，硝制后可染成各种颜色，制成妇女用的各式翻毛大衣、披肩、帽子、围巾等，深受国外消费者欢迎。目前小湖羊皮被誉为“软宝石”，是目前世界上稀有的一种白色羔皮，畅销欧洲、北美洲、日本、澳大利亚和我国港澳等地。袍羔皮：为 3 月龄左右羔羊所宰剥的毛皮，毛股长 5~6cm，花纹松散，皮板轻薄。老羊皮：成年羊屠宰后所剥下的湖羊皮，是制革的好原料。

【饲养方式】湖羊具有耐湿热、习惯舍饲的特性。这一特性有利于进行小群密集舍饲饲养及工厂化生产肥羔。其长期舍饲形成的“草来张口，无草则叫”的叫声求食的习性，也为湖羊标准化、规模化、集约化饲养管理带来了便利。由于受产地湿热气候的影响，传统的棚下栏内圈养、羊舍与运动场共用，既节约了土地面积又增加了饲养量。近年来，随着肉羊规模化、标准化、产业化的发展，原（主）产地也采用了湖羊舍场分离、小群密集高床养殖方式。

【利用前景】湖羊是我国的一个非常杰出的羔皮羊优良品种。但从肉用的角度来看，尚存在肉用体型不足（单薄）、产肉量低和肉品风味欠佳等问题。是杂交育种和经济杂交较好的母本素材。即利用其常年发情和繁殖力高的特性，以湖羊为母本、以引进良种肉羊为父本进行两年三产规模化商品肥羔生产，或通过适度的引进杂交培育多胎肉羊新品种。

20 世纪 70 年代，我区曾引入湖羊用来改良本地羔皮羊，取得了良好的效果。近年来，新疆生产建设兵团石河子垦区大量引进湖羊与杜泊羊杂交生产多胎肉羊。杜湖杂交一代母羊具有常年发情四季配种的特性，产羔率可达到 200%以上。

【引种提示】选好引种对象、运输季节和时间。

选好引种对象　湖羊历史悠久，人工选育强度大，遗传性稳定，集约化程度较高，一般的种羊场均可保证种羊的质量。经验表明，引进 4~5 月龄的母羔羊，经过 1~2 个月的适应期后，当年即可配种怀孕、来年春季产羔，就产生经济效益，有利于缩短投资回收期。注意不要选引成年母羊，应激反应较大；更不要引进怀孕（带肚）母羊，不但运输过程中易发生流产，而且落地后应激反应强烈、适应缓慢，产后泌乳能力差（尤其是头胎母羊）、羔羊死亡率高，造成不必要的经济损失、资源浪费，缩短了种用寿命。

选好引种季节和运输时间　南羊北养，两地气候差异很大，一定要选好引种季节和运输时间。一般说来，引种应选择在夏末秋初为好，南羊可以逐步适应北方的气候，由暖到冷安全过冬。25℃以上的天气，应避开中午高温时段，白天休息晚上行车。

【养殖注意事项】改进圈舍条件，加强母羊饲养管理。

圈舍条件　湖羊适宜集约化舍饲养殖。但南羊北养须采用“漏缝地板+运动场”的全封闭式标准化羊舍。实践证明，南方传统上普遍采用的圈舍和运动场合一的棚下养殖、开放式和半开放式羊舍不适合北方湖羊养殖；南方普遍采用的“高床养殖”在北方（尤其是新疆）完全没有必要，“机械自动清粪”也意义不大。因为北方冷季时间长、气温太低，通风透光与运动不足易引发疾病，影响种羊健康和繁殖性能；地下水位低，没必要人为制造麻烦、增加建设成本。但考虑到北方尤其是新疆干燥多风、沙尘大的不利条件，采用“漏缝地板+人工清粪+运动场硬化地面”即可。

母羊饲养管理　湖羊一胎两羔的概率很高，加之其泌乳能力较强——“正常情况下，每天产乳 1kg 以上”，基本可保证哺乳两只羔羊早期的营养需要。因此，加强母羊妊娠后期和泌乳期的饲养管理，满足其营养需求（附件 2）即可有效地保证新生羔羊的成活率，代乳粉及其人工育羔作为辅助技术即可。

第三节　多浪羊

【原主产地】多浪羊（彩图 1-5、彩图 1-6）是一个肉脂兼用型新疆地方肉羊良种。因其广泛分布在多浪河流域而得名。又因中心产区在喀什地区的麦盖提县，故又称麦盖提羊。多浪羊主要分布在塔克拉玛干大沙漠的西南边缘，叶尔羌河流域的麦盖提、巴楚、岳普湖、莎车等县。1985 年编入《新疆家畜家禽品种志》，1989 年制定品种标准并正式命名为“多浪羊”。

【产地生态】产区地势平缓，海拔高度在 1 200m 左右。地貌情况较为复杂，有平原、荒漠、沙丘、低地草甸、盐碱地。总的地势，西南高东北低。产区北面有南天山，南面有喀喇昆仑山，构成闭塞环境，没有海洋性气流的影响，东面有塔克拉玛干大沙漠干热风的侵袭，使产区形成沙漠干旱气候，具有典型的中亚内陆的大陆性气候特征。产区年平均气温为 11.8℃，最高气温（7 月）可达 40℃，最低气温（1 月）达 -22℃，年平均降水量为 42mm（85.8～6.9mm），蒸发量 2 375mm，相对湿度 47%～66%，年日照 2 806h，无霜期 214 天。春季多风，风向西北，夏季炎热，冬季冷期不长。

产区自然生态决定了产区草场植被类型的分布。低地草甸草场是其草场的主体，草场中芦苇型草场约占 95%；植被群落 90% 以上是芦苇，其次是骆驼刺、甘草、花花柴、津茅、盐节水、黑刺、柽柳、马齿苋等，草场植被稀疏，牧草种类少、产草量低。产区农业比较发达，主要农作物有小麦、玉米、棉花、胡麻、葵花、大麻、苜蓿和瓜果等，棉花和瓜果是该产区的优势。产区的森林面积中胡杨林约占总面积的 80%，其他有白杨树、柳树、沙枣树、柽柳和各种果树。

【品种形成】该品种是以当地的土种羊在本品种选育的基础上，与从塔什库尔干引入的体大、产肉较多的粗毛羊，以及由维吾尔族商人从阿富汗引进毛色较为一致、绒毛多的瓦格吉尔脂臀羊（半粗毛羊），进行有限的杂交改良，经过长期的自然选择与人工选育，形成了具有个体大、增重快、耐干旱、耐热、耐粗饲、抗逆性强、抗病力强的特点，对荒漠化和半荒漠化恶劣生态环境有较高的适应性，适合于农区舍饲和半舍饲养殖的肉脂兼用品种。

新中国成立以后，多浪羊的发展虽然比较快，但也曾在 1958 年和 1975 年因片面强调发展细毛羊受到了两次较大的冲击。十一届三中全会以来，党的各项农村经济政策给多浪羊的发展带来了新的生机。现在中心产区已有多浪羊近6万只，约占其羊只总数的60%。随着肉羊产业化兴起与发展，新疆已将其作为一个地方多胎肉羊良种在南疆地区大面积推广。目前该品种在全疆各地均有分布，存栏量约258万只。

【外貌特征】多浪羊体质结实、结构匀称、体大躯长而深，肋骨拱圆，胸深而宽，前后躯较丰满，肌肉发育良好，头中等大小，尤以鼻梁高隆、耳宽长为突出特征。公羊绝大多数无角，母羊一般无角、乳房发育良好。尾形有W状和U（砍土曼）状两种。体躯被毛为灰白色或浅褐色，头和四肢的颜色为浅褐色或褐色硬粗毛覆盖。绒毛多、毛质好，绝大多数的羊毛为半粗毛，而少部分羊的羊毛偏细，匀度较好，没有干死毛。但有些羊毛中含有褐色或黑色的有色毛；部分毛束形成小环状毛辫。根据体形、毛色和毛质的情况，分为两种类群：一种体质较细，体躯较长，尾形为“W”状，不下垂或稍微下垂，毛色为灰白色或灰褐色，毛质较好，绒毛较多，羊毛基本上是半粗毛。这种羊的数量较多，当地农牧民较喜欢这种羊。另一种数量较少，体质粗糙，身躯较短，尾大而下垂，毛色为浅褐色或褐色，毛质较粗，有少量的干、死毛。

【生长发育】多浪羊与其他的半粗毛和粗毛羊相比，体格较大、生长发育快。最新测定的体尺、体重统计资料见表1-7、表1-8。

表1-7　多浪羊体尺指标统计

性别	年龄	体重（kg）	体高（cm）	体长（cm）	胸围（cm）	胸深（cm）	胸宽（cm）	尻宽（cm）
公	断奶[1]	29.45±3.89	64.43±4.45	67.57±3.74	68.54±3.87	15.61±1.51	8.16±0.48	
	6月龄	47.47±4.03	71.94±1.73	68.71±2.12	87.12±3.88	28.53±1.04	16.71±0.83	18.59±1.09
	1岁[2]	79.73±5.97	88.29±2.60	93.74±4.79	102.41±2.74			
	成年[2]	87.85±4.62	91.65±2.80	99.35±4.61	105.68±1.77			
母	6月龄	45.17±3.29	72.13±3.19	71.67±3.20	88.67±3.96	28.47±1.17	17.80±0.93	19.07±0.90
	1岁	59.13±5.36	74.17±2.71	75.54±2.54	93.10±3.91	30.50±2.38	18.00±0.92	19.79±1.46
	成年	70.00±5.76	77.08±3.10	78.64±2.61	98.34±3.33	33.48±1.22	18.68±0.95	20.76±0.87

[1]3月龄，高志英、於建国等2009年测定结果。

[2]麦盖提种羊场2015年统计数据。

表 1-8　多浪羊体重指标统计

年龄	性别		只数	体重（kg）	备注
初生	公	单羔	106	5.30±0.07	最高的达 6.80kg
		双羔	23	4.95±0.19	
	母	单羔	119	5.10±0.06	最高的达到 6.4kg
		双羔	24	4.70±0.18	
4 月龄（断奶）	公		113	46.57±0.86	最高的达到 49kg
	母		126	42.1±0.43	最高达到 43kg
周岁	公		219	50.2±0.41	重最高达 111kg
	母		209	43.6±0.42	最高达 69.5kg
成年	公		201	98.4±0.41	最高达 140.5kg
	母		188	68.3±0.33	最高达 108kg

【繁殖性能】多浪羊有较高的繁殖能力。性成熟早，一般公羔在 6~7 月龄性成熟；母羔在 6~8 月龄初配，一岁母羊大多数已产羔。母羊的发情周期为 15~18d，妊娠期 150d。一般两年产三胎，膘情好的可一年产两胎，双羔率可达 33%，并有一胎产三羔、四羔的。传统粗放饲养条件下，一只母羊一生可产羔 15 只，繁殖成活率在 150%左右。

【产毛性能】多浪羊大多数是半粗毛，其中有些毛由于毛质不纯，毛色不一致，这种毛用于加工毡子；而有些白色毛的毛丛中掺杂有有色纤维，这些毛可以加工地毯，不能作为加工毛线和毛毯的好原料；但有些被毛是纯白色毛，可以用于加工毛毯、地毯和毛线。

【产肉性能】在传统粗放饲养管理条件下，当年羔羊生长快、早熟，断奶后增重快。当年公母羔胴体重分别可达 25kg 和 20kg，屠宰率为 54%和 53%，骨肉比平均 1：4.3 和 1：3.3（表 1-9），肉质鲜美可口。

表 1-9　多浪羊产肉性能统计

年龄	性别	数量（只）	活重（kg）	胴体重（kg）	屠宰率（%）	尾脂重（kg）	尾脂占胴体（%）	净肉重（kg）	骨重（kg）	肉骨比
当年羔	公	20	46.21	24.91	53.94	2.88	11.52	13.30	4.73	4.27
	母	8	37.63	19.90	52.89	1.95	9.77	13.33	4.63	3.31

（续表）

年龄	性别	数量（只）	活重（kg）	胴体重（kg）	屠宰率（%）	尾脂重（kg）	尾脂占胴体（%）	净肉重（kg）	骨重（kg）	肉骨比
1 周岁	公	17	53.31	32.71	56.10	4.15	12.69	22.92	5.63	4.80
	母	7	43.13	23.64	54.82	2.32	9.81	16.90	4.41	4.35
成年羊	公	11	99.76	59.75	59.75	9.95	16.70	40.56	9.10	5.55
	母	11	64.45	55.20	55.20	3.29	9.25	25.73	6.51	4.47

【产乳性能】有研究结果表明（表 1-10），母羊产后 6 周内泌乳量基本呈持续上升趋势，至第 45d 达到高峰期，其后开始下降，至 60d 时达到第 5d 的水平。测定期（60d）内，哺乳单羔母羊日均泌乳量为 1.270kg、双羔为 1.359kg。

表 1-10　多浪羊泌乳性能统计

泌乳日期		第 5d	第 15d	第 30d	第 45d	第 60d	日均
泌乳量（kg）	单羔[1]	1.140±0.310	1.330±0.320	1.220±0.300	1.620±0.610	1.040±0.500	1.270
	双羔[2]	1.414±0.310	1.472±0.333	1.303±0.232	1.553±0.547	1.054±0.476	1.359

[1] 高志英等 2013 年测定结果；

[2] 王建勋等 2007 年麦盖提种羊场测定结果。

【皮革品质】多浪羊以板皮面积大、厚韧而著名。板皮鞣制后可分拨数层，加工成不同用途的皮革原料和制品。

【饲养方式】多浪羊基本上全年舍饲，每天要喂 2~2.5kg 粗饲料。4—10 月主要饲喂各种青绿鲜草；11 月至翌年 3 月，主要是农田茬地放牧或圈养采食小麦秸、玉米秸、玉米青贮、芦苇等，妊娠后期和泌乳期补饲 1.00~1.25kg 玉米面、麸皮和油渣等混合精料。

【利用前景】加强本品种选育，提高群体繁殖性能；推广杂交改良，生产优质肥羔。

加强本品种选育，提高群体繁殖性能　一是有组织的建立多浪羊的核心群，搞好多浪羊的提纯复壮工作，消除羊只混养窜配严重，品种特征、特性混杂和退化的现象，提高群体的一致性。二是加强优良个体的选择与扩繁，提高群体中多胎类型的比重，为养殖户提供真正的具有四季发情、多产多羔的优质种羊。

推广杂交改良，生产优质肥羔　多浪羊是新疆南疆分布最广、饲养量最大的地方肉羊良种之一，也是南疆地区羊肉生产的主导品种。其与黑头萨福克杂交，后代脂尾明显变小、肉质得到进一步改善、价格提升，深受商家和当地群众的欢迎。

【引种提示】多浪羊具有常年发情的特性，但种群中只有约30%的母羊产双羔。鉴此，在引进该品种时，应注意母羊年龄及其多胎性的选择。否则，如饲养单胎羊一样，舍饲养殖就会得不偿失。

【养殖注意事项】调控好舍内湿度，注意饲料多样化与营养均衡供给。

舍内湿度调控　多浪羊原产地位于塔克拉玛干沙漠边缘，气候干燥、空气中湿度低、光照时间长。因而，舍饲养殖时应保持舍内良好通风与光照及舍外运动（特别是冬季）。尤其是塑料棚圈，一定要适时通风保证舍内干燥。

饲料多样化，营养均衡供给　饲料种类单一易造成营养失衡，甚至出现营养代谢疾病，饲料日粮营养全面、充足、均衡（附件3），有利于提高母羊的双羔率。

基因早期诊断选留多胎种羊　多浪羊的双羔率与其年龄密切相关，表现出“一岁低二岁高，三岁四岁达高峰，五岁下降六岁丧失”的规律性。因此，采用传统方法（根据产羔记录）选留多胎羊，须在产两胎后才能做出淘留决定。但有研究表明，多浪羊含有FecB基因突变。据此，可依据实验室分子水平检测结果，进行早期诊断决定淘留，快速提高种群繁殖性能，也可减少饲养成本、提高养殖效益。5岁以上的母羊要断然淘汰。

第四节　策勒黑羊

【原主产地】策勒黑羊（彩图1-7、彩图1-8）是以生产羔皮为主的多胎羊地方良种。原产地新疆和田策勒县。主要分布在该县农区的策勒、古拉哈玛、达玛沟3个乡镇，其中策勒镇存栏量占其总数的62.5%，故因此而得名。

【产地生态】主产地位于昆仑山北麓、塔克拉玛干大沙漠南缘，海拔1 336m。地势平坦，属温热干旱气候区，年平均气温11.8℃，最高月（7月）平均气温25℃，最低月（1月）平均气温-5.8℃。年降水量平均为35.7mm，多集中在4—7月，年蒸发量平均为2 552.8mm，无霜期222d。

策勒县是以农为主、农牧结合的农业县，作物以中、晚熟玉米、小麦、棉花为主，苜蓿生长很好，一年可收割3茬，每亩年产干草800~1 000kg，三茬割后还可生长10cm多。羊群基本上是季节性转移放牧。春季产羔后由农区赶往昆仑山上放牧的4个半月（5—9月），回到农区后多采用半放牧、半舍饲形式，农田茬地放牧和利用树叶、沙枣、玉米秆等农副产品补饲。

【品种形成】 相传大约在19世纪末，由经商、朝圣的本地人带回的库车黑羔皮羊及其他黑色羔皮羊与当地母羊杂交，经长期人工选育而成。策勒黑羊的形成，主要是由当地民族习俗和社会需求所致。用黑羔皮制成的服装妆饰品，如妇女用的小帽、男用皮帽和皮领等深受当地群众的青睐。于是，民间广泛选择花卷好的多胎个体留作种用。选种一般在产羔时进行，公羊的要求是双羔、体大、身长、健壮，毛卷多而紧密，花纹清晰，光泽好；母羊的要求有较多而一致的毛卷。群众对产三羔以上的公母羊后代尤为重视，往往争相预订。不合要求的公母羔羊，随即宰杀取皮。如此这般，历经1个多世纪过人工和自然选择，逐步形成了现在的策勒黑羊。1985年被收录《新疆畜禽品种志》。2011年，新疆维吾尔自治区质量技术监督局颁布了《策勒黑羊品种标准》（DB65/T 3300—2011）。

【外貌特征】 策勒黑羊体格较小。头较窄长，鼻梁隆起，耳较大，半下垂。公羊多数具有大螺旋形角，角尖向上向外伸出，母羊大多无角，或有不发达的小角。胸部较窄，背腰平直较短，十字部较宽平，四肢端正结实。尾形上宽下窄，以锐三角形为主，一般尾尖长不过飞节。成年羊被毛多为黑色，棕黑色、黄黑色和灰色个体占群体不到三分之一。少数个体额部有白星或白斑，也有白尾尖的。羔羊出生时被毛墨黑色，随着年龄的增长，除头和四肢外，体躯逐渐变为深灰色。整个体躯覆盖着毛辫状长毛，粗毛占的比例较大，有较多干毛。成年公羊平均剪毛后体重约40kg、母羊35kg。

【生长发育】 策勒黑羊1980年调查所得的体尺体重指标如表1-11、表1-12。

表1-11　策勒黑羊体尺指标

年龄	性别	数量（%）	体高（cm）	十字部高（cm）	体长（cm）	胸深（cm）	胸宽（cm）	胸围（cm）	管围（cm）
成年	公羊	22	64.00	62.84	67.30	31.30	19.16	83.16	7.58
	母羊	127	67.77	61.00	64.42	29.57	17.80	78.32	6.70
周岁	公羊	17	55.38	54.38	57.10	25.26	14.59	68.18	6.62
	母羊	34	52.60	52.50	55.51	24.28	14.34	66.74	6.22

表 1-12　策勒黑羊体重指标

年龄	类别	公		母		年龄	性别	只数	体重
		数量（只）	体重（kg）	数量（只）	体重（kg）	断奶	公	91	20.66
初生	单羔	35	2.75	34	2.86		母	99	20.10
	双羔	9	2.28	11	2.34	周岁	公	71	27.38
	三羔	3	2.73	6	2.43		母	77	25.20
	四羔	10	2.14	12	2.02	成年	公	68	40.1
	五羔	5	1.94	5	1.80		母	123	34.53

【繁殖性能】全年发情和繁殖率高是策勒黑羊突出的品种特征，为新疆各绵羊品种所少见。母羊性成熟约6月龄左右，正常配种年龄为1.5~2.0岁，妊娠期148~149d。一生中产羔胎次可达8次，有密集产羔特性。母羊体膘好，产后20~30d后即可发情。产区多实行一年两产或两年三产，春羔多在10月底配种，翌年3月底4月初产羔，秋羔多在5月初配种，9月底10月初产羔，三四岁母羊产两三羔的甚多。单羔占15.46%，双羔占61.86%，三羔占15.46%，四羔以上占7.22%，最多出现一胎七羔。平均产羔率为215.46%，7岁以上老龄母羊，产羔率下降到150%以下。

【产毛性能】策勒黑羊年剪毛两次，分别在夏季的6月下旬和秋季的9月底10月初进行。全年剪毛量（表1-13）：成年公羊平均约为1.72kg，母羊1.46kg；周岁公羊1.43kg，周岁母羊1.38kg。随着年龄的增长，毛卷逐渐变直，形成波浪状毛穗。成年后波浪消失，成为一般毛辫，多用于擀毡和制作地毯。

表 1-13　策勒黑羊产毛性能

年龄	性别	夏季剪毛量（kg）	秋季剪毛量（kg）	年产毛量（kg）
周岁	公	0.70	0.73	1.43
	母	0.68	0.70	1.38
成年	公	0.94	0.78	1.72
	母	0.74	0.72	1.46

【产肉性能】因其为羔皮羊，产肉性能一直被忽视，相关资料几乎未见报道。米热尼沙·库尔班等（2013）的屠宰试验表明，8月龄策勒黑羊公羔平均宰前活重38.13%±4.25kg、胴体重18.19%±2.51kg、屠宰率47.58%±1.50%，净

肉重 14.83kg ± 2.12kg（其中：瘦肉重 11.94kg ± 1.71kg，肥肉重 2.89kg ± 0.66kg），净肉率和净肉瘦肉率分别为 38.83%和 80.55%，骨重 3.47kg±0.56kg、骨肉比 1：(4.27±0.64)。

【羔皮品质】策勒黑羊的羔皮，毛卷呈半圆形、豌豆形和螺旋形及波浪形，显著紧密，但丝性和光泽稍差。随着用途的不同，对羔羊宰杀时间亦不相同。用于制作妇女小帽、妆饰用的羔皮，多在羔羊出生后 2~3d 宰杀剥取。男帽及皮领用皮多在出生后 10~15d 宰杀剥取。做皮大衣用的二毛皮，多在 45d 左右剥取。随着羊只年龄的增长，毛卷逐渐变直，形成波浪状毛穗。成年后波浪消失，成为一般毛辫。毛卷以螺旋形花卷为主，环形及豌豆形花卷较少。半环形占 25.40%，豌豆形占 11.90%，螺旋形占 15.08%；小花占 25.40%，中花占 41.27%，大花占 33.33%。1~15d 内的生干皮板面积为 1 115cm^2，生湿皮板面积为 1 153.9cm^2。

【饲养方式】多实行季节转移放牧与半舍饲、舍饲相结合的饲养方式。春季产羔后山地放牧约 4.5 月（5—9 月），10 月初回到农区后多采用半放牧、半舍饲饲养方式——农田茬地放牧和利用树叶、沙枣、玉米秆等农副产品进行补饲。农区规模化羊场可全年舍饲。

【利用前景】遗传资源保护与选育提高并举，肥羔生产与杂交育种同行。

资源保护与选育提高　策勒黑羊是我国沙漠（荒漠）地区唯一一个黑色羔皮羊品种，抗逆性极强，是极为宝贵的多胎绵羊品种资源。长期以来，策勒黑羊的选育工作被忽视，导致纯种数量不断减少，多胎基因频率降低，近亲交配严重，生产性状退化严重。因此，第一，要以生产羔皮为主、巩固和提高多胎性能，生产适应人民所喜爱的颜色和花卷形的羊为选育目标，制定中长期育种计划，加大本品种选育的力度，做好提纯复壮及种群扩繁工作；第二，利用 FecB 基因早期诊断技术加快选育进展，提高种群整体繁殖率；第三，加强饲养管理与改善营养供给，加强纯合子种羊的早期培育，以提高种羊体格和繁殖力。

肥羔生产与杂交育种　可考虑在非品种保护区，用黑头萨福克羊等引进良种与其杂交生产商品肥羔，增加养殖效益；也可利用其高繁殖率特性，杂交培育适合和田地区特定生态环境的多胎肉羊新品种。

【引种提示】策勒黑羊羊群中单羔母羊占 15.46%。加之品种退化，这一比例可能还会更高一些。所以，以导入多胎基因提高本地羊繁殖性能为目的而引入策勒黑羊的，应密切关注其品种质量，在查看相关系谱和产羔记录或经基因鉴定后，选定引入种羊。

【养殖注意事项】调控舍内湿度、适度通风光照和运动，改进饲养模式，保障营养均衡供给。

调控舍内湿度，适度通风光照和运动　原产地自然生态造就了策勒黑羊对荒漠化干旱气候环境具有高度适应能力。鉴此，规模化舍饲养殖要注意舍内湿度调控，给予其充分的光照与运动，冷季舍饲尤应注意。

改进饲养模式，保障营养供给　粗放的饲养模式和饲料条件是影响策勒黑羊体格发育和群体品质的重要因素。改进饲料单一、整株饲喂、无精饲料的粗放式饲养管理模式，保证日粮饲料多样化、营养全面充足和均衡供给，有助于促进体格发育和繁殖能力的提高。

第五节　德国肉用美利奴羊

【原主产地】德国肉用美利奴羊（German Mutton Merino，彩图 1-9）简称德美羊。原产于德国，是世界上著名的肉毛兼用品种，主要分布在德国的萨克森州农区。

【品种形成】德国肉用美利奴羊是用法国的泊列考斯羊和英国的长毛莱斯特品种公羊与德国本地原有的美利奴母羊杂交培育而成的。

20 世纪 50 年代末、60 年代初由德国引入我国，主要饲养在东北地区、华北地区和西北地区。与当地羊杂交，可显著提高其后代的产肉、产毛性能和母羊繁殖率，整体性状提高约 30%，成为我国北方养羊专家最为推崇的肉毛兼用羊品种。2013 年 10 月，新疆维吾尔自治区质量技术监督局发布了《德国肉用美利奴羊饲养管理技术规程》地方标准（DB65/T 3556—2013）。

【外貌特征】德国肉用美利奴羊体格大，公母羊均无角，颈部及体躯皆无皱褶。胸宽而深，背腰平直，肌肉丰满，后躯发育良好。全身被毛白色、密而长，弯曲明显。成年公羊体重 100~140kg，成年母羊 70~90kg。

【生长发育】德国美利奴羊羔羊生长发育快，日增重 300~350g，130d 可屠宰，活重可达 38~45kg。在我国黑龙江地区，60~65 日龄断奶公羔体重可达 24.7~28.9kg、母羔 21.5~25kg，哺乳期日增重在 310g 以上。

【繁殖性能】性早熟，母羊 12 月龄可配种繁殖，常年发情、两年三产，产羔率 150%~250%。

【产肉性能】产肉率高，是细毛羊中的佼佼者。4~6 周龄羔羊平均日增重 350~400g，4 月龄羔羊体重 38~45kg，胴体重 18~22kg，屠宰率 48%~50%。

【产毛性能】公母羊剪毛量分别为 7~10kg 和 4~5kg。毛长 8~10cm，毛纤维细度为 64~68 支（23.0~20.1μm），净毛率在 50%以上。

【产乳性能】母羊保姆性与泌乳性能好，羔羊死亡率低。

【饲养方式】 德国美利奴羊对干燥气候、降水量少的地区有良好的适应能力，耐粗饲，适于舍饲、半舍饲和围栏放牧等各种饲养方式。

【利用前景】 德国美利奴羊最突出的特点是肉毛兼用。成年公、母羊的体重几乎是新疆细毛羊和中国美利奴羊的2倍，其产肉性能显然比这两个品种要高。在细毛羊产区，利用德国美利奴与细毛羊杂交，可以大幅度地提高本地细毛羊的产肉性能，并同时保留细毛羊基础群不会退化。此外，蒙古羊、哈萨克羊、阿勒泰羊、巴音布鲁克羊等地方品种，都可以作为与德国美利奴羊很好的杂交母本，通过经济杂交，提高其肉产量、改善羊肉品质。

【引种提示】 德国美利奴羊引入我国已有60多年的历史，现以内蒙古为主要繁育区，新疆巴州种畜场为该品种自治区级纯种繁育场。由于饲养条件限制和其他因素的影响，目前都存在品种退化和纯度下降的趋势。引种时务必注意其品种质量，特别是繁殖性能。另外，因其仍是细毛羊、毛长而密，不适宜在湿热的南方地区养殖。

【养殖注意事项】 舍内温、湿度控制，加强营养与饲养管理。

舍内温湿度控制　德国肉用美利奴羊对寒冷有较强的抵抗力，对高温高湿和高湿高寒反应比较敏感。在舍饲时，冬季舍内温度不高于15℃、湿度不高于75%，注意通风和光照。温湿度过高则易引发皮肤疾病；低温高湿则影响羔羊成活率及其生长发育。

加强营养与饲羊管理　舍饲条件下，由于饲料种类单一、粗饲料一般多为风干的秸秆类品质较差，限制了羊只的自主选择和运动。长此以往则会出现维生素、微量元素和必需氨基酸缺乏等代谢性疾病。因此，鉴于德国肉用美利奴羊肉毛兼用、营养需求高的特点，全舍饲情况下要尽可能争取做到饲料多样化；在全面均衡满足其营养需要的情况下，要注意经常补充青绿饲料（鲜苜蓿、青贮等）、多汁饲料（糟渣类）、复合添加剂（矿物舔砖、维生素和蛋氨酸、赖氨酸）等，预防羊啃毛症的发生。

第六节　布鲁拉美利奴羊

【原主产地】 布鲁拉美利奴羊（Booroola sheep，彩图1-10、彩图1-11）来源于澳大利亚新南威尔士州南部高原，在希尔（Seears）兄弟之侄儿的“布鲁拉”羊场于1965年前后育成的中毛型美利奴羊。布鲁拉美利奴羊的名称也由此而来。现在的布鲁拉一词是指携带“F”基因绵羊的后裔，而不是一个绵羊品种，可能指任何一个绵羊品种类型。

【品种形成】布鲁拉羊是根据本地美利奴羊个体基因突变逐步选育而成的。100 多年前的 1916 年，在澳大利亚新南威尔士州的库玛（Cooma），希尔兄弟在他们的羊群中鉴定出 1 只多胎母羊。他们将这头母羊和它的后代单独组群饲养。1945 年他们将两头多胎母羊送给了他们的侄子荻克和希尔。该兄弟对其高繁殖性能继续进行选育，并以自己的农场名字布鲁拉（Booroola）命名。以后，人们便把这种多胎的美利奴羊称为布鲁拉美利奴羊（BLM）。

1959 年，这群多胎羊平均每头产羔母羊产羔 1.94 只，而此时在同一地区的一般母羊产羔率为 80%~90%。同年，CSIRO 决定研究绵羊多胎性的遗传基础。希尔兄弟从报纸上知道这消息后，又将一只五胞胎的公羊送给澳大利亚联邦科学与工业研究组织（CSIRO），CSIRO 同时还向他买了 12 只三胞胎和四胞胎的周岁母羊和 1 只第一次产三羔的 2 岁母羊。到了 1960 年，他侄子布鲁拉羊群已由原来两只母羊发展到了 232 只繁殖母羊。这年，希尔又送给 CSIRO 一只五胞胎的公羊和一只六胞胎的母羊。1959 年和 1960 年希尔兄弟相继去世，他们的多胎羊群全部出售。CSIRO 从中买进了 91 只 2~6 岁产过多羔的母羊。在此基础上，CSIRO 进行扩群选育，使得每头母羊的产羔数由原来的 1.7 只增加到了 2.3 只。

1974 年后，后备母羊的选择以母羊一生繁殖指数高低为依据，产羔 6 次淘汰；公羊用半同胞家系选择，只在 18 月龄时使用一次，每年用子代公羊替代父代公羊，共有八个家系。1979 年后，后备母羊全部随机选择，公羊在半同胞家系内随机选择，母羊产羔 5 次淘汰，公羊 18 月龄配一次种后弃用或淘汰。1977—1979 年的 3 年，平均每胎产羔为 2.30 只±0.03（1~6）只，对照组为 1.30 只±0.03（1~2）只。

1980 年，澳新两国的研究结果证明，BLM 高繁殖力特性是由单主基因（Single majorgene）遗传控制的质量性状。这个基因就是布鲁拉多胎基因，即 F 基因。这个多胎基因具有显著增加排卵数和产羔数的作用，可以遗传给后代。但它不是来自基因突变，而是源于美利奴之前引进的早期粗毛羊马斯登（Marsden）的羊群。时隔一百多年后，该多胎基因被纯化，成为世上少有的多胎细毛羊。并且这种多胎性状可以通过“F”基因转移给其他品种。所以只要母羊携带这种基因，产羔数就可以明显增加（表 1-14）。用纯合子布鲁拉公羊与不携带多胎基因的母羊交配，只要一个世代产羔率就可以增加 100%。

表 1-14　BLM 开始培育阶段的产羔情况

年度	一产多羔的母羊数					3 羔以上母羊（%）
	2 羔	3 羔	4 羔	5 羔	6 羔	
1947	95	3	1	—	—	4.0
1948	53	2	2	—	—	7.0
1949	137	12	1	1	—	9.3
1950	132	8	2	—	—	7.0
1951	113	18	2	1	—	15.7
1952	84	11	2	—	—	13.4
1953	147	9	—	—	—	5.8
1954	112	17	2	—	—	14.5
1955	163	12	1	—	—	7.4
1956	234	33	6	—	—	14.4
1957	201	27	7	—	—	14.5
1958	197	26	15	1	—	17.6
1959	225	40	8	1	1	18.2

从 20 世纪 70 年代开始，新西兰、美国、加拿大等国多次从澳大利亚引入布鲁拉美利奴羊，以改良本地细毛羊或培育适合本地的细毛羊新品种。我国 20 世纪 90 年代后期才引入布鲁拉美利奴羊，主要用于纯繁和改良我国地方品种绵羊。

【外貌特征】布鲁拉羊仍属澳洲美利奴羊细毛羊，因而具备澳洲美利奴羊的外貌特征。公羊有螺旋形大而外延的角，母羊无角。

【生长发育】布鲁拉羊羔羊生长和哺乳羔羊数有关，不同羔羊数之间差异程度大，双羔比单羔生长慢 20% ，三羔又比双羔慢 20%。由于布鲁拉羊群大部分是双羔和三羔，所以平均生长速度比较慢。

布鲁拉美利奴成年母羊活重比其他细毛羊品种低，也比其与细毛羊品种杂交后代的低。其中一个因素是年哺育羔羊多。如果羊群中羔羊数超过 50%，母羊体重就相差 3. 5kg。另一个是受配种时营养和体重的影响。为使母羊能哺育双羔和三羔，必须在产羔时就有一个良好的体况。随着产羔数的增加，饲料量也应调整。例如，一头哺乳双羔母羊的饲料需要量应该是哺乳单羔母羊的 1. 3 倍，产三羔的母羊更应多一些。

【繁殖性能】布鲁拉美利奴羊产羔率极高。用腹腔镜观测结果表明，1.5 岁布鲁拉美利奴母羊的排卵数平均为 3.39 个，2.5~6.5 岁的母羊为 3.72 个、最大值为 11 个。522 只 2~7 岁布鲁拉美利奴母羊统计结果显示，产羔率平均为 229%。详见表 1-15。

表 1-15　2~7 岁布鲁拉羊的繁殖率

受胎率（%）	产羔率（%）	断奶成活率（%）	繁殖成活率（%）
0.88±0.01	2.30±0.03	0.62±0.02	1.25±0.03

【产乳性能】布鲁拉羊在良好草场放牧和合理补饲的情况下，有能力哺育 2~3 只羔羊健康成长。

【产毛性能】布鲁拉羊属中毛型美利奴羊的一种，具有澳洲美利奴羊的特点，剪毛量和羊毛品质与澳洲美利奴羊相近。布鲁拉杂种羊污毛量稍有减少，但是净毛率、毛被密度和羊毛细度等级却显著提高。美国从新西兰进口的布鲁拉公羊的纤维直径为 18~21μm，净毛率为 65%~75%。

【饲养方式】布鲁拉羊以人工草地放牧+季节性补饲为主，也可舍饲饲养。

【利用前景】杂交改良，提高细毛羊养殖效益；导入杂交，培育多胎细毛羊新品种。

杂交改良提高细毛羊养殖效益　布鲁拉美利奴羊为所有绵羊品种提高产羔率提供了机会。鉴于布鲁拉美利奴羊多胎性状是受单个基因控制、可以通过 F 基因转移给其他品种的特性，在羊毛产业不景气的情况下，可利用其与细毛羊进行杂交，以提高产羔数来增加经济效益，稳固和发展我国细毛羊产业。

导入杂交培育多胎细毛羊新品种　从生态保护和长远发展的眼光看问题，“减少总体数量，提高个体产量”是必然趋势。我们也可以利用这一种质资源，采用导入和级进杂交的方式，以培育出我国多胎细毛羊新品种。

【引种提示】第一，引种最好是从原产地或国内纯繁基地引入。第二，目前布鲁拉羊种群数量有限、国内繁育场家不多，可通过引进胚胎来解决资源不足和扩繁速度问题。

【养殖注意事项】一是要注意母羊营养补给，二是代乳粉育羔技术的使用。

注意母羊营养补给　由于多产多羔，营养供给状况直接影响到母羊体重、排卵数、泌乳力和羔羊成活率。因此，须注意配种前、妊娠后期和泌乳期的饲料调配和营养供给。放牧条件下，要注意在这三个时期根据母羊体况进行适当补饲、枯草季节（冬春季节）补充青绿饲料和多汁饲料；舍饲条件下，1 只母羊+2 只羔羊的营养需要量=1.3只母羊+1只羔羊的营养需要量，同时还应根据其不同生理阶段科学配制日粮配方，复合添加剂常年不可缺少。

代乳粉育羔技术的使用　虽然BLM产羔率高，但在自然哺乳状况下，羔羊成活率随着产羔数的增加而降低，尤其是三羔以上的明显降低（表1-16），影响繁殖成活率总指标。因此，当其产羔数超过3只时，一定要使用羔羊代乳粉，进行人工育羔或人工辅助育羔，以保证羔羊成活率及其以后的健康成长。否则，将功亏一篑，造成资源浪费和经济损失。

表1-16　布鲁拉美利奴羊羔羊成活率

统计	一胎羔羊数（只）					
羔羊数（只）	1	2	3	4	5	6
成活率（%）	90±4	77±3	55±3	37±4	30±7	28±12

第七节　兰德瑞斯羊

【原主产地】兰德瑞斯羊又称芬兰羊（Finn sheep，彩图1-12、彩图1-13）或芬兰兰德瑞斯羊（Finnish Landrace），原产于芬兰，属于芬兰北方短尾羊，是产羔率最高的世界级毛用羊多胎品种之一，以繁殖率高、母性强、性早熟著名。加拿大、美国、新西兰、澳大利亚等国家均有引进。

【产地生态】芬兰位于欧洲北部，地处北纬60°~70°，全国1/3的土地在北极圈内。属北温带海洋性气候，冬天寒冷或有时严寒，夏天则比较温暖。平均气温冬季-14~3℃，夏季13~17℃，年平均降水600mm。最北的地区夏天有73天太阳不落于地平线下，冬天则有51天不出太阳。芬兰有“千岛之国”与“千湖之国”的美称，森林覆盖面积占国土面积的69%，可耕种面积仅占8%。

【品种形成】兰德瑞斯羊早期分为小型和大型两种。20世纪初由大型芬兰羊选育成了产毛量高、产羔多、生长快、泌乳量高的兰德瑞斯羊品种。此外，它的多胎性状是由多基因控制的，每个基因的作用相对较小。

【外貌特征】公羊有角，母羊大多数无角。头清秀、为细短的细毛所覆盖，耳短小，向后外侧正伸出或向正前方平直伸出。体格较大，体长而深，但肋骨开张度不够，体型略呈楔形。全身被毛为白色，前达到头部的两耳根连线处，后至四肢飞节处，胸前无皱褶，后腹部无长毛覆盖，腹毛较差。四肢清瘦而高，骨骼结实。短尾（尾长7~15cm），羔羊无须断尾。

【繁殖性能】 公羔 4~6 月龄性成熟。母羊 1 岁时就产羔，平均一胎产羔 2~4 只，产 6 羔或 7 羔的母羊并不少见，最高的一胎产羔 8 只，平均产羔率高达 260%~300%。美国芬兰羊品种协会的品种标准规定，母羊 12 月龄产羔，2 岁时至少已产羔 5~6 只，3 岁时至少已产羔 9~10 只。几乎全年均可繁殖，产羔率在 300%以上。

【生长发育】 在正常饲养管理条件下，5 月龄羔羊体重可达 32~35kg。成年公羊体重 80~90kg，母羊 60~70kg。

【产肉性能】 兰德瑞斯羊产肉性能好，骨骼细、出肉率高。特别是体内脂肪主要分布在肾脏和其他内脏器官，与其他绵羊品种的皮下脂肪占胴体总脂肪量的 40%~46%而言，它的皮下脂肪只占身体总脂肪的 27%~31%。因而其胴体瘦肉率高、品质好，羔羊肉鲜嫩多汁、味道好。

【产毛性能】 生产同质半细毛或细毛。剪毛量公羊 4.0~4.5kg，母羊 1.8~3.6kg，毛长 7.5~15cm。羊毛细度公羊为 50~60 支，母羊为 44~58 支，羊毛匀度、光泽和弯曲良好，净毛率为 64%~75%。

【产乳性能】 兰德瑞斯羊产乳性能好、产乳量高。在正常放牧状态下，一般可哺育 2~4 只羔羊健康成长。

【饲养方式】 兰德瑞斯羊能适应严酷的气候条件和饲料条件。

【利用前景】 美国农业部专家估计，20 世纪 70 年代羔羊肉生产收入的增加，15%是按个体生产性能选育的结果，30%~60%是经济杂交的结果，25%是芬兰兰德瑞斯羊多胎的结果。如今，高繁殖性能兰德瑞斯羊在我国羔羊肉生产中具有很大的发掘潜力。兰德瑞斯与小尾寒羊杂交一代和小尾寒羊肥育对比试验表明，在日均增重、屠宰率、净肉率和饲料转化率的方面，前者较后者均有显著提高。全世界已有 20 多个养羊国家引入该品种，累计与 40 多个当地品种杂交，被改良品种的繁殖力由每胎 1.3 只增至 1.9 只，提高 40.7%。

兰德瑞斯羊在我国最早由河南省引进。现在随着互联网的发展，绵羊交易市场逐渐电子商务化，更多的绵羊养殖户、养殖场家愿意在像中国畜牧网这样较为有名的畜牧电子商务网站上交流信息，对芬兰羊进行引种繁育，来提高当地羊的产羔率。

我们可以充分借鉴国内外羔羊肉生产经验，利用芬兰兰德瑞斯羊的高繁殖率、引进品种的肉用性能和地方品种毛用羊的适应性，三者有效结合，可作为迅速增产羔羊肉的有效途径。

第八节　波尔山羊

【原主产地】波尔山羊（Boer Goat，彩图1-14、彩图1-15）是一个优秀的肉用山羊品种。原产地为南非。已被非洲许多国家以及新西兰、澳大利亚、德国、美国、加拿大等国引进作为种用，以改良本地山羊。

【产地生态】南非地处南半球，位于非洲大陆的最南端，南纬22°~35°，东经17°~33°。大部分地区属热带草原气候，西部沿海为热带沙漠气候，南部沿海为地中海式气候。全境气候分为春夏秋冬4季。12月至翌年1月为夏季，最高气温可达32~38℃；6—8月是冬季，最低气温为-10~-12℃。全年降水量由东部的1 000mm逐渐减少到西部的60mm，平均450mm。

【品种形成】波尔山羊是综合了印度山羊、欧洲山羊和非洲山羊的优良性状，在南非经过近两个世纪的风土驯化与杂交选育而形成的大型肉用山羊品种，兼具了产肉、产乳和适应性强的三大优良特性。波尔山羊的祖先最初为南非那马克亨廷顿和班图族部落所饲养。到了19世纪初，随着东好望角牧民的居住趋于安定，人们开始对羊某些性状有目的地进行选择，经过约一个世纪的漫长过程，逐渐形成了波尔山羊的原品种，1800—1820年被正式命名，到20世纪初已经形成了一定数量的群体。1959年7月成立了波尔山羊育种协会，制定选育方案和育种标准，波尔山羊的选育算是进入了正规化育种之路。起初，协会要求会员要对波尔山羊进行配种和选择登记，强调波尔山羊的形态特征描述，侧重于外貌特征一致性选育；但随着生产者认识的提高，波尔山羊育种随之进入了以生产性能与外貌特征全面并举的选择阶段，逐步克服了原品种的毛色杂、毛长、肉质粗、体质差及体型结构不理想等缺点，最终形成了具有体格大、生长快、骨小肉多、净肉率高、脂肪含量低等优点的所谓的改良型波尔山羊，即现在引进推广的波尔山羊。目前，全世界共有波尔山羊约120万只。

【外貌特征】公羊和母羊生有1对向后下方弯曲外张的镰刀状骨角，随年龄增长向前上方外展卷起。双耳大且垂直向下，头、颈、肩部被毛均为红褐色，鼻梁隆起，自头顶至鼻端有一条白色毛带。躯体和四肢被毛为白色、粗短稀疏和少量底绒。背腰平直宽厚、胸宽深，体质健壮、结构紧凑，后躯发育丰满。腹线平直，皮肤宽松且裸露处可见色素沉积斑。四肢端正、腿粗短、强健有力，蹄质坚硬、善于攀缘，能边走边采食。公羊有发育较好的肉垂，颈部有2~3个横向皱褶，鬐甲宽平，体躯近似于圆筒状。母羊前躯发育略逊于公羊，体躯呈楔形。

【生长发育】产地成年公羊体重在75~90kg，良好饲养管理条件下，可达

120～140kg。成年母羊体重在 50. 75kg 左右，在良好的饲养管理环境下，其体重可以达到 70～90kg。表 1-17 为湖北引进新西兰波尔山羊纯种繁育测定结果。

表 1-17　波尔山羊体尺测定情况

年龄	性别	体重（kg）	体高（cm）	体长（cm）	胸围（cm）
初生	公	3. 8±0. 5	33. 0±2. 6	30. 4±3. 2	33. 9±2. 9
	母	3. 5±0. 4	32. 1±2. 4	29. 6±2. 5	32. 8±2. 8
6 月龄	公	24. 8±4. 8	50. 9±2. 0	53. 9±2. 4	63. 0±2. 5
	母	23. 3±3. 4	51. 6±1. 7	55. 2±3. 0	61. 2±3. 6
周岁	公	40. 0	58. 0±2. 0	63. 0±4. 1	98. 3±1. 5
	母	30. 0	56. 3±2. 6	61. 8±2. 8	70. 6±4. 8
成年	公	93. 5	80. 3±5. 7	102. 6±5. 7	87. 2±9. 5
	母	55. 2	65. 1±3. 5	74. 9±4. 2	87. 6±6. 3

【繁殖性能】波尔山羊可常年发情配种，但也有很明显的繁殖季节性，秋季为发情高峰占 80%，春、夏发情的占 20%。波尔山羊的发情周期平均为 21d，在早春和初秋繁殖季节开始时，发情间隔天数短，其发情周期为 13d 的母羊占到 16%。在自然交配情况下，6 月龄公羊即可使用，可配 15 只母羊；9 月龄以后可配 30 只母羊。母羊多胎、多产、母性强，在 6 月龄即可以配种。初产母羊年平均产羔 1. 9 只，1. 5 岁的母羊年平均产羔为 2. 26 只。如果在一年的春、秋 2 次配种，每年每只母羊可产羔 3. 6 只。波尔山羊双羔母羊比例为 56%，3 羔母羊比例为 33%，4 羔母羊比例为 2. 4%。一年二胎或二年三胎，每胎平均 2～3 只，使用寿命 7 年，生存年限可达 10 年。

【产肉性能】波尔山羊具有优秀的肉用体型，羊肉肉质细嫩、鲜美、多汁、无膻味，皮下脂肪少，胴体前腿、颈部、躯干产肉量高，脂肪含量低、营养价值高。在正常的生长条件下，日增重在 120～200g；羔羊自由采食，断奶以后 12 周期间内，日增重可达到 200g；在优良草地放牧+补饲精料的条件下，公羔断奶前日增重可达 227g。波尔山羊的最佳上市体重为 38～43kg，屠宰率高。活重 10kg 的羔羊屠宰率为 40. 3%，活重 41kg 的屠宰率为 52. 4%，成年公羊则为 56. 2%。

【产乳性能】山羊对波尔山羊的形成有一定的影响，因此该品种目前还保留着产奶量高的特点。母羊一般 1d 能产奶 2. 5L。其丰厚的泌乳量，能较好地维持双羔在哺乳期间快速生长。

【板皮质量】波尔山羊的皮革价值高，板皮质地致密、坚牢，可与牛皮相媲美。一般以其毛的长度和皮的厚度来确定板皮质量。其中以白色毛、短而细，皮厚韧的板皮为最好。

【饲养方式】波尔山羊既可放牧饲养，也可舍饲饲养。

放牧饲养　波尔山羊的适应性强，易于在内陆气候条件下生活，耐热不喜寒，并且能在热带、亚热带山地和灌木丛生存，以啃食灌木嫩叶、嫩枝为主。波尔山羊比其他品种山羊能更有效地保存体内水分，水的转换率低。在27～37℃时，每千克体重代谢比绵羊少40%。在高温环境下，粪便含水量低、排尿量少，在山地和半荒漠草原中也能很好地生存。

舍饲养殖　波尔山羊具有较强的抗病、抗寄生虫的能力，寿命可达10年以上。对粗纤维消化能力比绵羊强，对多种农作物秸秆均能利用，可进行规模化舍饲养殖。

【利用前景】波尔山羊是世界公认的优秀肉用型山羊品种。中国自1995年开始引进，随着气候环境、饲养管理等条件的改变，经十多年的群体繁育和自然生态选择，纯种波尔山羊的头型、耳型、体表毛色及分布等外貌性状发生了很大变化。但总体适应性较好，各项指标达到原品种的95%左右。用于改良中国的本地山羊，杂一代羊在胴体重、屠宰率、净肉率等方面均有明显提高，母羊产羔率可达到160%以上。是用来改良我国本地山羊的首选终端父本或杂交育种的父本材料之一。

【引种提示】注意种羊品质及地域性种质差异。

注意种羊品质　我国在引进该品种后，进行了大量的杂交选育，不同杂交世代生产性能差异很大。因此，在引进种羊时应查看其系谱和生产性能记录，择优选购，最好从具有一定育种技术力量、历史较长的大型种羊场引进。

注意地域性差异　来源和地区性差异，直接影响到其对引入地的适应能力与生产水平。来自南非、美国、澳大利亚、新西兰，以及来自祖国北方和南方的波尔山羊彼此间存在一定的种质差异、适应性也各不相同。应从那些与引入的自然生态环境相同或相近的国家或地区引入为好。

【养殖注意事项】标准化羊舍隔栏与运动场改进提升，注意清洁卫生与营养供给，高频繁育生产技术与代乳粉人工育羔技术的应用。

标准化羊舍隔栏与运动场改进提升　鉴于山羊有攀缘跨跳的独特习性，在建设标准化羊舍时，要适当增加隔离栏的高度，以防其逃逸混群；运动场宜大一些，并保留或建造一些诸如山包样的建筑物，顺应其攀缘跳跃习性，进行健康养殖。

注意清洁卫生与营养供给　山羊的嗅觉和味觉远胜过绵羊，喜食干净饲草，对所食植物的部位要求较高。因此，在舍饲条件下，波尔山羊在饲喂时应少喂勤添或使用颗粒饲料，以减少饲料浪费，同时保持饮水新鲜清洁；在配种季节或配种期，在日粮中适量添加青绿多汁饲料，以提高母羊的排卵效果及产羔率。

高频繁育生产技术的应用　利用波尔山羊常年发情、多胎多羔的特性，实行一年两产或两年三产生产制，充分发挥其生产潜能，以提高舍饲养殖的经济效益。实践证明，绵羊用羔羊代乳粉也适用于山羊。因此，在波尔山羊养殖中，可应用羔羊代乳粉人工育羔技术，作为保障羔羊高成活率的技术条件。

第二章　多胎羊引种与饲养管理

第一节　引种的原则与注意事项

一、引种的原则

1. 适宜区域

引入区应在地球北半部养羊带范围内（北纬23°~60°，东经115°~117°）。暖温带季风大陆性气候，四季分明，年降水量500~900mm，年平均气温≥13℃，年最高气温≤40℃，最低气温≥-20℃，相对湿度65%~70%。全年平均风速3~4m/s，日照2 400~2 600h。低海拔、平原农区。

北纬23°~60°是世界北半球绵羊养殖带。纬度越高，气候越冷。有实践证明，在北纬47°高寒地区（新疆吉木乃）也可以养殖小尾寒羊，但冷季防寒设施和饲料与饲养管理条件一定要跟上，尤其是引入的最初一两年。

年降水量与气候湿度相关，湿度与羊的疫病发生密切相关。年降水量低、气候干燥、冷季漫长西北地区（如新疆），引入小尾寒羊及其他绵羊品种，传染性胸膜肺炎的发病率很高，严重的大量死亡，以致引种失败。尽管这种情况会随着引入时间的延长而逐渐减轻，但在引种的最初一两年，必须在做好饮水保障的同时调节好舍内湿度，舍内外地面硬化，降低粪土污染，以及制作高度针对性的疫苗来应对。原则上讲，阴涝多雨、地下水位高、气候湿度过大的南方地区不适宜饲养小尾寒羊，即使采用高床养殖也无济于事。

低海拔、平原农区是小尾寒羊适宜养殖区。前者气候相对较为温暖，后者饲料资源丰富，适合于舍饲饲养及其多胎性的发挥。高寒地区及其迁徙式四季轮牧则不适合小尾寒羊，尤其是像新疆阿勒泰羊那种“千里羊”放牧方式——四季牧场随海拔高度差异很大、山地丘陵陡峭、冷季漫长而且缺水、往返奔波，小尾寒羊极不适应甚至无法生存。

2. 检疫防疫

牲畜流动是造成疫病传播的主要原因，引种检疫则是严防疫病传播的重要环节。因此，要严把检疫关。引种单位或个人事先要对引种地及周边地区，历年疫情发生情况进行详细的调查研究，千万不要在疫区引种！此外，还必须向供种单位索取国家强制检疫的布鲁氏杆菌病（布病）、口蹄疫（5号病）、小反刍兽疫（APP）等检疫、免疫接种证明，最好应附上抗体监测证明、连同每只种羊的编号（耳号）。

此类证明非常重要。没有这些证明，沿途检疫关卡则不会放行，必将给你带来很大麻烦和经济损失。

3. 引种对象

经验表明，引进种羊应以发育正常健康的4~6月龄幼龄羊为好。一是幼龄羊价格要比引进成年母羊低很多，种羊成本可大大降低；二是运载量相应多些，可以降低运输成本；三是幼龄羊处在生长期，对引入地环境和饲养条件可随其年龄增长而逐渐适应，经一段时间（1~2个月）之后达到性成熟即可当年配种繁殖产生效益。此外，采用引进育成羊（断奶至配种前的羊）的方案，可绕过误购那些在当地久不发情、屡配不孕、产羔率低、泌乳能力差、母性不好的劣质母羊这一陷阱，避免吃亏上当，贻误大事。因为，成年母羊是经过产羔效能检验的，即使是专业知识很丰富的专家，不查看其生产档案也难以从表面观察出来，非专业人士则更容易上当。

引进种公羊，年龄应在1周岁以上、达到该品种标准的各项指标。

成年繁殖母羊的引进，宜为空怀、非哺乳期母羊。以免其在运输途中或到达后出现流产，母子运输不便或是骤然断奶造成母羊乳汁回流不及而发生乳房炎和引发其他生理性疾病。有的因运输途中产羔或流产，造成不必要的损失。

4. 引种时间

一般说来，引种时间应选择在春秋季节进行。如新疆应选择在3—5月或8—9月引种。这样，羊只经过了一个由冷变暖或由暖变冷的渐进式适应过程，即会对引入地的气候变化产生良好的适应。切记，不可在高温和寒冷季节引种！前者，会在运输中造成大量死亡；后者，会因对引入地寒冷气候的不适应而造成大量死亡。

5. 种羊运输

运输是引种成败的关键一环。运输时间、运输工具和运输途中的管理都会影响到运输效果（死亡率）及到达后羊只对应激反应的恢复效果。细节决定成败，千万不可大意！

（1）运输工具。可选择航空、铁路与公路之飞机、火车和汽车三种运输方式与工具。从国外高价少量引进珍贵的良种羊，为确保种羊安全，一般采取飞机空运的方式。但因为其成本高昂，国内引种一般不采用；铁路货运适应于数量巨大种羊的引进，相对比较安全、价格适中、途中管理也较方便。但因其灵活性、机动性受到限制，现在极少采用这种方式；随着我国公路交通特别是高速公路的高速发展和国家的特别政策的出台实施，公路汽车运输显现出其诸多的优越性，目前已成为引种者普遍选用的种羊运输工具与方式。

（2）运输时间。取决于季节气温。种畜运输通常选在春秋季节，避开夏季炎热气候；气温在15~30℃，汽车可白天跑路、晚上休息。若俩人轮换驾驶，白天晚上均可跑车（遵守交通管理法），以缩短运输时间；气温超过30℃时，车辆需要加盖遮阴棚、适当加大通风量来降温，或早晚行车、中午休息，或晚间行车、白天休息；气温低于15℃时，须加设保暖措施、减少通风量，白天行车、晚上休息。当然，对配有空调设备的运输车辆，车外气温变化对其几乎没有影响，可在遵守交通法规的前提下，两人轮换驾驶昼夜行车。

（3）途中管理。运输车辆要切实进行消毒处理，持有供种地检疫部门《车辆消毒证》、种畜检疫证、免疫接种证和种畜编号（耳号）名单，才能上路行驶。缺少其中任意一项证明，都会被检疫关卡扣留。

种羊是活畜，在长途运输过程中需要进行必要的饲养管理，如身体保护、饲喂、饮水等。首先，要保证适宜的密度。一般情况下，幼龄羊占车面积为0.5~0.8m^2/只，成年母羊1.0~1.2m^2/只，特别贵重的种公羊要单笼运输（以体格大小定制）、以保证其不受到拥挤、撞击等机械性伤害。

采用多层钢架栏网式运输，可增加运输量、降低单位运输成本。架子高度和层数多少应（一般为3层）以公路桥梁限高标准为度。层间高度以养只可以自由站立（一般为0.8~0.9m）为标准。有条件的，可在层间加设10~15cm的承粪层，以防上层羊只粪便污染下层羊；羊只站立的层面以防滑地板为好，禁止使用网状地板，以防羊只蹄子插入其中，因汽车启动、刹车时羊只因惯性运动，前后拥挤、踩踏造成折蹄或伤亡。应在坚硬光滑的汽车铁皮地板上，铺撒软质垫料（化纤地毯、锯末、干羊粪等），以防前述情况发生。

运输时间不超过24h运程的，羊只在上车前吃七八成饱即可，运输途中可不再饮水喂料；运输时间超过24h运程的，运输途中每天可停车休息1~2次，饲喂少量优质青干草和适量饮水。运程不超过3d的，饲料条件不具备的情况下，可以不喂草料，但必须保证每天饮水1~2次，且必须每只羊都要照顾到。

6. 隔离观察

引进养只到达目的地后，要隔离饲养，以防其可能携带的病菌传染传染给原有的其他羊群。隔离观察 40d 后，才可与原有其他羊群合群饲养。在此期间，可以进行抽血检验特定的疫病；末期补接疫苗；观察其摄食、饮水与对新的饲养制度适应情况，测定记录相关血液、呼吸、心跳等适应性变化情况，为下次引种提供借鉴。

羊只下车后，不要急于给水给料。先要给其一个畅快舒适的环境，以缓解运输途中的疲劳；待其平静后，再给槽中加入少量新鲜清洁的饮用水（可加一些预防药物）、优质青干草，让羊只自由饮水采食。精饲料添加量随隔离期的延长和羊只的采食情况缓慢增加，逐渐达到正常饲喂和采食水平。

发现病羊、受伤的羊、体弱的羊，要分别单圈饲养、观察、检查、治疗，待其完全康复后再行合群饲养；带有传染病的羊只应采取断然措施——扑杀，尸体焚烧或掩埋处理。

二、引种注意事项

1. 选羊

挑选种羊是既麻烦又费时的技术活儿，但又是保证引种质量不得不做的重要工作。引种单位和个人应派遣或聘请养羊专家来承担；或是以合同的方式委托供种单位及其所在地畜牧专业部门来完成，约定好品种、性别、年龄、体重等各项品种标准指标及费用等条款，签订合同共同遵守。

特别注意的是，无论引种方与供种方，还是委托方与承担方之间都必须签订合同，以增强其责任心和荣誉感。以口头协议、个人感情代替法律原则，一旦出现问题就无法说清楚，吃亏受损失的只有引种者和委托方了。

此外，还要注意不要落入“激素羊”的陷阱。对于那些有别于正常的羊只——生产速度超乎正常水平（体重特别大）、发育特别（丰满圆实）、外表特别漂亮（精神亢奋、被毛发光）的羊只要引起注意。这种羊很可能饲喂或注射了激素类药物，刺激其表现异常，而一旦激素有效期一过，它们的生理机能就会迅速衰弱，甚至死亡。对此。应在引种合同中明确供种保证期（至少 60d）、出现此类问题由供种方承担责任和损失，则可杜绝“激素羊”事件的发生。

现场选羊应注意以下几个关键环节：

一是健康状况检查。按照既定方案，对拟购进的羊只逐个进行病情和生理健康检查。看看羊只是否患有羊痘、疥螨、口疮、肺炎、乳房炎、关节炎、结膜炎和脓包等疾病，以及曾经患病而留下的痕迹；再看其眼睛（瞎眼、盲眼、青光眼)、嘴巴（牙齿不齐、磨痕不齐、上下颌闭合不齐——“地包天”或“天包地”），乳房发育（乳房瘪小、质地坚硬，小乳头），前胸过窄、斜尻、外阴内凹，跛腿瘸腿、X或O形腿，跛蹄、翻蹄、蹄叉过大等生理缺陷。一经发现，即行淘汰。

二是要精选细挑。在进行了体表健康与生理缺陷检查之后，接着要对粗选出来的母羊进行品种标准指标与种质特性检验。育成和繁殖母羊：膘情中等偏上不胖不瘦，看上去“胖而不笨，瘦而精神”（抗逆性强）；从前向后看体型略呈正楔形、侧看略呈侧楔形（母性好），腰宽腚大（产羔大，生产顺利），头型清秀、大小适中（性格温顺），耳朵灵活（反应灵敏），眼大有神（发情明显、体质矫健），泪窝大深（品种纯正、吸热护眼），鼻孔大（肺活量大），有鼻窝者前胸必宽阔，大嘴叉（采食量大），牙齿整齐上下闭合好（消化性能好），脖颈粗细适中（屠宰率高），背腰平直（出肉率高），腰身结实有弹性（羔羊初生重大），肚腹松软而不下垂（食欲旺盛、怀羔多），四肢清秀结实（行走敏捷，跋涉性能强），站蹄且坚硬滑润（站立姿势端正），乳房盘大丰软（泌乳性能好）、奶头红润突出（育羔能力强）。如此这般，则为优质母羊。

2. 检疫

引种检疫是最为重要的事。在目前监管制度不完善、监管不力和人浮于事的情况下，检疫只是履行了一个程序、并未落到实处。这给疫病的传播提供了可乘之机，也给引种者带来了难以预测的损失。

解决这一难题最为可靠的办法，就是由引种方带领本地专家现场抽血检疫。但事实上又受到引种数量大、检验周期长、生活环境、人力资源与费用等诸多因素的限制，加之随时可能落入被“调包”的陷阱中，要切实做到一只不漏检很难。

鉴于此，建议引种方与供种方或其所在地兽医检疫部门签订委托检疫协议，以法律的形式明确其责、权、利，商定其在引入地复检时出现带菌体、病羊的损失及可能造成的损失的后果责任、经济赔偿责任与法律责任。以此提高其法律意识、增强工作责任感，杜绝假检、漏检和误检事件发生，保证种羊健康水平。

3. 运输

种羊运输最好雇用供种方当地的车辆。但必须与之签订运输合作协议或合同，明确雇佣方是否派人押运，运输方式、数量和价格，途中收费及加油、住宿、生活费用标准，羊只途中管理饲草料、饮水费用等由谁承担；被雇佣方的义务与责任、羊只伤亡率及处罚或奖励额度等都要以法律条文的方式确定下来，以经济刺激增强其责任心。

现水土驯化。

羊只下车在圈内（运动场）自由活动、休息一段时间后，可先将车上带来的优质青干草少量撒在槽中让羊只自由采食，3h 后再给饮水（将车上带来的剩余水与当地羊场的水混在一起饮用，水中加电解质多维或益生素），水深以达到槽深的 1/3～1/2 为度（前批羊只饮完后再加），防治羊只空腹饮水和暴食暴饮引起肚子疼。

饲草和饮水要逐渐增加。1～2d 后，给带来的青干草中适量加入当地羊场备用青干草供羊采食；同时，把从产地随车带来的净土与给当地羊场的炉灶放在锅里煮开，待冷却后取上清液加到水槽里供羊饮用（每桶水约 28kg，羔羊则需再加入庆大霉素注射液 1 支、维生素 C 注射液 4 支和樟脑磺酸钠 1 支），以后几天，只加水不清槽，以促进水土驯化。食欲差的羊只可灌服益生素，或注射黄芪多糖+安痛定+复合维生素 B+适量的青霉素 G 钠，或请当地兽医用药治疗。有咳嗽症状的羊只，可注射替米考星+阿奇霉素+氟苯尼考等药物进行治疗。

7d 之后，饮水已为当地羊场饮用水，所投饲的饲草完全被当地饲草所取代、也可开始加喂一些混合精料，羊只也就基本实现了风土驯化、适应当地环境了。

在随后的隔离观察期内，既可延续此前的人工饲喂方式，也可采用 TMR 机械化饲喂方式，但日粮中精料的加入量要视羊只的采食和反刍情况逐渐增加，约 2 周后可达到标准化日粮饲喂。此次后，可按照当地的防疫程序或顺承原产地的免疫程序开展防疫工作。

第二节　种公羊饲养管理

常言道："母羊好、好一窝；公羊好、好一坡。"由此可见种公羊在纯种繁育和杂交改良与育种中所起到的重要作用。因为一只种公羊可配很多只母羊，它决定着群体品质、生产性能，以及后代的发展方向和生产水平。因此，在确定了种公羊符合品种的外貌特征，体格高大、体质结实、精力充沛、食欲旺盛、雄性特征明显，肢体结构协调、肌肉发达、四肢端正结实、两侧睾丸发育匀称适中，膻味浓厚、叫声高亢洪亮等先天性特点之后，其后天的配种性能则取决于饲养管理水平。否则，一切都会前功尽弃。

一、非配种期的饲养管理

饲养种公羊首先要满足其对蛋白质的需要，因为蛋白质水平直接影响到种公羊精液产量、质量和精子的寿命。与此同时，还应保证充足的维生素和矿物质供给，特别注意那些影响精子形成的微量元素（铜锌锰硒）和必需氨基酸（蛋氨酸、赖氨酸、精氨酸）缺乏与合理搭配。

非配种期（配种淡季），应保持种公羊膘情适中，一般不需要采取特殊饲养管理措施。应在保证种公羊具有良好的种用体况前提下，逐步减少精饲料的喂量，以不影响种公羊体况过度肥胖或消瘦为宜。但要保证公羊吃饱、喝好、休息好。如在有青草的季节放牧，每天要补喂0.5kg的混合精饲料即可；在冬季，还要补喂多汁饲料玉米青贮，每只羊日喂1~1.5kg、胡萝卜0.5kg、食盐和磷酸氢钙各5g。

保持羊只在圈内自由运动和自然光照不少于10h/d。

二、配种期的饲养管理

营养决定种公羊的射精量和精子密度。配种季节或配种旺季，要提高种公羊日粮营养水平。要求其应由种类多、品质好且为公羊所喜食的饲料组成。如豆类、高粱、小麦、麸皮等都是公羊喜吃的良好精饲料。干草以豆科和禾本科青干草为好。刈割的鲜草、玉米青贮和胡萝卜等多汁饲料是很好的维生素饲料。粉碎的玉米易消化，含热量较多，但喂量不宜过多，约占精饲料的25%~30%即可。

日粮配比要求：每日补饲混合精饲料1.0~1.5kg，胡萝卜0.5kg，食盐15~20g，鲜、干青草任意采食。当每日采精次数超过≥2次时，饮水3~4次。

运动可促进食欲，增强公羊体质，提高性欲和精子活力。但过度的运动容易造成羊只疲劳，影响种公羊生精和配种能力。一般要求运动强度20~30min为宜，每天早晨或下午运动1次。设有专门运动道的，人工跟随中速驱赶；无此条件的，可在运动场内人工跟随缓慢驱赶30~40min。运动结束后，种公羊至少应休息1h，才可采精或参加配种。

种公羊的圈舍要适当大一些。应保证每只种公羊占地1.5~2m^2，运动场面积不小于其舍内面积的2倍；保持阳光充足，空气流通，地面坚实、干燥，适宜温度18~20℃。冬季圈舍要防寒保温，以减少饲料的消耗和疾病的发生；夏季高温时防暑降温，高温会影响食欲、性欲及精液质量。

第三节　种母羊的饲养管理

一、母羊的繁殖规律

1. 性发育时期

从繁殖生理学的角度而言，羔羊自出生到其第一次配种受孕的生长发育过程统称为性发育时期。其分为初情期、性成熟期、体成熟期和初次配种期四个阶段。这四个时期尤其是初情期到来的早晚，受品种、气候和营养等因素的影响。气候暖和，营养好的羊生长发育快，性成熟期会到得早一点儿、初配年龄可提前。正确掌握好其性发育时期和适宜配种年龄，既能保证羔羊正常发育，又可以提高母羊受胎率、延长繁殖寿命。

(1) 初情期。母羊初次发情和排卵的年龄谓之初情期。多胎羊的初情期要比单胎羊（毛用羊和粗毛羊）来得早一些，大约在4~5月龄出现。这时，羊只有发情表现，但一般还不会排出成熟的卵子，即使排出卵子也不会受精怀孕。

(2) 性成熟期。多胎羊一般出生后5~6个月达到性成熟。即羊只在自身性激素的作用下，生理发生了很多变化，表现发情征兆，生殖器官也基本成熟，可以产生成熟卵子，如果配种就可以受孕。但由于体躯骨盆发育不足，仍不能配种，应等到躯体发育一定程度时才可以配种。否则，会影响后代的发育和自身的繁殖寿命。

(3) 体成熟期。通常情况下，羊的体成熟在其性成熟后1个月左右的时间内完成，即6~7月龄。体成熟标志着羊的生长发育已基本完成，具有了该品种的基本外形结构与承担孕育下一代的基本能力，可以参加配种了。也就是说，体成熟才是真正的“开始配种的年龄”。

(4) 初配年龄。就是羊只第一次配种的年龄。实际生产中，母羊的初配年龄一般介于性成熟和体成熟之间，即多胎羊为6~7月龄，肉用羊和毛用羊为周岁以后。初配年龄的确定与母羊的体重有关，如果其体重达不到成年体重的70%以上（初配体重），即使已经性成熟也不能配种，初配年龄则要向后推迟。这个初配体重与品种有关，小尾寒羊、多浪羊母羊的是30kg；湖羊和策勒黑羊的分别为20kg和25kg。

公羔在6~7月龄就能排出成熟的精子，但精液量很少、畸形和未成熟的精子多，故一般不用于配种而是选用1岁以上的公羊配种。

2. 发情季节

指母羊集中发情的气候阶段，通常是对单胎羊而言的。多胎羊一年四季都发情配种，无季节性之分。但发情状况受到自然季节性饲料和营养供给的影响，以春秋季节发情比较集中。特别是秋季，母羊身体健壮、膘情好、性欲旺盛，发情率要高；夏季的则相对低一些。舍饲状态下，只要保证全年饲料营养供给良好，多胎羊发情的季节性差异就会被消除。

3. 配种季节

发情季节即为配种季节，通常也是对单胎羊而言。多胎羊既是全年发情无季节性差异，那么也就无所谓的配种季节。但由于发情受季节性饲料供给与营养状况的影响，配种也就必须与之相适应。由于夏季气候炎热，母羊的食欲与采食量下降，妊娠前期营养供给不足而致所生羔羊初生重小、体质较弱，所以多胎羊配种期应当避开夏季。即使在舍饲状况、营养供给充足的优越条件下，也应当引起养殖者的重视。

4. 发情周期与发情持续期

（1）发情周期。母羊在性成熟以后，卵巢会出现周期性的排卵，同时其他生殖器官也会发生明显的变化。这种变化就叫作发情。从发情开始到消失的这段时间叫做发情周期。多胎羊的发情周期平均为17d左右（表2-1）。

表2-1　几个多胎品种母羊繁殖性能一览

项　目	小尾寒羊	湖羊	多浪羊	策勒黑羊	波尔山羊
妊娠期（d）	148~193	150	150	148~149	141~154
发情周期（d）	15~19	16~18	15~18	16~18	18~24
发情持续期（h）	26~91	12~24	24~48	12~24	20~50
性成熟（月龄）	6~7	5~6	6~7	5~6	5~7
体成熟（月龄）	7~8	7~9	7~8	6~7	9~10
初配年龄（月龄）	7~8	8~10	6~8	18~24	12~14
产后发情（d）	60~80	30~40	30~40	20~30	

（2）发情持续期。绵羊发情持续的时间成为发情持续期，也就是母羊排卵到受精或卵子死亡的时间范围。只有在发情持续期内配种，母羊才能受胎怀孕。发情持续期内，羊的外部表现为发情特征最为明显；内部则是卵巢排出成熟卵子到与精子结合的部位（在母畜输卵管下1/3处）受精的时间。如果在提前于持续期24h配种，因卵子尚未成熟排出，精子无法与卵子结合，最后耗竭而亡；相反，如果推迟到持续期36h后配种，卵子因未遇精子结合形成受精卵而已进入子宫，或已死亡也不能受胎怀孕。因此，了解绵羊的发情持续期，把握好配种（输精）时间对于人工授精的受胎率高低至关重要。

青年羊（初配羊）发情持续期相对短而不太明显，成年羊（经产羊）的长而明显（表2-1）。

5. 发情与配种

（1）外部表现。母羊发情可以从其外部表现来判断。首先，母羊在激素作用下，卵巢卵泡发育并产生雌激素，引起母羊生殖道发生增生，子宫颈口松弛，子宫黏膜增厚。阴道黏膜及外阴部充血，阴门肿大，流出黏液。其次，发出求偶叫声，食欲减退，兴奋不安，对外界刺激反应敏感，摇头摆尾，有交配欲。第三，母羊产生性欲和性兴奋，喜欢接近公羊，在公羊追赶爬跨时常站立不动，安然接受公羊交配。

从母羊发情的外部表现来判断母羊是否发情是比较容易的。但养羊户往往不太注意观察，无法确知母羊的发情开始时间，常常就会错过了适时配种（输精）的大好时机，是造成受胎率下降的主要原因。

（2）试情。用试情公羊试情的方法能准确找出发情母羊，做到适时输精。具体而简便的方法是：在试情前将公羊腹部兜上一块试情布（长 40~45cm，宽 35~40cm，四角缝上 25~30cm 长的带子），每日早晨一次或早晚各一次将公羊放入母羊群中试情。当母羊站立不动，接受公羊爬跨，或母羊围着公羊旋转，并不断摇尾，都是母羊发情的表现，及时把它挑选出来进行人工授精即可。

（3）试情公羊选择和饲养管理。试情公羊一般选择非配种（或采精）的成年公羊，在种公羊缺少的情况下，可以选择本品种不易采精的种公羊或其他绵羊品种的种公羊作为试情公羊。要求其体质结实、健康无病，性欲旺盛，动作灵敏，年龄为 1~5 岁公羊。试情公羊与母羊的比例以 1∶（30~40）为宜。在配种前一个月驱虫，加强饲养管理，除放牧采食或舍饲喂草外，每天还要补饲 0. 2~0. 3kg 混合精料。每隔 10~15d，要给试情公羊排精一次，以增强其性欲。

（4）输精。适时输精对提高母羊的受胎率十分重要。羊的发情持续时间为 24~48h。排卵时间一般多在发情后期 30~40h。因此，比较适宜的输精时间应在发情中期后（即发情后 12~16h）。

以观察法根据母羊外部表现来确定母羊发情：上午开始发情的母羊，下午与次日上午各输精 1 次；下午和傍晚开始发情的母羊，在次日上下午各输精 1 次。

以试情法根据试情效果判断母羊发情：每天早晨 1 次试情的，可在上下午各输精 1 次，2 次输精间隔以 8~10h 为好，至少不低于 6h；若每天早晚各试情 1 次的，在次日上下午各输精 1 次。

无论采用哪种方法，只要输精后母羊继续发情，可再行输精 1 次。

来自内蒙古养殖者的经验表明，在自然交配的情况下，早晚或晚早两次配种，更换不同的公羊可提高母羊的受胎数和产羔数。有兴趣者，不妨一试。

（5）产后发情配种。多胎羊分娩后，机体生殖生理系统机能需要一定的时间休养生息，才能恢复体况再次发情配种。这个恢复期时间的长短，因品种、胎次、产羔数、体格大小、哺乳期长短、个体差异及饲养管理条件存在明显的差异。体格较小的湖羊和策勒黑羊产后 20~30d 即可发情配种，体格较大的小尾寒羊和多浪羊则需要母羊分娩后60~80d和30~40d；第一胎最长，随后逐渐缩短，第四胎最短；生产和哺乳单羔的比生产和哺乳双羔的要短，生产和哺乳羔羊数多的比生产和哺乳羔羊数少的要长；哺乳期长的比哺乳期短的要长，传统断奶的比早期断奶的要长；放牧的比舍饲的要长，冬春产羔的比夏秋产羔的要长。

二、母羊的饲养管理

母羊是羊群生产和发展的基础、有生力量和主力军。母羊的饲养管理如何，除了直接影响其生产水平，进而影响到妊娠期羔羊的发育及其生后的成活与成长。“母肥子壮”就是对其重要性的写照，“母羊养好了，一切问题就都解决了”。由此可见，加强母羊的饲养管理有多重要。当然，多胎羊有别于单胎羊，在突出其多产多羔的特性的前提下，须针对其生理阶段不同生理阶段调节营养水平、配制日粮配方、制定饲养管理措施。只有这样，才能发挥其遗传潜力、实现多胎、多羔、多活、多效益的目标。

（一）空怀期的饲养管理

空怀期是指母羊从哺乳期结束到下一配种期的这段时间。空怀期母羊饲养管理的中心任务是使其体况尽快恢复到妊娠前的水平，为下一次配种做好准备。这时，由于其没有妊娠或泌乳负担，饲养管理也相对比较粗放一些，人和羊都可以放松一下。

1. 营养水平与日粮配方

原则上讲，应当使用低营养水平的空怀羊配方日粮。但考虑到多胎羊在哺乳期消耗太大，骤然更换日粮会产生较大的应激反应，以在哺乳期日粮中逐步增加空怀日粮比例的办法为好，在5~7d内完成。这样，也有利于母羊“回乳”避免乳房炎的发生。

对于哺乳期消瘦程度大、体质弱的母羊，要挑出来集中饲养。并视其恢复情况，相应延长哺乳期日粮使用时间及空怀期日粮替代比例，以促进其体况恢复、赶上大群的水平，便于将来集中配种。

配种前1个月左右是空怀母羊快速抓膘期。这时要加强营养，加大精饲料的喂量，日粮蛋白质水平提高到15%左右，以使其体况快速恢复、储备足够的营养，为发情配种、排卵受胎做好准备。也有利于羊群集中发情配种，提高劳动率，降低生产成本。做到满膘配种，是提高母羊排卵数和胚胎数的有效措施。

2. 选优淘劣

在空怀期内，依据其产羔和哺乳期的表现，进行母羊种用性能鉴定，淘汰年老体弱、产单羔的、母性不好和患有乳房炎等顽固性疾病的母羊，以保证整个母羊群有很高的繁殖性能。

3. 防疫治病

空怀期内，可加强进行某些疾病的药物治疗，一些强制性免疫和重大传染病的接种免疫工作可在此时进行。

4. 催情与配种

为保证两年三产高频繁育生产方式的正常循环实施，可对多胎羊使用的同期发情技术，确保在空怀期末完成群体的配种工作。人工授精的，应做好配种记录（表 2–2），以备查询其受配情况及后代系谱来源预防近交；自然本交的，其后代无法确认其系谱来源，故不能留作种用。

表 2–2　年母羊配种记录

羊场（畜主）名称：　　圈舍号：　　饲养员：　　配种记录人：

序号	与配公羊号	母羊号	第一情期			第二情期			备注
			配种日期	授精时间 1	授精时间 2	配种日期	授精时间 1	授精时间 2	
1									
2									
3									
…									

注：该记录表须包括这些科目，纸张、字号与各栏宽窄大小用者自定。

（二）妊娠期母羊的饲养管理

妊娠期是母羊孕育新生命的时期，也是对营养要求最高、饲养管理精细化程度要求反应最为敏感的时期。这一时期饲养管理的好坏，直接影响着胎儿发育、出生时状况以及母羊泌乳状况对羔羊早期生长。如果这一时期的饲养管理不到位，则有可能造成胚胎死亡、消失、流产、产羔数减少、死胎或弱羔、出生死亡率提高等不良后果。

和单胎品种羊一样，多胎母羊的平均妊娠期为 5 个月。胎儿生长发育过程可分为妊娠前期和妊娠后期两个阶段区别对待。

1. 妊娠前期的饲养管理

（1）中心任务。妊娠前期是母羊妊娠后的前 3 个月。这一时期的中心任务是保胎，尤其是配种后第一个月。有研究表明，母羊在配种以后，卵子与精子在母体输卵管下 1/3 处相遇而受精，形成受精卵沿输卵管向下运行到子宫。然后，寻找适宜的位置在子宫壁上附着、着床、植入，与母体建立起血液交流与循环机制、开始胚胎发育。这时，任何因素都会对其产生不良影响，造成其过程完成困难或失败。因此，对于怀有多个受精卵的多胎羊而言，妊娠前期的保胎工作尤为重要。

（2）营养水平。营养对妊娠前期母羊的主要作用是，提供必要的营养促进受精卵的着床、附植及胚胎早期发育。如果此时母羊营养不良，可能造成受精卵难以在母羊的子宫壁上着床、附植，阻碍母子血液循环和物质交换系统的建立，致使受精卵死亡消失、数量减少或早期胚胎发育不良，而产羔数减少、畸形或死胎。

但总体而言，妊娠前期胎儿发育的速度较慢，母体对营养的需求比空怀期并未明显增大。所以，原则上比空怀期稍高，即能量和蛋白质的供给量在空怀的基础上分别提高10%~15%和5%~10%。小尾寒羊的经验日粮组成为：青贮饲料1kg，青干草0.5kg，苜蓿干草0.5kg，混合精料0.3kg（配方碎玉米55%，豆饼18%，麸皮15%，米糠8%，微量元素添加剂1%，食盐1%）。体况不佳的羊可增加混合精料喂量50~100g。

妊娠前期母羊对粗饲料消化能力相对较强。优质饲草资源缺乏的地方，可考虑用优质秸秆部分代替苜蓿草或青干草，以节约资源和降低饲料成本。

（3）饲养管理。不喂发霉变质、冰冻有霜的饲料，不饮污染水、冰碴水，适度自由运动、狂奔乱挤、不让羊群受惊吓，以防止发生早期流产。

2. 妊娠后期的饲养管理

（1）中心任务。母羊妊娠的最后2个月为妊娠后期。这一时期的中心任务是保证母羊营养供给促进胎儿生长、预防流产。

研究表明，妊娠后期是胎儿的快速生长期，羔羊初生重的80%左右是在这一时期完成的。如果此期母羊营养供应不足，就会出现羔羊初生重小、抵抗力弱、初生死亡率提高。与此同时，妊娠后期也是母羊蓄积营养，为产后泌乳做准备的重要时期。此时，母体从饲料中获得的营养物质以首先供给胎儿生长为前提。如果日粮营养供给不足，母体储存的就必然减少、导致产后泌乳力下降——少乳或无乳，即使多产也无法保证羔羊全部成活，甚至出现死羔或畸形羔。

（2）营养水平。大中型多胎羊场，应由专业技术人员根据品种的《饲养标准》配制母羊妊娠后期日粮配方和饲喂日粮。一般的羊场，日粮的代谢能（ME）和可消化粗蛋白（DCP）水平应在妊娠前期的基础上，分别提高20%~30%和40%~60%；日粮中精料的比例提高到20%，产前6周为25%~30%。日粮粗饲料中，优质青干草（如苜蓿干草）的比例要逐渐提高，劣质秸秆类饲料相应逐渐减少。还要注意补充或提高添加剂喂量。

这里需要强调的是，舍饲羊日粮配方中微量元素、维生素和氨基酸添加剂（或复合添加剂）全年都不可或缺。否则，母羊妊娠后期、产前或产后会出现跪卧不起等病症。

（3）饲养管理。

①产前1个月，须将怀孕母羊与空怀母羊分群饲养，单圈管理精心照料，也可避免受空怀母羊干扰冲击造成流产。②产前1周左右，夜间将母羊转入待产圈中单栏饲养和护理。在产前1周：适当减少精料喂量，以免胎儿过大而造成难产；停止饲喂青贮饲料，以免造成母羊酸中毒导致产后瘫痪；每天饲喂3~4次，“先粗后精”、少喂勤添；饲槽内吃剩的饲料，特别是青贮饲料，在下次饲喂时一定要清除干净，以免发酵变质、母羊采食后引起羊的肠道病而造成流产。③严禁喂发霉、腐败、变质饲料，不饮冰冻水，严禁空腹饮水。冬天饮水次数不少于2~3次/d，最好是经常保持槽内有水让其自由饮用。④放牧或运动时要做到“三勤和三稳”。即眼勤，手勤，腿勤；“三稳”：一是进出羊圈时要稳，一般要有饲养员站在羊圈门边疏导羊群按顺序进出圈门；二是放牧时要走稳、慢赶；三是饮水时要稳，防止拥挤抢水，不饮冰水。还要保持羊圈地面平坦干燥，以防母羊滑倒引起流产。

（三）泌乳期母羊的饲养管理

1. 中心任务

创造条件促进母羊泌乳，保证羔羊健壮成长。就是要想尽一切办法让母羊多产奶，保证羔羊吃足母乳健康生长、减少死亡。

2. 营养水平

泌乳期母羊对饲料营养的需求是其各生理阶段中最高的。这一时期应根据饲养标准，配制泌乳期日粮供母羊饲用。母羊产后，胃肠空虚、有饥饿感、食欲强烈。但由于生产期间体力消耗过大，加之怀孕期间心脏负担较重、运动不足，往往造成母羊下腹部和乳房底部的水肿、产后采食乏力。所以，母羊在产羔前3天和产羔后3d应适当控制精料喂量，以每天0.2kg/只为宜，以防消化不良或发生乳房炎和羔羊腹泻。膘情好的母羊，甚至可以不喂精料和多汁饲草，只喂优质干草即可。

1周龄后，视母羊的采食情况逐渐增加饲料，达到泌乳期的供给水平。哺乳单羔的母羊，混合精料的喂量0.3~0.5kg即可，双羔的则0.5~0.8kg，三羔的0.8~1.2kg；玉米青贮饲料喂量应是妊娠后期的2~3倍。

3. 饲养管理

母羊泌乳期是全年生产的收获期，也是工作量最大的生产环节。泌乳期的饲养管理直接影响到母羊泌乳量的高低，进而影响哺乳期羔羊生长发育及其成活率的高低。此外，实行舍饲养殖、两年三产制多胎羊，泌乳期间既担负着哺育羔羊的承重负担，又是其产后恢复、为产后发情和下一次配种蓄积营养的时期。因此，围绕提高母羊的泌乳量这个核心任务，除了充足供给各种营养素外，还要在饲养管理方面精细到每只母羊，为其提供一个温暖清凉、安静舒适的生活环境；保障饮水新鲜、清洁、充足；充足的自然光和自由运动。

产后7~10d，要实行母子分离，定时和晚间合群哺乳，以减少羔羊吃奶对母羊的干扰；同时，羔羊在补饲栏内开始进行补饲，以减轻其随日龄增长对母乳需求量不断增加而对母羊产生的压力，以渐进的方式实现由母乳向饲料的转变，逐步过渡到断奶时可以采食饲料日粮，以利母羊产后恢复。

严禁将哺乳母羊与非哺乳期母羊及处于其他生理阶段的羊只混群饲养。

第四节　羔羊的饲养管理

出生后至断奶前的新生幼龄羊叫做羔羊。羔羊期的饲养管理不仅影响其早期生长发育以及断奶成活率，而且影响其成年后的生产性能。

一、出生与接羔

1. 预产期

绵羊的妊娠期平均为150d，可通过查阅配种记录或早期妊娠诊断的记录来推算，前后误差一般不超过7d。

预产期=年号不变 /月+5 /日不变（上半年配种）

预产期=年号+1/月+5 −12 /日不变（下半年配种）

如若一母羊的配种日期为2015年10月15日，依据上式推算则其产羔日期即为2016年03月15日。

自然大群交配无准确配种时间记录的，可根据母羊的外部表现进行估计。

临近产期的母羊，腹部下沉、外突明显、肷窝塌陷、脊背凹陷，行动迟缓、外出放牧常落群、圈内饲养则离群独处，外阴部湿润红肿，乳房圆涨可挤出乳汁（有的甚至自然滴漏）。据此，可推断母羊的产期在10~15d之后。

临近分娩时，母羊精神不振，食欲减退，甚至停止反刍，不时咩鸣；阴门肿胀潮红，有时排出浓稠黏液，尤其以临产前2~3h更为明显；行动困难，排尿次数增多；起卧不安，有时四肢刨地；常独处墙角卧地，时而回顾腹部，四肢伸直努责。肷窝深陷，努责及羊膜露出外阴部时，应迅速将母羊从待产区转到产羔区的产羔栏内待产。

临近产期1周前，要安排专门人员昼夜值班，观察母羊的行为变化，随时准备接羔——迎接新生命的诞生和新生产力资源的到来。

2. 接羔

就是给羊接生。羔羊的出生时间一般在午夜和凌晨夜深人静的时候。正常情况下，母羊以自身的努责力量可顺利将羔羊一个个排出体外。应迅速将其口、鼻、耳中的黏液掏出，以免因呼吸困难而窒息死亡，或者因吸入异物引起肺炎。羔羊身上的黏液让母羊舔干，以增强母羊的亲子性、辨认力、哺乳性和保姆性，也有利于胎衣排出，并对和调节羔羊体温有好处。对恋羔性弱的初产母羊，可将胎儿体上黏液涂抹在母羊鼻口上或将麦麸撒在胎儿身上，让其舔食，通过气味以促进母子感情。

母羊产后站起，脐带会自然断裂，在脐带断端涂抹5%碘酊消毒即可。如脐带未断，可在离脐带基部约8~10cm中细的部位，用手指向脐带两边撸去血水后掐断，或用剪刀剪断脐带，然后碘酊消毒。切勿结扎脐带，否则会影响渗出液的排除，使脐带难以干燥，容易引起脐带炎。

有的胎儿生下后有假死现象。可提起羔羊两后肢，使其悬空的同时拍击其胸背部；或使羔羊平卧，双手有节律地推压羔羊胸部两侧，进行人工呼吸；或从羔羊鼻孔吹气使其复苏。

多胎羊产羔，两只羔羊前后出生约间隔一般为5~30min，长的可多至几小时。当母羊产出第一只羔羊后，应注意检查是否还有未产的羔羊。如母羊表现仍不安宁、卧地不起或起立后又重新躺下努责的情况，可用手掌在母羊腹部前方适当用力向上推举，可触到一个硬而光滑的羔体。

多胎母羊常因怀胎数多而个体偏小，尤其是加之母羊多次分娩体力不支、努责越来越弱，误以为产羔已经结束而忽略了最后那个体格最小的“垫窝子”。因此，多胎羊一定要等到胎衣露出，才能判定其分娩结束。

分娩完毕，如发现母羊乳房周围和股内侧有毛未剪，应及时剪去。便于羔羊吃奶。随后用温和的消毒水洗涤乳房，再用温湿的毛巾擦干并按摩乳房后，挤去最初几滴初乳汁，辅助羔羊吃饱初乳。

产羔羊结束后，母羊疲倦、口渴，应给母羊饮温水，最好是麦麸皮水或红糖水，有利其胎衣排出、产道恢复及提高泌乳量。

3. 难产与助产

产双羔或多羔的母羊，会因后期疲乏无力需要人工助产。初产母羊往往因骨盆狭窄、阴道狭窄、阵缩及努责微弱、胎儿过大、胎位不正等出现难产，也需要人工助产。破水后 20min 左右，母羊不努责，胎膜也未出来，应当进行人工助产。

（1）胎儿过大。通常情况下，接生员可手握住胎儿的两前肢，顺着母羊的呼吸和努责的波动性变化，轻轻用力向外拉，然后再送进去。如此反复三四次后，阴门就扩张了。这时，接羔员可一手拉羔羊两前肢，一手扶着羔羊的头顶部，伴随母羊努责增加力量，平稳地将胎儿拉出体外。但用力不宜过猛，应逐渐用力。

如果上述办法无效或无法实施，则须对母羊阴门实施扩张术。可由兽医或在兽医的指导下，用专用扩张器对难产母羊实施阴门扩张术。

（2）胎位不正。有后位、侧位和横位及正位异常等。

后位也叫倒生即胎儿臀部对着阴门口，后肢和臀部先露出。这种情况很难将其调正为正位生产，可顺着母羊的阵缩和努责，将胎儿送回子宫，让两后肢先出，接羔员一手抓住胎儿两后肢、一手轻按其臀上部，趁着努责将胎儿顺势拉出体外。

侧位有左侧位和右侧位及后左侧位和后右侧位之分。前左右侧指胎儿头朝前下方，左右肩膀先露出。可顺着母羊的阵缩和努责，将胎儿送回子宫调整为正位，自然或人工助产产出；左右侧后位的，可将胎儿送回子宫调整为后位，再以后位的方法助产即可。

横位即胎儿横在子宫里、背部或腹部对着阴门口，脊背或腹部先露出阴门。横位的难产死亡率很高。解决横位难产的办法是，顺着母羊的阵缩和努责，将胎儿送回子宫，体外人工调整为正位，再以正位自然或人工助产即可。

正位异常是正位的一种异常形式，有俯、仰位两类各四种情况。俯位有：胎儿两腿在前，而头部向下埋于胸脯前，称之肢前头下；两肢在前，头向后靠在背脊上叫作肢前头后；胎儿头在前，前肢蜷贴在胸下或向上举于头的后上方，则为头前肢下和头前肢上。仰位的情况正好与之对应相反。

其人工助产可参照和结合以上异常胎位的处理办法来施行，不可死搬硬套。

4. 特殊处理

在上述难产助产之法都不能生效，危及母子生命的情况下，必须采取断然措施，以挽救母子双方或一方的生命。这些措施包括剖腹产和胎衣剥离等。

但在实施特殊处理紧急情况之际，尚需遵循以下基本原则：

母子双保的原则——只要母子都活着，就要尽最大可能力保母子平安。

权衡轻重的原则——在无法做到两全其美时，必须有所取舍。初产年轻羊，以母为重，先保母后保子；老年羊以子为重，先保子后保母。

（1）剖腹产手术。与人医的剖腹产手术一样，用手术刀切开母体的腹部和子宫，取出胎儿，拯救母子性命。但可能遇到以下3种情况，须先行鉴定作出判断，然后再采取不同的措施。

当然，对母体是否存活的鉴定比较简单，可以根据其呼吸、眼球转动等外部生命表征和心跳等轻易作出判断。但对胎儿是否存活判断较难，可用听诊器体外听取胎儿心音和呼吸音，如能听到说明其活着，反之则已死亡；二是用橡胶软管插入胎儿鼻孔或口中，听取是否有呼吸声；三是手指伸到胎儿口中、按压舌头，感觉其是否有吸吮或触抵反应。单一的鉴定方法容易造成误判，须将3种方法结合使用，只要有一个生命特征存在，就要进行抢救。

①母子均活。切开母体腹部和子宫壁，将胎儿取出、抢救护理，使其恢复正常。然后，将创口分别进行缝合、治疗护理、恢复健康。母子兼顾，双方平安。

②子亡母活。判定胎儿已死腹中，则以救母为主。一是用带有保护套管的专用工具伸入到母羊生殖道里，将钩索套在胎儿的下颌、颈部或腿部，将其拉出体外，焚烧或掩埋；二是用带有套管保护的绳锯伸入到母羊生殖道里，将胎儿锯成碎块，让母羊排出或人工掏出体外；三是实施剖腹产手术。

③母亡子活。这种情况可置母体于不顾，剖腹救出胎儿即可。

（2）胎衣不下。母羊在产完最后一个胎儿之后的4~6h后，胎衣仍不能从产道排出脱落，则可判定为胎衣不下。胎衣不下会影响母体生殖器官的收缩恢复，或使生殖道发生感染、影响怀孕繁殖；严重的可导致母羊死亡。

对付胎衣不下的办法，通常有药物催脱、重力助脱和手术剥离3种。

①重力助脱。老百姓常用的办法。即在脱出部分的胎衣上悬坠一适当重量的非硬质物体，伴随羊的站立和行走，依靠重力的作用使胎衣缓慢与子宫壁脱离，最后排出产道。

②药物催脱。经兽医诊断后，肌肉注射催产药物，经生理作用使胎衣与子宫壁分离，逐渐自然排出体外。分娩后不超过24h的，可应用垂体后叶素注射液、催产素注射液或麦角碱注射液0.8~1mL，一次肌肉注谢；中药可用当归9g、白术6g、益母草9g、桃仁5g、红花6g、川芎3g、陈皮3g，共研细末，开水调后灌服。当体温高时，宜用抗生素注射。

③手术剥离。胎衣粘连严重的，可采取体外人工辅助剥离，或手术剥离。这一过程，需要具有丰富经验的接产工或技术老道的兽医才能实施完成。应用药物方法已达48~72h而不见效者，宜先保定好病羊，按常规准备及消毒后进行手术，术者一手握住阴门外的胎衣，稍向外牵拉；另一手沿胎衣表面伸入子宫轻轻

剥离胎盘，最后宫内灌注抗生素或防腐消毒药液，如土霉素2g，溶于100mL生理盐水中，或注入0.2%普鲁卡因溶液30~50mL。

5. 注意事项

（1）严格消毒，无菌操作。接产、助产和手术处理必须在无菌条件下进行。接生员、助产师和兽医等须剪去指甲、挫光磨圆，用2%的来苏儿溶液浸洗手臂、涂上油脂，以防感染和对产道造成损伤。

（2）穿戴防护用具，防止感染布病。参与接产、助产和手术的人员必须穿戴防护衣物，特别是要带好防护手套，以防弄伤而感染布氏杆菌病。一旦弄破手指，须立即停止工作、进行消毒处理。否则，后患不尽。

（3）助产和手术须由专业人士实施。胎位异常与难产处理、剖腹产与胎衣剥离等须外科兽医按手术操作程序与要求有序实施，非专业人士切忌盲目乱动。

（4）保持安静环境。羊的生产过程需要一个清洁安静的环境。遇到难产和紧急情况需要冷静处理，切忌心浮气躁、慌张混乱。

二、初乳期的管理

1. 让羔羊尽早吃上初乳

羊的整个产奶期内，因其奶的成分和对羔羊的生物意义不同分为初乳和常乳。初乳是母羊分娩后最初5d以内分泌的乳汁。其后分泌的乳汁统称为常乳。初乳外观上呈黄色黏稠液体、稍带腥味儿；常乳则是相对稀薄的白色液体。羊的初乳中干物质含量较高、蛋白质比常乳高出好多倍，维生素也比常乳高出几十倍。特别是初乳中富含羔羊易吸收的多种免疫球蛋白比常乳高了近百倍，对增强羔羊体质、提高抗病能力、排出胎粪至关重要，是羊乳中营养价值最高、无法取代的。所以，初生羔羊一定要及时吃上初乳。

（1）初生羔羊在生后半小时应保证能吃到初乳，羔羊才能活动有力、紧随母羊、正常吃奶，利于羔羊以后的生长发育。

（2）若羔羊初生几小时后吃不到初乳或母羊初乳不足，羔羊会出现站立不稳、浑身发抖等症状，严重者口腔紧闭，不能吸乳，体温下降，死亡率高。对于这种羔羊，应使其吃上其他母羊的初乳。

（3）如果新生羔羊体弱或找不到乳头时或母羊不认羔羊时，要设法帮助母子相认，人工辅助或另找保姆羊。对有病羔羊要尽早发现、及时治疗，给予特别护理。

（4）初生羔羊吃不到初乳或初乳不足，胎粪常粘在肛门周围形成干粪便，甚至引起肛门堵塞。应及时清理肛门周围的胎粪，保持尾部干燥和清洁。

对于母羊有乳房炎的羔羊，可以实行全人工哺乳或者寄养代育。

2. 羔羊免疫接种

羔羊出生半小时后称初生重量。出生后12h内肌肉注射“破伤风抗毒素”灭活苗，预防感染破伤风。出生后1周内接种“三联四防”灭活苗（1mL/只，肌肉注射），避免由于抵抗力低体质弱的羔羊感染上魏氏梭菌，造成羊只大批死亡。

3. 注意保温

因为初生羔羊被毛稀疏、单薄，体温调节能力差。冬季尤其要注意产羔舍增温保暖，舍内尽可能保证温度保持在5℃以上。

4. 特殊情况的处理办法

对于因母羊产后少奶、无奶，母羊死亡，母羊产羔过多而无力抚养的羔羊，须采取挤奶喂养、保姆羊寄养和代乳粉喂养等办法，帮助其渡过生存难关。

（1）挤奶喂养。初产母羊常出现少奶或无奶现象。可人工挤取其他经产母羊的乳汁，喂养羔羊，以解燃眉之急。同时，需对母羊进行乳房热敷，或服用催乳药物进行处理，使其泌乳或提高泌乳量，最终解决羔羊吃奶问题。

弱羔要人工辅助哺乳。饲养员要抱起羔羊推到母羊的乳头前，羔羊就会自己吸吮乳头，吃到奶时就会兴奋地连续抖动尾巴。当羔羊吸吮乳头时，饲养员可用大拇指和食指轻轻按摩羔羊尾根来鼓励羔羊吃奶。人工辅助喂乳时要有耐心，不可性急。

对于不会吃奶的羔羊，可手工挤出少量初乳至羔羊的嘴中，让其嗅到母乳的气味儿。随后把食指放在羔羊的舌上，诱导羔羊学习吸吮。最后再慢慢把乳头送到羔羊的嘴中让其吸吮。反复几次羔羊就会自己吸乳了。

对于先天性不会吸乳的羔羊，可先挤出初乳到注射器中。然后，在注射器前端套接经过消毒的医用细软胶管。把细胶管的另一端顺势插到羔羊的舌根部，随后轻轻推注射器把初乳挤到羔羊的口腔中。如此反复几次，羔羊就能自己吸乳了。

（2）寄养。将失去母羊、母羊无奶和产羔多无力抚养的羔羊寄存到经产母羊、产乳量高的或产后失子的母羊抚养。但寄养必须在羔羊出生后2h内实施。否则，寄母（奶妈）会因其沾染上了其他羊的气味儿而拒绝代养。

（3）保姆羊。即用奶山羊代替绵羊哺育羔羊。奶山羊的乳汁成分与绵羊的十分接近、泌乳量又很高，应当说是一种上好的代乳品和十分理想的办法。但这种办法要求奶山羊的产羔期和泌乳期日龄须与多胎绵羊的相同或相近，这一点在生产中很难做到；此外，奶山羊习性顽劣、保姆性差，常常拒绝代养其他母羊的羔羊；1只奶山羊只能代乳2只羔羊，而且须进行长时间的调教才能成功。对于大中型规模化多胎羊场来说，需要养殖数量不菲的奶山羊才能与之相配套，也会因此而增加大量的投资和养殖成本，得不偿失。所以，以奶山羊做保姆羊适于小规模散养户。

(4) 牛奶喂养。使用煮熟后的全脂牛奶也可成功地喂好羔羊。但切忌牛奶脱脂和掺水！不然的话，喂得多死得多，即使存活下来也是僵羊，造成极大的浪费。

(5) 代乳粉喂养。代乳粉是人工研制的替代羊奶的粉状固体物。它以奶粉为主要原料，添加了羔羊生长所需要的其他必要成分，以一定的比例与开水混合成液体后哺喂羔羊。目前的产品只能替代常乳，还不能替代初乳。它具有贮存、运输、使用方便，使用效果好、成本低等优势，克服了前述诸多办法的不足之处，是当前解决绵山羊缺奶、多胎羊乳汁不足致其羔羊死亡最为行之有效的办法，深受广大用户的欢迎（详见第四章第三节内容）。

5. 做好相关测定记录

(1) 母羊产羔记录。以表格的形式，及时记录每只母羊的临时编号（背号）和永久编号（耳号）、产羔日期、产羔数量、公母羔只数等。作为母羊繁殖性能指标和选留与淘汰的依据（表 2-3）。

(2) 羔羊初生体重、体尺测定记录。一般用托盘天平（杆子秤）测定羔羊初生重，用测杖和卷尺测量其体高、体斜长、胸围（表 2-4）。

胸宽、胸深、管围的体尺指标。以表格形式做好记录，作为羔羊生长发育性能测定的基础数据，也是断奶选留的参考依据。这项工作要在羔羊身体被母羊舔干后能自行站立、采食初乳前完成，也可统一在羔羊采食初乳之后进行。

三、常乳期管理

母羊分娩 5~7d 之后至断奶分泌的乳汁称之常乳。虽然它的品质与初乳有很大差别，但却是分泌时间最长、产量最高，羔羊前期生长发育的主要食物来源。羔羊的哺乳期（母羊的泌乳期）一般约为 90d，舍饲多胎羊则为 60d，根据母羊的泌乳规律和羔羊对母乳的依赖性，将其划分为哺乳前期和哺乳后期两个阶段，舍饲多胎羊大体各占一个月。

母羊产后泌乳量逐渐增加，4~6 周达到高峰，随后又开始下降。这个泌乳规律刚好与羔羊胃肠功能发育相对应，也与泌乳前期与哺乳后期相对应，这时羔羊以母乳为主要食物来源，生长速度最快，瘤胃几乎没有发育、尚不能采食饲料日粮；泌乳后期与哺乳后期相对应，羔羊瘤胃开始逐渐发育，逐渐转变为以饲料为主要食物来源。至断奶时（2 月龄）瘤胃微生物系统形成，则完全可以脱离母乳采食精粗饲料。常乳期羔羊的饲养管理主要有以下内容。

表 2-3　年多胎母羊产羔记录

羊场（畜主）名称：　　圈舍号：　　饲养员：　　记录人：（签字）

序号	母羊耳号	与配公羊耳号	产羔日期	产羔数（只）		初生重（kg）						临时号						永久号						备注
				公羔	母羔	公 1	公 2	公 3	母 1	母 2	母 3	公 1	公 2	公 3	母 1	母 2	母 3	公 1	公 2	公 3	母 1	母 2	母 3	
1																								
2																								
3																								
4																								
5																								
6																								
…																								

注：表题中可用品种名称替代“多胎”称谓；该记录表须包括这些科目，纸张、字号与各栏宽窄大小、行数多少用者自行设计。

表 2-4　月龄羊体尺测定记录

羊场（畜主）名称：　　圈舍号：　　饲养员：　　测定人：　　记录人：（签字）

序号	耳号	性别	体重（kg）	体高（cm）	体长（cm）	胸围（cm）	胸深（cm）	胸宽（cm）	尻宽（cm）	管围（cm）	备注
1											
2											
3											
4											
5											
…											

注：表题中“月龄”前填写品种名称与年龄；该记录表须包括这些科目，纸张、字号与各栏宽窄大小、行数多少用者自行设计。本表为通用型，适用于初生羔羊（出生后 1h 内测定）、断奶羔羊和育成羊（断奶至配种前）及周岁羊和成年羊。

1. 编号

目的在于便于识别个体、记录其生长发育和生产性能、追溯遗传基础和选优淘劣及选种选配。编号应在羔羊出生后1~3日内即在背部打临时号、10~20日龄内打永久号。规模化羊场也可在出生后就打永久号。编号的方法有耳标法、剪耳法、墨刺法和烙角法及电子耳标法。

（1）耳标法。耳标有金属和塑料两种，形状有圆形和长条形。一般戴在左耳上。金属耳标用打耳钳打耳时，应在靠近耳根软骨部，避开血管，先用碘酒消毒，然后打孔。塑料耳标使用也很方便，先把羊的出生年月和个体号同时写上，然后打孔戴上即可。而且可以红、黄、蓝三种颜色区别羊的等级及代表特别含意。在种羊场，羊只编号一般习惯公羊为单号，母羊为双号。

（2）剪耳法。剪耳法是利用耳号钳在羊耳上打号，每剪一个耳缺，代表一定的数字，把几个数字相加，即得所要的编号。这种方法目前已经很少使用。

（3）墨刺法。墨刺法是用特制墨刺钳（上面有针刺的字钉，可随意排列组合）蘸油墨把号打在羊耳朵内侧面。这种方法简便易行，而且经济，无掉号的危险；缺点是，常因污染或褪色字迹模糊，无法辨认。这种方法也可用于个体编号，或其他辅助编号。

鉴于耳牌经常有撕裂羊耳、脱落和丢失、磨损不清的现象发生之弊，墨刺法有重新被启用的趋势，尤其是在育种方面。当然，将两者结合使用效果更好；电子耳标则更好。

（4）烙角法。烙角法即用烧红的钢字，把号码烙在羊角上。这种方法仅适用于有角的公母羊，也可作为辅助编号。比如本场用的种公羊除打耳标外，也可把公羊的个体号烙在角上。这样检查起来比较方便。这种方法亦可用于有角山羊。

（5）电子耳标法。即将特制的电子芯片埋入羊耳内侧或耳根皮下，通过特定的扫描设备阅读其内存信息。该法的好处在于，其不仅永久不会丢失，还可以将其一生的产能信息贮存其中并读取。

2. 断尾

断尾的目的是为了避免粪尿污染羊体，或夏季苍蝇在母羊外阴部下蛆而感染疾病，也更有利于配种。

需要指出的是：毛用羊公母羔都必须断尾；而地方品种肉羊和多胎羊一般都不断尾。这主要考虑的是它们的尾形构造及其对机体的生理意义。如阿勒泰羊属脂臀型——尾巴和臀部结合在一起无法断尾；哈萨克羊及小尾寒羊、湖羊等属脂尾型可以断尾，但生产中从来都不断尾。因为，它们的尾巴是羊的“油箱”——为机体储存和提供热量，以保证它们在长途跋涉的游牧途中不会因体力不支而倒下，或在漫长而严寒的气候条件下安全过冬。但其与良种肉羊的杂交羔羊尾形和功能已经发生了质的变化，无论公母、无论舍饲还是放牧，则都必须断尾。

断尾的时间一般选择羔羊生后 1 周左右。当羔羊体质瘦弱，或天气过冷时，可适当延长。断尾时选择晴天的早上开始，不要在阴雨天或傍晚进行。早上断尾后有较长时间用于观察羔羊，如有大出血的则可以及时处理。

断尾常用的方法有热断法和结扎法。

（1）热断法。需要一个特制的断尾铲和两块 20cm 见方的木板，两面钉上铁皮。在一块木板的下方挖两个半月形的缺口，断尾时把尾巴正压在这半月形的缺口里，还可以防止灼热的断尾铲烫伤羔羊的肛门和睾丸。另一块两面钉铁皮的、没有缺口的木板平放在板凳上、垫在尾巴下，以防止灼热的断尾铲烧着板凳。

操作时需要两个人配合。一人保定羊，一人操作断尾。保定的人将羊屁股蹲靠在垫有两面钉铁皮的、没有缺口的木板平放在板凳上；断尾者在离尾根 4cm 处(第三与第四尾椎之间)，用带有半月形缺口的木板把尾巴紧紧压住，手持灼热的断尾铲（最好用两个断尾铲，轮换烧热使用)，稍微用力在尾巴上往下压，即可将尾巴断下。

热断法的优点是速度快，操作简便，失血少、对羔羊的影响小。缺点是伤口愈合较慢。

注意事项：

①尾巴留下的长度，以能盖住母羊的外阴部为宜，一般至少应留 3 个尾椎。保留尾椎过少或不留尾椎，羔羊则失去了“扑打蚊蝇”的功能，蝇虫就会有机会附着在羊的阴户上（尤其是外阴有伤口时)，咬伤此处的皮肤、播下菌毒，使羊外阴瘙痒难受；甚或，蝇虫钻进阴道产卵繁殖，危害生殖系统。

②断尾铲应灼热到暗红色为佳，灼热过度，止血困难、伤口愈合难。

③切尾时候速度不要过快，以免止血不住；断下尾巴后，如仍出血可再用热铲烫一下即可止血。然后，用碘酒涂抹消毒。

④断尾后的羔羊，仍在圈内停留 2~3h 后再放回母羊群，以免羔羊哺乳时会摇动尾巴、和母羊接触早引起羔羊出血。

⑤保留断尾羔羊的圈舍，地面要铺些洁净干燥的垫草，以防创伤处感染和羔羊受凉生病。

⑥断尾的当日有出血羔羊，可用细绳在其尾根部紧紧扎住，过半日后，把细绳解除，使血流正常，便于伤口早期愈合。

⑦断尾后 1~2 日，尾根部出现肿胀者，是由于断尾铲灼热过度所造成，以

后会自动痊愈。

⑧断尾前，可以把尾巴的上皮向尾根方向推，断尾后皮松垂下来，愈合后可以把尾椎骨包起来。否则伤口虽然好了，尾椎骨露在外面容易受伤。

（2）结扎法。结扎法是用橡皮筋，将羔羊的尾巴在尾根部扎紧。由于结扎处以下尾巴血液循环断绝，一般经过 1~2 周，结扎处干燥坏死，尾巴则自然脱落。结扎法的要点是结扎要紧，否则会延长断尾的时间。尾巴脱落如有化脓等要及时涂上碘酒。此种断尾方法操作简便，短尾效果较好，但因羔羊受苦时间较长、后期发育受到一定影响。

3. 分群分圈

目的是有利于羔羊吃乳、补饲、管理及母羊体况恢复。原则是按照出生天数分群。一般出生后 3~7 日内母子在一起实施单独管理，可将母羊 5~10 只合为一个小群，母子隔离栏饲养、定时合群哺乳；7 日以后，可将产羔母羊 10 只以上合为一群，仍采取母子隔离栏饲养、定时合群哺乳；20 日龄以后，可以母子相随、大群管理。

应当注意的是，组群的大小还要根据羊舍的大小、母羊的营养状况，母羊恋羔的情况、羔羊的强弱具体掌握。只要羊舍有足够的空间，就不要急于合成大群；母羊营养差，羔羊瘦弱，也不要急于合群。在编小群时，应选择发育相似的羔羊，合并在一起。饲料条件好时，对单羔母羊可以混合编群，以便多羔母羊乳汁不足时，借哺单羔母羊乳汁。当饲料条件不好时，可以单独组编多羔群。一个月以上的羔羊，可以放入大群管理。

4. 去势

去势也称阉割，去势后的公羊称为羯羊。母羊一般不去势。

对不做种用的公羔或公羊进行去势，是为了防止其野交乱配、降低羊群质量。另外，公羔去势后性情变得温顺、管理方便、节省饲料，也容易育肥，肉无膻味且肉质细嫩。

（1）去势钳法。用特制的去势钳，在阴囊上部用力压紧，将精索夹断。睾丸逐渐萎缩吸收。此法因无伤口、无失血，无感染的危险；但不易掌握，须积累经验。

（2）结扎法。当公羔约 1 周龄大时，将睾丸挤入阴囊中，用橡皮筋或细绳紧紧地结扎在阴囊的上部，断绝血液的流通，经过半个月左右，阴囊及睾丸萎缩自行脱落。此法简单易行，值得推广。

（3）化学去势法。将 10%的甲醛溶液 10mL，用注射器注入阴囊，深度至睾丸的实质部分，使睾丸组织失去生长和生精能力，达到去势的目的。此法简单易行，不出血、无感染。国外从人性化、动物福利的角度出发，建议大力推广。

（4）刀切法。用手术刀切开阴囊，摘除睾丸。方法是：两人配合，一人保定羊只，一人实施手术。羊阴囊外部剪毛、用3%石碳酸或碘酒消毒后，施手术者一手握住阴囊基部，以防羊羔的睾丸缩回腹腔内。另一手用消过毒的手术刀在阴囊侧面下方切开一小口（约为阴囊长度的1/3），以能挤出睾丸为度。切开后把睾丸连同精索拉出撕断即可（羊年龄较大时须结扎精索血管）。

一侧的睾丸取出后，依法取另一侧的睾丸。有经验的人，把阴囊的纵隔切开，把另侧的睾丸挤过来摘除亦很好（这样少开了一个刀口）。睾丸摘除后，把阴囊的切口对齐，涂碘酒消毒，并撒上消炎粉。过1~2d可检查一下，如阴囊收缩，则为安全的表现；如果阴囊肿胀，可挤出其中的血水，再涂抹碘酒和消炎粉即可。去势后的羔羊，要饲养在有洁净褥草的羊圈内，以防感染。

刀切法创口较大、流血多，易感染破伤风。术后不要让羊只静卧，以免积血影响伤口愈合；为保险起见，术前注射破伤风疫苗。

5. 免疫接种（表2-5）

表2-5　羔羊免疫程序及需要接种的疫苗

疫苗名称	疫病种类	接种时间	接种剂量	注射部位	备　注
羔羊痢疾氢氧化铝菌苗	羔羊痢疾	怀孕母羊分娩前20~30d和产后10~20d各注射1次	分别为每只2mL和3mL	两后腿内侧皮下	羔羊通过吃奶获得被动免疫，免疫期5个月
羊三联四防灭活苗	梭菌病、羔羊痢疾	每年于2月底3月初和9月下旬分2次接种	1只份	皮下或肌肉注射	不论羊只大小
羊痘弱毒疫苗	羊痘	每年3~4月接种	1只份	皮下注射	不论羊只大小
羊布病活疫苗（S2株）*	布氏杆菌病		1只份	口服	不论羊只大小
羔羊大肠杆菌疫苗	羔羊大肠杆菌病		1mL 2mL	皮下注射	3月龄以下 3月龄以上
羊口蹄疫苗	羊口蹄疫	每年3月和9月	1mL 2mL	皮下注射	4月龄~2年 2年以上

*免疫接种前应向当地兽医主管理部门咨询后进行。

预防接种注意事项：

（1）要了解被预防羊群的年龄、妊娠、泌乳及健康状况，体弱或原来就生病的羊预防后可能会引起各种反应，应待其康复后补充接种。

（2）对怀孕后期的母羊应注意了解，如果怀胎已逾3个月，应暂时停止预防注射，以免造成流产。

（3）对15日龄以内的羔羊，除紧急免疫外，一般暂不注射疫苗。

（4）预防注射前，对疫苗有效期、批号及厂家应注意记录，以便备查。

（5）接种针头，应做到一只一换，禁止连续使用。

（6）做好接种记录及其后抗体效价定期监测。

四、羔羊早期培育

动物的生产性能取决于其遗传基础（内因）和外部环境（外因）两个方面，即品种和环境与饲养管理。研究和实践证明，品种对绵羊生产性能的影响占40%，环境条件和疫病的影响占20%~25%，饲养管理则占到40%~35%。当遗传基础（品种）这个内因确定之后，影响动物生产性能的主要因素则是饲养管理，而羔羊早期的饲养管理——早期培育又决定着其成年的生产性能。若羔羊早期饲养管理不善，生长发育就会受阻，个体小、体质弱、觅食能力差；若是严重到生理挫伤，则后期无法得到补偿和恢复，其遗传潜力和优良性状就不能充分表现出来，成年的生产性能就会大大下降。如果连续几代都处在不良的培育条件下，就会造成品种退化，生产性能低下。实践证明，哪里的羊群质量好、生产性能高，哪里的羔羊早期培育工作就一定做得好。因此，加强羔羊早期培育、重视羔羊期饲养管理工作，是养好多胎羊最基础、最关键的技术环节，不可粗枝大叶、掉以轻心。

1. 加强母羊营养，提高泌乳能力。

羊奶是初生羔羊最好的、最完善的、最易消化吸收的食物。俗话说“母壮儿肥”。如果母羊的营养状况良好，就能保证胚胎的充分发育，羔羊的初生重就大、体质健壮；母羊产乳多、母性强，羔羊能吃饱奶发育就好。母羊养好了，其他的一切问题就都好解决了。做好母羊不同生理期的饲养管理工作（见本章第二节），为“母壮羔肥”奠定坚实的基础。

2. 加强多羔、弱羔的管理

多胎羊以其一胎多羔而备受养殖者的青睐，但也因羔羊死亡率高而令养殖者伤感惋惜。尤其是后出生的羔羊一般体质都较瘦弱、常常因管理不善而死亡，事实上，在正常饲养管理条件下，母羊一般可以承担抚育2只羔羊的任务，但当产3只或3只以上羔子时，母羊显然无法完成如此艰巨的任务。因此，对产多羔的母羊要细心管理；对后生的弱羔要采取前述特殊措施精细管理，在“保二求三”基本原则下，力争“产一个活一个”，个个健康成长。特别是在羊肉市场价格低迷的情况下，只有提高羔羊的成活率、以数量弥补价格的不足，才能确保价格下降而效益不减，才能实现可持续发展。

3. 早期补饲，培育瘤胃功能

早期补饲是羔羊早期培育最关键的一环。

试验观察表明，初生 3 周龄的羔羊以母乳为饲料。其消化是由皱胃（真胃）承担的，消化规律与单胃动物相似。羔羊的吸吮反射会使食管沟关闭，乳汁可以绕过瘤胃直接进入真胃，在这里凝结和被初步消化，因而不能在瘤胃建立消化机制。但若将乳汁直接灌输到瘤胃，会发现短链脂肪酸的产生和瘤胃乳头的生长；日粮中的精饲料并不能使瘤胃肌肉发生变化，但能使绵羊羔瘤胃乳头密度和长度增加，固态饲料能够刺激瘤胃形态学发育和代谢功能的较快完善。谷物饲料发酵产生的挥发性脂肪酸有助于瘤胃乳头的发育，瘤胃乳头的发育有助于新生羔羊的瘤胃形态向成年羊瘤胃形态的转变。因而，我们可以较早地对新生羔羊补饲开食料。

即在羔羊出生 1 周龄后，将母子用隔离栏隔开，利用合群哺乳的间隔期，在特制的补饲槽（图 2-1）内放置优质苜蓿干草青绿牧草进行诱饲。同时，饲喂羔羊开食料；或把粉碎的苜蓿草粉加水弄湿（以免粉尘呛着羔羊引起肺炎），然后再加点儿羔羊开食料（或羔羊代乳粉）拌匀后加到料槽中，供羔羊自由采食。刚开始时，羔羊几乎不吃或是闻闻就走开了，但过几天就开始采食了。当然，为了使羔羊尽早开食，可以掰开羔羊的嘴巴，将开食料抹到它的舌头上。羔羊尝到饲料的滋味后，就自己开始慢慢采食了，其他羔羊也会学着它的样子采食了。随着羔羊年龄的增长，我们可以逐步延长把母子分开的时间、减少合群哺乳的次数。同时，视羔羊的采食和消化情况，逐步增加开食料的补饲量及其粗饲料所占的比例，并添加适量优质青贮饲料。4 ~ 5 周龄时，更换为羔羊补充饲料（表 2-6）直至断奶。

如此这般，就可以训练羔羊尽早采食草料，以促进瘤胃尽早发育完善，逐步减少其对母乳的依赖性，尽快完成由母乳为主向以植物性饲料为主的过渡，为羔羊提前断奶打基础，也为实现多胎羊两年三产等频密繁育奠定基础。但要注意：饲槽中剩余的补饲料要清扫收集起来，不可与新添的饲料混喂，以免影响羔羊的食欲；第二，补饲料要定时、定量，以便建立条件反射利于机体消化和管理。

表 2-6　羔羊早期断奶补充精料配方

饲料	玉米	麸皮	豆粕	棉粕	酵母	食盐	碳酸氢钠	添加剂	合计
（%）	58.5	5.0	27.0	3.0	3.5	1.0	1.0	1.0	100
日龄（d）	10~20		21~30		31~40		41~50		51~60

（续表）

饲料	玉米	麸皮	豆粕	棉粕	酵母	食盐	碳酸氢钠	添加剂	合计
投饲量［g/（只·d）］	20~50		50~100		100~150		150~200		200~250

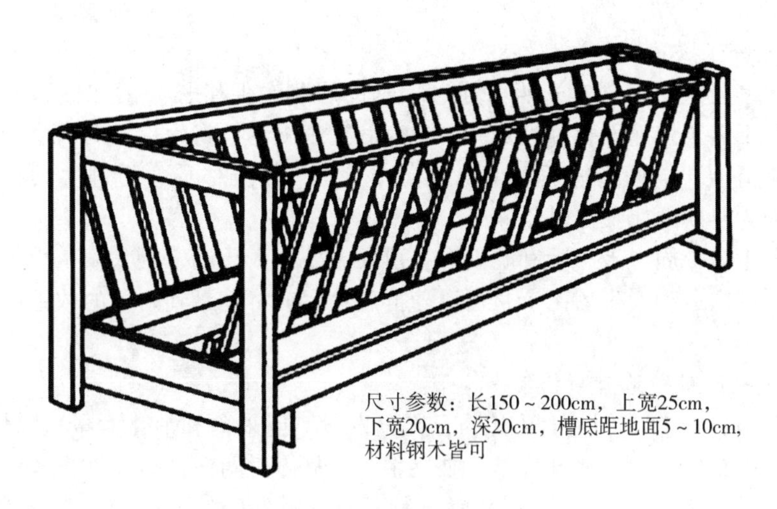

图 2-1　木质双面移动式羔羊补饲槽

4. 免疫接种

羔羊的免疫接种包括如下内容：

（1）破伤风抗毒素。出生后即行皮下注射 0. 5mL，免疫期为 1 年。

（2）口膜炎疫苗。羔羊出生 1~3d 内注射口膜炎疫苗，在口腔黏膜内注射。

（3）羔羊 1~7d 肌注亚硒酸钠 V_E 2mL/只，2 次/d，连用 3d。

（4）三联四防苗。羔羊 10~15 日龄内可以注射三联四防苗，一年 2 次。

（5）羔羊 30 日龄可以注射羊痘疫苗，一年一次，尾根皮下注射。

（6）羔羊 90~105 日龄注射口蹄疫疫苗，一年 2 次。

5. 做好卫生保健，预防羔羊痢疾

羔羊痢疾是由 B 型魏氏梭菌引起的初生羔羊的一种急性毒血症，以剧烈腹泻和小肠发生溃疡为特征，常可使 7 日龄以内（尤以 2~3 日龄）羔羊发生大批死亡，给养羊业带来重大损失。病原菌可以通过羔羊吮乳、饲养员的手和羊的粪便而进入羔羊消化道；在外界不良诱因如母羊怀孕期营养不良，羔羊体质瘦弱；气候寒冷，羔羊受冻；哺乳不当、羔羊饥饱不匀、羔羊抵抗力减弱时，细菌大量繁殖产生毒素，引起急性毒血症。

为避免羔羊痢疾的高发，应经常检查羔羊食欲、精神状态及粪便，发现病羊及时隔离治疗，及时处理死羔及污染物，消灭传染源（第六章）。7~10日龄的羔羊宜采用舍内高床（漏缝地板）饲养，以避免羊与粪便接触。羔羊圈要勤扫勤换垫草，保持干燥、清洁。冬季注意保暖，防止羔羊受冻；夏季通风，防止羔羊中暑。

6. 充分光照，增强运动

羔羊喜光爱动。自然光照可通过大脑皮层刺激促生长激素和性腺激素的分泌，有利于羔羊快速发育和性成熟，也有利于杀灭体外寄生虫和有害病菌，保持羊体健康清洁。早期训练运动能增加羔羊食欲、增强体质、促进生长和减少疾病，从而为早期断奶奠定基础。

羔羊生后1周，天气暖和晴朗时，可在室外自由活动、晒太阳，也可放入塑料大棚暖圈内运动。生后1个月可以随群放牧，或将其赶到附近的牧地或运动场上活动。

7. 把握时机，适时断奶

当羔羊长到7~8周龄时，瘤胃已充分发育，能采食和消化大量植物性饲料。这时，就可断奶了——离开母羊，独立生活。具体时间应根据饲养方式和羔羊的发育情况灵活确定。放牧羊一般90日龄断奶，条件好的可以70~80日龄断奶；实行两年三产的舍饲羊，羔羊必须在60日龄前断奶。体重达到15kg以上、采食饲料正常、用于生产商品肥羔的，40~50日龄即可断奶；而计划留作后备种羊的，则以70~75日龄为宜。羔羊早期断奶方法见第四章第四节。

断奶后的羔羊，因为突然离开母羊、生活条件发生了很大的变化，必须特别精心照料。要给刚断奶的羔羊喂优质的草料，充足饮水；还要尽量把母羊和羔羊（最好留在原圈）分离得远一点，以免互相鸣叫，引起母子乱跑或不安，影响采食和增重。羔羊断奶后，可以按性别、体重、体格大小和体质强弱分群饲养管理，力求不因断奶而影响其正常发育。

羔羊断奶体重、哺乳期日均增重和断奶成活率是检验羔羊早期培育的三个重要的技术经济指标。羔羊断奶时要逐只称重，总体平均值则为断奶体重（用千克表示）；单只体重与初生重之差除以断奶日龄为个体日均增重，总体日均增重的统计平均值，为群体哺乳期日均增重（以克表示）；断奶羔羊数除以产活羔羊数乘以100%即为羔羊断奶成活率。

羔羊哺乳期日均增重（g）＝（断奶体重kg－初生重kg）/断奶日龄×1 000

羔羊断奶成活率（%）＝断奶羔羊数/产活羔羊数×100

第五节　育成羊的饲养管理

从断奶到第一次配种的公、母羊通称育成羊（也叫后备羊）。由于公羊数量少、母羊数量大，通常多指母羊。育成羊是羊群的未来，其培育质量是羊群面貌能否尽快转变的关键。我国很多农户对育成羊的饲养重视不够，在冬春季节不加补饲，所以出现程度不同的发育受阻，影响其成年的品质和生产性能。

我国细毛羊育种历史上，将育成羊按年龄分为3~6月龄断奶羔羊、7~12月龄的后备羊和13~18月龄配种前青年羊。这三个年龄节点是细毛羊鉴定选种的关键环节，每次约淘汰25%，最后留下最优秀的25%，以补充被淘汰的不足或扩大繁育群。

鉴于多胎羊性成熟早，第一次配种多在6~8月龄，最迟也在12月龄以前完成。因而不存在青年羊这一时段。所以，可将其一生分为：哺乳羔羊（0~2月龄或3月龄）、育成羊（断奶至配种前，3月龄或4~8月龄）、周岁羊（已产一胎）和成年羊（2周岁及以上）四个阶段。断奶和配种前的这两次鉴定选种则更加严格，每次淘汰率提高到35%以上，周岁鉴定选种可作为辅助手段。

一、育成羊的选种

育成羊选留是维持或提高羊群质量、扩大生产规模最基础的重要手段。生产中经常在育成期对羊只进行挑选，把品种特性优良的、高产的、种用价值高的公羊和母羊挑选出来留作后备种羊，而将不符合种用要求的公母羔淘汰或将使用不完的公羊转为商品肉羊。这一过程称之为育成羊选种。

育成羊选留标准有两个。一是品种标准，二是生产性能。前者，要求选留的育成羊要符合该品种标准中所规定的不同生长阶段的各项指标和体形外貌特征；后者，则要求被选留育成羊的双亲或母亲具有较高的生产水平，依据系谱和个体生产性能记录选留其后代。

就多胎羊而言，除了其发育正常健康、符合本品种外貌特征外，还要查阅其双亲特别是母亲的繁殖性能记录，将多胎性状作为主要指标。一般以其母亲育成期生长速度快、发情早、怀孕和生产2~3只羔羊、母性强的母羊后代（断奶羔羊）为选留的主体。连续2胎产单羔的母羊之后代，即使其强壮高大、长势喜人，也要坚决予以淘汰；除非特殊需要（如杂交育种），才选留3羔以上母羊的后代作后备种羊。

二、育成羊的培育

（一）育成前期

年龄为3~5月龄。其特点是生长发育较快，营养需要量大。如果此期营养不良，就会显著地影响到生长发育，形成个头小、体重轻、四肢高、胸窄、躯干浅的体型，致体质瘦弱、被毛稀疏且品质不良、性成熟和体成熟推迟、不能按时配种，进而影响其一生的生产性能。所以，这一时期的主要任务就是，尽一切可能满足羊只发育的各种营养需求，增加自然光照和自由运动，尽最大限度发挥其遗传潜力。

1. 加强营养

羔羊断乳以后，要按性别、大小、强弱，分群分圈饲养管理。按饲养标准制定饲养方案和日粮配方；按月抽测体重，根据增重情况调整饲养方案。无条件制作全价日粮配方的，要调整混合精料配方，提高蛋白质饲料的比例（20%~30%），增加混合精料喂量［≥300g/(只·d)］；同时，注意饲料中微量元素、维生素和必需氨基酸的补给。

留作育成羊的羔羊一般多选择冬羔，断奶后正值夏季青草期。此时，要充分利用青绿饲料鲜嫩多汁、富含矿物元素和维生素、干物质中蛋白营养丰富全面的特点，采用放牧或放牧+补饲的饲养方式，促进机体消化器官的发育，培育出体格大、身腰长、四肢粗壮结实、肌肉发达匀称、肋骨开张度好、胸深与胸围大、内脏器官发达，具备品种体型外貌特征的断奶羔羊。

2. 驱虫

断奶后15~20d驱虫，一周后再补一次。

3. 越冬补饲

秋季选留的断奶羔羊，会遇到其生平第一个越冬期的考验，尤其是北方漫长而寒冷冬天的严峻考验。因为，此时正处于生长发育时期的育成羊恰与饲草枯黄、营养品质低劣及初春饲料缺乏季节相遇，长达6~7个月的冬春枯草季节风大气冷、能量消耗加大，需要摄取大量的营养物质才能抵御寒冷的侵袭，以维持其正常生长发育，饥寒交迫威胁很大。所以，加强补饲是保证断奶羔羊安全越冬的关键环节。无论是舍饲还是放牧，都要储备足够的优质青干草和青贮料。混合精料补饲量以0.3~0.5kg/(只·d)为宜，公羔则比母羊增加30%~50%。同时，还应注意补充矿物质如钙、磷、盐及维生素A、维生素D等添加剂。

4. 留优淘劣

断奶羔羊达到5~6月龄则进行第一次选种。要逐只鉴定，保留优秀个体、淘汰不符合品种标准和发育不良的个体。母羊淘汰率30%~40%，公羊则可高达50%~60%。

（二）育成后期

6月龄至第一次配种称为育成后期。母羊育成后期持续的时间较短，约3~4个月；育成公羊相对较长，约为5~6个月（生产中一般选周岁公羊或成年公羊与育成母羊配种）。

生产中称育成后期为“吊架子”阶段。培育体格高大结实、健康无疵后备羊是其主要目标。保持中等膘情是其衡量标准，即羊只不肥不瘦、精神活跃、毛色柔和光亮、行动敏捷。饲养管理上，主要做到以下几点：

1. 控制营养，避免肥胖

这一时期，如果营养供给过剩、能量饲料（精饲料）采食过大，则会使羊只体内脂肪沉积过多包裹在性器官（卵巢或睾丸）周围，限制性腺的发育，影响性成熟和发情配种。所以，必须进行适当的营养控制。无论是从冬羔还是从秋羔选留的育成羊，这时都处于气候温暖、牧草丰盛、饲料充足的季节，单靠放牧采食牧草就基本可以满足其营养需要。草场条件差的，可以补饲100g/(只·d)混合精料；草场条件好的，可以不补饲精料；舍饲的精料喂量保持在200~300g/(只·d)即可，日增重保持在150~200g即可。

2. 保证光照和运动，促进体质发育

自然光照有助于羊体保持干燥，有助于机体合成维生素D促进钙的吸收，还可以杀灭部分体表有害菌和体外寄生虫，保持机体健康。此外，太阳光穿过羊的大脑皮层刺激丘脑下部促性腺激素释放激素的分泌，进而促进性腺激素的分泌和释放，使靶器官（卵巢或睾丸）发育，促进性成熟和发情。运动可以促进羊的肌肉发育和增强收缩力、增强体质及运动协调性与持久性、提高抗病力，促进消化系统发育、提高消化粗饲料的能力。

3. 鉴定淘汰，准备配种

后备母羊成长到9~10月龄、后备公羊12月龄至第一次配种前，要进行第二次鉴定组群，选留优质种羊、淘汰不符合标准的劣质羊，重新组群以备配种。这次母羊的淘汰率应为35%~25%，公羊的淘汰率应为30%~40%。配种前1个月，加强营养，提高混合精料喂量，日粮粗蛋白水平提高到18%以上，以利发情配种。

4. 接种疫苗，预防传染病

105d 时，接种口蹄疫疫苗。经鉴定选留的后备羊，在配种前须接种国家强制免疫规定和地方特殊规定疫病疫苗，以免在配种后接种引起母羊流产、造成损失。

5. 剪毛药浴

出生在冬季的育成羊，在春末夏初交替时（5 月底 6 月初）必须剪毛，否则，会因夏季炎热而影响羊只的生长发育，以及出现皮肤疾病。春季出生的则不需剪毛，待到下年剪毛即可。无论剪毛与否，都必须随成年羊一样，每年在春末冬初药浴 2 次。

第六节　高效育肥技术

育肥，就是利用羊只在出生后，因各种原因（气候、饲养条件、疾病等）造成的暂时性生长顿挫，通过良好的饲养环境和提高营养供给水平，使其在短期内得到补偿而发挥出固有的遗传潜力，增加产肉量和经济效益。研究和生产实践表明，通过约 60d 的舍饲强度育肥，每只羊可增加活重 6～10kg、胴体重 3～5kg，羊肉的品质也得到了明显的改善。因此，凡是不能留作种用的羔羊、羯羊、成年公羊和失去繁殖能力的母羊都应经过育肥后，方可出栏屠宰。否则，羊只优良的遗传性能就会被扼杀、应有的羊肉产量会无形消失，造成巨大的隐形经济损失。

一、育肥方式

育肥方法取决于养羊生产的条件，包括场地、饲料、人力和经济条件等方面。应根据当地的条件和经济状况选用最适合的和最能取得高效益的方式来选择。目前，我国采用的肉羊育肥方式主要有放牧育肥、混合育肥和全舍饲育肥三种：

1. 放牧育肥

放牧育肥是草地畜牧业采用的基本育肥方式，是最经济的育肥方法，也是我国牧区和农牧区传统的方法。其特点是充分利用天然牧场、人工牧场或秋茬地放牧抓膘，成本低、效益高。

2. 舍饲育肥

舍饲育肥是按饲养标准配制日粮，并以较短的肥育时间和适当的投入增加羊肉产量的一种短期强度育肥方式，适合在农区推行。舍饲育肥，虽然饲料投入大、育肥成本高，但可按市场的需要进行规模化、集约化、工厂化育肥。3~4 月龄的羔羊经 60d 左右育肥，日增重可达 200~250g，活重达 35~40kg 即屠宰出栏。与放牧肥育相比之下，相同月龄的羔羊活重高出 10%、胴体重高出 20%。所以，总的来说舍饲肥育效果好、肥育期短、见效快、风险小，还可根据市场需求与价格变动情况，灵活调整提前上市。

舍饲育肥羊日粮精粗比一般以 45：55 较为宜。但前后期应区别对待，前期以粗饲料为主，后期以精饲料为主（精料比例最高可达 60%~70%）。此时，要注意预防肠毒血症和尿结石病的发生。

规模化多胎羊场一般都建在农区，其育肥应采取舍饲强度育肥方式。由于母羊可四季产羔，所以育肥也可四季进行，四季出栏屠宰上市，以解决草原养羊业羊肉供给四季不平衡的问题，实现全年羊肉均衡供给。

3. 混合育肥

也称半放牧半舍饲育肥，即放牧加补饲育肥。它兼顾了放牧育肥成本低和舍饲育肥增重快两个方面的优势，适合在半农半牧区、农牧交错带。白天放牧、晚间补饲一定数量的混合精料，以确保育肥羊营养需要。开始补饲时混合精料量 200~300g/(只·d)，最后一个月可增到 500~600g。混合育肥可使育肥羊在整个育肥期的增重，比单靠放牧育肥提高 50%，羊肉的味道也较好。

采用不同的育肥方式，可获得不同的增重效果。采用全舍饲和混合育肥方式都可获得理想的经济效益。但从饲料转化率来看，混合育肥获得的效益为最佳。适宜于在天然草场条件较好的半农半牧区推广。舍饲育肥增重效果最好，但投入成本较高，适用于饲草料资源相对丰富的农区。

二、育肥前的准备

肉羊舍饲育肥是一项技术性很强的工作。在生产实践中，要想获得满意的育肥效果，必须根据当地的自然环境特点、社会经济状况和畜牧资源条件以及育肥者自身的具体情况，配备必要的养羊设施、选择适宜的育肥对象与育肥方式，科学地配制日粮，严格地程序化操作。

（一）饲草料的准备

饲草饲料是肉羊育肥的物质基础，育肥户可根据实际养羊规模，做好饲草饲料供应计划，保证饲草饲料足量供给，以便育肥期内均衡供给饲料。饲草料需求量预算可参照表 2-7 参数及下式计算得出。

饲草料需要量（kg）= 需要量/(只·d) ×育肥只数×育肥期（d）

运输前须在引种地兽医检疫部门（县级兽医站或动物疾控中心）办好《动物检疫证》并附当时国家强制免疫疫病种类接种记录和抗体监测报告、《车辆消毒证》和《运输证》及非疫区证明，缺一不可。《运输证》准确填写运往地、车牌号、车主姓名、羊只数（每只羊都要打上产地检疫耳标并记录号码）。

种羊（畜）进入新疆，还需要“新疆维吾尔自治区畜牧厅种畜引进证明”、引种地（产地）《种畜经营许可证》和《动物卫生防疫合格证》二证复印件。

如上证明交由押运人员或驾驶员携带，以便途中经关卡时验证放行。

运输车辆在装羊前要严格消毒。因为车辆本身很可能就是一个疫病传染源，特别是经常运送畜禽的车辆更是危险。车辆消毒一般由产地出具检疫证的单位承担执行。常用的消毒剂和消毒方式有5%~10%的热烧碱水喷洒消毒、汽油喷灯火焰喷射消毒和百毒杀喷雾消毒，也可用大毒杀消毒液带羊喷雾消毒。前两种方式消毒较为彻底，但危险性较强，不得带羊进行，且须待碱液蒸发干净、温度降至常温后，方可装羊上车。

为保证正常运行，押运人员或委托代办人员要过问车辆状况，以免途中出现故障影响运期。车辆的检验维修、排除故障由车主（司机）自行承担完成，新车辆+老司机是最佳组合。启程前，车上要备足7d的来自产地羊场的青干草和饮水（汽车运输一般中途最好不要加水），以备途中饲饮（剩余部分在到达目的地后使用）；还需带上当地净土1包，以备到达后使用。要告诫司机：运输途中缓启动、轻刹车、慢拐弯、点停车，以免造成拥挤使羊受伤。

为减轻羊只对长途运输产生的应激反应，最好在装车前或伴随装车进行，给每只羊肌肉注射黄芪多糖注射液10mL。途中每天至少停车1次，给羊投喂少量青干草1次、饮水1次（水中加电解质多维或益生素，天热时可加藿香正气水，运输距离超长可考虑加适量强心剂）。

4. 隔离

一是在羊只下车后不要急于饮水喂食，要提供一个宽敞舒适的环境，让其消除车马劳顿、恢复体力；二是少饮少食、饲草料逐渐增加，防止暴饮暴食造成胃肠疾病和死亡损失；三是在羊只未恢复正常（约前1个月内）、未确认其不携带传染病之前，禁止接种各种疫苗，以免雪上加霜加重感染或传播疫病；四是对于检出携带疫病的个体，要毫不犹豫地采取断然措施进行处理，决不可姑息迁就、心慈手软，以免因小失大造成更大的损失。

到达目的地后，羊只有约7d的应急适应期。这一时期至关重要，其主要工作就是千方百计地减轻运输和新环境给羊只带来的应激刺激，减轻由此带来的损失，让羊只尽快适应当地的饲草料、饲喂与管理方式及小气候和小环境，早日实

表 2-7　各类育肥羊饲料需求参数

饲料种类	淘汰母羊	羔羊（体重≥20kg）
粗饲料（kg）	1.2~1.8	0.5~1.0
混合精料（kg）	0.34	0.45~1.4
玉米青贮（kg）	3.2~4.1	1.8~2.7

饲料分为粗饲料和精饲料两大类。粗饲料主要包括各种青干草、麦秸、玉米秸、大豆秆等农作物秸秆。棉花加工副产品棉籽壳、棉籽饼粕是当前农区特别是产棉区绵羊育肥的主要粗饲料，但尚需脱毒后使用，以保障畜体健康和畜产品安全。

各种饲料的需要量，可根据它在设计日粮中所占的比例，一一推算出来。

此外，多汁性果蔬加工残渣如苹果渣、西红柿皮渣、甜菜渣、杏渣以及酒糟、豆腐渣等糟渣类加工副产品也可作为辅助饲料，用于绵羊育肥。其与质地粗糙的秸秆类饲料混合，可改善适口性、增加采食量、提高育肥效果；还可以降低饲料成本，增加收益。

（二）育肥场地的准备

1. 育肥圈舍的建设

圈舍是羊重要的生活环境之一。舍饲、半舍饲育肥均需要圈舍。

圈舍的大小与结构须根据当地自然气候条件、育肥规模以及资金状况、机械化程度等来规划建设。羊舍建得是否合理，对羊只育肥性能的发挥有一定的影响。

肉羊育肥场应选择交通方便、远离交通干线（1 000m）、居民聚居区和污染源（距医院、屠宰场3 000m），地势高燥、通风良好的地方。

规模化标准化育肥场应分办公生活区、饲料贮存区、生产区和粪便堆放处理区。圈舍设计与建设以双列式为宜，便于机械化饲喂。

原有和正在使用的育肥场及其圈舍，有条件的应进行修整改造，尽量符合标准化的要求；计划新建的育肥场务必按标准化要求进行设计、施工，不可重蹈传统化的覆辙。

2. 圈舍的消毒处理

育肥前要对羊舍和饲喂具进行彻底的清扫和消毒，防止肥育期间羊群暴发疾病。消毒方法有以下几种：

（1）喷雾消毒。用5%的来苏儿水或2%的克辽林溶液，用喷雾器对圈舍墙壁和地面进行喷雾消毒。以墙壁表面无干斑、水不下流，地面潮湿而无积水为度。

（2）熏蒸消毒。即挥发性福尔马林（40%的甲醛溶液）在催化剂高锰酸钾（或者加热）的情况下，产生有强烈刺激味的气体的消毒方法。此法最大的优点是消毒彻底、成本低，特别适合土坯房、曾经养过牲畜的旧圈舍的消毒。

具体的做法是：先将欲消毒羊舍的所有透风处（如墙上窟窿、门窗及其缝隙、天窗、通风孔等）密封。然后根据羊舍的大小和形状，均匀的将盛有适量高锰酸钾的器皿（如瓷碗、罐头盒等）摆放于舍内，随后将事先按“每立方米配甲醛 250mL、高锰酸钾（pp 粉）10g”计算好的福尔马林用量分别迅速倾入各器皿内（注意：因此反应产生气体的速度很快，须由内向外退着来），退出门外后，立即将门关闭密封。待 24～48h 后，打开所有门窗和通风孔，连续通风 48～72h，直至墙角处闻不到强烈的刺鼻气味时，羊只方可进入。

（3）石灰水消毒。将 10～15kg 的生石灰溶于 100kg 水中，汲取上清液，用喷雾器对圈舍墙壁和地面进行喷洒。

（4）草木灰消毒。将野干草或农作物秸秆烧成灰平铺在要消毒的地面上，然后洒上水即可，或用其滤清液泼洒喷雾。这种方法适合于偏远地区、条件差的农户。

（三）育肥羊的准备

1. 育肥羊的选择

育肥场（户）在做好上述饲料与圈舍的准备之后，即可根据自己的能力、市场需求和羊源状况，确定育肥羊的品种、年龄等，选择和购进育肥羔羊。

2. 育肥羊的准备

（1）分群分圈。分群分圈的目的在于克服因为品种、性别、年龄、体格、体重大小产生的对饲料要求不同的差异而导致育肥效果上的差异，避免“弱肉强食”采食饲料不足影响增重，确保每只羊吃饱吃足、发挥其增重潜力，提高整体增长水平和效益。

为此，进圈育肥羊必须按品种、性别、年龄、体格、体重大小进行分群、分圈。育肥羔羊的年龄相差一般不超过±15d、体重相差不超过±3kg 为宜；成年淘汰羊主要以体格和体质来分群。

分群的顺序应是先品种，后性别，再年龄，最后是体重。即同品种、同性别、同年龄的育肥羊再根据体格大小进行分群。若体格体重相近，则可以放松年龄限制。

（2）免疫驱虫。从外地购入的羊，必须来自非疫区，经当地兽医部门检疫并签发检疫合格证明书；运抵目的地后，再经所在地兽医验证、检疫并隔离观察1个月以上，确认为健康后经驱虫、消毒、补注疫苗后，方可混群饲养。

①接种。接种疫苗（无毒或低毒）激发羊体产生特异性抗体，使其对某种传染病从易感转化为不易感的一种手段。有组织有计划地进行免疫接种是有效地控制传染病发生和传播的重要措施。育肥羊接种的疫苗主要有以下几种：

a. 口蹄疫疫苗：从外地购入的育肥羊必须进行口蹄疫苗注射免疫，确保一只不漏，免疫率达100%。自繁自养的羊应定期进行免疫接种。未接种口蹄疫疫苗的应到当地兽医部门申请免费领取，补充接种（使用方法见说明书）。

b. 肠毒血症疫苗：如果母羊产前已注射过肠毒血疫苗，羔羊就可以得到免疫；如果母羊产前没有注射过疫苗，羔羊在断奶前应进行防疫注射。目前我国没有单独的肠毒血症疫苗，只有用于成年羊的三联四防苗，可预防羊快疫、肠毒血、猝疽、羔羊痢疾四种疾病。

c. 布病疫苗：布氏杆菌病是一种人畜共患病，目前发病率较高。有条件的应接种之，以防人畜感染。需要强调的是，育肥场（户）切莫认为育肥期短可不接种预防。若抱此侥幸心理，一旦发病将造成巨大损失；若传染给了人，将贻害终身。切忌因小失大！

d. 小反刍兽疫：是近几年来常见爆发的疫病，也应以接种疫苗预防为上。

②驱虫。羊的寄生虫是养羊生产中常见和危害特别严重的疾病之一，几乎无一例外的放牧羊均感染和携带着寄生虫。因此，无论是舍饲自繁羊还是购进的放牧羊，育肥前都必须驱虫。否则，羊只因受寄生虫的干扰折磨，食入的营养被寄生虫所消耗，则会一直处于亚健康状态，致使“只见吃食，不见长膘”。

常用的驱虫药物有驱虫净、丙硫咪唑、虫克星（阿维菌素）等。其中丙硫咪唑（又称抗蠕敏）是目前使用效果较好的新药，口服剂量为每千克体重15～20mg，对线虫、吸虫、绦虫等都有较好的效果；虫克星（阿维菌素）具有驱除体内外寄生虫的双重功效，有片剂、粉剂和针剂等类型，是目前被公认为较好的驱虫新药。

选择何种药物及其剂型，育肥者自行决定；使用方法和剂量应遵医嘱或按产品说明书施行。

③药浴。是清除羊体外寄生虫的最常见的有效方法之一。育肥前对育肥羊进行剪毛药浴有利育肥增重，可减少蚊蝇骚扰和羔羊在天热时扎堆不动的现象。

一般剪毛后7～10d进行药浴，一周后重复药浴一次。

药浴的方法主要有池浴、喷淋式药浴等。具体选择哪种方法，要根据羊只数量和场内设施条件而定。一般在较大规模的羊场内采用药浴池较为普遍。条件太差的小型个体育肥户，可用大锅或大缸对羊进行药浴。

肉羊药浴时应注意如下事项：

①药浴最好隔 1 周再进行 1 次，残液可泼洒到羊舍或运动场再次利用。

②药浴前 8h 停止饲喂，入浴前 2~3h 给羊饮足水，以免羊吞饮药液中毒。

③让健康的羊先浴，有疥癣等皮肤病的羊最后浴，以免病羊传染健康羊。

④要注意羊头部的药浴。无论采取何种方法药浴，必须要把羊头完全浸入药液 1~2 次，以免因局部漏浴留下病源，再次扩散传播。

⑤药浴后的羊应停留在凉棚或宽敞棚舍内，过 6~8h 后方可喂草料或放牧。

如果购进前羊群已药浴过则可省去此过程。当然，育肥者为确保万无一失，购进后再药浴一次也无不可；当年羔羊不必药浴。

总之，上述育肥羊准备的目的就是为了确保育肥羊的健康，使育肥过程正常安全进行，以提高育肥效果和增加经济效益。为避免多次抓羊对羊的干扰和伤害、增加劳动量，可组织足够的人力、安排好程序，争取做到“一次抓羊，全部完成”。

建议程序为：药浴→称重→驱虫→接种→分群

（3）分圈饲养，适应观察。分群后的羊只应分圈饲养，固定专人进行饲养管理。但此时还在准备期，需进行适应性观察。观察羊只对育肥环境、饲料日粮、管理程序等的适应情况。

育肥羊适应期一般为 7~10d。如绝大多数羊表现正常，则进入正式育肥期，按预先设计或选用的日粮配方配制饲粮，全额足量饲喂；若发现个别或少数羊只表现异常，则将其从大群中分离出来，集中、单独管理或治疗。

（四）育肥技术准备

1. 育肥期的确定

育肥期即育肥所持续的时间（天数）。育肥期的长短主要根据羊的增重规律，同时考虑饲料储存与供给能力、市场供求情况来决定。

老龄淘汰母羊适应性强，可高精料短期舍饲强度育肥 30~40d 出栏。羔羊相对于淘汰母羊育肥期要相对长一些，一般育肥 60d 出栏。当年羔羊体格和体重大（≥30kg）的育肥 40~50d 即可；体格和体重小（≤20kg）的育肥期不应少于 60d。细毛羔羊育肥期至少要在 60d 以上，而肉用或杂交羔羊则较之提前 10d 左右。公羔比母羔育肥期要短约一周左右。

饲料贮备充足的话，应尽可能做到足期育肥，最大限度地发挥羔羊的增肉潜力，增加羊肉产量。当然，如果饲料贮备不足或市场羊肉紧缺、价格好，也可缩短育肥期，提前出栏。

2. 日粮配方的确定

日粮配方的确定同样受到羊胚子的好坏（品种、年龄、性别、体重等）的影响。同时，要结合当地饲料资源与供给情况来选择或制定。前者为经验配方，广大育肥户均采用之；后者是根据羊只情况，结合经验通过科学计算制定的全价配合日粮。标准化规模育肥场须采用后者。

日粮配方应根据育肥期分阶段（育肥前期和育肥后期）制定；也可全期使用一个配方而通过精饲料喂量不同、调节精粗比来实现营养全额供给。

三、育肥羊的饲养管理

（一）饲喂

规模化育肥场，将精粗饲料原料按既定的育肥配方比例，逐次加入到具有自动称量功能的TMR混合机中，一次性粉碎与混合制成TMR（全混合日粮），直接（移动式）或由饲喂车运往羊舍或运动场投放到饲槽中，让羊只自由采食。无此机械设备条件的，可以先将各种精粗饲料用普通粉碎机一一粉碎之后，按精料配方人工混合成混合精料，然后铺于事先摊好切碎的、喷湿的粗饲料上，采用“倒杠子”的办法反复混合均匀后，用小推车将其运到饲槽旁，人工添加到槽中供羊采食。

育肥羊一般早、晚各饲喂一次，每次精粗料喂量均为当天的一半。日喂三次的，中间这次的投饲量占日饲喂量的20%左右即可，主要是让那些未吃饱的羊吃足草料。

育肥期内，日粮的饲喂量和精粗比随育肥期的延长而变化。即随着羊只体重的增长，饲喂量逐渐加大；同时，精饲料比例逐渐增加、粗饲料比例逐渐减少，日粮精粗比逐渐发生逆转，育肥后期可高达到65∶35甚至更高的水平。

当然，这种日粮精粗比变化并不是连续性的逐天调整，而是阶梯式每隔几天调整一次。可视羊只的采食情况，每3~5d调整一次或一周调整一次。羔羊一般每次增加100~200g/(只·d)，成年羊为200~300g/(只·d)；粗饲料相应减少，以羊只吃饱为度。

（二）饮水

育肥羊的饮水一般采取自由饮水。标准化育肥场可配置自动饮水系统。槽式饮水应保持水槽中全天有水，即渴即饮。饮水要清洁、新鲜。槽水若被污染要及时清理更新。冷季育肥温水为好，禁饮冰碴子水；气候寒冷的地区晚间须将槽中的水排放干净，以防结冻（尤其是户外饮水）。

（三）补盐与舔砖

标准化育肥场采用的是全价日粮配方，一般无须另外补盐。个体育肥户饲养管理相对粗放，为求保险起见，可将畜盐放入饲槽一端，让羊自由舔食即可。

舔砖是给羊补充盐和微量元素一种最直接简单的方式，一般悬挂于饲槽上方或放置于饲槽之内，让羊只自己舔食即可。

（四）圈舍卫生

圈舍是羊生活的主要场所，每天大约有 2/3 的时间在羊舍里。因此，保持羊舍环境卫生对羊的健康和增重至关重要。每次饲喂前，饲槽中的剩余草料要清理干净；饲喂后，饲喂通道要打扫干净，避免踩踏污染浪费；羊舍要定期喷雾消毒，不可懈怠或延误。

（五）保暖与通风

保暖的目的在于减少羊体为维持体温而散发的热量消耗，减少饲料营养物质的无效浪费。通风换气有利于降低舍内有毒气体（氨气、硫化氢等）的浓度，也可降低舍内的湿度，有利于羊的健康。

冷季育肥，保暖与通风是一对矛盾，应以保暖为主。为此，一方面要堵塞风洞，避免寒风袭击，要保持一定的饲养密度，以减少羊体的散热面积；另一方面要适当控制通风。现代化封闭式羊舍可采用人工控制或电脑自动化控制，进行间歇式通风；普通简易育肥舍，采用白天羊只户外采光换气、畜舍敞开门窗通风即可。

暖季育肥应以通风降温为主。现代化羊舍可采取负压通风降温、遮阴网降温、喷雾降温和水帘降温等措施；普通育肥场则可采用打开所有门窗自然通风，运动场搭建遮阴棚等简易措施降温措施。

（六）垫草垫土

标准化育肥场实行“全进全出制”，一般在每期育肥结束后一次性清理圈舍内的粪便。育肥过程中，通常采用铺设垫草方式起到降湿保温作用。羊只吃剩的饲料残渣、废弃不可饲用的一切软质饲草如麦草、稻草等切碎后均可作为羊舍垫草。干土垫圈不失为农区育肥替代垫草的好方式。就地取材，既解决了垫草不足、节约饲料资源，又生产出优质有机肥料、支持有机农业，发展循环经济。值得借鉴！

（七）光照与运动

自然光具有生热和刺激性成熟的作用。羊舍保持暗光则有利于机体的合成代谢、促进营养沉积和增重。

运动益于健康。育肥羊饲喂采食期间的自由运动足以保持育肥期间的健康。适当限制运动，则有利于减少营养消耗、促进营养沉积。严禁在羊只静卧反刍时受到人为干扰。

（八）疫病防治

育肥过程中难免有个别羊会出现损伤或疾病，要及时发现及时隔离治疗，特别照顾，使其及早康复，不影响育肥效果。育肥羊常见主要疾病有：酸中毒、瘤胃积食、沙门氏杆菌病、肺炎、球虫病、肠毒血症和结石病等。具体防治方法见第六章相关内容。

四、高效育肥关键技术

（一）选好品种

品种或类型决定了其遗传性能。相同饲养条件下，不同品种或类型表现出不同的生产性能。大量的实践证明，不同用途品种的羔羊，其育肥效果存在明显的差异。就日增重而言，其排列顺序为肉用型（如肉用羊、粗毛羊）>兼用型（如肉用细毛羊、杂交肉羊）>毛用型（细毛羊）。此外，即使同是杂交肉羊也因杂交组合的不同导致其育肥效果不同。

应当指出的是，杂交羔羊不但育肥效果好，而且肉质也很好。例如，用引进的肉羊品种萨福克、陶塞特与阿勒泰羊杂交，其杂交后代（萨阿 F_1、道阿 F_1）脂尾逐代减小，皮下脂肪厚度和胴体脂肪含量也随之降低（彩图 2-1），而肌肉嫩度和肌间脂肪含量及氨基酸、不饱和脂肪酸含量都有明显的提高。因此，推行杂交羔羊育肥是目前生产优质肥羔的重要途径。

以良种肉用羊（道赛特、萨福克和德国美利奴）作父本、本地羊作母本，杂交所得羔羊除了具备父本个体大，生长发育快，肉质好的优势以外，还吸收了母本抗病能力强、耐粗饲、适应能力强等生产性能。农牧户根据当地羊品种资源、饲草料资源状况、技术力量、经济状况、养殖水平等因素选择适合当地的肉羊杂交模式，充分利用杂交一代明显的杂交优势，通过育肥全部用于商品生产。

（二）注意性别

性别对育肥效果的影响主要是由动物体内激素的类型和分泌量而引起的。公羔在出生后体内雄激素的分泌水平随年龄的增长而急剧增加，直到性成熟达到顶峰。雄激素有促进肌肉生长的功能，故其前期生长较快；而母羔在出生后主要靠雌激素的作用促进性腺发育，性成熟较早，体质和采食能力相对较弱，所以，其生长速度相对较慢。

公羔在8~10月龄性成熟。因此，用来进行育肥的羔羊无须去势，其对肉质和味道（膻味）也无任何不良影响。即使是采用常规育肥法，只要其出栏时未达到性成熟年龄，也不必进行去势，以免影响育肥增重。因为，去势后的羯羔，机体的内分泌系统需要一段时间进行重新调整，这样势必延长育肥期、降低增重、加大饲养成本。

（三）控制年龄

成年羊（周岁以上的羯羊、老龄淘汰母羊和公羊）生理已完成体成熟或进入机能下降阶段。其育肥过程的增重除了现有肌细胞容积的扩大与沉积一些脂肪外，并没有肌肉的增长，肉质也已老化、适口性差。羔羊则与之不同，1~8月龄是羔羊快速生长期，3个月龄肉用羊羔体重可达一周岁羊的50%，6个月龄可达75%。这一时期，主要是肌肉细胞的急剧增加与扩张，长的主要是肌肉。因此，幼龄羊比老龄羊增重快，育肥效果好、经济效益高。选择断奶羔羊特别是早期断奶羔羊进行育肥，生产出的肥羔肉质好，深受消费者的青睐，取得较高的经济效益。

（四）选好羊胚子

羊胚子是指育肥原材料羊只的状况。主要包括体格、体重、体质发育、精神状况等，其中主要的衡量指标是体重。实验表明，同样都是粗毛羔羊、日粮配方和饲养管理条件相同，但育肥初重不同则育肥期日均增重差异显著。所以，选购羊胚子时要选择体重大、格强壮，被毛光亮、皮薄松软，两眼有神的羊胚子；千万莫贪图价格便宜，把“僵羊”用来育肥。

一般要求，自然放牧常规断奶的6~8月龄羔羊育肥初重≥30kg；早期断奶羔羊≥20kg，不能低于15kg。

（五）制定适宜的日粮配方

饲料配方决定日粮结构和营养水平。在一定限度内，育肥日增重与日粮营养水平呈正相关。不同饲料配方的营养水平不同，即使采用相同的饲养标准和饲料种类，也会因各类饲料在配方中的配比不同而影响营养物质的消化吸收，从而影响育肥日增重。

（六）确定适宜的育肥期

育肥期的确定应建立在羔羊增重规律的基础上。任何品种或类型的羊在育肥过程中，其日增重基本都呈“S”形曲线。也就是说，在育肥过程中羔羊前期增重较快（曲线较陡），达到高峰并维持一段时间（曲线平稳）后开始下降。这时，其从采食日粮所获取的营养物质用于维持的部分增大，而用于增重的部分减少，饲料报酬降低。

因此，育肥应在日均增重开始下降时结束，出栏上市，以减少维持消耗，获取较高的经济。1989年杨润之在木垒县全精料羔羊育肥试验数据说明了育肥期长短对育肥效果的影响，早期断奶羔羊直线育肥的适宜育肥期以不超过60d为宜。

（七）重视驱虫防疫

驱虫是育肥过程不可或缺的工作，也是提高增重效果和饲料报酬的重要技术措施。防疫（接种疫苗）则是育肥过程安全顺利进行的首要保证。否则，一旦暴发疫情将造成灭顶之灾，血本无归。

（八）分群分圈饲养

前面已经讲过，分群分圈饲养便于“对症下药”。即针对不同的羊群类型制定可以适宜的日粮配方和管理措施，避免“弱肉强食”采食饲料不足影响增重，确保每只羊吃饱吃足、发挥其增重潜力，提高整体增长水平和效益。也便于“全进全出制”管理模式的实施，加快畜群周转，提高资金利用率和经济效益。

（九）添加剂的使用

饲料添加剂是现代高效畜牧业发展的产物，对现代畜牧业特别是舍饲养殖业的发展起到了不可或缺的重要作用。育肥羊添加与不添加饲料添加剂效果大不相同。适用于肉羊育肥的添加剂既有单一的，也有复合的。常见的有：微量元素添加剂、维生素微量元素复合添加剂、饲用酶制剂、微生态制剂及氨基酸添加剂等。其分类、作用与功效、适用对象及使用注意事项，以产品使用说明书为准。

第三章 多胎羊高效利用技术

引进推广多胎羊，除了初期用于纯种繁育、增加引进区多胎羊数量之外，根本和重要的目的是利用其多胎性增加羊肉产量，缓解和平衡我国羊肉全年供给不平衡的矛盾，满足人们日益增长的对优质羊肉的需求。但从近几年的利用情况来看，普遍存在着思想认识和技术操作方面的问题。下面就此两个方面分别予以论述，以供参考。

第一节 多胎羊利用存在的问题

一、认识不清，利用不当

多数养殖者在对品种特性的认识上存在误区，满以为多产多羔就必然会增产更多的羊肉。殊不知所引进的诸如小尾寒羊、湖羊等多胎品种，其主要生产方向原本在于毛皮上，产肉性能和肉品质量则相对较差。因此，以多胎羊生产的羔羊直接作为肉羊屠宰上市，不但价格低、销路不畅，而且严重影响了它在人们心目中的地位与饲养多胎羊的积极性。应当清楚认识到多胎品种羊的优劣之处，发挥其特长克服其缺点，才能达到预期的目标。

二、饲养管理不善，羔羊成活率低

一方面，多胎羊因其多胎对营养需求和饲养管理精细度远高于单胎羊；但另一方面则是舍饲养殖的饲料相对单一与品质不高，以及沿袭单胎放牧羊的粗放的饲养管理模式。如此两相矛盾，以致母羊养不好、泌乳力下降，羔羊死亡率上升。

一般饲养管理水平下，母羊一胎产两羔单靠母乳基本上可以养活 2 只羔羊。但当产 3 羔和 3 羔以上时，单靠母乳则无法使其完全成活，往往死亡率达 30%以上，造成资源的严重损失和浪费以及经济效益下降。

因而，养殖多胎羊除了加强母羊的饲养管理，还要在羔羊精细照料与人工育羔上下功夫。光养不管是不行的！

三、重纯繁轻杂交，社会经济效益不明显

客观地说，引种初期开展纯种繁育、快速扩群，以降低引种成本是必要的。但若把纯繁和出售种羊作为唯一或主要目标则是短命的。因为，社会对种羊的承载力是有限度的，在一个比较短期内即可达到饱和；用生产皮毛的多胎羊直接生产的羊肉远不如肉羊的质量，是没有市场前途的。因此，只有选择以良种肉羊与其杂交，才能兼顾双亲的优良特性，达到增产增效的目的。

四、重引种繁育，轻配套技术推广

首先应当清醒地认识到，我们引种的目的是为了丰富本地的品种资源，繁育增量在适宜的区域内进行推广，以增强自身的生产能力，而不是无休止地引进。客观地说，政府以种羊补贴的方式，鼓励从外地引进多胎羊是十分必要的，在引种初期起到了引导和示范的促进作用。但当引种数量达到一定的规模时，就应当进行政策调整——把外地引种补贴转向到本地繁育和推广上，以促进其更大范围的养殖推广。众所周知，新疆是多胎羊引进量最大的省区，对产地养羊业的发展起到了不可磨灭的推进作用。自 2012 年启动“年新增1 000万只肉羊生产能力建设工程”以来，小尾寒羊和湖羊的引进量不少于 50 万只，加上自繁自育的，目前总量应在 100 万只以上。试想一下，如果能将外引羊的补贴用于内繁羊的推广上，相信新疆农区多胎羊养殖与肉羊产业将会有一个飞跃性发展。

其次，多胎羊养殖是有一定的专业性和技术性的。除了特定的繁育场进行纯繁外，应提倡向广大农户推广其与本地品种杂交一代母羊。因为，这类羊适应性好、产羔率适中、适宜相对耐粗放管理。将其纳入政策补贴的范畴、给予一定的支持，对多胎羊养殖和肉羊产业的发展必将起到快速的推进作用。

五、基层技术力量缺乏，亟待补充加强

现实情况是，几乎所有的县乡养殖企业都没有专业技术人员，畜牧兽医专业人才极其缺乏，管理混乱、技术水平低下，新的先进技术不能得以有效贯彻应用，延滞了企业的发展。然而相反的是，我们常常听到极其喧嚣的应届毕业生就业岗位少、就业难的问题。越来越多的年轻人源源不断地涌入狭小的城市相互竞争，进一步加剧了城市人口拥挤、就业更加困难，形成恶性循环。如果国家给予下基层的专业人员以相对优厚的福利待遇政策，鼓励他们到基层去、到生产第一

线去发光发热，为祖国的畜牧事业做贡献。那么，既可解决基层养殖企业专业技术人员匮乏的问题，又可缓解应届毕业生就业困难的矛盾。一举两得，何乐不为呢？

要有特别的政策，鼓励青年专业技术人员到农村去、到基层去。“农村是一个广阔的天地，在那里是可以大有作为的。”

第二节　适宜杂交模式与优势杂交组合

一、杂交的概念

杂交是两个或两个以上的品种羊个体间的交配，若确定一个品种公羊为正交，则另一个品种公羊则为反交。用来杂交的公母羊分别称为父本与母本，其品种则相应称之为父本品种和母本品种。杂交的目的是改进某一亲本品种（一般是母本品种）的特定经济性状、或将父母本品种的优良特性集中到杂交后代的身上，使其生产性能和经济性状更为完美。杂交的结果是后代在生长发育、生产性能、繁殖能力、生活力，抗病力等方面都优于其双亲。实践证明，用多胎羊（公羊）与本地肉羊品种（粗毛羊）母羊杂交，其后代在相同的饲养条件下，要比母本品种羊产羔率提高20%~30%、日增重提高20%、羔羊成活率提高40%。

二、杂交模式

是指适合于某一地区或羊群之间进行杂交的类型，是一个涉及面较广、品种较多的分类型概念。例如，在气候相对寒冷、持续期较长的新疆北部地区，多胎羊的适宜杂交模式为德国肉用美利奴、陶塞特、特克赛尔、萨福克（白黑均可）等良种肉羊（引进肉羊品种）与小尾寒羊之间的杂交；而新疆南部地区则适宜于白头杜波与湖羊、小尾寒羊，黑头萨福克、黑头杜波等良种肉羊与多浪羊之间的杂交。适宜细毛羊产区（伊犁、博州等）的为布鲁拉羊、兰德瑞斯与细毛羊杂交模式。适宜山羊的则为波尔山羊与本地山羊（肉绒羊均可）的杂交模式。

三、优势杂交组合

是在适宜的杂交模式内，每两两或三三品种所组成的杂交配对中，杂交效果最好的那一个组合称之优势杂交组合。当然，该优势杂交组合不具有普遍适用性，在这一地区的优势杂交组合并不适用或不完全适用于另外地区。实践证明，适宜新疆北疆不同地区多胎羊主要的优势杂交组合分别是黑头萨福克×小尾寒羊

（乌鲁木齐、昌吉、伊犁地区）、德国肉用美利奴×小尾寒羊（阿勒泰、博乐和塔城地区）；适合东疆和南疆的则有黑头萨福克×多浪羊、黑头杜波×湖羊的优势杂交组合；适宜细毛羊产区（伊犁、博州、拜城地区）的是布鲁拉羊×新疆细毛羊（中国美利奴羊新疆型、军垦型）；适宜山羊的优势杂交组合为波尔山羊×新疆山羊。

当然，这种优势杂交组合不仅要考虑到其后代的生产性能，同时也要考虑特殊地区少数民族的宗教信仰与生活习惯及市场肉、皮、毛行情的变化。例如：萨寒与德寒组合 F_1 5～6 月龄羔羊在育肥效果、胴体质量和产肉性能很接近（表 3-1，彩图 3-1），但在新疆少数民族地区，因萨寒杂交羊头和蹄带有黑色毛而受到养殖户的特别垂青，而德寒组合杂交羊有些屠宰指标甚至优于萨寒组合，但就因其全身被毛为白色而受到养殖户的冷落、价格低、销售滞缓；从表 3-1 还可以看出，导致两个杂交组合在屠宰率上出现较为明显差异的一个根本原因是毛皮重量的影响，即萨寒组合皮厚重，德寒组合的毛细长、皮薄轻。这就给了我们一个效益选择的机会：即在皮肉的市场价格高时，可选择萨寒杂交组合；在羊毛市场价格高时，则可以选择德寒组合。

表 3-1　5~6 月龄杂交羔羊产肉性能比较

项目	萨寒 F_1	德寒 F_1
60d 日均增重（g）	111.0±50.0	135.0±40.0
宰前重（kg）	38.90±2.52	38.53±0.25
屠宰率（%）	47.57±2.34	50.73±0.27
出肉率（%）	39.20±1.85	42.90±3.58
肉骨比	4.08±0.53	5.77±1.29
眼肌面积（cm^2）	15.83±1.68	13.20±1.93
各组分占宰前活重百分比（%）		
骨	9.76±1.76	7.61±1.29
肉	39.20±1.85	42.90±3.58
毛皮	8.84±0.60	7.48±1.28
尾脂	0.47±0.05	0.69±0.29
头+蹄	7.97±0.59	7.70±0.63

第三节　杂交方法

一、二元经济杂交

即两个品种之间的杂交，是最常用、最简单的杂交方法，也是提高多胎羊后代产肉性能最直接有效的方法。其杂交优势率为16.2%，即相同饲养条件下，同日龄羔羊的体重比母本羊的高16.2%。例如，黑头萨福克（公羊♂）×小尾寒羊（母羊♀）的萨寒杂交一代（F_1）育肥出栏的5~6月龄羔羊出栏活重、胴体重、屠宰率比纯种小尾寒羊的都有明显的提高；同时，羊肉的品质得到明显改善，皮下脂肪、尾脂和胸脂大大减少，肌间脂肪增加。消费者对杂交羊青睐有加，市场销售价格和消费量明显提高。

规模化多胎羊场商品化肥羔生产，一般都采用二元经济杂交。

二、三元经济杂交

即三个品种之间的杂交。先用两个品种进行杂交，其生产的F_1母羊再用第三个品种公羊进行交配产生的后代F_2羔羊全部作为商品羔羊育肥出栏。该杂交的杂交程序比较复杂、见效较慢（约2年时间）。但其杂交优势率可高达到32.4%，经济效益大大提高。这种方法常用于改良本地肉羊，提高其后代的繁殖性能和产肉性能。例如，阿勒泰羊的三元经济杂交，可先用小尾寒羊♂与其♀交配得到寒阿F_1♀羊，以提高其繁殖性能（产羔率约在130%~150%，并具有一定的常年发情的特性）；然后再用黑头萨福克♂与寒阿F_1♀交配得到约150%的萨寒阿F_2三元杂交羔羊，其产肉性能也得到了改善。这就是三元杂交的杂交优势率高于二元杂交的根本所在，也是我们建议向农户推广杂一代母羊的理由之一。由专业繁育场向农户提供二元杂交母羊，再配备另一良种公羊组成杂交配套系，可简化农户的操作手续、缩短见效时间，加快农区肉羊产业的发展。

三、二元级进杂交

它是二元杂交的一个特例，实质是将母本品种改造成父本品种的过程。即在二元杂交中，保持父本品种不变连续与母本品种及其杂交后代交配2~3个世代后，原来的母本品种在外貌和性能上都几乎与父本品种完全相似。例如，以黑头萨福克为父本与母本哈萨克羊及其F_1、F_2母羊逐级递进，就可以将哈萨克羊改造成黑头萨福克羊。这种方法在商品羊生产中极少使用，多见于杂交育种。所谓的

“多胎萨福克”就是黑头萨福克与小尾寒羊级进杂交育成的。

第四节　杂交配对应注意的问题

一、重视母本羊的培育

一直以来，人们在杂交选配中对父本品种公羊选择很重视，但往往忽视了对母本品种母羊的选择和培育。诚然，公羊的影响面大是毋庸置疑的。但母羊则是生产的主体，决定着群体和后代的质量，其5个月的妊娠期和产后至少2个月的哺乳期对羔羊的母体效应之影响不容忽视。如果母羊的质量不好，公羊的优良特性就会打折扣，生出的羔羊也难以充分表达出良种公羊的生产性能。只有双亲的质量都好，才能生产出优良的杂交后代。因此，要克服重公轻母的观念，两者都要兼顾、不可偏废。

二、注意体型和体格配套

这一点主要是指自然交配方式下，杂交公母本体型和体格的匹配。如果，双亲在体格上差异较大，就会使交配难以实施、受胎率会明显降低。母羊高大公羊矮小，爬跨不上去、两性生殖器官交媾不到位，就等于“把米下到锅頏里了”，自然不能受精怀胎；母羊矮小公羊高大，虽然爬跨交媾没有问题，但往往会因高压之下，母羊承受不了致使姿势变形而导致配种失败。

实际上，即使采用人工授精技术，公母本个体间体格差异也不能太大。虽然配种不成问题，但其后代的体格大小和生产性能会受到影响。因为，后代的体格是双亲的平均值。后代体格小，产肉力也必然降低。如果父本的体格过大，则会造成母本难产率上升。这也是对肉用品种规定的一大指标。

基于上述原因，我们推荐黑头萨福克（德国肉用美利奴、陶塞特、特克赛尔）×小尾寒羊，黑头萨福克×多浪羊（策勒黑羊），杜波羊×湖羊的杂交配套组合。

三、注意杂交亲本的血统

就现状而言，在许多缺少专业技术人员、管理不太规范的多胎羊杂交改良场，在缺乏纯种肉羊而使用高代杂种公羊进行配种，造成了严重的混乱局面。亲父女、孙女及曾孙女之间、母子间、姊妹间、祖孙之间的近亲交配，必然导致品种或杂交后代生产性能降低，甚至出现返祖现象。这一点在育种尤其是级进杂交育种中尤为重要。这是育种和杂交选种选配中必须注意的问题。要建立好配种、产羔和种羊系谱记录档案，依此追溯寻源、理清血缘关系，科学制定配种方案，避免近交退化。

四、注意杂交组合的选择

在一些规模化多胎羊场，严重存在着杂交组合选择不当的问题。一般情况下，改良本地羊多采用引进的良种公羊与当地的粗毛羊进行交配，以提高和改进其繁殖性能和产肉性能。这样做可减少引进种羊数量、降低引种成本和管理费用。但目前，许多养殖户在选择杂交组合上出了方向性问题。他们片面追求产羔性能与适应性（粗放管理）而忽视了质量，选用大尾巴的本地羊与也是大尾巴的小尾寒羊进行交配，或者反过来用小尾寒羊与本地羊交配，产出的羔羊依然是大尾巴羊。所以，其产品依然不为消费者接受、市场狭小，养殖积极性必然受挫。

鉴此，在选择杂交组合的品种配套时，首先应当明确杂交改良所要达到的目的。生产优质肥羔应把胴体质量放在第一位，迎合消费者需求和市场需求才是根本目标。有市场才有效益。特别是龙头养殖企业还肩负着示范引路的任务，弄不好会带偏方向。

五、重视高杂羊的培育推广

原则上，为了确保杂交效果，以纯种肉用公羊与多胎羊交配是最佳的选择。但限于当下引进和繁育的良种公羊数量远不能满足生产实际的需要，加之种羊价格之高致群众负担不起。此外，纯种肉羊饲养管理要求也较为苛刻。以目前一家一户的饲养水平，即使买得起也难养好、发挥不出良种的高水平。相反，高代杂种羊适应性好、管理相对粗放、价格较低、且带有一定的多胎性，更适合于农户小群自然交配，用它与土种羊进行杂交适当提高商品性能即可。养殖户间的种羊交换以及更新引进，也可有效地解决近交问题。所以，培育高代杂种公羊供散养户改良本地肉羊，不失为解决燃眉之急的良方。不可死板教条，因噎废食。

第四章　多胎羊高效利用技术

第一节　多胎羊利用存在的误区

一、多胎羊当单胎羊养，生产效率低

多胎羊具有高产高效的潜力。但如果利用不当，其潜能则无法表现出来，产生不出应有的效益。就现状而言，大多数规模化多胎羊养殖场，都未能科学合理地进行利用，未将其遗传潜能充分开发出来。许多羊场依旧沿袭了单胎羊的粗放式传统饲养管理模式，只利用了其常年发情的特性，大体可做到两年三产，但产羔率低、羔羊死亡率高，效益不佳；有的则仅利用了其一产多羔的特性，产羔率较高，但尚未做到高频繁育，效益依旧不理想；更有甚者，为了管理简单干脆将两只以上的羔羊抛弃不养，只留两只羔羊让母羊哺育。眼看着一个个新生命被残忍地扼杀在刚刚诞生之时，真让人痛心疾首！

二、思想认识不足，管理措施跟不上

放眼大江南北，规模化多胎羊场如雨后春笋般涌现出来。但调查发现，这些羊场并非由长期的养殖户逐步发展而来，而是由曾经从事开矿、建筑及种植业的老板跨业转产而来。平心而论，这些人能够把从其他行业赚得的钱投入到畜牧产业上来、支持当地肉羊产业的发展，值得人们感激和敬仰！但不可否认的是，他们中的绝大多数人缺乏对本产业的了解和正确认识、缺乏专业技术训练及管理经验，加之专业管理队伍不健全、技术人员缺乏、基本的技术措施无法贯彻实施，结果导致管理混乱、生产效益和经济效益上不去，使得其养殖企业举步维艰、甚至致贫倒闭。

当然，有些人对政府的种羊、基建补贴和后续项目资金支持政策的认识出现了偏差，盲目跟风而陷于进退两难境地。殊不知，政府的补贴是一次性的，它在

整个引种和基础设施建设投资中所占比例很小，长期的饲管费用都得自己来承担。政府的项目资金不仅是有限的、非人人均得，而且项目重点还会随着形势的需要而转移。同时，畜牧养殖业又是一个见效慢（建好 3 年以后开始见效）、回收期长的弱势产业，如果没有雄厚的资金链、笼络一批强大的技术人员作保障，企业很快就会被拖垮。所以，“老板型”的规模化多胎羊场要赚钱、要发展，必须依靠自身的造血功能，除了强大的资金作后盾外，还必须有一支完善、坚实、强大的技术队伍来支撑。

三、关键技术缺失，饲养管理不得法

第一，多胎羊有多胎羊的养法，尤以营养管理最为重要。多胎羊怀的羔羊多、产的羔羊多、哺乳的羔羊多，营养需求就大（约是单胎羊的 1.3~2.5 倍）。但在我们许多羊场，依旧采用的是单胎羊的粗放管理模式，不论母羊处在什么生理时期均使用同一个日粮配方；有的凭经验而为，根本就没有配方；有的干脆有啥喂啥，造成营养供给不足及严重失衡。如此违背多胎羊生理规律的做法，必然导致母羊发情不良、怀胎率下降和产子数减少、泌乳能力羔羊自然成活率差、代谢病不断出现，也使得两年三产频密繁育技术难以为续。因此，要养好多胎羊，就必须做好母羊的营养调控，按照多胎羊的饲养标准、根据不同生理时期科学制定日粮配方、配制饲喂日粮，不仅要营养供给足量齐全，而且要做到各营养成分间的平衡，特别是能氮平衡、矿物元素平衡、维生素和必需氨基酸的平衡。

怕麻烦，雇几个当地放过羊的人当饲养员，以传统粗放的经营和饲养方式是养不好多胎羊的。

第二，基础性技术丢失。同期发情—人工授精技术是一项极其普通的实用技术，也是多胎羊规模化养殖中需要的基本支撑技术。这项技术 20 世纪 60~80 年代，大力发展细毛羊产业，已经得到了广泛的普及和应用。但到了现今规模化养殖的时代，这项技术基本被丢失了，真正掌握这项技术、可以操作实施的基层技术人员就很少了。所以，有的羊场在技术力量缺乏的情况下，就沿用了自然交配的传统配种法，结果致使约有 10%~15%的母羊长期处在空怀状态，造成“只见大羊不见小羊”的局面。这对于一个养殖规模在3 000只繁殖母羊以上的规模化养殖场而言，其投入消耗与产出损失之和，正好抵消了其应获得的经济效益。

第三，新技术落实不到位。代乳粉人工育羔技术是规模化多胎羊养殖的一个关键性保障技术。它可保证一胎两羔或三羔全部成活，使羔羊成活率从母乳自然育羔的 30%~60%提高到 90%以上，养殖效益大大上升。但在新疆的绝大多数规模化养殖场并未采用人工育羔技术，导致羔羊成活率低、多胎羊养殖效益不高，养殖积极性受挫。

所以，必须强调指出：舍饲养羊必须养多胎羊；养多胎羊就必须采用高频繁育生产方式；实行多胎羊高频繁育就必须采用营养调控、人工授精、代乳粉人工育羔和早期断奶直线育肥等配套技术。

第二节　多胎羊频密繁育生产技术体系

频密繁育体系又称之为密集产羔体系，是指母羊产羔的频率和密度比传统的产羔方式加大了。它包括一年两产体系、两年三产体系、三年四产体系、三年五产体系和连续（机会）产羔体系等。但必须强调指出：实行密集产羔的母羊应为多胎品种、营养状况良好、年龄以2~5岁为宜。同时母羊的母性要好，泌乳量较高，应能满足多只羔羊哺乳的需要。

一、两年三产体系

两年三产是20世纪50年代后期提出的一种密集产羔技术方法，沿用至今，也是被公认为最适合我国目前肉羊养殖水平、切实可行的密集产羔体系。

为达到两年三产体系，一般每8个月为一个产羔周期。其中：妊娠期5个月、哺乳期2个月、回复配种期1月。这样，两年正好产羔三次。这个体系一般被描述成固定的配种和产羔计划：如5月配种，10月产羔；1月再配种，6月产羔；9月配种，2月产羔。羔羊一般是在2月龄断奶。母羊在羔羊断奶后1个月配种。为了达到全年均衡产羔、科学管理的目的，在生产中，羊群可被分成8个月产羔间隔相互错开的4个组，每2个月安排一次生产。这样每隔2个月就有一批羔羊屠宰上市。如果母羊在其组内怀孕失败，2个月后与下一组一起参加配种。用该体系进行生产，其羔羊生产效率比常规体系增加40%，且设备成本亦可减少。胜利油田管理局农业公司，以小尾寒羊为基础母羊，引进无角道赛特羊、德国美利奴羊、法国夏洛来羊等肉用品种，进行杂交组合筛选试验，小尾寒羊母羊及杂一代母羊即采取两年三产方式繁育，从目前结果看，大大提高了羊只出栏率和生产效率，为工厂批量化、全年肉羊均衡生产提供了可借鉴的经验。

二、三年四产体系

三年四产体系是按产羔间隔9个月，一年有四轮产羔设计。该体系由美国拜尔斯特维尔（Beltsville）试验站设计的。该站在培育莫拉姆（Morlam）多胎品种羊时采用的做法是，在母羊产羔后第4个月配种，以后几轮则是在第3个月配种，即1

月、4月、6月和10月产羔，5月、8月、11月、2月配种。这样，全群母羊的产羔间隔约为9个月。分组分批间隔配种，母羊产羔间隔期缩短了3个月。

三、三年五产体系

这个体系是由美国Cornell大学Brain Magee设计的一种全年产羔方案，亦称为星式产羔体系。由于母羊妊娠期的一半是73d，正是一年的1/5。羊群可被分为三组，该体系开始时，第一组母羊在第一期产羔，第二期配种，第四期产羔，第五期再配种；第二组母羊在第二期产羔，第三期配种，第五期产羔，第一期再次配种；第三期母羊在第三期产羔，第四期配种，第一期产羔，第二期再次配种。如此周而复始，产羔间隔7.2个月，对于一胎产一羔的母羊，一年可获1.67个羔羊，如一胎产双羔，一年可获3.34个羔羊。

四、一年两产体系

一年两产可使母羊年繁殖率产羔率增加25%~30%。理论上这个体系允许每只母羊最大数量的产羔，但对饲养条件要求极高，在目前情况下，一年两产还不太实际，即使是全年发情母羊群中也难以做到，因为母羊产后需一定时间进行生理恢复。该体系正是我们今后需要探讨解决的研究课题。

五、机会产羔体系

顾名思义，即在有利条件下（如有利的饲料年份、有利的价格时），抓住机会进行一次额外的产羔，尽量不出现空怀母羊。如果有空怀母羊，即进行一次额外配种。此方式对于个体养羊者是很有效的一种快速产羔方式。

综上所述：一年两产是产羔频率最高、效益最好、实施难度最大的一种，对母羊营养要求也最高，但连续性会受到一定的限制。现实中，一家一户小群养殖的多胎羊大都能做到，但不可能连续数年都能做下去，也许只有少数羊只可以连续两年做到。因为母羊不仅受到营养的限制，而且会受到生理极限的限制，机体及各个生理系统的休养生息需要必要的时间。对规模化羊场而言，由于群体过大、很难做到精细化管理而致实施效果事倍功半、得不偿失。三年四产和三年五产就效果而言，几乎没有明显的经济意义。因为增加的产羔数（0.3~0.5个/年）与投入相比效益不明显，实施意义不大。相比之下两年三产频密产羔体系要求条件适中、对羊的生理影响较小、实施效果（增加羔羊1.0~1.5个/年）和经济效益显著，也与目前我们的饲养管理水平相匹配。下面，笔者就其具体的设计过程、操作步骤详细予以介绍，总结提出了一个适合新疆的生产方案供参考。

第三节　两年三产频密繁育体系个论

一、定义概念

前已述及，两年三产频密繁育就是母羊在三年 24 个月内产 3 次羔。

绵羊怀孕期约为 150d 左右，哺乳期和配种期各用约 45 天，8 个月为一个繁殖周期，两年产三次羔，羔羊断奶用 45d 左右。如此，一只母羊在两年产至少 6 只羔羊、繁殖效率是常规的 3 倍。从根本上突破了限制我国肉羊产业现代化的第一瓶颈问题——繁殖率低、经济效益差的问题，为实现传统放牧养羊业向集约化、规模化现代养羊业的转变、提升产业化水平开辟了一条新的途径。另外，两年三产的繁殖技术最大限度地提高并发挥了多胎羊高繁殖性能的遗传潜力，增加了单位时间内提供的生物学产量和市场羊肉的全年均衡供给量，满足人民日益增长的物质文化需求，对稳定羊肉价格、丰富和繁荣区域经济、促进边疆稳定具有积极作用。两年三产的繁殖技术为工厂化饲养、肉羊育肥、全年出栏与羊肉均衡供给提供了实现基础，为彻底改变低效的养殖模式，实现传统放牧养殖方式转型为舍饲养殖方式提供了技术支持，也为推行退牧还草与生态保护奠定了可行性基础。

二、实施细则

该体系一般有固定的配种和产羔计划，羔羊一般是 2 月龄断奶，母羊在羔羊断奶后 1 个月配种；为了达到全年均衡产羔、科学管理的目的，在生产中，常根据适繁母羊的群体大小确定合理的生产节律，并依据生产节律将适繁母羊群分成以 8 个月为产羔间隔、相互错开的若干个生产小组（生产单元），制定配种计划。每个生产节律期间对 1 个生产小组按照设计的配种计划进行配种；如果母羊在组内怀孕失败，1 个生产节律后参加下一组配种。这样每隔 1 个生产节律就有一批羔羊屠宰上市。

1. 确定合理的生产节律

生产节律即批次间配种或产羔的时间间隔，一般以月为单位，计算方法为：

生产节律（月）= 繁殖周期/配种批次数

例如：8 个月的繁殖周期内安排 4 批配种，即其生产节律 = 8/4 = 2（月）；如果 8 个月的繁殖周期内安排 8 批配种，则其生产节律 = 8/8 = 1（月）。原则上，生产节律取整数，有利于生产安排。

合理的生产节律不但有利于提高规模化肉羊生产场适繁母羊群体的繁殖水

平，全年均衡供应羊肉上市，而且便于进行集约化科学管理，提高设备利用率和劳动生产率。确定合理的生产节律的实质是根据适繁母羊的群体大小以及羊场现有羊舍、设备、管理水平等条件，在羊舍及设备的建设规模和利用率、劳动强度和劳动生产率、生产成本和经济效益、生产批次和每批次的生产规模等矛盾中做出最合理的选择。

理论上讲，生产节律越小，对羊舍尤其是配种车间、人工授精室及其配套设备等建设规模要求越小，利用率越高；较小的生产节律也缩短了适繁母羊群体的平均无效饲养时间，生产成本降低，经济效益提高；同时导致生产批次增加，批次的生产规模变小，与此相适应的则是工人的劳动强度越大，劳动生产率降低；较小的生产节律也缩短了适繁母羊群体的平均无效饲养时间，生产成本降低，经济效益提高；同时导致生产批次增加，而每批次的生产规模变小。随着生产节律的逐渐变大，羊舍及设备的建设规模和利用率、劳动强度和劳动生产率、生产成本和经济效益、生产批次和每批次的生产规模等变化则正好相反。

依据目前肉羊业生产中羊舍、设备建设情况及饲养管理水平现状，大型规模化肉羊生产场较适合按照月节律生产组织两年三胎三产密集繁殖体系的具体实施，中、小型规模化肉羊生产场则以 2 个月节律组织生产较为适宜。

2. 确定适宜的生产小组（生产单元）

生产单元即生产批次。为了实现全年均衡生产，在两年三胎密集繁殖体系的具体实施过程中，常依据生产节律将适繁母羊群分成若干个生产小组（或者生产单元）组织生产。适宜的生产单元数量可按下式进行估算：

生产单元数量（M）= 8/F［F–生产节律（月）］

为了使生产单元数量为整数，通常在确定生产节律时应考虑其将能够为 8 整除。当生产节律不能整除 8 时，可依据四舍五入的原则对上述估算结果进行取整处理。经估算，按照月节律组织生产的大型规模化肉羊生产场，可将适繁母羊群分成 8 个生产单元；按照 2 个月节律组织生产的中、小型规模化肉羊生产场，可将适繁母羊群分成 4 个生产单元。

3. 生产单元的组建

（1）传统的组建方案

根据以上论述，每个生产单元的群体规模可依据肉羊生产场适繁母羊群体数量及上述参数，按下式进行估算：

生产单元平均群体规模 n（只/个）= N/M

式中：N 为适繁母羊总数（只）；M 为生产单元数量（个）。

根据以上估算结果，将羊场全部适繁母羊按照等分的原则即可极为方便地组建 8 个或者 4 个相同规模的生产单元。每个生产单元按照预先设计的配种计划进行配种，如果母羊在组内怀孕失败，则 1 个生产节律后参加下一组配种。

由于受配种时母羊受胎率（一般以 25d 不返情率 R 表示）实际情况的影响，上述 8 个或者 4 个生产单元表面上看似规模相同，但事实上其配种规模和配种后妊娠母羊的饲养规模均不尽相同。其中：若两年三胎密集繁殖体系起始实施点第一个生产单元的配种规模为 n，配种后妊娠母羊的饲养规模即为 n×R；第二个生产单元的配种规模和妊娠母羊的饲养规模均分别为 n+n(1-R)=n(2-R)、[n+n(1-R)]R=n(2-R)R。其余以此类推。

按照上述方案组建的生产单元在运行过程中不但不能实现全年均衡生产（生产单元群体规模逐渐增大），且与预期结果相比较将导致一定数量的母羊增加无效饲养时间，故该方案在具体实施过程中应加以改进。

（2）改进的组建方案

为了克服传统组建方案的上述不足，各生产单元群体规模可改进为：

第 1 个生产单元(只)=n/R 只；

第 2~7 或第 2~3 个生产单元(只)=n 只；

第 8 或第 4 个生产单元(只)为=[n+n(1-R)/R]只。

在此方案下各生产单元的配种规模分别为：

第 1 个生产单元(只)=n/R 只；

第 2~7 或第 2~3 个生产单元(只)为=n+n/R×(1-R)=n/R 只；

第 8 或第 4 个生产单元(只)=[n-n×(1-R)/R+ n/R(1-R)]=n 只。

配种后妊娠母羊的饲养规模分别为：

第 1 个生产单元(只)=n 只；

第 2~7 或第 2~3 个生产单元(只)=n 只；

第 8 或第 4 个生产单元(只)为=nR 只(表 4-1)。

表 4-1　生产单元组建方案及运行效果

项目	第 1 生产单元	第 2~7（2~3）生产单元	第 8（4）生产单元
群体规模（只）	n/R	n	n+n(1-R)/R
配种规模（只）	n/R	n/R	n
妊娠羊饲养规模（只）	n	n	nR

改进后的组建方案，虽然各生产单元群体规模不同，但除最后一个生产单元外的其他各单元的配种规模、妊娠羊饲养规模完全一致，基本实现了全年均衡生

产。同时更为重要的是，新组建方案在实施过程中较传统组建方案减少了K只母羊1个生产节律的无效饲养时间。

$$k（只）=\frac{N}{M}\times\frac{(1-R)\times(M-1)}{R}-\frac{N}{M}\times\frac{(1-R)}{R}\times\left[1-(1-R)-(1-R)^{2}-\cdots\cdots-(1-R)^{(M-1)}\right]$$

假设规模化肉羊生产场适繁母羊群体数量N=3 000只，生产单元数量M=4，配种母羊25天不返情率R=70%，则新组建方案较传统组建方案将减少777只母羊1个生产节律（即2个月）的无效饲养时间；生产单元数量M=8时，新组建方案较传统组建方案将减少1 033只母羊1个生产节律（即1个月）的无效饲养时间，经济效益十分显著。

4. 配种方法

肉羊的配种方法分为自由交配、人工辅助交配和人工授精3种。根据商品肉羊生产场目前种公羊存栏数量、技术力量等现实情况及今后发展趋势，规模化肉羊生产场配种方法应以人工授精为主，个别商品肉羊生产场可采用人工辅助交配的配种方法。

5. 配种和产羔计划

规模化肉羊生产场两年三胎密集繁殖体系实施方案的核心，是根据适繁母羊在特定地理生态条件所表现出的繁殖性能特点，确定方案实施的起始点，并依据已确定的生产节律、组建的生产单元和适宜的配种方法等，制定相对固定的配种和产羔计划。为方便两年三胎密集繁殖体系实施，可选择母羊发情最为集中的7月为方案实施的起始点，与2个月节律生产相配套的配种和产羔计划见表4-2。

具体操作实施时，可以参照附件5方案进行。

表4-2　两年三胎密集繁殖体系配种和产羔计划

胎次	项目	时间安排			
		生产单元Ⅰ	生产单元Ⅱ	生产单元Ⅲ	生产单元Ⅳ
第1胎	配种	第1年7月	第1年9月	第1年11月	第2年1月
	妊娠	第1年7月—第1年12月	第1年9月—第2年2月	第1年11月—第2年4月	第2年1月—第2年6月
	分娩	第1年12月	第2年2月	第2年4月	第2年6月
	哺乳	第1年12月—第2年2月	第2年2月—第2年4月	第2年4月—第2年6月	第2年6月—第2年8月
	断奶	第2年2月	第2年4月	第2年6月	第2年8月

（续表）

胎次	项目	时间安排			
		生产单元Ⅰ	生产单元Ⅱ	生产单元Ⅲ	生产单元Ⅳ
第2胎	配种	第2年3月	第2年5月	第2年7月	第2年9月
	妊娠	第2年3月—第2年8月	第2年5月—第2年10月	第2年7月—第2年12月	第2年9月—第3年2月
	分娩	第2年8月	第2年10月	第2年12月	第3年2月
	哺乳	第2年8月—第2年10月	第2年10月—第2年12月	第2年12月—第3年2月	第3年2月—第3年4月
	断奶	第2年10月	第2年12月	第3年2月	第3年4月
第3胎	配种	第2年11月	第3年1月	第3年3月	第3年5月
	妊娠	第2年11月—第3年4月	第3年1月—第3年6月	第3年3月—第3年8月	第3年5月—第3年10月
	分娩	第3年4月	第3年6月	第3年8月	第3年10月
	哺乳	第3年4月—第3年6月	第3年6月—第3年8月	第3年8月—第3年10月	第3年10月—第3年12月
	断奶	第3年6月	第3年8月	第3年10月	第3年12月

三、预期效果

按照本设计方案，实施规模化肉羊生产场两年三胎密集繁殖体系，不但可实现优质肥羔的全年均衡生产，而且能够较大幅度的提高适繁母羊的繁殖生产效率，为商品肉羊生产场获取较高的经济效益提供基础条件和重要保障。据估算：两年三胎密集繁殖体系母羊的繁殖生产效率较一年一胎的常规繁殖体系增加40%以上；比目前较先进的10个月产羔间隔的繁殖体系增加25%左右，生产效率和经济效益十分显著，可以在新疆的南疆、北疆全面推广。

四、要求条件与技术支持

两年三胎密集繁殖体系的实施是一项复杂的系统工程，涉及一个地区的地理生态条件、品种资源和饲料资源情况、母羊的繁殖性能特点以及羊场的管理能力、设备条件和技术水平等诸多因素。若无强大的条件和技术支持，两年三胎密集繁殖体系的实施将成为纸上谈兵，难以达到预期效果。

1. 要求条件

（1）与配母羊应具备常年发情、多产多胎的特性。如我国的小尾寒羊和湖羊，新疆本地的多浪羊、策勒黑羊，以及引进良种肉羊与地方肉羊品种的杂交一代母羊等。

（2）公羊以引进良种肉羊为佳。肉用型以当地地方品种为佳。常用品种有萨福克、道塞特、特克赛尔等。

（3）农区舍饲半舍饲饲养。两年三产密集繁殖体系适宜在经济较为发达的农区实施，农作物籽实及其加工副产品、秸秆、棉籽壳，果蔬、甜菜和番茄加工残渣，醋糟、酒糟等均可作为肉羊的饲料来源。实施两年三产的羊场70%饲料来源于自产自给。

（4）羊场技术力量雄厚。设计和实施频密繁育方案是一项技术性比较强的工作，需有健全强大的生产技术管理队伍与科技队伍方能完成，技术人员具有大专以上的专业学历及相应的技术职称；缺少技术力量的羊场，应请专业技术人才帮助完成。

2. 技术支持

（1）营养调控技术。母羊频密繁育、产羔多对饲料营养的要求很高，要按照母羊不同生理阶段配制全价日粮，保证各个时期营养满足需求、均衡供给。以单胎羊的方式管理多胎羊，营养供给不到位会影响到发情、受胎率、受胎数及羔羊初生重与早期发育，甚至中途被淘汰出局。

（2）同期发情—人工授精技术。规模化羊场羊群数量多、群体大，采用自然交配会使大约10%~15%的母羊被漏配，同时也要求同一生产单元母羊能集中发情、集中批量产羔。所以，有必要采用同期发情—人工授精技术调整周期、最大限度地避免漏配。具体办法见笔者主编的《肉羊养殖高效配套饲养技术》相关章节，这里不再赘述。

（3）代乳粉人工育羔技术。两年三产密集产羔对母羊的体力消耗很大，当生产3个及以上羔羊时，因泌乳量不足而导致羔羊死亡率上升，需要辅以代乳粉人工育羔技术（详见本章第三节、附件4）减轻母羊负担、提高羔羊成活率。否则，即使频密多羔也难以实现高效的目标。

（4）羔羊早期断奶—直线育肥技术。两年三产频密产羔体系在时间安排上无妥协余地，要求羔羊必须早期断奶（2月龄以内），以保证母羊有足够的休息恢复时间，继而发情配种。否则，下一轮配种就会被推迟，整个生产计划就会被打乱。断奶羔羊须直接进入育肥期，在4~5月龄时出栏上市。这个连续的生产过程称之羔羊早期断奶—直线育肥（详见本章第四节）。

五、注意事项

1. 加强空怀母羊的饲养管理

在实际生产中，空怀母羊因不妊娠、不泌乳，往往被忽视。要注意空怀母羊的饲养管理。空怀母羊的营养水平上不去，体况恢复就会延迟，势必推迟配种、打乱生产秩序。

2. 做好配种计划，避免近亲繁殖

密集繁殖体系配种也频繁，不仅要求种公羊群保持一定的规模，而且一定要做好严格的选配计划、避免近亲交配，父本与母本的血缘关系要远，要经常换血；杂交母羊的多胎性有随杂交代数增加而下降的趋势，生产中以选用杂一代母羊为好。

3. 注意妊娠母羊的饲养管理

妊娠母羊注意避免吃冰冻饲料和发霉变质的饲料；要保证饮用水清洁卫生；圈舍干燥、卫生并定期消毒；尽量避免拥挤和追赶母羊，减少母羊的发病率和流产率。

第四节　代乳粉人工育羔技术

一、羔羊代乳粉及其作用与意义

1. 代乳粉

即仿照母乳成分人工配制的代替羊乳的高营养全价饲料。

2. 代乳粉的作用与意义

使用羔羊代乳粉实行早期断奶，可以大大缩短母羊的繁殖周期，减少母羊空怀时间，从而实现两年三产，提高母羊利用率。代乳粉可以促进消化系统有序发育，提高羔羊体质，从而提高成活率；袋装代乳粉易于贮存，使用方便，可随用随冲配，操作简单，适用于各种规模和养殖条件。

3. 代乳粉的种类

市场上常见的代乳品分为羔羊代乳粉和犊牛代乳粉。羔羊代乳粉的加工工艺和营养元素与免疫因子的含量都优于犊牛代乳粉，在使用时应认准产品的种类。代乳粉的加工工艺和营养元素的配比很重要，代乳粉的可溶性、乳化性和适口性等因素都与饲喂效果有关。不具备一定生产条件的饲料厂所生产的代乳粉达不到要求，难以保证羔羊正常成活和健康生长。

羔羊代乳粉按蛋白来源分为植物蛋白源性代乳粉和乳蛋白源性代乳粉。植物蛋白源性代乳粉的蛋白源主要是大豆蛋白、玉米蛋白和小麦面筋蛋白；乳蛋白源性代乳粉蛋白源主要是脱脂奶粉。

4. 适用对象

7~45 日龄以内超前断奶的羔羊；出生时母羊无奶或少奶的羔羊；超过母羊哺乳能力的一胎多羔羊。当然，也适用于山羊。

5. 使用效果

饲喂代乳粉不仅满足了羔羊的营养需求，促进生长发育，还使得羔羊的采食与活动具有规律性。有研究表明，使用代乳粉组的羔羊日增重、体高和胸围分别比母乳亲哺组提高了 148. 6g、5. 5cm 和 6. 77cm，差异极显著。饲用代乳粉组羔羊的增长速度（包括体重、体尺）要显著高于母羊奶的羔羊。笔者的试验表明：在羔羊吃完初乳后，以羔羊专用代乳粉补充母乳量的不足，能够满足羔羊生长发育的营养需要，提高羔羊的日增重，实现羔羊 45 日龄断奶；可有效减少羔羊痢疾发病率；提早适应粗饲料，断奶后生长发育快；是解决母羊多胎多产、羊奶不足问题至关重要的技术措施。

二、人工育羔关键技术

人工代替母羊用代乳粉哺育羔羊谓之人工育羔。人工育羔最初是在母羊产后死亡、无奶或多羔的情况下采用的应急性技术措施。由于其效果甚佳，随后进行专门化研究，发展成为羔羊早期断奶的一项专项技术。目前，代乳粉人工育羔技术（详见附件 4）已成为发展多胎型肉羊、推行两年三产高频繁育技术的关键技术之一。

人工育羔关键是要做到早吃初乳、早期补饲、专人管理和“三定一讲”（定时、定温、定量和讲究卫生）。

1. 早吃初乳、吃足初乳

母羊产后 1 周内分泌的乳汁叫初乳，是新生羔羊非常理想的天然食物。初乳也称胶乳，呈蜡黄色胶汁状，其中含有免疫球蛋白（IgA、IgD、IgE、IgG 和 IgM）、乳铁蛋白（对疱疹、慢性疲劳等疾病有某种效用）、溶菌酶（保护身体组织免受细菌侵害，可以用作有效的抗菌剂）、乳清蛋白（对于多种癌细胞和病毒都有很好的抵御作用）和细胞活素等，对增强羔羊体质、抵抗疾病和排除胎粪具有重要作用。羔羊在产后半小时内应吃到初乳，最迟不超过 1h。

目前国内外生产的羔羊代乳粉还只是常乳代乳品，尚不能替代初乳。因此，早吃、多吃初乳对增强羔羊体质和抵抗疫病能力具有重要意义，是人工育羔成败的第一步。对那些母羊初乳较少、不能吃足初乳的羔羊采取寄养；对无法寄养或拒绝寄养的，应人工辅助其吸吮其他母羊的初乳 2~3 次后，再采用代乳粉人工哺乳。

2. 专人管理，一专到底

就是要固定专人喂奶、专人管理，“一专”到底。选定有一定文化、懂技术、责任心强的饲养员或专业技术人员，负责代乳粉的配制、喂奶、器具的清洗消毒和保管，从产羔开始直到羔羊断奶。

3. 定时、定温、定量喂奶

（1）定时。即确定好每日喂奶的次数、时间间隔和每次喂奶的时间，建立条件反射，有利羔羊消化及管理，保证有序进行。随着羔羊年龄和体重的增长，每日喂奶的次数逐渐减少、喂量逐渐增加、间隔时间也逐渐加大。

（2）定温。代乳品的温度是决定人工哺乳羔羊生长发育和成活率的关键，也是“三定”中最重要的一环。奶温偏高，会烫伤羔羊口腔黏膜，不利于采食；奶温偏低，不利于消化，容易造成羔羊拉稀，影响生长发育，甚至死亡。所以，一定要做好代乳品的调温和保温，使其哺喂温度保持在 38~40℃范围内。

（3）定量。即确定好每次的喂奶量。个体之间喂量可以不等，但每个个体每次喂量要一致或接近，不可忽多忽少。当然，随着羔羊年龄和体重的增长，每日喂奶的次数逐渐减少、间隔时间也逐渐加大，每次喂奶量要随之逐渐增加（表 4-3）。

表 4-3　羔羊代乳粉推荐饲喂量

用于后备种羊的羔羊			用于早期断奶育肥的羔羊		
日龄	饲喂次数（次/d）	饲喂量（g/次）	日龄	饲喂次数（次/d）	饲喂量（g/次）
1~2		饲喂初乳	1~2		饲喂初乳
3~4	3	10+初乳	3~4	3	10+初乳
5~7	3	20~30	5~7	3	20~30
8~14	3	30~40	8~21	2	40~50
15~21	2	40~50	21~28	2	50~60
22~35	2	50~60	28 以后	1	逐渐减少
36~42	2	50			
43 以后	1	逐渐减少			

注：饲喂量指代乳粉供给量（商品包装状态）。

第五节　羔羊早期断奶直线育肥技术

随着我国国民经济的持续快速发展，人民生活水平不断提高，城乡居民的饮食结构发生了巨大的变化，已从温饱型转向营养型。“讲究营养，保证卫生，重视保健，力求方便，崇尚美味，回归自然”是21世纪我国食品消费发展的战略方针。美味多汁、营养丰富的肥羔肉越来越受到消费者的青睐和追捧。

4~5月龄出栏屠宰的、胴体重为15~18kg的羔羊肉叫作肥羔肉。研究结果表明：肥羔具有鲜嫩多汁、精肉多、脂肪少、味鲜美、易消化吸收、膻味轻微及营养价值全面等特点。羔羊肉蛋白质含量高达20%以上，而成年羊肉只有11.1%。羔羊肉Mg、Zn含量比成年羊高19.49%、31.96%。羔羊肉氨基酸含量高，人体所需的必需氨基酸齐全，组氨酸和苏氨酸达到了理想的比例。一般羔羊肉脂肪含量为20%左右，成年羊肉高达28.8%，每100g羊肉中，成年山羊肉含胆固醇为60mg、绵羊肉为65mg，羔羊肉为27~44mg。

据悉，目前在国际市场销售的羊肉主要为肥羔肉。在美国、英国每年上市的羊肉中90%以上是羔羊肉，在新西兰、澳大利亚和法国，羔羊肉的产量占羊肉产量的70%。欧美、中东各国羔羊肉的需求量很大，仅中东地区每年就进口活羊1 500万只以上。4~6月龄屠宰的肥羔胴体重可达15~20kg，肥羔肉质细嫩，在市场上深受消费者的欢迎，羔羊肉的需求量不断增长，发展空间巨大。

从20世纪70年代中期开始，我国羔羊育肥逐步兴起。目前全国羔羊肉产量占羊肉总产量约10%。与养羊业发达国家相比，我国肥羔生产差距很大、发展潜力也很大。

生产优质肥羔肉的基本方式就是实行羔羊早期断奶—直线育肥。

一、羔羊早期断奶

1. 羔羊早期断奶的概念

早期断奶是相对于常规断奶而言的，从时间（年龄）上来说比常规断奶的要早。所以，广义上讲，只要比常规断奶的时间早，都可以称为早期断奶。狭义而言，羔羊早期断奶则是在常规3~4月龄断奶的基础上，将哺乳期缩短到40~60d，即羔羊40~60日龄断奶称为早期断奶。畜牧业发达国家则是1~1.5月龄。

2. 羔羊早期断奶的理论依据

羔羊早期断奶是建立在对羔羊瘤胃发育过程研究基础之上的。试验观察认为，羔羊瘤胃发育可分为出生至3周龄的无反刍阶段、3~8周龄的过渡阶段和8周龄以后的反刍阶段。3周龄内羔羊以母乳为饲料，其消化是由皱胃（真胃）承担的，消化规律与单胃动物相似；3周龄后才能部分消化植物性饲料；当生长到7周龄时，麦芽糖酶的活性才逐渐显示出来，8周龄时胰脂肪酶的活力达到最高水平，羔羊瘤胃已充分发育，能采食和消化大量植物性饲料，即8周龄时就可以断奶了。但有些试验证明，羔羊40d断奶也不影响其生长发育，效果与常规的3~4月龄断奶差异不显著。

在此理论基础上，人们采用特殊配制的开食料进行早期诱导补饲的办法，培养羔羊的瘤胃消化机能，使其提早建立起对精料和粗饲料的消化利用能力，将其断奶日龄提前到1~1.5月龄。

3. 早期断奶的意义

实行羔羊早期断奶，缩短哺乳期和产羔周期，有利于母羊体况恢复、早配种，实现一年两产或两年三产高频繁育，提高养羊业经济效益；全年均衡产羔、增加羊源，以利于下游加工企业全年加工，一年四季羊肉均衡供给。

4. 羔羊早期断奶的方法

大体可分为一次性断奶和逐步断奶两大类。

（1）一次性断奶法。在到达预定的、可以断奶的时间时，羔羊和母羊一次性彻底分开，从此不再和母羊接触、不食母乳。其特点是便于管理，母羊体况恢复较快。标准化肉羊场一般采用一次性断奶法，有利于生产组织和管理。

①羔羊出生后一周断奶，用代乳品进行人工育羔。方法是将代乳品加水倍稀后，日喂3~4次，为期3周，同时补饲开食料、优质干草或青草，促使羔羊瘤胃尽早发育。目前市场上的大部分羔羊代乳品能很好地满足羔羊营养需要，可降低腹泻的发生率。

②羔羊出生后40d左右断奶，完全饲喂草料或放牧。采取此法的原因为：一是从母羊泌乳规律看，产后3周达到泌乳高峰，而至9~12周后急剧下降，此时泌乳仅能满足羔羊营养需要的5%~10%，并且此时母羊形成乳汁的饲料消耗大增；二是从羔羊的消化机能看，生后7周龄的羔羊，已能和成年羊一样有效地利用草料。

③ 6~10周龄断奶，人工草地上放牧或育肥。澳大利亚、新西兰等国大多推行6~10周龄断奶，并在人工草地上放牧。新疆畜牧科学院采用新法育肥7.5周龄断奶羔羊，平均日增重280g，料重比为3：1，取得了较好效果。

（2）逐步断奶法。即采用“限制哺乳+早期补饲”的早期断奶方法。一般的做法是，在羔羊出生后7~10日龄开始诱饲，用隔离补饲栏将母羔隔开，每日定时、定次采食母乳；在非哺乳时间，给羔羊饲喂少量“补饲精料”和优质苜蓿草粉，让羔羊在栏栅内自由采食补饲料，刺激其瘤胃发育。随着时间的延长，每天哺乳的次数逐渐减少，而补饲的草料量逐渐增加，直至断奶。

此法的突出特点是，条件要求低、饲养成本低，羔羊断奶应激反应小，过渡平稳，羔羊成活率高，而且适合后备种羊的培育。该法适宜广大农牧养殖户。

5. 羔羊早期断奶的适宜时间

理论上讲，羔羊早期断奶的适宜时间在 8 周龄左右较为合理。但由于羊的品种、饲养条件以及管理水平的差异，选择断奶的时间应以断奶后羔羊能够采食植物性饲料为主要营养源为准。

目前，早期断奶的时间有两种：一是羔羊出生后一周断奶，然后用代乳品进行人工哺乳；二是羔羊出生后 40d 左右断奶，断奶后饲喂植物性饲料或在优质人工草地放牧。

依新疆目前的饲养和管理水平，标准化规模肉羊场：实行两年三产制的多胎型肉用羊，宜采用羔羊出生后一周龄断奶，用代乳品进行人工育羔至 1~1.5 月龄；繁育种羊的应采用“限乳+补饲”的逐步断奶方法，2~2.5 月龄断奶为宜。新疆的实践表明，采用“母乳+代乳粉+补饲”的方式，可使杜湖杂交羔羊在 45 日龄左右时达到 15~18kg 实施断奶，十分有效地保证了两年三产的顺利进行。

6. 饲养管理注意事项

（1）保证吃足初乳。吃好初乳是降低羔羊发病率、提高其成活率的关键环节。初乳中含有丰富的蛋白质（17%~23%）、脂肪（9%~16%）、氨基酸、矿物质等营养物质和免疫抗体，能增强羔羊的体质、免疫力和便于羔羊胎粪及时顺利排出。羔羊初生后 1~3 日龄内一定要吃上初乳。对那些母羊初乳较少、不能吃足初乳的羔羊采取寄养；对无法寄养或拒绝寄养的，应人工辅助其吸吮别的母羊的初乳 2~3 次后，再采用代乳粉人工哺乳。

（2）选高质量的代乳粉。代乳粉即仿照母乳成分人工配制的代替羊乳的高营养全价饲料。在选择代乳粉时要详细查看说明书，做到：①营养价值高。代乳粉的营养成分一定要尽量与母乳相近，特别是免疫蛋白、消化酶等成分不可或缺；②具有较好的适口性，羔羊喜欢采食、易消化吸收；③价格低廉，性价比高；④要求设备简单，操作简便。在满足上述四条原则的前提下，尽可能选购价格低廉的。以选用经科研单位试验推荐的、信誉好的公司或科研机构生产的产品为好。

（3）早期诱饲和补饲。羔羊出生后7~10日龄起开始诱饲和补饲。在圈舍内设置仅供羔羊自由进出的隔离栏，训练羊只采食优质青干草和混合饲料，以刺激消化系统组织器官的快速发育（参见本章羔羊的饲养管理相关内容）。

（4）创造良好圈舍环境。羔羊舍应经常保持清洁、干燥、温暖，勤换垫草，密闭式羊舍还应注意通风换气。暖季采用在运动场上隔栏补饲，要搭建凉棚，注意防雨、防晒。

二、直线育肥技术

1. 直线育肥的概念

早期断奶羔羊直接饲喂高精料（最好是颗粒饲料）进行舍饲强度育肥，用以生产优质肥羔肉的育肥方式称之为直线育肥。

2. 直线育肥的特点

羔羊直线育肥具有“两好三高”的特点，即增重效果好、胴体质量好、饲料转化率高、屠宰率高、经济效益高。

（1）增重效果好。1986年由新疆畜牧科学院畜牧研究所专家杨润之主持的自治区星火计划项目《绵羊育肥技术示范》在木垒县进行的试验表明，早期断奶羔羊全精料育肥50d，平均日增重可达280g。

据报道，体重10kg左右、1.5月龄断奶羔羊全精料育肥50d，3月龄时屠宰上市，体重可达25~30kg，平均日增重400g左右。

2005年新疆畜牧科学院畜牧研究所在昌吉华兴良种畜繁育场，对60日龄断奶的萨福克、道塞特与阿勒泰羊，道塞特与细毛羊杂交一代羔羊进行60d舍饲强度育肥，平均日增重均在250g以上。

近年来，羔羊早期断奶直线育肥技术在规模化羊场广泛使用，配合多胎羊两年三产频密繁育体系的实施取得了良好的效果，为广大养殖企业认可和接受，推广应用范围越来越大，已成为群众的自觉行动。

（2）胴体质量好。随着生活水平的提高，人们的消费观念也发生了新的变化。在羊肉消费中，低脂多肉、鲜嫩美味、营养卫生已成为消费者的共同追求。采用早期断奶直线育肥技术生产的肥羔肉正好满足了人们这一要求。

对4~5月龄直线育肥羔羊产肉性能和胴体品质分析的结果表明，其胴体重、骨肉比、肩肉、后腿肉等指标均高于秋季育肥的淘汰羔羊，而劣质肉（腹腰肉）的比重下降。

对5月龄萨福克、道塞特与阿勒泰羊、道塞特与细毛羊杂交一、二代育肥羔羊产肉性能、胴体品质及其肉质进一步分析结果证明，不仅其产肉性能、胴体品质优于秋季淘汰育肥羊，而且其尾脂重、背膘厚度（GR）、胴体脂肪含量明显下降，眼肌面积、肌间脂肪含量增高，特别是香味物质、甜味物质提高，人体所需的9种必需氨基酸齐全，亚麻酸、亚油酸的含量也明显增加，称得上是“全价羊肉”。

（3）饲料转化率高。饲料转化率是衡量育肥效果的一项重要的经济指标，通常用消耗单位风干饲料重量与所得到的动物产品重量的比值（饲料报酬）来表示。常规断奶、6月龄淘汰育肥羔羊的料肉比约为（8~10）：1。而早期断奶直线育肥羔羊的料肉比则为（2.5~3）：1，高的可达2.1：1。

（4）屠宰率高。屠宰率是衡量产肉性能的一项常规指标。常规放牧、6月淘汰羔羊的屠宰率一般都在45%左右，而早期断奶直线育肥羔羊的屠宰率则为46%~50%。

（5）经济效益高。经济效益是衡量养羊生产水平、培育和育肥效果的最直接和最后的标准。有资料表明，早期断奶直线育肥羔羊平均每只纯收入（41.47元）比秋季淘汰育肥羔羊（8.31元）增加近4倍。与传统的羔羊育肥相比，早期断奶直线育肥羔羊起码要节约3~5个月的饲养费用约114~190元（舍饲养殖）。

3. 直线育肥原理

羔羊直线育肥以羔羊生长曲线为依据（图4-1）。研究观察表明，羔羊出生后2~5月龄生长速度很快，6月龄左右进入初情期，此后因周期性发情的影响，生长速度开始减慢，然后逐渐下降直至成年。羔羊早期断奶直线育肥恰在3~5月龄，正好与羔羊快速生长期相吻合。因此，在营养供给充足的情况下，其增重速度很快。此外，羔羊处在幼年期，肉质鲜嫩、美味多汁，适合生产优质肥羔肉。

4. 直线育肥的方法

（1）全精料育肥。全精料育肥即育肥期内不喂粗饲料，育肥日粮构成全部为精饲料。实际上它是建立在一次性断奶、人工代乳粉早期断奶技术应用的基础之上的。其理论依据是：反刍动物幼年期以母乳为唯一食物来源，真胃功能发达，其他三个胃（瘤胃网胃瓣胃）尚未发育。在羔羊吃足初乳后，这时人为地给它饲喂以全精料日粮（或代乳粉），促进真胃机能快速完善，而反馈性地抑制瘤胃发育，像喂单胃动物一样喂羊。

羔羊采取早期断奶全精料育肥技术有许多优点：一是羔羊3月龄内生长最快，早期育肥具有较高的屠宰率；二是该技术只喂精饲料而不喂粗饲料，管理简单，提高了饲料转化率和日增重。但其饲养成本高、设备要求高、技术性强，不

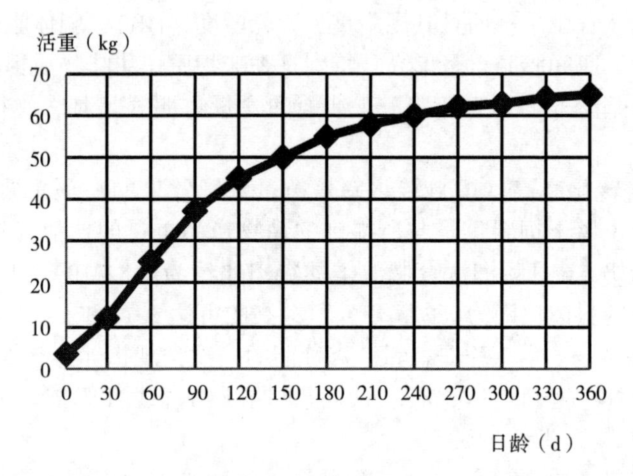

图 4-1　羔羊生长曲线图

易为群众接受和掌握，技术运用和操作管理稍有不当，就会引起较大损失。因此，在目前生产力水平下，该项技术适合在规模化养殖企业、专业合作社和专业养殖户中推广应用。

（2）舍饲强度育肥。即在早期补饲、早期断奶的基础上，利用羔羊已经习惯采食精饲料的特点，加以高精料强度育肥，达到快速育肥出栏、生产优质肥羔的目的。该法的突出特点是：一是精饲料与粗饲料并用不易发生消化道疾病，饲养成本也低；二是精饲料占的比重较大（50%~70%），增重较快；三是羊肉味道鲜美、无膻味儿。这种方法已为群众接受，可在新疆普遍推广。

5. 直线育肥注意事项

（1）育肥与断奶过程紧密衔接。羔羊早期断奶后要紧接着进行直线育肥，不可中途停顿下来。否则，必然产生两方面的不良影响：一是羔羊断奶时采食精饲料的水平较高［一般达到 300g/（只·d）以上］，中途停顿下来降低其饲养水平，必然导致其体重下降，生长速度减慢；二是当再次使用高精料日粮进行强度育肥时，羔羊必然对其产生一个较长的适应期，平白增加了 15~20d 饲养成本，降低育肥的经济效益。用作后备种羊的，也不可急剧降低其饲养水平（精料饲喂量）。

（2）育肥日粮与补饲日粮平稳过渡。一般说来，育肥日粮与补饲日粮（代乳粉）在组成和营养水平上有很大差异。所以，从补饲日粮平稳地过渡到育肥日粮是获得良好育肥效果的十分重要的环节。一般采取“逐步替代法”来实现。即用育肥日粮部分替代断奶日粮，逐步加大其在断奶日粮中的比例，直至最后全部使用育肥日粮。这一过程持续时间的长短要视羔羊的采食、消化情况而定，一般需要 7~10d。

（3）育肥期内避免频繁更换日粮配方。羔羊舍饲强度育肥的育肥期一般为 50~60d。由于饲养期相对较短，整个育肥期内一般以采用一种饲料配方为好，更换饲料配方会引起适应性应激反应，影响增重。为了满足羔羊日益增长的营养需求，可通过逐渐增减精料饲喂量、减少粗饲料饲喂量的办法来实现。表 4-4 为新疆畜牧科学院在昌吉华兴公司进行早前断奶羔羊直线育肥试验所用的配方，供用户参考。

表 4-4　2~3 月龄杂交公羔育肥期日粮配方

精饲料（%）									粗饲料（%）		饲喂量（kg）		
玉米	葵粕	豆粕	棉粕	麸皮	添加剂	酵母粉	小苏打	食盐	小麦秸	苜蓿粉	精饲料	粗饲料	青贮料
53	15	10	5	11	1	2	1	2	30	70	0.8	1.2	1.5

（4）颗粒饲料的应用

颗粒饲料具有体积小、营养全且浓度大、不易引起羔羊挑食、浪费小等特点。实践证明，颗粒饲料比粉状饲料可提高饲料报酬 5%~10%，且适口性好，羊喜欢采食。所以，在实施早期断奶强度育肥时提倡应用颗粒饲料。另外，颗粒饲料还具有良好的流动性和输送性。采用自动喂料器、全精料育肥羔羊最好使用颗粒饲料。

第五章　粗饲料加工利用技术

粗饲料是牛羊等反刍动物的主体饲料，一般占到其日采食干物质的 70%～80%。包括天然草场牧草青干草、农作物秸秆及糟渣类加工副产品。苜蓿干草被誉为“牧草之王”，尽管其与其他人工种植的优良牧草比农作物秸秆优良许多，但仍属粗饲料的范畴。鉴于粗饲料质地粗糙、适口性差、营养价值低的特性，在饲喂动物之前，须对其进行加工调制，以提高饲用价值、便于肉羊的采食、减少浪费、降低饲养成本。本章侧重介绍秸秆类粗饲料加工调制与饲喂技术，供参考使用。

第一节　粗饲料初级加工

利用机械切碎是粗饲料加工调制最基本、最原始的方法，也是其他一切加工调制必不可少的最初工序。秸秆经粉碎后可提高均匀度、在一定程度上减少拒食和饲料浪费，饲料利用率可提高 30%～50%。添加糖蜜、脂肪、水或者与湿的饲料如青贮饲料混合能提高采食量。一般羊用秸秆的切碎长度为 1.5～3.0cm。现在许多的饲料卡车（TMR 混合机）都能在混合室中将其切碎，省去人工粉碎这道程序、降低劳动强度和粉尘污染。

第二节　青贮饲料制作技术

青贮饲料是指将不易直接贮存的鲜绿饲料原料在密闭的青贮设施（窖、壕、塔、袋等）中，经直接或加入添加剂进行厌氧发酵制得的多汁饲料，用以弥补枯草季节青绿饲料不足或缺乏。

一、青贮的原理

在厌氧条件下，利用青贮物自然携带的乳酸菌发酵产生乳酸，当 pH 值下降到 3.8~4.2 时，青贮料中所有微生物过程都处于被抑制状态，从而达到保存饲料营养价值的目的。

二、青贮发酵阶段

分为有氧呼吸阶段、厌氧发酵阶段和稳定阶段。

1. 有氧呼吸阶段

在青贮初期，植物细胞继续呼吸，植物本身的酶和好氧微生物活动十分活跃。它们消耗存在于青贮设备中的氧气，并产生二氧化碳、水和热。如果青贮条件合适，好氧阶段持续时间很短（1~3d），而且温度很少达到38℃。但是，如果青贮饲料原料切割长度太长，易造成碾压不实或密封不严等，均会延长好氧呼吸阶段，产热过多，造成大量能量损失。

2. 厌氧发酵阶段

一旦青贮设备中残存的空气消耗殆尽，好氧微生物的活动受到抑制，厌氧微生物（主要是乳酸菌）就会以惊人的速度繁殖。在厌氧微生物的作用下，青贮原料中的一部分碳水化合物被分解产生乳酸、乙酸、乙醇和二氧化碳，而饲料蛋白质被部分分解产生肽、氨基酸、胺和酰胺等。当生成的乳酸达到足够数量时，厌氧微生物死亡，青贮发酵进入稳定阶段。此阶段一般持续 2~3 周。

3. 稳定阶段

当发酵物的 pH 值达到并保持在一定的水平（玉米或其他谷物秸秆为 3.5~4.5，牧草为 4~5）不再发生明显变化时，青贮发酵则进入稳定阶段。

三、青贮种类

1. 普通青贮

也叫高水分青贮，青贮物的含水量为 60%~75%。它保存青贮饲料的原理是靠乳酸菌发酵饲料碳水化合物产生乳酸，使饲料 pH 值降低，从而抑制其他杂菌繁殖。

2. 半干青贮

青贮物的含水量为 40%~55%。半干青贮饲料发酵程度低，故乳酸含量低，而 pH 值较高，饲料的保存主要依赖于较高的渗透压。由于青贮饲料原料的水分含量低，对物料压实的条件要求较高。半干青贮主要用于豆科牧草青贮。

3. 添加剂与保存剂青贮

它是通过在青贮过程中加入某些添加剂来提高青贮饲料营养价值或促进青贮乳酸发酵而制成的青贮。

四、青贮设备

有青贮塔、青贮窖、塑料薄膜等。

1. 青贮塔

青贮塔是最原始最古老的青贮设备。通常采用钢筋混凝土结构、镀锌不锈钢结构、木质结构、石砌混凝土灌浆结构、玻璃钢结构、瓷砖贴面结构和红砖结构等。其适宜于地下水位较高地区，因造价高、装取不便等原因，国内现已很少见到。

2. 青贮窖

广泛使用的青贮设备为青贮窖，随处可见。分为地下式、半地下式和地上式三种。

（1）地下式青贮窖。适用于地势较高、地下水位较低而土质坚实的地区。可用砖、石堆砌或用混凝土浇筑，我国北方地区可不用建筑材料而直接挖土窖。因青贮料的酸性较强，为了防止腐蚀窖壁，用砖砌的最好在窖的内壁粉刷一层水泥及无毒防水材料。地下式青贮窖的优点是贮存容量大、使用寿命长，装填原料方便，窖内温度不易受外界气温影响，有利于青贮料的发酵、保存和提高青贮料的品质；缺点是取用麻烦费力。所以一般深度不宜超过3m（图5-1）。

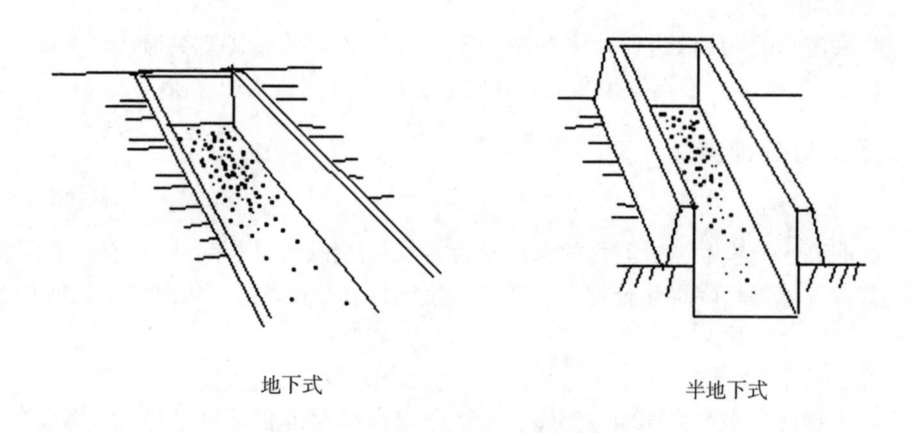

图5-1　地下式和半地下式青贮窖示意

（2）半地下式青贮窖。半地下式青贮窖适用于地下水位较高的地区。因地下水位较高，不宜将窖挖得太深，一般由地面向下挖不超过2m，底部和墙壁用砖、石堆砌或混凝土浇筑，也可用挖出来的湿黏土堆砌成土墙并覆以塑料薄膜保护。用砖、石堆砌的窖壁，所有的缝隙均应用水泥涂面，外面用土坯夯实。此型青贮窖相对造价低、坚固耐用，但仍存在装取料不方便的缺点，目前已很少使用（图 5-1）。

（3）地上式青贮窖。在地势低洼、地下水位较低的地区宜采用此种窖型。窖底不积水、取用方便；但造价高、容量较小，青贮温度易受外界温度的影响。青贮窖宜建在地势高而平坦、水位较低的地方。常用青贮窖规格：长 60m、底宽 5m、上口宽 6m、深 3m、容积 990m^3，每窖可贮全株青贮玉米 70 万 kg。图 5-2 为地上式青贮窖。它具有装取料方便、便于机械化操作等优点；但技术性强（需要专业设计）、建筑成本高，适合于大中型养殖场。

图 5-2　地上式青贮窖示意

（4）地面堆贮。顾名思义，就是将青贮饲料在地面上堆压的一种青贮方式。它的选址要求、制作原理和方法与其他制作方法相同，但简便省事儿、投资小、便于机械化操作、装取料都很方便，是一种最为简便的应急方式，适合于各种类型养殖场（户）。一般要求地面要硬化，堆垛宜压成长方形，好分段使用、减少风化变质浪费；四周未压实的虚草要清理掉、放到堆顶压实后，再覆盖塑料薄膜（厚 0. 8~1. 0mm）；薄膜交接处用熨斗烫接好，在拉紧的过程中谨防划破（破了要修补），与地面交接处堆土压实，防止漏气（彩图 5-1）。

3. 塑料薄膜青贮

塑料薄膜青贮有塑料袋青贮、包膜青贮和机械裹膜青贮。

（1）塑料袋青贮。选用厚度较厚、抗拉强度较大的塑料袋，每袋以 50~100kg 为宜。此法具有成本低、取材广、操作简便，不受场地条件限制，取用方便、浪费小，适合养殖户使用等优势。但常因普通的塑料袋易破损造成漏气，致使青贮失败而至今不易推广应用。

（2）包膜堆贮。这种方法类似于地面堆贮。先将塑料薄膜铺到地面上，然后在薄膜上面放置青贮原料，一层一层（20~30cm）压实堆成圆柱状，然后将塑料薄膜收起，压紧密封或扎口。这种方法理论上可行，小型养殖户可作为一个临时应急方法使用。

（3）机械裹膜青贮。机械裹膜青贮是将适宜含水量的优质牧草，用捆草机高密度压实，制成草捆后，用专用裹包机将青贮专用塑料拉伸膜紧紧地把草捆裹包起来，造成青贮所需密封厌氧的环境。其制作方法为优质牧草或青贮玉米刈割后调制成含水量50%~70%，用打捆机将其压制成形状规则、紧实的圆柱形草捆，再用裹包机裹上专用薄膜，然后可直接运输至所需地点贮存或就地堆放。常用机械制作的裹包青贮为圆柱形，直径55cm，高65cm，体积0.154m^3，重量约55kg。大型机械制作的裹包青贮直径120cm，高120cm，体积1.35m^3，重量500~700kg。

包膜青贮因其对贮存条件要求低（可在田间地头露天堆放或棚下堆放）、制作简便、成本适中、使用方便、饲料利用率高、可商品化生产等优势深受用户的欢迎，推广速度很快。国产的裹膜机（彩图5-2）和塑料薄膜质量好、价格低，一般的小型牛羊养殖场都买得起；还可以将自己制作的青贮产品卖给养殖户，既创造了收益，也解决了一家一户制作青贮投资大、技术不到位易失败、质量差、浪费大，枯草季节尤其是产羔季节青饲料缺乏的燃眉之急。

五、青贮饲料的制作方法

选择好的青贮原料是做好青贮的首要保证。青贮原料中适宜的可溶性碳水化合物含量对于保证微生物发酵至关重要。一般认为，青贮原料的可溶性碳水化合物含量应在3%以上。禾本科玉米秸的可溶性碳水化合物含量在10%以上，是理想的青贮原料。豆科牧草和瓜藤含糖量低，而蛋白质和非蛋白氮含量高，缓冲能力大，一般条件下青贮较难成功，在制作青贮时，需要添加糖蜜或与含糖量高的青贮原料混贮（彩图5-3）。

好的青贮饲料原料还要求收割期适宜。适时收割的青贮原料可保证其消化率和生物学产量的最佳平衡。全株玉米应在霜前蜡熟期收割；收果穗后的玉米秸，应在果穗成熟后及时抢收茎秆作青贮。禾本科牧草以抽穗期收割为好，豆科牧草以初花期收获为好。

1. 适度切碎

切碎是快速制备青贮饲料所必需的工序。青贮原料切碎的目的是便于青贮时压实，增加饲料密度，排出原料间隙中的空气，以有利于乳酸菌的迅速发酵，提高青贮饲料的品质；同时还便于取用。切碎的程度按饲喂家畜的种类和原料质地来确定，玉米、高粱和牧草青贮的切割长度以1~3cm为宜。

小型饲养场可用刀片式铡草机切碎青贮原料；规模化饲养场可选用牵引式和自走式青贮收割机。自走式收割机收割效率高，但一次性投资大。目前国内常见的是牵引式青贮饲料收割机。

2. 原料含水量

微生物发酵需要湿润环境。玉米、高粱和牧草青贮的适宜含水量为65%~75%。

青贮原料的含水量可通过下面两种方法进行测定：

（1）扭折法。充分凋萎的青贮饲料原料在切碎前用手扭折茎秆不折断，且其柔软的叶子也无干燥迹象，表明原料的含水量适当。

（2）挤握法。抓一把切碎的饲料用力握挤半分钟，然后将手慢慢放开，观察汁液和团块变化情况。如果手指间有汁液流出，表明原料水分含量高于75%；如果团块不散开，且手掌有水迹，表明原料水分在69%~75%；如果团块慢慢散开，手掌潮湿，表明水分含量在60%~67%，为制作青贮的最佳含水量；如果原料不成团块，而是像海绵一样“嘭”的一下散开，表明其水分含量低于60%。原料水分过低不易压实，易发霉，干物质大量损失；如原料水分过多，易造成丁酸发酵，原料腐烂，发臭，动物无法采食。

青贮原料中水分含量低时，可在青贮料入窖时喷洒适量水分，或加入一定量的青绿多汁饲料；含水过高，可混入干草、秸秆或糠麸，也可在收割后进行短期晾晒使之萎蔫。

3. 压实

压实的目的是尽量减少青贮饲料中潴留的空气，并与外界空气隔绝，造成厌氧环境，以便于微生物发酵。根据青贮所用设备的不同，可采用手压、脚踩和履带式拖拉机碾压的办法使青贮压实。无论采用何种压法，压实过程都需铺一层压一层，分层进行。层的厚度（30~50cm）以能碾压挤实为度。

4. 密封

青贮窖压满并高出窖面30~50cm，以防下沉后积水。然后用塑料薄膜将窖顶密封。随后，用塑料薄膜盖严，再在其上覆一层厚度20~30cm的黄土或麦草泥巴。

但覆土或泥巴压制法往往因窖内青贮料的下沉而撕破薄膜造成漏气和雨水进入，进而导致顶层甚至全窖青贮料霉烂不能饲用，塑料薄膜只能一次性使用；而且开窖困难，泥土易与青贮料混在一起，造成青贮料浪费。随着生产应用的扩大和实践的不断深入，人们发明了致密塑料篷布替代塑料薄膜，以预制块、沙袋或废旧轮胎等重物压制法，既克服了传统办法的弊端、减少或消除了浪费，又能重复利用节约成本。此法也适合于微贮、黄贮和氨化，实为两全其美的做法，值得借鉴和推广。

六、青贮添加剂与添加剂青贮

在青贮原料中加入适当添加剂制作出的青贮称为添加剂青贮。适用于青贮制做的添加剂叫作青贮添加剂。给青贮料中加入添加剂的目的，是为更有效地保存青贮饲料的品质和提高其营养价值（操作时除在原料中加入添加剂外，其余方法均与一般青贮相同）。

青贮添加剂可分为 3 类：乳酸发酵促进剂、不良发酵抑制剂和营养性添加剂。青贮添加剂在使用时，不仅要考虑青贮效果，还要注意安全性及经济效益。

1. 青贮添加剂

（1）乳酸发酵促进剂。包括富含碳水化合物的辅料、乳酸菌制剂和酶制剂 3 种。

富含碳水化合物辅料：糖蜜或粉碎的玉米、高粱和麦类等谷物，添加于豆科牧草等低糖分的原料中，可以提高原料含糖量，为乳酸菌发酵创造良好条件。一般糖蜜添加量为原料重量的 1%~3%，粉碎谷物的量为 3%~10%，在装填原料时分层均匀地混入。

乳酸菌制剂：乳酸菌或含乳酸菌和酵母的混合发酵剂可促使乳酸菌迅速繁殖。一般每 100kg 青贮料中加乳酸菌培养物 0. 5L 或乳酸菌剂 450g，使青贮原料中乳酸菌混合菌群落数达到 10^5个/g 干物质。

酶制剂：主要有淀粉酶和纤维素酶，可将原料中的淀粉和纤维素分解成可溶性糖，供乳酸菌繁殖利用。

（2）不良发酵抑制剂。抑制发酵过程杂菌生长和启封使用后引起二次发酵的酵母菌和霉菌生长的物质。包括：无机酸、乙酸、乳酸、柠檬酸和山梨酸等，目前使用最多的是甲酸、甲醛和丙酸。

甲酸可抑制植物的呼吸作用和杂菌的生长繁殖，但不影响乳酸菌的生长，因此适用于糖分含量少、较难青贮的原料青贮。一般添加量为湿重的 0. 3%~0. 5%。

甲醛是常用的消毒剂，具有抑制所有微生物生长繁殖的特性，添加量一般按青贮原料干物质含量添加 1. 5%~3%的福尔马林（含 40%的甲醛溶液），或每

100g 粗蛋白添加甲醛 4~8g。将甲醛与甲酸混合使用，比它们各自单独添加的效果更好。

丙酸是一种微生物抑制剂，广泛用于饲料贮藏。用于青贮饲料时，添加量为 0.3%~0.5%时，即可明显抑制酵母菌和霉菌的增殖，起到抑制二次发酵的作用。此外，乙酸、山梨酸、亚硫酸钠和氨等也都具有此效果。

（3）营养性添加剂。主要用于改善青贮饲料的营养价值，而对青贮发酵一般不起直接作用。主要包括尿素、氨、二缩脲和矿物质等。

2. 添加剂青贮

对于玉米秸秆等蛋白质含量较少的原料，添加尿素可起到补充蛋白质的作用，添加量为鲜样基础的 0.3%~0.5%。由于玉米秸秆矿物质含量低，可利用碳酸钙、石灰石、磷酸钙、硫酸镁等来补充钙、磷、镁等元素的不足。

七、青贮饲料的品质评定

青贮饲料在饲用前必须进行品质鉴定，以确定青贮品质的好坏。青贮饲料品质鉴定方法分为两种：感官鉴定法与实验室鉴定法。

1. 感官鉴定法

感官鉴定法是不用仪器设备，而只通过嗅气味、看颜色、看茎叶结构和质地来判断青贮饲料品质的好坏，适于现场的快速鉴定。品质优良的青贮饲料具有较浓的芳香酸味，气味柔和，不刺鼻，给人以舒适感；品质中等的青贮饲料芳香味较弱，稍有酒味或醋味。如果带有刺鼻臭味或霉变味，手抓后，较长时间仍有难闻的气味留在手上，不易用水洗掉，那么该青贮料已变质，不能饲用。

青贮饲料的颜色因原料不同而有差异。一般是越接近原料颜色，品质越好。品质良好的呈青绿色或黄绿色；品质中等的呈黄褐色或暗绿色；品质低劣的多呈褐色或黑色，与青贮原料颜色有显著差异，不宜饲喂肉羊。

品质优良的青贮饲料，在窖内压得紧密，但拿在手上却较松散，质地柔软而略带湿润，植物的茎叶和花瓣仍保持原来状态，甚至可清楚地看出茎叶上的叶脉和绒毛。品质低劣的青贮饲料，茎叶结构不能保持原状，多黏结成团，手感黏滑或干燥粗硬。品质中等的介于上述两者之间。

2. 实验室鉴定法

通过在实验室测定青贮饲料的酸度、有机酸及氨态氮含量等指标来鉴定。测定酸度最简单的办法是用 pH 试纸直接蘸青贮饲料的浸液测定，也可用 pH 计测定。上等的青贮饲料呈绿色和黄绿色，有浓郁醇香味，略带酸味，质地柔软，疏松湿润，pH 值为 4~4.5。中等青贮料，呈黄褐色或暗褐色稍有醇香味或酸味，柔软稍干，pH 值为 4.5～5。劣等青贮料，呈褐黑色，干燥松散或结成黏块，pH 值>5。当然，pH 值不是青贮饲料品质鉴定的准确指标，因为梭菌发酵也会降低 pH 值，要综合其他指标才可做出准确判定。

有机酸含量的测定是分析青贮饲料中乳酸、乙酸和丁酸的含量。优良的青贮饲料中有机酸约占 2%，其中乳酸占 1/2～1/3，乙酸占 1/3，不含丁酸。品质低劣的青贮饲料含有丁酸，具恶臭味。

测定青贮饲料中氨态氮的含量可以评价青贮饲料蛋白质品质的优劣。正常青贮饲料中的蛋白质只分解至氨基酸，氨的存在则表示有腐败现象。氨态氮的含量越高，青贮饲料的品质就越差（表 5–1）。

表 5–1　青贮饲料品质鉴定

感官鉴定法	看	闻	抓
	呈青绿色或黄绿色，中等呈黄褐色或暗绿色	有较浓的芳香酸味留在手上，不易用水洗掉	较松散有弹性，质地柔软而略带湿润
实验室鉴定法	pH 值	有机酸含量	氨态氮
	优 3.8～4.2，中 4.6～5.2，劣 5.4～6.0	乳酸 1/2～1/3，乙酸 1/3，不含丁酸	不含，越高品质就越差

青贮料喂羊须由少到多，先与其他饲料混合，使羊只逐步适应。可采用青贮饲料+精料组合，也可采用青贮饲料+干草+精料组合。每天每只羊可喂 1.5～2.5kg，根据实际情况进行调整。过去认为妊娠羊应少喂甚至不喂青贮饲料。但近年来的研究发现，用优质青贮+精料饲喂妊娠羊可提高母羊繁殖性能。但需要注意的是，冬季用青贮料饲喂妊娠母羊时最好加温化开，严忌采食带冰的饲料。

八、青贮料的取用

应遵循“用多少取多少，分段取料”的原则。若取出的青贮料氨味儿过大（刺鼻），则应铺开畅晾，待氨气挥发完后再喂羊。过去的人工取料（彩图 5–4）劳动强度大，青贮料在空气中暴露时间长、易于氧化变质、造成很大浪费；自从有了青贮料采料机（彩图 5–5）后，取料已成为一种乐趣或享受，饲料利用率也大大提高。

第三节　微贮饲料的加工调制技术

在农作物秸秆中，加入高效活性菌（秸秆发酵活干菌）贮存，经一定的发酵过程使农作物秸秆变成具有酸香味的饲料。一般将用微生物发酵处理后的秸秆称为微贮秸秆。其原理及方法与青贮和氨化基本相同。微贮原料广泛，玉米秸、稻草、麦秸、树叶、牧草、野草等，无论鲜、干均可用作原料微贮不受季节限制，气温适宜（10~40℃）即可制作。饲料微贮的方法有窖贮法、池贮法、袋贮法和方草捆贮存法等多种，应根据实际条件和饲料的微贮数量酌情选用。该技术具有成本低，效益高的特点，同等条件下饲养羊的效果优于秸秆氨化饲料。

一、基本方法与步骤

1. 菌种的复活

将 3g 菌液倒入 200mL 水中充分溶解，另加白糖 2g，常温下放置 1~2h。操作方法见图 5-3。

2. 菌液配制

将复活好的菌液倒入充分溶解的 0.8%~1.2%食盐水中，混匀后再倒入盛有 1 500L或1 000L 的容器中充分搅匀。根据秸秆重量计算出菌种、食盐及水的用量。计算方法参见表 5-2，操作方法见图 5-3 和图 5-4。

表 5-2　菌种、食盐及水的用量计算

秸秆种类	秸秆重量（kg）	菌种用量（g）	食盐用量（kg）	水用量（L）	微贮含水量（%）
稻秸、麦秸秆	1 000	3	9~12	1 200~1 400	60~70
黄玉米秸秆	1 000	3	6~8	800~1 000	60~70
青玉米秸秆	1 000	1.5	—	适量	60~70

3. 秸秆切碎

一直以来，秸秆的切碎过程是一个劳动强度比较大、效率低的麻烦工作程序。按照以往的做法，就是先将收获籽实后的秸秆收割打包运回来，再在窖池边将其切成 3~5cm 的小段装窖。这个过程环节多、劳动强度大、生产效率低，严重阻碍了微贮技术的快速推广。现在，这一过程也像收割青贮玉米一样（彩图 5-6），由专用联合收割替代人工粉碎，收割、粉碎一次性完成，从地里拉回来即可入窖，劳动强度大大降低、生产效率大大提高。

4. 装窖、喷液、添加辅料

按照原来的做法，切短的贮料必须与菌液和辅料搅拌均匀后才能入窖。其劳动强度之大、工作效率之低实在令人苦不堪言。然而，随着机械化、自动化程度

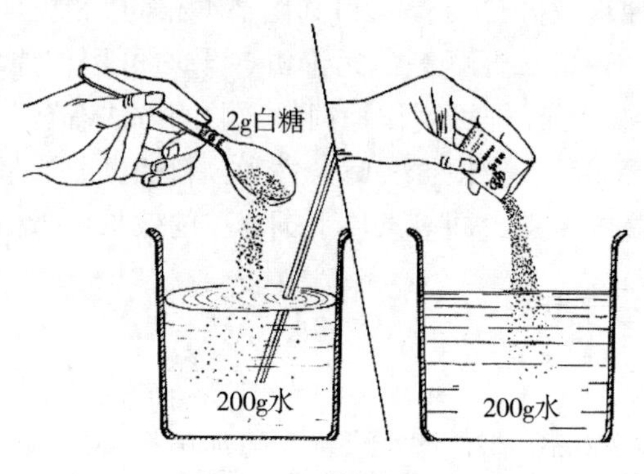

图 5-3　菌种复活

图 5-4　菌液配制

的提高，这一操作过程已被大大简化了：事前的搅拌混合过程被取消，填料自卸完成、铺平压实由拖拉机（履带式或胶轮式）完成，菌液喷洒可使用专业或借助林果业喷药机械替代人工喷洒（表面喷洒、总量控制、自然渗透），添加的辅料（按原料 5‰的比例撒入大麦粉或玉米粉或者麸皮，为发酵初期菌种的繁殖提供营养）可与菌液混合一起喷洒（彩图 5-7）。采用“倒杠子”式的做法（两边来回倒着做）使得整个生产过程有序衔接和有条不紊地进行，日新月异的生产效率让人感觉到劳动的快乐与成就的享受。

5. 压实与密封

这一过程与玉米青贮饲料制作的方法相同。大型窖池可用拖拉机压实，小型窖池则需人工踩实（尤其是边角）。

方捆微贮：从地里拉回打成捆的稻草、秸秆直接入窖，按照微贮程序和方法的秸秆调制方式称为方捆微贮。其原理和方法与切碎微贮的相同。操作时，先在窖的底部铺40cm厚的稻草或麦秸（吸附上层渗下的液汁），把方草捆一层一层地放入窖中挤实（空隙用稻草或麦秸塞紧）。按微贮的物料比，每放一层撒少许糠、麸等辅料；如果湿度不够，随时喷洒菌液。当草捆摆放到高出窖口40cm时，再喷洒少许菌液，并且每平方米撒食盐粉250g（杀菌防腐）。然后，覆盖塑料膜封顶。再在塑料膜上及其与地面交接处压上预制块、沙袋和废旧轮胎等重物镇压（防止空气进入或薄膜被风掀起）。无此条件的，可在薄膜上覆盖20~30cm的草，草上覆盖10~15cm的土拍实。最后，在距窖沿儿周围1m处挖一环形排水沟，防止雨水灌入窖内。若塑料膜破损，要及时修补；窖顶塌陷应及时填土拍实。

这种微贮方式：省去了粉碎、压实的过程，方便省事儿、效率高成本低；但因菌液和辅料与原料混合度差、加水量和湿度很难精确掌握，贮存调制效果很难保证。建议谨慎使用。

二、品质鉴定与饲喂

夏秋季节秸秆经21~30d的微贮即可完成发酵过程。优质的微贮玉米秸秆呈橄榄绿色，稻草、麦秸则呈金黄褐色，并具有醇、酸气味。强酸味是因原料含水分过多和高温发酵所致，不宜多喂；发霉、腐烂是因原料已发霉或装窖时踩压不实、封窖不严所致，不宜再作饲用。

微贮饲料的日常取用方法及饲喂量与青贮饲料基本相同。秸秆经微贮后质地膨松变软，饲喂羊可增加瘤胃微生物与粗纤维的接触面，提高了粗纤维的消化率；同时，适口性改善，使羊采食速度提高，采食量增加。家畜对采食微贮饲料有一个适应过程，饲喂时应循序渐进，逐步增加微贮饲料的饲喂量。一般每天每只羊的饲喂量为1~3kg为宜。

第四节　黄贮饲料调制及利用技术

一、黄贮的概念及其原理

黄贮是利用农作物收获籽实后的枯黄秸秆做原料，通过添加适量水和生物发酵菌剂的一种调制和贮存技术，是秸秆微贮的变相延伸、拓宽了饲料利用资源。其原理与微贮相同。

二、黄贮发酵剂与辅料

由于黄贮所用原料是作物籽实收获后几乎已经干枯了的秸秆，其含水量低、质地更加粗硬、营养价值低劣。所以，要想做出品质相对优质的黄贮饲料，就必须给贮料中接种发酵菌剂、添加营养辅料。

发酵菌剂的主要成分为乳酸菌、酵素等。其中：乳酸菌包括植物乳杆菌、发酵乳杆菌、亚酪酸乳杆菌、粪便肠道乳酸菌等；酵素包括淀粉分解酶、纤维素分解酶等。每吨贮料中添加乳酸培养物 450g 或纯乳酸菌剂 0.5g。可增加乳酸菌的基数、加速乳酸菌繁殖。当然，不同菌剂产生的效果也不相同，如平菇菌处理的秸秆粗蛋白含量显著提高、粗脂肪含量下降；而白腐菌处理的秸秆粗脂肪含量却是上升的。具体效果及添加量应参照所选购发酵菌剂产品说明书使用。

营养辅料包括玉米粉、大麦粉、麸皮或食用糖蜜，氨水或尿素以及食盐等。前四种为发酵菌繁殖提供碳源，后两种为发酵菌提供氮源。每吨黄贮饲料添加玉米粉和麸皮为 0.3%~0.5%，食用糖蜜 0.01%。每吨黄贮饲料用 25%氨水 7~8L 或尿素 3~5kg（化成水喷洒），可提高黄贮玉米秸秆的粗蛋白含量。食盐的主要作用是抑制有害菌繁殖和调节适口性，添加量食盐为 0.3%~0.8%。

三、黄贮饲料调制方法

黄贮饲料的调制方法与微贮的制作方法一样。菌剂要激活、按比例制成菌液（参见产品说明）；原料也要粉碎，与菌液和辅料混合，铺一层压一层、层层叠加，最后塑料薄膜封顶。

与微贮制作相比，黄贮制作的成败关键是贮料水分的控制。加水量要事先通过小试验来确定。即按要求（产品说明或参照表 30）将 100kg 粉碎的秸秆与菌液混合，让其吸水 2h 以上（或过夜），然后以手握指缝间有水滴而不流出为度，即表明含水量达到 65%~75%的适宜标准。若达不到这个标准，则需在做调试或在装窖制作时，适当加大洒水量。此外，应在尽早收获后籽实或在收货之后尽早制作黄贮，以保持其较好的自然含水量和营养价值。

四、黄贮饲料质量检验与饲喂

与微贮的检验方法相同。饲喂时也要由少到多，以适应羊只的口味调整过程。

第五节　秸秆氨化饲料调制技术

氨化是将作物秸秆按一定比例喷洒氨源溶液后，在密闭和适宜温度条件下，经一定时间的化学反应，使秸秆变软、粗蛋白含量提高，成为羊等反刍家畜的饲料的制作过程。

一、氨化原料与氨的用量

常用作氨化的饲料原料主要有玉米秸、麦秸、稻草等；氨源化合物主要有氨气、氨水、尿素、碳酸铵等，其中以尿素、氨水最常用。秸秆与氨源化合物的配比量，一般以喷洒液态氮 3%为最佳用量，其含氮量乘以氨氮转化系数 1.21，即是 100kg 秸秆需氨源化合物的用量：

尿素用量=3÷（46.0%×1.21）=5.4（kg）

氨水用量=3÷（20%×1.21）=12.4（kg）

碳酸铵用量=3÷（15%×1.21）=16.5（kg）

或按每吨秸秆用氨气 30～35kg，25%的氨水 150L，10%的尿素（含氮 46%）溶液 300kg 计算用量。

二、氨化饲料的制作方法

常用的氨化方法有堆垛氨化、窖池氨化和塑料袋氨化，应根据秸秆的种类及数量多少而选择，虽然技术操作方法不同，但氨化原理相同。用氨气、氨水作氨源适于大批量秸秆的氨化，一般采用堆垛充入法（图 5-5），且须具备一定的安全防护措施。

尿素氨化法（图 5-6）是目前比较安全，操作简单，适用于饲养户制作氨化饲料的常用方法。以堆垛氨化麦秸为例，其基本步骤如下：

选择高燥、向阳的空闲地，根据堆垛大小预计占地面积，将地面修整成周边高，中间凹的盘子形。按秸秆重量的 20%～30%备氨水。备好铺底和封垛用的 0.1～0.2cm 厚的无毒、透明塑料膜。底面铺好塑料膜，先铺一层麦秸，再铺一层麦秸、泼洒一遍尿素溶液，层层洒匀、踩实，垛顶修成蘑菇形，然后用塑料膜封垛。垛顶用重物（废旧轮胎、预制混凝土块和沙袋）镇压，垛底周边用土将上下塑料膜衔接处压实、封严。

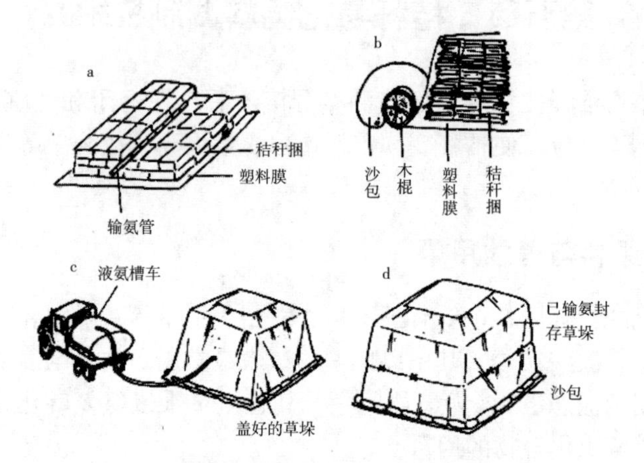

图 5-5　氨水（氨气）氨化饲料制作流程示意

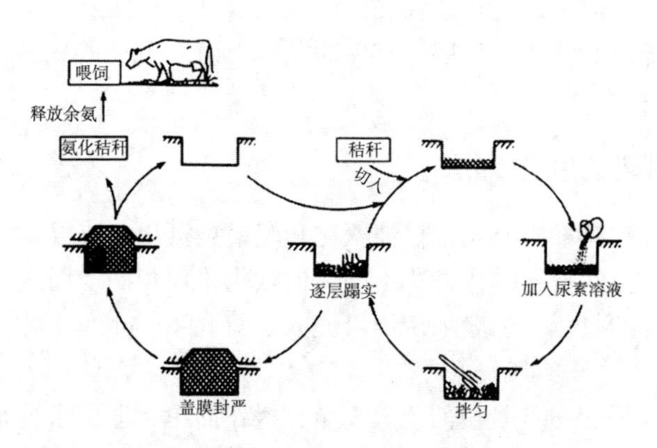

图 5-6　尿素（碳铵）氨化饲料制作示意

三、秸秆氨化技术要点

（1）以尿素作氨源时，气温不宜超过 35℃。高温会使秸秆中的脲酶活性受到抑制，不利于尿素分解产氨，影响秸秆氨化效果。

（2）堆垛氨化时将垛底修成盘子形，可使未被秸秆吸收的或多余的氨液集中在垛底中间不易流失；也有利于氨与水蒸气向上蒸发，使秸秆均匀吸收。

（3）塑料膜封垛时，先将顶膜的周边多余部分在底膜之上塞入垛底压牢，然后将底膜的周边上翻与顶膜衔接，培土压好。这样可避免垛内蒸发的氨液，冷凝后顺膜流下时在衔接处流失。

（4）塑料膜完好无损，发现破损及时修补，以免氨气挥发掉，影响氨化效果。

（5）秸秆氨化效果鉴定秸秆经一定天数的氨化处理后变成棕色、发亮、质地柔软、具有糊香味，表明氨化成功。如果秸秆的颜色无变化或变化不大，表明还没氨化好，需继续氨化。如秸秆的颜色变白，变灰，甚至发黑，发黏结块，具有霉烂气味，则表明氨化失败，不可用作饲料。

四、氨化饲料饲喂方法

氨化时间与周围环境温度有关，温度越高，氨化时间越短，冬天 50~60d，春秋 20d，夏天 7~10d。当秸秆变成棕色时即可开垛放氨。经 2~3d 风吹氨味全部挥发掉后就可饲喂肉羊。饲喂氨化饲料要由少到多，与其他饲料混合饲喂，逐渐取代达到日饲喂粗饲料的 40%~70%。

需要说明的是，用于制作青贮饲料的塑料袋法、堆膜法和裹膜法也可用来制作微贮、黄贮与氨化饲料。现在的制作程序已由原来的人工制作变为机械化、自动化流水线操作。已有专用的粉碎机、装压机、喷洒机、采挖机和密封袋问世，使得粗饲料加工调制成为省时省力、饶有趣味的劳动过程。

第六节　秸秆碱化处理技术

按 100kg 秸秆需碱溶液 6L 计算用水量，配成 1%~2%的氢氧化钠（火碱）溶液备用。将麦秸、稻草等秸秆切短至 5~7cm 后，用配好的碱溶液喷洒、调拌均匀湿润后堆积 6~7h。

饲喂时用清水冲洗干净，以免引起动物碱中毒。

纵观我国“三贮一化”粗饲料加工调制推广的现状，除了青贮技术已为广大肉羊养殖者接受应用外，秸秆微贮、黄贮及氨化（碱化）技术推广举步维艰、收效甚微。究其原因是制作过程机械化程度低、劳动强度大、生产效率低、经济回报不明显。但随着我国农业产业结构的调整、国家对畜牧事业的重视与投资的加大、农业机械补贴政策的落实与扩大，饲料加工行业产业化、机械化、自动化技术水平的提高，这些普通而有效的秸秆饲料加工调制技术必将得到快速推广。

第七节　TMR（全混合日粮）饲喂技术

一、TMR 的含义

TMR 为英文 Total Mixed Ration（全混合日粮）的缩写。TMR 是根据反刍动物在不同生长发育和生理阶段的营养需要，按营养专家设计的日粮配方，用特制的搅拌机对日粮组分原料进行切碎、搅拌、混合和饲喂的一种先进的饲养工艺。TMR 以其独具的优势，越来越受到国内饲养场的欢迎，具有较高的利用效益。

二、TMR 应用优势

（1）精粗饲料均匀混合，避免羊只挑食，维持瘤胃 pH 值稳定，防止瘤胃酸中毒。羊只单独采食精料后，瘤胃内产生大量的酸；而采食有效纤维能刺激唾液的分泌，降低瘤胃酸度。TMR 可使羊只均匀地采食精粗饲料，维持相对稳定的瘤胃 pH 值，有利于瘤胃健康。

（2）TMR 日粮为瘤胃微生物同时提供蛋白、能量、纤维等均衡的营养物质，加速瘤胃微生物的繁殖，提高菌体蛋白的合成效率。

（3）TMR 日粮的应用有利于各种饲料资源的开发。如将玉米秸、尿素等廉价原料用青贮饲料、糟渣饲料及精料充分混合均匀后，掩盖了其不良气味，提高了适口性。

（4）TMR 与传统日粮相比，虽增加了加工成本，但由于利用廉价原料来代替部分高价饲料，使得整体成本降低。

（5）增加羊只干物质采食量，提高饲料转化效率。

（6）根据饲料品质、价格，灵活调整日粮，有效利用非粗饲料来源的 NDF。

（7）简化饲喂程序，减少饲养的随意性，使管理的精准程度大大提高。

（8）实行分群管理，便于机械饲喂，提高劳动生产率，降低劳动力成本。

（9）实现一定区域内小规模羊场的日粮集中统一配送，从而提高养殖生产的专业化程度。

三、TMR 饲喂技术要点

1. 分群饲管

TMR 饲养工艺的前提是必须实行分群管理，合理的分群对保证羊只的健康、科学控制饲料成本等都十分重要。对规模羊场来讲，分群需要根据不同生长发育羊的营养需要及成长状态。经营者可根据自身条件，采用下述任意方案。

（1）分两群，即只分公羊群和母羊群。

（2）分三个群，即种公羊群、种母羊群和舍饲育肥群。

（3）分七个群，即种公羊群、后备公羊群、后备母羊群、妊娠母羊群、空怀配种母羊群、生长育肥群、哺乳羔羊群。这种方案最好，但比较复杂，适合大、中型羊场。

2. 饲料原料的检测

要科学配置 TMR，需要准确检测饲料原料的营养成分。由于饲料原料的产地、季节及加工处理方法的不同，其营养成分都会有不小的差异，因此，TMR 原料应做到每批检验一次，及时调整配方。尤其是水分不同导致的干物质含量的变化影响较大，一般 TMR 水分要控制在 35%~50%为宜，过干或过湿都会影响羊的采食量。

3. 饲料配方

根据所测得的饲料原料营养成分，以及不同羊群的发育状况、营养需要等因素，科学合理地进行饲料配方。不同生理阶段的羊群需要有不同的日粮配方。

4. 饲料的搅拌

在做好饲料配方之后，将各种饲料原料搅拌混匀是制作 TMR 最重要的环节。因此，需要注意以下这些事宜：

（1）添加顺序。一般的 TMR 是先粗料后精料。即按照配方既定的比例，利用其自身的动力和机械系统，将各种粗饲料粉碎成适宜绵羊采食的长度，然后再加入精饲料与之搅拌均匀。也就是说，按照干草（包括秸秆）、青贮、糟渣、精料的顺序加入。

（2）准确称量，准确投料，以保证配方比例和日粮营养水平。

（3）搅拌时间。搅拌时间过短会使原料混合不均匀，而时间过长又使 TMR 太细，有效纤维不足。故一般要边加料边混合，在最后一批料添加完后再搅拌 4~6min 即可。若原料中的粗饲料长度在 1.5cm 以下时，则可适当减少搅拌时间。

（4）水分控制。水分控制在 45%~55%。

（5）效果评价。从感官上，搅拌效果好的 TMR 日粮表现为精粗饲料混合均匀，松散不分离，色泽均匀，新鲜不发热，无异味、不结块。

四、TMR 配套设施要求

1. 饲料搅拌站

（1）靠近干草贮存棚和精饲料库，缩短运距、减少机械或人力消耗。

（2）TMR机械设备上方搭建防雨遮阳棚，檐高不低于5m，棚内面积不低于$300m^2$，以便于机械作业。

（3）15cm以上水泥地面，内部设有精饲料堆放区、粗饲料处理及堆放区。

（4）部分羊场需要在搅拌站堆放青贮饲料，需要适当加大搅拌站面积。

（5）各种饲料组分采用人工添加或装载机添加，都要考虑卸料台与地面的落差。

2. 卸料台

为了便于二次搬运，需要建立地上落差卸料台。卸料台高1.2m，宽3m，长8m，并且两端各带有5m长的扇形引坡，便于饲料搅拌车安全卸料。

3. 羊舍与储料间

搅拌站最好建在羊舍与储料库之间或两者的顶端下风处，便于装卸料和TMR饲料运往羊舍。

五、常用的TMR使用模式

1. 饲料配送中心模式

即集中配料加工好后，分送到各个饲用点或羊舍。这种模式适用于大型养殖场、养殖小区或者一村一区特色养殖，也是今后发展的方向。该模式的优点是：实现养殖小区及散户羊只日粮的集中供给，提高生产效率；节约劳动时间，降低劳动强度；物料批量采购，集中加工制作，降低饲料成本；集中营养专家智慧，提供不同羊群群别的日粮，弥补养殖户饲养知识的缺乏。保证粗饲料尤其是青贮的质量，有利于加快产业化进程。

该模式的制约点：不易控制TMR饲料的水分含量，容易受到当地的气温和放置、运输时间的影响。刚生产出来的TMR饲料水分含量与羊只吃到的TMR饲料水分含量可能会不一致。并且由于运输的缘故，容易造成已搅拌好的TMR饲料粗精饲料分离。同时TMR饲料存放时间短，需要及时配送，否则容易变质。

2. 固定式搅拌车模式

将搅拌机固定在地下或地面上，搅拌好的TMR饲料通过运输带输送到饲喂车上，再由饲喂车（彩图5-8）运送到羊舍投饲。根据其搅碎螺旋的走向分为立式和卧式两种（彩图5-9）。卧式搅拌机稳固性好、功率较大、出料量大，但基建工程量大、一次性投资较高，适合于大中型规模化羊场；立式搅拌机则混合效果好、占地面积小，投资相对较小，适合合作社分散式羊场和散养户。

该模式的缺点：有些老羊场草库、精料库、青贮窖不集中，使加料时间长，造成机械设备的工作时间延长，磨损及耗能增加；需要提前做好各种饲料原料的运输准备工作。由于是用三轮车或农用车发送到羊舍，多次搬运，容易改变TMR 饲料的均匀度。

该模式适用于由于羊舍及饲喂通道限制，无法实现日粮直接投放的羊场和某些道路不畅通，限制搅拌车移动的老羊场。饲料配送中心多采用这种模式。

3. 牵引式搅拌车模式

如彩图 5-10、5-11 所示，牵引式搅拌车与牵引车（拖拉机）可以分离。牵引车不仅为搅拌车提供动力，也可将搅拌好的 TMR 饲料直接拉运到羊舍投放饲料。此种搅拌车也有立式和卧式之别、机械动力和电力动力之分。

该模式的优点：移动性强，可以随处取料，无须其他专门设备搬运集中物料，节省人工。可利用自身携带的青贮挖掘抓手或青贮取料机自动切取青贮，保护青贮截面整齐，避免二次发酵。可以自由进出羊舍撒料。节省大量人工。搅拌好的 TMR 饲料可以即时进行投放，保证饲料的新鲜度，减少饲料因变质而造成的损失。工作循环时间较短，生产效率高。

该模式的制约点：对搅拌车（拖拉机）性能的依赖性强，维护保养工作量较大，油耗量大、成本较高。对羊舍及羊场道路布局要求也较高。

该模式适用于标准化设计的现代化羊场及道路与羊舍进行标准化改造后、饲喂通道适合于饲料搅拌车进出的羊场。

4. 自走式搅拌车模式

集称量、粉碎、搅拌、运输和投料于一体，适用于大型现代化羊场。该模式的优点：一人或数人就能完成整个羊场的拌料与饲喂工作，节省大量人工；能快速完成每次工作循环，生产效率高；可利用自身的取料装置快速取料，大量节省取料时间与机械；自由进出羊舍，投料快捷方便。该模式的制约因素：购置成本较高，只有所替代更多劳力+TMR 车总成本小于劳力总成本的情况下，才能体现出投入产出比的优势，适合于现代化规模养殖场。

六、TMR 技术应用存在的问题与改进措施

多年来的实践表明，TMR 全混合日粮在牛上特别是奶牛养殖中淋漓尽致地发挥出了其优越性，节省人力、减轻了饲养员的劳动强度、采食均匀干净无浪费、消除了日粮均匀度对饲养员情绪的依赖性、产奶量提高且保持了良好的稳定性等。但在多胎羊饲养上却不尽理想，挑食和饲料浪费现象依然存在，有的饲料浪费可高达 50%以上。究其原因有 3 个方面的因素：

一是动物采食行为的差异性影响。牛羊虽同属反刍动物，但两者的采食行为存在很大差异。牛依靠其宽长而味蕾不发达的舌头，不挑不拣地将草料“囫

囵吞枣”般擦卷进口腔里；而羊在采食时则是依靠嘴唇的煽动将短细的草料“捡拾”到口中。灵活的头部运动及尖巧的嘴头可插入到草料的底部，将长草拱起来挑食下边的精细草料。加之其舌头上发达敏锐的味觉系统，对污染包括自己污染过的饲料不再采食，故而造成粗糙适口性差的粗饲料尤其是秸秆大量剩余。

二是羊用TMR日粮中粗饲料粉碎细度不够所致。某些羊场选用的TMR机或是粉碎机质量有问题，或者是为了提高效率粉碎或搅碎时间不够，致使秸秆饲料过长、不易采食而大量剩余下来。

三是牛羊TMR日粮的含水量不同。前者含有大量的含水量较高青贮饲料，通过搅拌混合，足以使精饲料附着其上、不致精粗分离，而使动物挑食造成饲料浪费；但后者的TMR饲粮中加入青贮饲料很少甚至没有，因湿度不足而致精粗分离，给羊挑食提供了可乘之机。

鉴此，为了减少羊用TMR饲料的浪费，在制作过程中：秸秆类粗饲料一定要粉细铡碎，达到羊只可采食的细度（1.5~3.0cm）；二是在搅拌混合过程中，要视原料的干湿程度适当喷水，将秸秆饲料充分润湿，以便精饲料附着其上，不给养只挑食的机会。

第八节　秸秆颗粒饲料加工与饲喂技术

一、秸秆颗粒饲料

秸秆颗粒饲料是指将玉米秆、麦秸、稻草、红薯藤、油菜秆、花生秧等农业秸秆经机械粉碎后，通过生物（如微生物发酵、生物转化酶等）或物理处理（如高温、高压等）将其中的纤维、半纤维、木质素和硅酸盐转化分解，使可消化粗蛋白和纤维素含量迅速提高，同时又加入Fe、Cu、Zn等微量元素和Ca、P等常量元素，最后经过造粒烘干制成颗粒状的粗饲料。

二、特点与优势

（1）体积缩小，便于长期保存与长途运输。

（2）改善适口性，提高营养价值和采食量。

（3）饲喂方便，减少和杜绝饲料浪费。

（4）克服局限性，拓展饲用饲料范围。

三、加工工艺

工业生产秸秆颗粒饲料一般分为秸秆饲料的切短、粉碎和揉搓、添加秸秆预处理剂和预处理反应、配方设计、配料、调质和制粒等几个工艺步骤。

1. 秸秆饲料的切短、粉碎和揉搓

秸秆的切短、粉碎和揉碎是为后面的添加预处理作初级准备。一般都是先对秸秆进行纵向压轧揉搓（碾压）后，再进入粉碎机纵向铡碎，最终使秸秆碎片或细丝长度控制在1~3cm。

秸秆饲料切短需要使用铡草机。小规模经营户可使用小型铡草机，切碎枯黄秸秆；大型铡草机主要用于铡切青贮饲料；中型铡草机可同时用于干秸秆和青贮饲料。为便于后续的混合压制过程，切短的秸秆饲料仍然需要进行粉碎或揉碎处理。

粉碎借助粉碎机来实现。常见的粉碎机有爪式、对辊式、劲锤式和锤片式，其中，锤片式最适用于粉碎秸秆类饲料，可使横向切碎、纵向破裂和揉搓一次完成。

秸秆揉碎技术是通过秸秆揉碎机械将秸秆揉搓成丝条状。该过程破坏了秸秆表皮结合蜡质层，使秸秆加工成柔软的饲料，从而增加秸秆的适口性。揉碎机也早已在我国普遍推广开来。其原理为：饲料进入喂料槽后，在锤片和空气流的作用下进入揉搓室，受锤片、定刀、斜齿板及抛送叶片的综合作用，把饲料切断、揉搓成丝状后，送出机外。经过揉碎的秸秆饲料，家畜采食率高，可减少秸秆的浪费。

此外，有条件的也可采用高压蒸汽爆破法、氨冷冻爆破法等。高压蒸汽爆破是将饲料和水放到密闭容器中，加热到一定的温度，保持压力4.0MPa左右几分钟，然后突然降压力进行爆破，使得半纤维素和木质素连接层破坏，使纤维素露出更多的活性基团，能够与纤维素酶分子充分接触而降解。该方法是一种有效的木质纤维预处理方法，但用传统能源制作蒸汽造成成本较高。

氨冷冻爆破时利用液态氨在相对较低的压力和温度下将原料处理一段时间，然后突然释放压力造成爆破，该方法的骤冷作用不但有助于纤维素表面积的增加，同时还可避免高温造成的糖变性和有毒物质的产生。该过程能耗低，较有发展前途。

2. 添加秸秆预处理剂和预处理反应

利用碱化和氨化进一步处理秸秆原料可以再次增加可消化性和利用率。通常采用石灰、尿素、碳酸氢铵（碳铵）单一处理或石灰+尿素复合处理剂处理秸秆原料。

3. 配方设计及配料

秸秆饲料一般含氮量低，即使是氨化处理秸秆，其中的非蛋白氮也只能满足动物的部分需要。因此，在制作秸秆颗粒饲料的饲料配方时，需要注意补充氮源。有研究报道称，以秸秆饲料作为基础日粮饲喂羊时，补充适宜比例的蛋白质、过瘤胃蛋白和青绿饲料等，可大大提高饲喂效果。此外，要配制以秸秆为基础的好的颗粒饲料，除了补充蛋白质外，还需补充能量饲料、矿物质、微量元素和维生素添加剂等。具体配方还需根据羊只不同生理阶段的营养需要量，以及当地饲料原料、价格来制定。有条件的经营户还可添加一些特色作物，如新疆地区较多的沙棘、甜菜渣等。下面给出新疆地区育肥羔羊秸秆颗粒饲料推荐配方（表 5-3），仅供参考。

表 5-3 育肥羔羊秸秆颗粒饲料推荐配方（%）

饲料	伊犁博州	塔城阿勒泰	南疆	吐鲁番哈密	乌昌地区	通用
苜蓿草粉	5.0	5.0	—	8.0	5.0	5.0
棉籽壳	10.0	6.0	15.0	10.0	10.0	10.0
玉米秸秆	10.0	15.0	8.0	0.0	10.0	10.0
番茄渣	20.0	10.0	22.0	20.0	25.0	29.0
麦草粉	10.0	15.0	12.0	5.0	10.0	15.0
青贮玉米	3.0	5.0	5.0	—	—	—
葡萄藤秆	—	—	—	20.0	—	—
甜菜渣	8.0	—	5.0	—	6.0	—
野干草	5.0	10.0	—	—	—	—
高粱秸秆	—	—	—	10.0	—	—
胡草	—	10.0	5.0	—	—	—
玉米	12.0	10.0	12.0	11.0	15.0	12.0
棉仁粕	4.0	3.0	8.0	8.0	8.0	5.0
葵籽粕	6.0	5.0	2.0	2.0	4.0	9.0
麸皮	5.0	3.0	4.0	4.0	3.0	3.0
菜籽粕	—	1.0	—	—	2.0	—
食盐	0.5	0.5	0.5	0.5	0.5	0.5
添加剂	1.5	1.5	1.5	1.5	1.5	1.5

注：添加剂为微量元素、维生素和氨基酸复合添加剂。

需要注意的是，青贮饲料不要加入到颗粒饲料中去。否则，会将优质青绿饲料变成低质的粗饲料，降低其营养价值；另外，还会给制粒过程带来麻烦。可将青贮饲料单独饲喂，一方面保持了其青绿饲料的鲜嫩多汁、营养价值高、适口性好的特性，另一方面，还可解决长期饲喂颗粒饲料对羊只带来的不利影响。

4. 调质和制粒

秸秆在制粒前都需经过一个调质过程。通常采用立式熟化调质器进行。调质过程使液体在高压蒸汽作用下向固相混合饲料渗透，使饲料充分软化和熟化，该过程使秸秆饲料软化、黏结力增强，从而有效地降低制粒过程中的能量损耗，并减少压模的磨损，确保后续的制粒过程顺利进行、延长制粒机的寿命。并且，在水热调质过程中饲料中的淀粉发生糊化，产生糊香味儿改善适口性，提高饲料的利用率。需要注意的是，在调质过程中，要求含水量达到18%~25%，不足必须加水以减少摩擦阻力、提高制粒效率。

根据制粒模板的不同，制粒机可分为平模和环模两种类型。其中：平模制粒机属于冷压制粒，可压制出直径为8~24cm不等的颗粒，制出的颗粒需要冷却，体积小、工序简单、投资小，出料率相对较低，适合小型养殖场或一家一户使用；环模型制粒机属大中型热压制粒机械，须配套蒸汽发生器等设备，制粒效率高、投资大，适合于专业饲料厂、饲料加工配送中心等使用。

下面给出了不同规模可采用的配套颗粒饲料加工机械（表5-4），供读者参考。

表5-4 配套颗粒饲料加工机械推荐

养殖规模（只/批）	粉碎机型号	搅拌机	颗粒机
100~200	郑州圳星机械有限公司500型多功能粉碎机；配用动力：4极15kW电机，设备产量：800~1 500kg/h	广州鸿兴机械有限公司500型，500kg（半小时/次），搅拌机功率（kW）3kW，粉碎机功率7.5kW	广州华兴机械有限公司120饲料颗粒机：产量100kg/h 电压：220V 功率：2.2kW
200~500	郑州圳星机械有限公司500型多功能粉碎机；配用动力：4极15kW电机设备产量：800~1 500kg/h	广州鸿兴机械有限公司500型，500kg（半小时/次），搅拌机功率（kW）3kW，粉碎机功率7.5kW	广州华兴机械有限公司200型颗粒机 产量：250~300kg/h 电压380V 功率：7.5kW
1 000~2 000	郑州圳星机械有限公司600型多功能粉碎机；配用动力：30kW 1 000~3 000kg/h	广州鸿兴机械有限公司1000型，1 000kg（半小时/次），搅拌机功率）4kW 粉碎机功率11kW	广州华兴机械有限公司260型颗粒机：产量500~600kg/h 电压：380V 功率：18.5kW

（续表）

养殖规模（只/批）	粉碎机型号	搅拌机	颗粒机
3 000~5 000	郑州圳星机械有限公司 600 型多功能粉碎机；配用动力：30kW 1 000~3 000kg	广州鸿兴机械有限公司 1000 型，1 000kg（半小时/次），搅拌机功率（kW）4kW 粉碎机功率 11kW	广州鸿兴机械有限公司 KL300 型颗粒机功率 380V/22kW，产能 600~800kg/h
5 000 以上	大型粉碎机	广州鸿兴机械有限公司 1000 型，1 000kg（半小时/次），搅拌机功率（kW）4kW 粉碎机功率 11kW	广州鸿兴机械有限公司 KL400 型颗粒机，功率 380V/30－37kW，产能 1 000~ 1 200 kg/h 牧羊 MUZL10 系列颗粒机-MUZL610 产量（t/h）3-13

5. 工艺流程：见图 5-7。

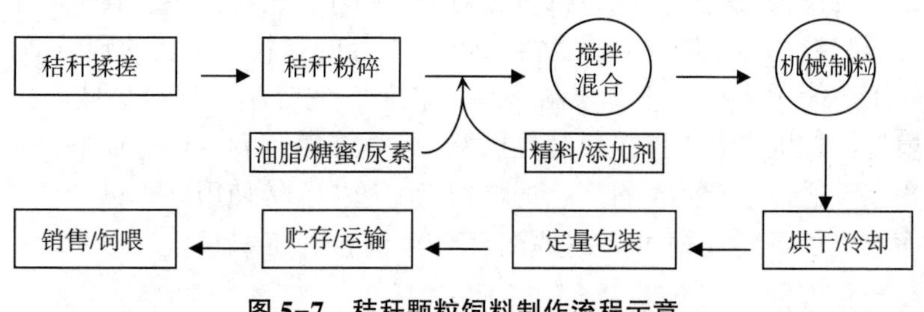

图 5-7　秸秆颗粒饲料制作流程示意

四、饲喂技术

1. 由少到多，逐渐适应

开始饲喂颗粒饲料要驯饲 6~7d，喂量由少到多，使其逐渐习惯采食颗粒饲料。饲喂期间每日投料 2 次，任其自由采食。傍晚补以少量青干草提高消化率。

2. 控制喂量，注意饮水

颗粒饲料的日给量以每天饲槽中有少量剩余为准。一般活重为 30~40kg 的羊只日喂量为 1.5kg，活重为 40~50kg 的为 1.8kg。采食颗粒饲料比放牧和采食 TMR 饲料需水量多，缺水时畜禽拒食。所以，要定时饮水，日饮水不少于 2 次，最好是自由饮水。

3. 长期饲喂，食欲减退

实践证明长期饲喂全颗粒饲料，会引起羊只消化障碍、食欲减退，乃至死亡。实践观察表明，连续饲喂全颗粒饲料断奶羔羊 60d 以后，即出现食欲减退和反刍功能减弱的迹象；成年母羊则在 15~20d 反刍次数和时间减少、食欲不振。而对于以上问题，饲喂草粉混合饲料 3 天之后，这种现象则减弱或消失。尼龙袋评定饲料瘤胃降解率的情况也是如此。对此解决办法是：①加大粗饲料粉碎长度（3~5cm）和颗粒直径（8mm）；②颗粒饲料与青贮（草粉）分开投饲；③早晚喂颗粒饲料，中间饲喂草粉；④颗粒饲料与草粉混合日粮交替饲喂（2~3 周/1 周）。

第九节　棉秆饲料化开发利用技术

一、理化与生物学特性

1. 理化特性

除去叶荚的棉花秸秆质地坚硬粗糙，不易破碎、吸水膨胀，在空气和土壤中难以被氧化、腐烂、分解。

棉秆木质化程度很高，主要成分为纤维素、半纤维素、木质素，还含有单宁、果胶质以及有机溶剂抽提物树脂、脂肪与蜡质等。对新疆、陕西和四川等地棉秆成分测定分析结果表明，纤维素含量为 41%~42%，木质素含量在 15%~25%，半纤维素为 17%~21%。棉秆的粗蛋白含量超过 5%，优于稻草和麦秸，中性洗剂纤维（NDF）与麦秸相近。棉秆各部位所占比重（表 5-4）各不相同、概略养分各异（表 5-5、表 5-6）、饲用价值差异很大。全株棉秆的游离棉酚平均含量为 300mg/kg，但不同部位的差异很大，桃荚和棉叶含量高达 600mg/kg 和 1 000mg/kg，远高于饲料标准规定的 200mg/kg 的标准。此外，因棉花生产中大量使用化学农药，致棉秆中也难免含有一定量的农药残留（目前的仪器设备和检测技术尚不能检出）。

棉秆的营养成分因地域和品种不同存在差异（表 5-5~表 5-9）。

表 5-5　棉秆地上部分各部位所占比重测定结果统计

项目	全株	粗茎	细枝	叶	桃荚
风干重（g）	34.48±19.52	9.73±4.35	4.29±3.37	6.10±5.29	14.27±8.89
占全株（%）	100	28.31±12.65	12.47±9.81	17.73±15.39	41.50±25.86

注：新疆农业大学动物营养实验室测定结果，样品来自呼图壁种牛场，n=120。

表 5-6　棉花秸秆各部位概略养分含量（风干基础，n=4）

指标	全株	粗茎	细枝	叶	桃荚
干物质（%）	94.44±0.17	93.80±0.63	93.82±0.53	93.26±0.64	93.56±0.53
有机质（%）	90.03±0.54	93.75±0.71	91.05±0.65	81.67±1.35	92.06±0.21
粗蛋白（%）	7.85±1.09	4.59±1.00	6.34±1.07	11.52±1.61	6.03±0.66
纤维素（%）	34.76±0.37	47.19±3.76	42.26±1.05	19.02±4.25	38.63±1.56
半纤维素（%）	1558±0.86	17.43±1.07	16.92±0.87	15.46±1.33	15.50±1.25
木质素（%）	10.29±0.54	14.24±0.81	10.74±0.22	4.93±0.24	8.24±0.27
钙（%）	0.54±0.01	0.49±0.08	0.71±0.06	0.71±0.08	0.55±0.02
磷（%）	0.10±0.01	0.09±0.01	0.12±0.01	0.10±0.01	0.15±0.02
总能（MJ/kg）	25.98±0.42	27.48±0.52	28.35±0.21	25.03±0.75	27.67±0.28

注：新疆农业大学动物营养实验室测定结果，样品来自呼图壁种牛场。

表 5-7　新疆部分地区棉花秸秆化学成分测定结果

地区	部位	水分（%）	EE（%）	CP（%）	CF（%）	NDF（%）	ADF（%）	Ash（%）	Ca（%）	P（%）	棉酚（mg/kg）	ME（MJ/kg）
昌吉	全株	7.34	5.32	8.42	—	63.97	47.88	6.48	0.72	0.12	289.23	4.60
喀什	全株	9.66	4.88	6.45	—	66.29	57.68	9.23	0.38	0.11	260.13	5.39
和田	全株	8.75	4.6	3.44	—	65.43	51.16	7.84	0.71	0.09	326.58	4.99
	棉叶	6.67	5.85	7.99	—	52.98	43.33	17.40	1.77	0.20	891	10.40
	桃壳	8.88	1.75	3.95	—	61.68	50.91	9.60	0.55	0.09	419	6.19
	叶柄	7.60	2.5	3.48	—	72.16	56.68	5.47	0.46	0.09	178	3.14
	细枝	9.42	—	4.40	—	66.81	51.33	7.88	0.81	0.09	98	4.81
	粗茎	10.19	—	2.50	—	76.48	60.68	4.25	0.33	0.07	73	2.09
阿克苏	棉叶	8.19	—	11.39	6.38	—	—	21.82	—	—	279.90	—
	桃壳	8.55	—	7.41	32.82	—	—	8.89	—	—	716.65	—
	主茎	5.57	—	10.14	37.59	—	—	6.85	—	—	208.28	—
	全株	8.53	—	8.99	26.06	—	—	12.86	—	—	604.78	—

注：EE：醚浸出物，俗称粗脂肪；CP：粗蛋白；CF：粗纤维；NDF：中性洗涤纤维；ADF：酸性洗涤纤维；Ash：粗灰分；Ca：钙；P：磷；ME：代谢能（MJ/kg）（以下同）

表 5-8　阿克苏不同县市棉花秸秆营养成分比较（全株，风干基础）

区域	水分（%）	CP（%）	CF（%）	Ash（%）	游离棉酚（mg/kg）
阿克苏市	7. 44±0. 65	10. 60±0. 21	27. 60±0. 21	12. 52±0. 43	426. 40±5. 27
新和县	6. 96±0. 47	9. 09±0. 01	27. 49±0. 31	15. 06±0. 54	359. 2±1. 23
温宿县	8. 27±0. 44	9. 43±0. 11	30. 31±1. 01	13. 30±0. 53	725. 00±4. 89
阿瓦提	8. 63±0. 87	9. 35±0. 13	24. 29±0. 43	13. 54±0. 74	934. 90±10. 58
乌什县	8. 61±0. 65	6. 70±0. 05	27. 41±0. 55	10. 76±0. 97	866. 40±8. 54
柯坪县	10. 10±0. 59	8. 34±0. 06	24. 54±0. 22	11. 91±0. 24	172. 04±10. 52
平均	8. 35±0. 69	8. 99±0. 10	26. 06±0. 12	12. 86±0. 65	604. 78±7. 45

表 5-9　阿克苏不同品种棉花秸秆营养成分比较（全株，风干基础，%）

品种	桃壳					主茎					棉叶				
	水分	CP	CF	Ash	棉酚	水分	CP	CF	Ash	棉酚	水分	CP	CF	Ash	棉酚
新陆 37 号	8. 09	4. 61	33. 51	9. 31	369. 78	1. 88	8. 56	39. 71	7. 48	100. 00	8. 03	7. 74	5. 57	21. 86	205. 92
新陆 42 号	7. 87	6. 26	35. 70	9. 97	449. 82	7. 90	15. 98	40. 79	6. 67	273. 73	8. 04	14. 19	35. 25	22. 20	233. 98
新陆 55 号	7. 92	5. 60	38. 71	7. 66	393. 07	10. 66	7. 58	36. 81	6. 83	85. 96	8. 55	11. 37	9. 07	20. 68	353. 86
新海 21（长）	9. 43	10. 29	28. 09	8. 75	1 273. 48	3. 69	9. 31	35. 32	6. 63	335. 85	8. 16	18. 94	6. 02	22. 18	302. 86

2. 生物学特性

棉秆坚硬粗糙，适口性差，不能被单胃和禽类动物采食消化。反刍动物可以采食其叶子、桃荚和细软的柄茎，但对粗硬的茎秆则无法采食。另外，其中所含的游离棉酚和农药残留对动物机体非常有害，单胃和禽类动物无法解除其毒性。反刍动物虽然具有一定的解毒能力，但当其浓度超过限度时，久而久之的累积会损伤动物的视觉系统和繁殖系统（尤其是幼畜），随后还会在体组织内蓄积起来——转移到畜产品中，进而危害人体的健康。

尼龙袋法对新疆部分地区棉花秸秆化学成分测定结果表明，棉花秸秆的营养价值很低，尤以粗硬茎秆的蛋白质（CP）和代谢能（ME）含量很低，分别为 2. 5%和 2. 09MJ/kg，干物质（DM）和酸性洗剂纤维（ADF）的瘤胃有效降解率较之农作物秸秆也有很大差别（表 5-10）。

表 5-10　棉秆与其他秸秆 DM 和 ADF 瘤胃有效降解率比较

项目	原料	降解参数			有效降解率 P（%）
		a	b	c	
DM	棉秆	15.57	59.34	3.47	28.77
	玉米秸	14.96	48.23	3.61	49.69
	小麦秸	11.03	53.28	2.39	37.91
	稻草	25.32	33.84	3.03	44.42
ADF	棉秆	19.08	25.52	2.41	28.98
	玉米秸	10.80	56.39	2.77	44.14
	小麦秸	6.50	67.59	2.66	39.02
	稻草	14.75	55.45	1.21	40.35

用2岁小尾寒羊空怀母羊的动物试验结果（表5-11）表明，绵羊对棉花秸秆的纤维素（Cel）、半纤维素（HC）和钙（Ca）有较好的消化性，表观消化率均在57%以上；对干物质（DM）、有机质（OM）、总能（GE）和磷（P）的消化率也较高，均在38%以上；棉花秸秆的消化能为9.60MJ/kg DM，介于小麦秸秆（7.05MJ/kg DM）和玉米秸秆（10.79MJ/kg DM）之间。但是，绵羊对棉花秸秆粗蛋白（CP）的消化率极低，在2%以下。这可能是棉花秸秆中木质素（L）等粗纤维含量较高，对氮素有吸附作用所致。

表 5-11　绵羊对棉花秸秆营养物质表观消化率测定结果统计（n=6）

	DM	OM	CP	Cel	HC	L	GE	Ca	P
消化率（%）	38.24±7.37	37.99±7.96	1.52±0.02	60.50±9.76	58.13±13.43	−8.77±0.57	44.05±7.10	57.76±5.30	45.00±1.00

注：此数据为新疆农业大学动物营养实验室试验结果。

3. 动物试验

有生产实践证明，长期过量采食未经脱毒处理的棉籽壳、棉花叶或棉秆，成年母羊会出现发情障碍甚至不发情；所产之羔羊发生瞎眼、发育不完全、出生瘫痪等先天性、不可逆而死亡的事例；公羔育肥后期甚或成年繁殖母羊出现尿结石等症状。

关于绵羊尿结石症形成机理目前还不甚清楚，但采食棉酚过量是其一个重要的诱因则是不争的事实。周恩库等（2009）和潘晓亮等（2010）棉粕和棉籽壳对雄性细毛羊尿石症影响的研究及棉粕和棉籽壳诱发雄性新疆细毛羊尿石症的研究表明，高剂量棉籽粕和棉籽壳（400g 棉粕+400g 棉籽壳）导致雄性细毛羊在试验第 95~97d 出现尿结石症，发病率达到 25%。棉籽粕和棉籽壳中的游离棉酚可损伤肾脏肾小球和肾小管，磷、钾、镁过高导致尿液中代谢性的矿物质离子趋向饱和，使结晶增大导致肾小管梗阻、肿胀，以致上皮细胞发生破裂（60d 时发生），微细颗粒流失于管腔，使其闭塞，最终导致尿结石。刘艳丰等（2012）用含棉副产品（棉籽壳+棉粕）日粮饲喂阿勒泰公羔，短期（40d）内饲喂高棉酚含量（400ppm/d）的棉籽壳粗饲料日粮，可以促进阿勒泰羊的日增重，但随着饲喂期延长，其日增重和采食量则明显下降，有的还出现负增长及尿结石症，血清镁的含量和磷含量有上升趋势，血清钙含量有下降趋势。由此得出，棉副产品在阿勒泰育肥公羔日粮中的含量不应超过 50%。

新疆农业大学动物营养实验室进一步的试验研究表明，按照 5 倍于游离棉酚的含量添加脱毒剂七水硫酸亚铁（2. 0 ~ 2. 5kg/t 棉秆），增加绵羊氮的保留 25. 0%，可有效改善绵羊氮营养；添加气溶胶囊、制成颗粒、只利用棉秆上半部分及饮用磁化水四种方法均可增加绵羊棉花秸秆的自由采食量和营养物质消化量。制成颗粒增加氮摄入量最为显著，氮和钙的保留率最高，增加 29. 5%。新疆畜牧科学院饲料研究所在新疆巴州尉犁县以三种不同比例生物发酵棉秆颗粒饲料育肥“罗布羊”羔羊的试验表明（表 5-12 ~ 5-14），当日粮中发酵棉秆（棉酚≤80ppm）分别占日粮 36. 51% 和 31. 43%时，可获得日均增重 260g（1~30d）和 230g（31~60d）的理想效果，且对其屠宰性能和肉中棉酚残留无显著影响，尿结石的发生概率最低。

表 5-12　不同比例发酵棉秆日粮对育肥羊增重的影响（n=15）

项目	育肥前期配方（发酵棉秆,%）			育肥后期配方（发酵棉秆,%）		
	36. 51	23. 42	23. 35	31. 43	22. 74	20. 44
棉酚含量（mg/kg）	48	51	69	59	56	67
血液棉酚（μg/mL）	0. 28±0. 17	0. 25±0. 20	0. 34±0. 30	0. 14±0. 15	0. 27±0. 12	未检测
DM 采食量（kg）	1. 98±0. 35	1. 73±0. 24	1. 72±0. 24	2. 37±0. 10	2. 28±0. 10	1. 94±0. 12
初始体重（kg）	28. 95±3. 48	28. 45±3. 34	29. 12±3. 12	35. 74±3. 88	35. 26±3. 99	35. 35±5. 30
试验末重（kg）	35. 74±3. 88	35. 26±3. 99	35. 35±5. 30	40. 94±3. 99	40. 73±4. 38	39. 75±6. 08
日均增重（kg）	0. 260±0. 06	0. 260±0. 10	0. 240±0. 13	0. 230±0. 05	0. 230±0. 07	0. 250±0. 11

表 5-13　不同比例发酵棉秆日粮对育肥羊屠宰性能的影响

配方（发酵棉秆%）	n	宰前活重（kg）	胴体重（kg）	屠宰率（%）
试验 1（36.51/31.43）	4	42.77±1.28	20.25±0.40	47.34±0.52
试验 2（23.42/22.74）	4	42.62±1.72	21.86±0.82	51.33±0.75

表 5-14　不同比例发酵棉秆日粮对组织棉酚残留量的影响（mg/kg）

配方（发酵棉秆%）	n	背最长肌	肝脏	肾脏
配方 1（36.51/31.43）	3	未检出	0.87±0.23	未检出
配方 2（23.42/22.74）	3	未检出	0.63±0.12	未检出

综上所述，棉花秸秆属于非常规粗饲料，作为解决产棉区反刍动物粗饲料资源匮乏、进行饲料化开发是可行的。但其适口性差、营养物质消化率低，尤其是CP消化率几乎为零；其中游离棉酚含量较高，对动物有很大的伤害作用。使用时，需要对其进行必要的物理、化学和微生物发酵处理，以改善其生物利用性、消除或降低毒性，保证动物健康；在配制日粮时，要注意补充氮素源、把握好其在日粮中的适宜比例。

二、棉秆饲料化开发的意义

1. 开拓饲料资源，缓解产棉区饲料匮乏

将非饲料性物质当作饲料来研究开发实在是件勉为其难与常理相悖的事。但面对产棉区饲料资源极度匮乏，人们不自觉地将眼光聚焦到了这一客观存在、数量巨大的资源上。我国是棉花种植大国，年种植面积约6 300万亩、可产棉秆11.5亿t。若将其30%饲料化利用，全国则可新增反刍动物饲料约3.4亿t。按每只成年母羊平均日采食量2.0kg、粗饲料占70%、棉秆占粗饲料50%计算，再加上年产6.9亿t，辅以其他精粗饲料，则可新增繁殖母羊年饲养量约13亿只，中国的羊肉问题就基本解决了。对于平均年棉花种植面积2 500万亩、棉秆产量1 000万t的新疆来说，即可增加反刍动物粗饲料约300万t、年新增繁殖母羊饲养量可高达1 176万只，再加上年产600多万t的棉籽壳，“新增千万只肉羊”的目标就可以实现，新疆羊肉的问题也就解决了。

2. 动物健康养殖，保证畜产品安全

众所周知，棉秆和棉籽壳中含有大量对动物机体有害的物质游离棉酚。事实上，棉区的老百姓迫于饲料资源的极度匮乏以及一直以来秉承的“就地取材，降低成本”养殖理念，已不自觉地将未经脱毒的棉秆和棉籽壳普遍用来饲养和育肥牛羊，或是秋后茬地放牧，或是收获后冷季直接饲喂，林林总总不一而足。我们必须面对这一现实，宣传群众、教育群众、组织群众，把群众的思想引导到动物健康养殖和畜产品安全的正确轨道上来，以安全优质的畜产品供应市场，满足人民日益增长的物质文化的需求。势在必行，不可等闲视之！

3. 解决人畜争粮矛盾，发展草食畜牧业

我国是一个拥有世界五分之一人口的大国，粮食问题是一个关系到国计民生的大问题。尤其是改革开放以来，工业用地、基本建设用地和房地产开发的快速发展，农业耕地面积大幅度减少，粮食自给的问题越来越突出。我国已经由一个粮食基本自给自足国变成了一个世界粮食进口大国，人畜争地争粮的矛盾日益突出，发展“草食畜牧业”已提到了国家的战略议事日程。棉花秸秆饲料化打破常规理念，可为草食畜牧业发展提供物质基础、缓解日益突出的人畜争粮矛盾。

4. 开展废物再生利用，建立良性生态循环

环境保护是我国的一项基本国策。开展废物再生利用，建立良性生态循环是我国农业结构调整的核心内容。棉花秸秆的物理特性决定了其不易切碎、在土壤中迅速腐烂变为可被植物吸收利用的有机物，影响耕种、植物种子发芽和成长；秸秆焚烧污染空气，影响人们的生活环境。采用生物技术，把棉花秸秆这一废弃物变成家畜可以利用的饲料，既可以增加人们生活所需的优质畜产品，又可以生产大量的有机肥，经过腹还田进而促进有机农业的发展。以此建立起畜牧业与种植业、人畜棉的良性生态循环系统。

三、棉秆饲料调制方法

棉花秸秆饲料化调制有物理法、化学法、生物法等多种方法。鉴于其质量性、安全性及机械化可操作性，笔者在此仅介绍热膨化法、生物发酵法和两者结合法，供读者参考。

1. 生物发酵法

(1) 发酵原理。单一或混合厌氧菌在密封条件下，利用辅料提供的营养素快速繁殖形成弱酸性厌氧环境，抑制有害菌的繁殖。其产生的特异酶“腐蚀”棉秆组织细胞壁形成孔洞，从而使纤维细胞中的营养物质逸漏出来为动物消化吸收、或有更多的消化液进入纤维细胞内而将营养物质消化。细菌的作用可将85%~90%的游离棉酚毒素脱掉。发酵过程为释放热量的过程，经过一段时间贮存和作用，即可达到杀灭寄生虫和有害菌、软化棉秆改善适口性、提高反刍动物消化利用率的目的。

(2) 工艺流程。工艺流程见图5-8。

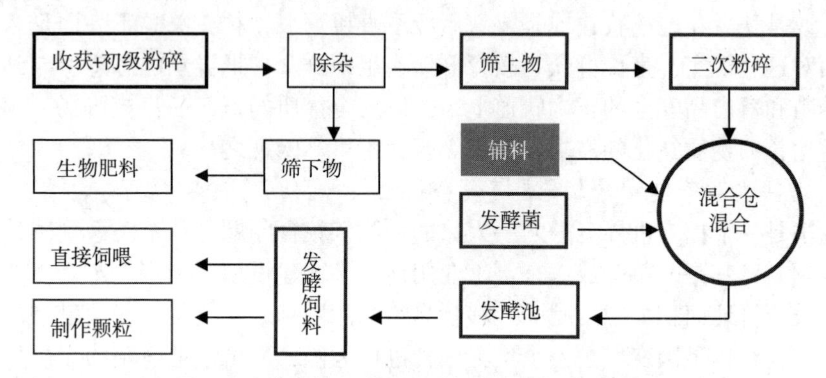

图5-8　棉花秸秆生物发酵饲料调制工艺流程示

2. 热膨化法

(1) 膨化原理。经去皮和粉碎等处理的棉秆在密闭的火箭仓内，受热蒸汽高温高压（200~230℃，2.0MPa）作用（1min）及瞬间物理降温释放能量引起爆炸，致其组织结构发生破裂、质地蓬松，使纤维细胞中的营养物质逸漏出来为动物消化吸收、或消化液进入纤维细胞内而将营养物质消化。同时，热作用可将65%~70%的游离棉酚脱掉。从而起到碎裂松软、杀菌消毒和提高营养价值的作用，将木质化的棉秆变成反刍动物可以利用的饲料。

(2) 工艺流程。见图5-9。

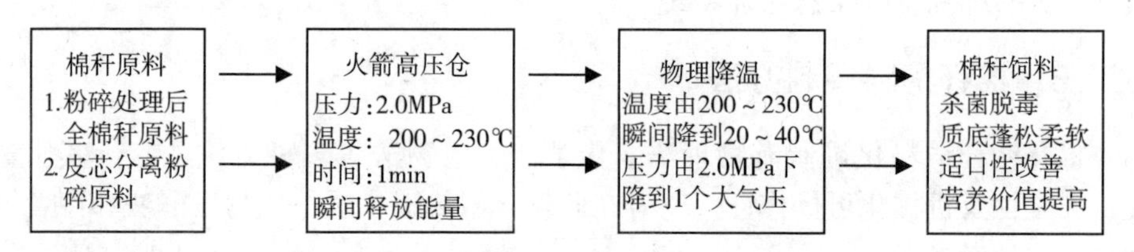

图5-9　棉花秸秆热膨化饲料调制工艺流程示意

3. 结合法

将热膨化法和发酵法结合在一起使用即为结合法。在热膨化处理之后，接着进行生物发酵处理。将两者的优点结合起来，使得处理的效果更好、脱毒更彻底、饲料利用价值更高。工艺流程大致见图5-10。

四、棉秆颗粒饲料加工

经膨化、发酵、膨化+发酵调制的棉秆饲料，既可以直接饲喂牛羊等反刍家

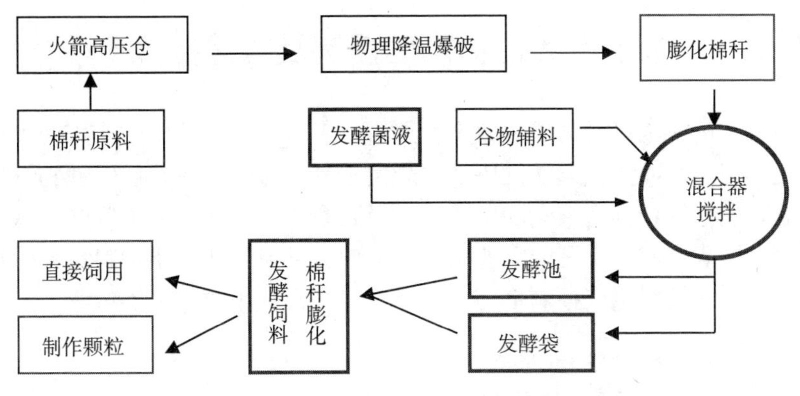

图 5-10 结合法棉秆饲料调制工艺流程示意

畜，也可以按照配方设计制作成全价颗粒饲料。但在制定配方和制粒时，应注意以下几个问题：

（1）正确认识棉秆饲料。棉秆饲料属于非常规粗饲料，不因加工调制而改变其性质，将其饲料化只是为解决产棉区反刍动物粗饲料极度缺乏的无奈之举。也就是说，无论采用何种方法进行处理，其仍是品质低劣的粗饲料。

（2）正确控制其用量。在制定配方时，要适当控制其使用量，以日粮占总量30%~50%为宜，最高不得超过60%。否则，将影响其对动物的适口性和营养价值。

（3）注意饲料多样化。由于其品质较差，配方时应尽量做到饲料多样化，以改善颗粒饲料的适口性、增加采食量，以产生互补的组合效应提高饲喂效果。

（4）以外加剂改善其营养水平。棉秆膨化发酵饲料的蛋白质和能量消化率很低，组方时应注意补充氮源和高能量饲料。可按照10kg/t棉秆饲料尿素以补充氮源；也可在入窖发酵前的混合时加入适量的棉粕和玉米，或在制粒搅拌混合时喷洒一定量的糖蜜等。此外，配方中必须添加一定量（按产品说明）的微量元素、维生素和氨基酸添加剂，以保证营养平衡、预防代谢病发生。

（5）生产和经营方式。如同秸秆微贮一样，棉花秸秆饲料化加工调制是一项劳动强度很大的工作，必须建立起专业化生产企业、采用大型机械设备、实行工厂化专业化生产、商品化经营。产棉区发展牛羊养殖，可建立专业化棉秆加工与颗粒饲料厂，服务周边群众。养殖小区可结合TMR饲喂技术的应用，实行集中加工、以原料兑换产品等机制，服务于小区养殖户。县乡在做饲料生产基地规划时，可将其纳入配送中心建设计划，实行集中生产、按需配送，解决群众资金不足、技术水平不高、资源浪费和牛羊饲料匮乏等问题。

第十节 饲料霉变控制及去毒技术

采食霉变饲料不仅对肉羊健康产生严重的影响，而且其中的有害和致癌物质可以通过羊肉产品而危害人的健康。随着肉羊养殖业的快速发展，动物饲料的需求量日益扩大，饲料霉变浪费问题已成为导致舍饲养羊业饲养成本过高——限制肉羊产业发展第二瓶颈问题的重要因素。为此，本节专门介绍饲料霉变的产生原因、减少和缓解饲料霉变控制措施、霉变饲料去毒利用方法，供参考。

一、饲料霉变产生的原因

饲料霉变的产生原因主要有：

（1）饲料原料的含水量过高。玉米、麦类、稻谷等谷实饲料原料发生霉菌生长繁殖的最适水分含量为17%~18%。

（2）饲料原料长时间或过量仓储，仓库环境潮湿、漏雨，通风不良。当物料被粉碎后较易吸收环境的水分，常易让霉菌生长繁殖。

（3）生产颗粒饲料时，冷却设备和配套风机选择不当。这易造成颗粒饲料冷却时间不够或风量不足，出机后饲料水分、温度过高将导致霉菌生长。因此，要定期清理颗粒料设备，防止料斗或管道中形成霉菌混入饲料。

（4）饲料贮存、运输过程管理不当。饲料贮存、运输过程中水淹、雨淋、受潮、通风不良、堆压时间过长均会造成饲料霉变。

（5）选种不当。植物具有遗传特性，选择不适于贮存的饲料品种会造成代代遗传，从而引发霉变大面积突发。

二、控制霉变的措施

（1）选择适宜贮存的饲料种类或品种。贮藏的饲料应选择那些水分含量低、脂肪含量低的禾本科或豆科饲料，块根块茎类饲料不易常规保存，高脂肪、高蛋白的动物性饲料需要特殊保存。饲料作物的抗霉性与遗传有关，尽量选择对霉菌敏感性不强的饲料作物种植，进行适度施肥、虫害控制。

（2）适时收获，技术得当。饲料收获后要及时晒干、风干或烤干，使水分降到13%以下。饲料收获和储存过程中应尽量避免磨破、压碎、鼠啃、虫咬，特别是避免玉米等谷物的表皮和外壳损伤，减少霉菌毒素的污染。

（3）严把原料采购关，杜绝霉变原料入库。购进饲料的含水量应控制在适宜仓储的标准含水量以下，超标者应经晾晒、烘干等处理以后方可入库，已霉变的饲料杜绝入库。

（4）控制饲料的储存环境，尽量缩短储存时间。仓库要保持通风干燥，适当的湿度，注意通风，做好对仓库边角清理工作。控制仓库的温度10℃以下、相对湿度不超过70%。饲料贮存的时间越长，霉变的可能性越大，应尽量缩短仓储期。

（5）颗粒饲料注意通风降温。有些饲料在加工前一定要经过严格的晾晒或是烘干，以降低水分。颗粒饲料加工过程中要严格控制温度，打开换气通风设备降低温度。刚加工的热颗粒不宜立即装袋、堆压放置，要勤翻勤晾，待冷却后装袋密封保存。

（6）防霉剂的使用。须长期贮存的谷物类、油脂类饲料，现在多用防霉作用强，腐蚀性小的复合型防霉剂。对于密封包装的含水量在12.5%~13.5%的颗粒料，若贮存1个月以上，应添加0.3%的丙酸钙。水分在11.55%~12.50%的粉料，若贮存2个月以上时，则需添加丙酸钙0.15%。还可用山梨酸及其盐类，苯甲酸和苯甲酸钠，甲酸和甲酸钠、甲酸钙等。

三、霉变饲料去毒方法

1. 水洗法

将发霉的饲料粉［如果是饼状饲料，应先粉碎放在缸里，加清水（最好是开水）］泡开后用木棒搅拌，每搅拌1次需换水1次。如此5~6次后，才可饲用。

2. 蒸煮法

将发霉饲料粉放在锅里，加水煮30min，去掉水分，再作饲料用。

3. 发酵法

将发霉饲料用适量清水湿润、拌匀，使其含水量达到50%~60%（手捏成团，放手即散），堆成堆让其自然发酵24d，然后加草木灰2kg，拌匀中和2d后，装进袋中。用水冲洗，滤去草木灰水，倒出，加1倍量糠麸混合后，在室温25℃下发酵7d。这种去毒方法的去毒效果可达90%以上。

4. 药物法

将发霉饲料用0.1%高锰酸钾水溶液浸泡10min，然后用清水冲洗2次；或在发霉饲料粉中加入1%硫酸亚铁粉末，充分拌匀，在95~100℃下蒸煮30min即可去毒。

5. 辐射法

辐射法去毒效果也较好，不但能够有效地杀灭霉菌等微生物，而且对黄曲霉毒素具有非常好的降解作用，并可以实现连续的工业化生产，是一项应用前景很好的技术措施。

6. 维生素C法

维生素C可阻断黄曲霉毒素的环氧化作用，从而阻止其氧化为活性的毒性物质。日粮及饲料中添加一定量的维生素C，再加上适量的氨基酸，是克服黄曲霉毒素中毒的有效方法。

7. 吸附法

此法是通过霉菌毒素吸附剂强有力的吸附能力与毒素紧紧结合在一起，随粪便排出体外，因此减少了毒素在体内的蓄积量，从而减少对动物内脏器官的损伤，是常用、简便、安全、有效的脱毒方法。生产中常用的吸附剂有：水合硅酸钠钙盐、沸石、黏土、膨润土、活性炭、蒙脱石等，较好的生物吸附剂有百安明、霉可脱、霉消安-I、抗敌霉、霉可吸等。

第六章　多胎羊常见疫病防治

第一节　羊舍卫生

多胎羊疫病防治，首先应从羊群的日常管理和羊舍日常卫生做起。

为了净化周围环境，减少病原微生物滋生和传播的机会，对羊的圈舍要经常保持清洁、干燥；粪便及污物要做到及时清除，并堆积发酵；保持饲草、饲料新鲜，防止发霉变质；固定牧业水井，或以流动的河水作为饮用水，有条件的地方可以建立自动卫生饮水处，水槽给水的要定期清洗，每天更换清水；此外还应注意消灭蚊蝇，防止鼠害等。

一般情况下，对羊舍每年春秋两季各彻底清洗 1 次。清洗分两步进行：第一步先进性机械清扫；第二步用消毒液消毒，常用消毒液有 10%～20%石灰乳、5%～20%漂白粉溶液、2%～4%氢氧化钠溶液、5%来苏儿水、20%草木灰水和 4%福尔马林等。产房在产羔前应进行 1 次。在病羊舍、隔离舍的出入口处应放置有消毒液的麻袋片或草垫，用 2%～4%氢氧化钠或 10%克辽林溶液进行消毒。

第二节　重大传染病

一、人畜共患病

（一）布氏杆菌病

【致病病原】布氏杆菌病又称波状热，是由布氏杆菌引起的人畜共患传染病。病菌为革兰阴性短小杆菌。主要侵害动物的生殖系统，引起母羊流产、不育，公羊发生睾丸炎等。传染源是患病的羊、牛、猪，病原菌存在于病畜的组织、尿、乳、产道分泌物、羊水、胎盘及羊只尸体内。布氏杆菌在土壤、水中和皮毛上能存活几个月，但若暴露在空气中或在高温下（沸水中）很快就会死亡，一般消毒药可在数分钟内将其杀死。

【流行特点】家畜感染和传播布病途径主要是接触感染（与病畜接触），也可通过消化道（采食被污染了的饲料、分泌物、排泄物）、呼吸道传染（呼吸受染空气）。人主要是接触性、消化道感染。人感染该病多发生在给家畜接生时不慎受伤，病菌由创口进入人体内繁殖致病，影响身心健康和性功能。此病可在动物间传播、也可由动物传染给人。但未见人传染给动物，也罕有人与人间传播。

【临床症状】。以发热为主要症状。母羊在妊娠末期流产，严重时可达40%~70%；公羊表现为睾丸、关节肿胀和不育，少数病羊发生角膜炎和支气管炎。人感染布病出现关节酸痛、肿胀，四肢无力容易疲劳等症状。早期可通过药物治疗减轻症状，后期病症加重则不能从事重体力劳动，性功能将严重受损。布氏杆菌一旦进入人畜体内则很难根除，必将成为终生带菌体甚至成为传染源。所以，从事畜牧兽医研究和畜牧生产的人员，在进行疫病调查、病料采集、实验室鉴定、接种和接生时应做好自身保护，谨防感染！

【预防措施】羊群定期接种疫苗和检疫，接产注意劳动保护。

（1）对羊群每年进行定期检疫，定期进行布氏杆菌疫苗接种。

（2）发现病羊应及时隔离，淘汰屠宰或焚烧，严禁健康羊与之接触。

（3）必须对污染的用具和场所进行彻底消毒。流产胎儿、胎衣、羊水和产道分泌物应深埋或焚烧处理。

（4）新买进的羊须经检疫，隔离观察半个月，确认无病后方可入群。

（5）存在可能感染布病的条件时，除了严格遵守防护、消毒等措施外，工作人员事先口服乙酰螺旋霉素，起到有效的预防保护作用。

【临床治疗】对家畜而言，该病无治疗价值，一旦确认感染则应马上宰杀以绝后患。但为了拯救生命、减少损失，可用土霉素以5g/kg体重肌注，每日2次，首次加倍，连用2~3周；也可请教兽医，肌肉注射青霉素等抗菌药物缓解或消除症状。参见表6-1。

表6-1　布氏菌病抗菌治疗推荐方案一览

类别	抗菌治疗方案	备注
急性期	一线药物：①多西环素100mg/次，2次/d，6周+利福平600~900mg/次，1次/d，6周；②多西环素100mg/次，2次/d，6周+链霉素肌注15mg/kg，1次/d，2~3周。 可适当延长疗程 二线药物：①多西环素100mg/次，2次/d，6周+复方新诺明，2片/次，2次/d，6周；②多西环素100mg/次，2次/d，6周+妥布霉素肌注1~1.5mg/kg，8h1次，1~2周；③利福平600~900mg/次，1次/d，6周+左氧氟沙星200mg/次，2次/d，6周；④利福平600~900mg/次，1次/d，6周+环丙沙星，750mg/次，2次/d，6周	

（续表）

类别		抗菌治疗方案	备注
难治性病例	一线药物+氟喹诺酮类或三代头孢菌素类		
慢性期	同急性期		2~3个疗程可治愈
并发症	合并睾丸炎	抗菌治疗同上	短期加用小剂量糖皮质激素
	合并脑膜炎、心内膜炎、血管炎、脊椎炎等。	上述治疗基础上联合三代头孢类药物	对症治疗，应用脱水药物
特殊人群	儿童	利福平 10~20mg/kg/d，1次/d，6周+复方新诺明儿科悬液（6周~5个月）120mg、（6个月~5岁）240mg、（6~8岁）480mg，2次/d，6周。 适当延长疗程，8岁以上儿童治疗药物同成年人	
	孕妇	①妊娠12周内：利福平 600~900mg/次，1次/d，6周+三代头孢菌素类，2~3周； ②妊娠12周以上：利福平 600~900mg/次，1次/d，6周+复方新诺明，2片/次，2次/d，6周	复方新诺明有致畸或核黄疸的危险

（二）口蹄疫

【致病病原】口蹄疫，在我国又称5号病，为人畜共患传染病。口蹄疫是由口蹄疫病毒引起的偶蹄类动物共患的急性、热性、高度接触性传染病。以其患病动物具口腔黏膜、蹄部等部位发生水疱和溃疡等特点而得名，在民间俗称“口疮”“蹄癀”。该病毒属微RNA病毒科口疮病毒属。羊口蹄疫病毒具有多型性和变异性。根据抗原的不同，可分为O、A、C、亚洲I、南非I、Ⅱ、Ⅲ等7个不同的血清型和65个亚型，各型之间均无交叉免疫性，可感染70多种动物，人和家禽也偶有感染。该病毒易发生变异，对外界环境的抵抗力很强，耐低温、不怕干燥。在冰冻情况下，血液及粪便中的病毒可存活120~170d。但在阳光直射下60min即可杀死；加温85℃ 15min、煮沸3min即可死亡。对酸碱敏感，故1%~2%氢氧化钠、30%热草木灰水、1%~2%甲醛等都是良好的消毒液。

我国流行的口蹄疫主要为O、A、C三型及ZB型（云南保山型）。

【流行特点】牛尤其是犊牛对口蹄疫病毒最易感，骆驼、绵羊、山羊次之，猪也可感染发病。本病具有流行快、传播广、发病急、危害大等流行病学特点，疫区发病率可达50%~100%，犊牛死亡率较高，其他易感动物则较低。病畜和潜伏期动物是最危险的传染源。病畜的水疱液、乳汁、尿液、口涎、泪液和粪便中均含有病毒。该病入侵途径主要是消化道，也可经呼吸道传染。本病传播虽无明显的季节性，但春秋两季较多，尤其是春季。风和鸟类也是远距离传播的因素之一。

【临床症状】该病潜伏期1~7d，平均2~4d。绵羊口蹄疫发病最初体温升高，精神沉郁，食欲减退或废绝，反刍缓慢或停止，不喜饮水，闭口呆立，开口时大量流涎。病畜口腔黏膜、齿龈、唇部、舌部及趾间等发生水泡或糜烂（彩图6-1）。起初水泡只有豌豆到蚕豆大，继而融合增大或连成片状，1~2d破溃后，形成红色烂斑。很多病例出现条状、高低不平的水泡，用手抓取时常能大片地脱落。少数病例在鼻镜、乳房上发生水泡。发生口腔水泡后或同时，在蹄冠、蹄踵和趾间发生水泡和烂斑，若破溃后被细菌污染，则发生严重跛行。尸解常呈现出血性胃肠炎和心肌炎症状（虎斑心）。良性口蹄疫水疱破溃后，经一周左右即可自愈，若蹄部有病变则可延至2~3周或更久，死亡率1%~2%；恶性口蹄疫病畜在水疱愈合过程中病情突然恶化，全身衰弱、肌肉发抖，心跳加快、节律不齐，食欲废绝、反刍停止，行走摇摆、站立不稳，往往因心脏麻痹而突然死亡，死亡率高达25%~50%。

【预防措施】从严格门卫消毒制度严防疫病进入做起，做好预防接种、带菌体和病尸体处理和器具消毒。

（1）平时要严格落实门卫消毒制度，防止带入外来病毒。

（2）病畜疑似口蹄疫时，应立即报告兽医机关，病畜就地封锁、隔离；确认后，对发病畜群扑杀，尸体要无害化处理（焚烧或深埋）；疫区封锁必须在最后1头病畜痊愈、死亡或急宰后14d内，经全面大消毒才能解除封锁。

（3）所用器具及污染地面用2%苛性钠或远征金碘（聚维酮碘溶液）与神五消毒液（醋酸氯已啶乙醇溶液）交替使用喷洒消毒，以免病毒扩散。病畜吃剩的草料或饮水及排泄物要烧毁或深埋，以免动物误食后感染病毒。

（4）严禁非工作人员进入，工作人员外出要全面消毒。

（5）对疫区周围牛羊，选用与当地流行的口蹄疫毒型相同的疫苗，进行紧急接种。在紧急情况下，尚可应用口蹄疫高免血清或康复动物血清进行被动免疫，按0.5~1.0mL/kg体重皮下注射，免疫期约2周；随后接种相应的口蹄疫疫苗。

【临床治疗】本病原则上不治疗，要就地扑杀，实行无害化处理。但为了减缓扩散速度、减少损失，也可采用如下治疗措施：

1. 对症治疗

①口腔病变可用清水、食盐水或0.1%高锰酸钾液清洗，后涂以1%~2%明矾溶液或碘甘油，也可涂撒中药冰珊散（冰片15g，硼砂150g，芒硝150g，共研为细末）于口腔病变处；②蹄部病变可先用3%来苏儿水清洗，后涂擦龙胆紫溶

液、碘甘油、青霉素软膏等，用绷带包扎；③乳房病变可用肥皂水或2%～3%硼酸水清洗，后涂以青霉素软膏。若病情严重，除采用上述局部措施外，可用强心剂（如安钠咖）和滋补剂（如葡萄糖盐水）等。

2. 血清治疗

若刚起水泡，或水泡没有破裂，只需用注射天健牛毒清（牛同源精致血清抗体，主要成分头孢噻呋钠）一次，水泡即可干瘪消失；若口鼻、蹄子周围的水泡已破溃、流血，甚至蹄壳已脱落，则需用天健牛毒清注射两次，同时防止心肌炎的继发。水泡破溃处可结痂。结痂脱落后完全恢复正常。

3. 药物治疗

（1）最急性型反应。①迅速皮下注射0.1%盐酸肾上腺素5g，视病情缓解程度，20min后可以重复注射相同剂量一次；②肌肉注射盐酸异丙嗪（非那根）500g；③肌肉注射地塞米松磷酸钠30g（孕畜忌用）。

对已休克病畜，除应迅速注射上述药物外，还须迅速针刺耳尖、大脉穴（颈静脉沟前1/3处的颈静脉上）放血少许、尾根穴（尾背侧正中，荐尾结合部棘突间凹陷处）、蹄头穴（蹄冠缘背侧正中，有毛与无毛交界处；即三、四蹄上缘，每蹄内外各1穴，共8穴）。迅速建立静脉通道，将去甲肾上腺素10g，加入10%葡萄糖注射液2 000mL静滴；如体温低于36.5℃的患畜，除可用上述药物外，另加乙酰辅酶A1 000单位、ATP（三磷酸腺苷）200g、肌苷3 000g、25%葡萄糖2 000mL静滴。待病畜苏醒、脉律恢复后，撤去此组药，换成5%葡萄糖盐水2 000mL，加入维生素C 5g，维生素B_6 3 000g，静滴。然后再用5%硫酸氢钠溶液500mL，静脉注滴即可。

（2）急性型反应。一般只需迅速肌肉注射盐酸异丙嗪（非那根）500g、地塞米松磷酸钠30g（孕畜不用），皮下注射0.1%盐酸肾上腺素5g即可，病畜很快康复。

4. 经验疗法

将病畜隔离在远离健康畜群、人迹罕至、避风的偏僻地方，与外界隔绝。在做好人员防护的前提下，将盐巴（最好是非碘盐）撒于患处，用手指将水疱研破，直至创面或溃烂面浸出血渍为止。然后，用酒精或盐水冲洗干净后，再撒上一层盐或用碘酊涂抹创面。随后肌肉注射抗病毒药物或青霉素，配合治疗。待创面结痂并脱落后，即完全恢复正常。此法治愈率不及前3法，但简单易行、可有效减少病畜死亡率，挽回部分经济损失。在医疗条件较差的偏远地区，可作为应急措施使用。

（三）羊炭疽病

【致病病原】是由炭疽杆菌引起的人畜共患热性、败血性急性传染病。病羊是主要传染源，在其分泌物、排泄物和天然孔流出的血液中含有大量病菌。当尸体处理不当，炭疽杆菌形成芽孢并污染土壤、水源、牧地，羊吃了被污染的饲草和饮用水而被感染。健康羊采食了被污染的饲料、饮水或通过皮肤损伤感染了炭疽杆菌，或吸入带有炭疽芽孢的灰尘，均可导致发病。

【流行特点】本病多为散发，常在夏季雨后发生，5—9月发病率最高。发生过炭疽的地区，有可能年年发病。家畜的潜伏期1~5d，有的可长达14d。病程短促，治疗不及时死亡率高达90%以上。

“炭疽”意即患病组织出现的黑炭样肿胀坚硬毒疮或黑痂。人接触患炭疽病动物，或食用了带炭疽病菌的畜产品可以感染而患病，潜伏期为2~3d，也有短至12h，长至2周的。主要表现为皮肤炭疽、肺炭疽、败血型炭疽及脑膜型炭疽。皮肤炭疽预后良好，在适当治疗下病死率<1%，若出现严重并发症，病死率可达15%~25%；肺炭疽常并发败血症、休克和脑膜炎，可在呼吸衰竭后1~2d内死亡。虽经积极治疗，病死率仍高达80%~100%；肠炭疽易并发感染性休克，于起病后3~4d内死亡，病死率为25%~75%；败血炭疽的病死率高达90%以上，但若及时诊治，有可能提高治愈率。由于经济的发展和卫生条件的改善，自然发生的炭疽病例现已有明显降低，而将炭疽杆菌制成生物武器，用于恐怖活动却时有发生。图6-1为炭疽病传播与循环示意图。

【临床症状】羊发生该病多为最急性或急性经过。患羊表现昏迷、摇摆、磨牙、全身战栗，呼吸困难，口、鼻流出血色泡沫，肛门、阴道流出血液，且不易凝固，数分钟即可死亡。病情缓和时，兴奋不安，行走摇摆，呼吸加快，心跳加速，黏膜发绀，后期全身痉挛，天然孔出血，数小时内即可死亡。病羊急性型表现短时期奔跑，跳跃几下后摇晃倒地，头向后仰，四肢作不随意的游泳动作，经几分钟后即死亡。彩图6-2为羊肠炭疽病标本。

【预防措施】预防接种是关键，做好病羊隔离、病羊尸体与被污染地面处理及圈舍消毒。

（1）预防接种。经常发生炭疽及受威胁地区的易感羊，每年均应用羊2号炭疽芽胞苗皮下注射1mL/只。

（2）有炭疽病例发生时，应及时隔离病羊，对污染的羊舍、用具及地面要彻底消毒，可用10%热碱水或2%漂白粉连续消毒3次，间隔1h。病死尸体严禁解剖，更不准剥皮吃肉，尸体要深埋，被污染的地面土应铲除与尸体一起埋掉。

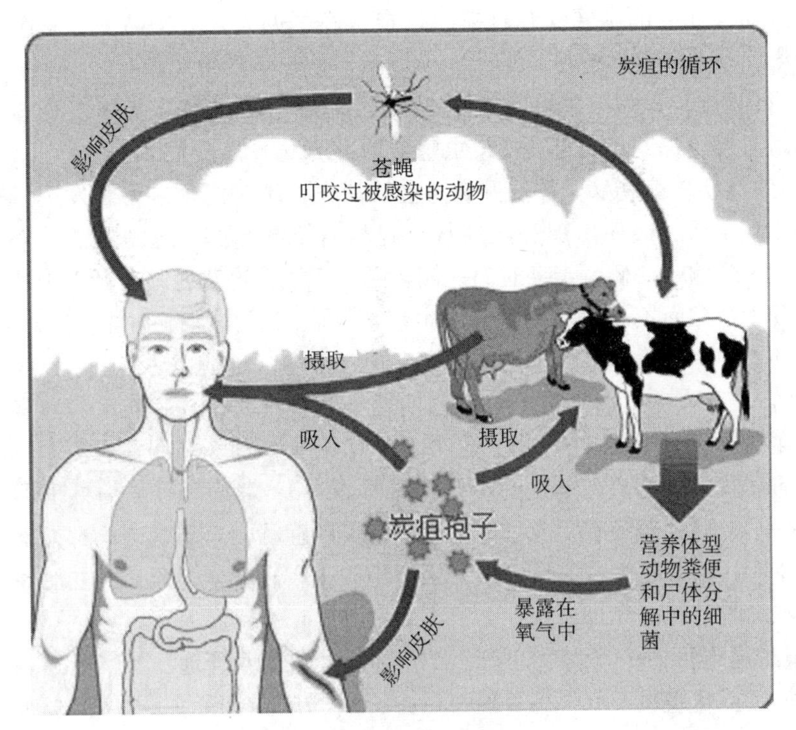

图 6-1　炭疽传播与循环示意

（3）对同群的未发病羊，使用青霉素连续注射 3d，有预防作用。

【临床治疗】病羊必须在严格隔离条件下进行治疗。山羊和绵羊病程短，常来不及治疗。对病程缓和的病羊可采用特异血清疗法结合药物治疗。

（1）初期可使用抗炭疽血清，羊每次 40～80mL，静脉或皮下注射。第一次注射剂量应适当加大，经 12h 后再注射一次。

（2）炭疽杆菌对青霉素、土霉素敏感，其中青霉素最常用，剂量按每 kg 体重 1.5 万单位，每隔 8h 肌肉注射 1 次。

（3）实践证明，抗炭疽血清与青霉素合用效果更好。

（四）羊李氏杆菌病

【致病病原】李氏（利斯特氏）杆菌病又称转圈病，是畜禽、啮齿动物和人共患的传染病。李氏杆菌广泛存在于土壤、水域（地表水、污水、废水）、昆虫、植物、蔬菜、鱼、鸟、野生动物、家禽。能在 2～42℃下生存（也有报道 0℃能缓慢生长）能在冰箱冷藏室内较长时间生长繁殖。酸性、碱性条件下都适应，生存环境可塑性大。临床特征是病羊神经系统紊乱（脑膜炎）、败血症，表现转圈运动（向一侧旋转，有时横向行走，病羊见人之后头高举，彩图 6-3），面部麻痹，孕羊可发生流产。

【流行特点】该病常散在发生，但致死率高，以早春及冬季多见。天气变化、阴雨天气、青饲料缺乏及寄生虫感染均可诱发本病。

【临床症状】病初病羊体温升高，食欲消失，精神沉郁，眼睛发炎，视力减退，眼球常突出，继而出现神经症状，病羊动作奇异，步态蹒跚，或来回兜圈子。有的头颈偏于一侧，走动时向一侧转圈，不能强迫改变。在行走中遇有障碍物，则以头抵靠而不动。颈项肌肉发生痉挛性收缩时，则颈项强硬，头颈上弯，呈角弓反张。病的后期，病羊倒地不起，神态昏迷，四肢爬动作呈游泳状。一般 2~4d 死亡。死亡率有时高达 10%。初期感染的很难耐过，后期发病尚有复原的希望。在引起流行性流产的情况下，绵羊的表现是产前 3 星期左右流产，流产前并无任何症状。全部流产羊只的胎衣都滞留 2~3d，其后不经任何处理即自动排出。少数羊衰弱，但没有阴道排出物或子宫炎的症状，全部流产羊都能安全度过而最后痊愈。胎羊已发育完全，但体格很小，于产出时全部死亡。在胎膜与胎体上都没有肉眼可观的病理变化。

【预防措施】预防本病平时应注意清洁卫生和饲养管理，严禁狗猫和啮齿动物进入羊场；发病地区应将病畜隔离治疗，病羊尸体要深埋，并用 5%来苏儿水对污染场地进行消毒。

【临床治疗】早期大剂量应用磺胺类药物，或与抗生素并用，有良好的治疗效果。用 20%磺胺嘧啶钠 5~10mL，氨苄青霉素按每 kg 体重 1.0 万~1.5 万单位，庆大霉素 1 000~1 500 单位/kg 体重，均肌肉注射，每日 2 次。病羊有神经症状时，可对症治疗，肌肉注射盐酸氯丙嗪，1~3g/kg 体重。

（五）羊弓形体病

【致病病原】弓形体病又叫弓形虫病，是由弓形虫引起的人畜共患性原虫病。弓形虫属于孢子虫纲的原生动物，是一种细胞内寄生虫，在巨噬细胞、各种内脏细胞和神经系统内繁殖。羊弓形虫病是由猫及一些猫科动物传播的。羊感染后的表现特征是流产、死胎和产出弱羔。可并发肺炎、心肌炎、睾丸炎、脑膜炎。

本病为全身性疾病，呈世界性分布，人群普遍易感，但多为隐性感染，发病者由于弓形体寄生部位及机体反应性的不同，临床表现较复杂，有一定病死率及致先天性缺陷率，近年确认本病为艾滋病重要的致命性机会性感染。

【流行特点】弓形虫病流行广泛，无论在山区、平原、湖泊周围、江河两岸以及沿海地区的山羊、绵羊、猪、牛、兔都可感染。其他各地也不同程度地存在。

根据弓形虫发育的不同阶段，将虫体分为速殖子、包囊、裂殖体、配子体和卵囊5种类型。前两型在中间宿主（人畜）体内发育，后三型在终末宿主（猫科动物）体内发育。弓形虫的终末宿主是猫。猫体内的弓形虫在小肠上皮细胞内进行有性繁殖，最后形成卵囊。卵囊随着猫粪排出，在适宜条件下于数日内完成孢子化。羊、人等多种哺乳动物及禽类是中间宿主。当中间宿主吞食孢子化卵囊后，卵囊中的子孢子即在其肠内逸出，侵入血流，分布到全身各处，钻入各种类型的细胞内进行繁殖。中间宿主人也可因吃到动物肉或乳中的滋养体速殖子而感染。当猫吃到卵囊或其他动物肉中的滋养体时，在猫肠内逸出的子孢子或滋养体一部分进入血流，在猫体各处进行无性繁殖本病的感染与季节有关，7~9月检出的阳性率较3~6月高。因为7、8、9三个月的气温较高，适合于弓形虫卵囊的孵化，这就增加了感染的可能性。

【临床症状】急性病的主要症状是发热、呼吸困难和中枢神经障碍。本病可引起患羊早产、流产和死产。当虫体侵入子宫后，新生羔羊在生后头数周内死亡率很高。有些母绵羊和羔羊死于呼吸系统症状（流鼻、呼吸困难等）和神经症状（转圈运动）。妊娠羊常常于分娩前4周出现流产，在某些地区和国家，本病可能是羔羊生前死亡的重要原因之一。剖检可见脑脊髓炎和轻微的脑膜炎。颈部和胸部的脊髓呈严重损害，在发炎区有孢囊状结构和典型的弓形虫。获得性弓形体病在感染后8~10d，即可产生特异性抗体，多数为无症状的隐匿型。在严重感染或免疫功能缺陷时临床发病。慢性感染者在包囊破裂时可导致复发。

【预防措施】严禁中间宿主猫狗进入羊场、料库和羊群，做好驱虫及其排泄物的无害化处理。

（1）避免羊只吞食猫、狗的粪便。看门狗、守夜狗要定点拴养，定期驱虫、消毒，排泄物集中处理；严禁野狗、野猫窜入羊场接触羊群。

（2）采用预防传染的一般卫生措施（见本章第三节相关内容）。

（3）英国研制出一种控制绵羊弓形虫病的疫苗，也可以用于绵山羊，每年注射1次。但不能用于怀孕羊。注射疫苗以后3周内的羊奶不能供人饮用。

【临床治疗】

应在传染的初期抓紧治疗，对急性病例可应用磺胺类药物，或与抗菌增效剂联合使用，均有良好效果。

（1）磺胺-6-嘧啶。效果良好，可配成10%溶液，按60~100g/kg体重进行皮下注射。第二天用药量减半，连用3~5d。可有效阻抑滋养体在体内形成包囊。

也可配合甲氧苄胺嘧啶（14g/kg体重）采用口服法，每日1次，连用4次。

（2）磺胺嘧啶+甲氧苄胺嘧啶。用量为前者70g/kg体重，后者14g/kg体重，每日口服2次，连用3~4d。

（3）磺胺甲氧吡嗪+甲氧苄胺嘧啶。用量为前者30g/kg体重，后者10g/kg体重，每日口服1次，连用3~4d。

（六）羊痘病

【致病病原】羊痘是一种急性、热性、接触性人畜共患传染病，具有典型的病程，在病羊和患者的皮肤和黏膜上发生特异的痘疹。其致病原为羊痘病毒。

【流行特点】在自然情况下，绵羊痘只能使绵羊感染，山羊痘只能使山羊感染，绵羊和山羊不能相互传染。最初个别羊发病，以后逐渐发展蔓延全群。山羊痘通常侵害个别羊群，病势及损失比绵羊痘轻些。主要通过呼吸道传染，水泡液和痂块易与飞尘或饲料相混而吸入呼吸道。病毒也可通过损伤的皮肤或黏膜侵入机体。用具、毛、皮、饲料、垫草等，都可成为间接传染的媒介。本病主要在冬末春初流行。气候严寒、雨雪、霜冻、枯草季节、饲养管理不良等因素都可促进发病和加重病情。羊痘病潜伏期平均6~8d，病程大约2~3周，羔羊比成年羊易感染。

人感染羊痘病，主要是通过接触羊体皮肤上疹结破裂流出的脓液而获得。人的羊痘病潜伏期5~6d，病程一般为3周，也可长达5~6周。治愈或自愈后可获得永久性免疫。

【临床症状】羊发病初期表现为体温升高到40~42℃。呼吸、脉搏加速，甚至出现呼吸困难。眼结膜潮红、肿胀并流泪，流黏性鼻液，食欲废绝或减少，精神萎靡不振。少食、厌食、食欲废绝。持续1~4d后，病羊身上唇、鼻、眼、乳房、四肢内侧和尾下及尾内侧面等无毛或少毛部位（彩图6-4），开始出现成片红斑，后转为黄豆或蚕豆大小、类似于球状的硬状丘疹突出于皮肤表面，指压褪色。几天后可变成水疱，中央有脐状窝，随后化脓、结痂，形成黄色痂皮、逐渐干燥脱落，并留下红斑。如果发病过程中没有出现继发感染，可在2~4周内痊愈。若病羊继发感染败血症等疾病，则并伴有呼吸苦难，病羊体型很快消瘦，严重的4~5天死亡。常继发败血症而死亡，死亡率可达30%~50%。

人患上羊痘，会出现身上长一些扁平的水疱等症状。多发于手指、前臂及脸面等暴露部位。其形状与病理过程与羊相似。初起为红色或紫红色的小丘疹、质地坚硬，以后扩大成为顶端扁平的水疱、能发展成出血性大疱或脓疱，中央可有脐凹，大小为3~5cm。在24~48h内疱破表面覆盖厚的淡褐色焦痂，痂四周有较特殊的灰白色或紫色晕，其外再绕以红晕，以后变成乳头瘤样结节，最后变平、干燥、结痂而自愈。除了局部有轻微肿痛外，无全身症状或仅有微热，局部淋巴结肿大。自发病到自愈一般为3周，也可长达5~6周。获得永久性免疫。再次感染在免疫功能低下患者中较常见。

【预防措施】预防接种不遗漏，隔离治疗、焚尸灭迹以防传播。

(1) 加强饲养管理，春季注意防寒保暖，防止天气变化、雨淋等应激刺激，注意保持圈舍清洁卫生和干燥，每月消毒一次。

(2) 不论羊只大小，每年初春注射羊痘鸡胚化弱毒苗一次，免疫期达一年。

(3) 对新购入的羊只，须在指定场所隔离观察21d确定健康后，方可混群饲养。

(4) 确诊为本病后，立即将病羊隔离，封锁疫点和疫区，进行严格消毒。病死羊尸体必须深埋或烧毁，饲养圈舍、用具及污染物彻底消毒。

(5) 对未发生羊痘的羊和临近受威胁的羊进行紧急接种羊痘疫苗。

【临床治疗】

(1) 对于良性经过的，一般不用特殊治疗，只需加强护理，必要时进行对症治疗。可用2%来苏儿水、0.1%高锰酸钾溶液冲洗痘区，再涂以碘甘油或抗生素软膏。

(2) 适当选用青链霉素等抗生素进行治疗，可有效预防继发感染，用量视发病轻重而定。

(3) 对于恶性病例，在条件许可的情况下，可皮下或肌注康复羊的血清(同源血清抗体)，1mL/kg体重，治疗效果明显。为防止继发感染，可以在注射羊痘同源血清抗体的另一侧同时注射青霉素或者头孢等抗菌药。但在使用血清期间不要使用磺胺类和酸碱溶液类药物。

二、常见传染病

(一) 小反刍兽疫

【致病病原】小反刍兽疫（PPR）俗称羊瘟。因其以发热、口炎、腹泻、肺炎为特征，与牛瘟病毒有相似的物理化学及免疫学特性，又名小反刍兽假性牛瘟、肺肠炎、口炎肺肠炎复合症，是由小反刍兽疫病毒引起的一种急性病毒性传染病，主要感染小反刍动物，病毒呈多形性，通常为粗糙的球形。病毒颗粒较牛瘟病毒大，核衣壳为螺旋中空杆状并有特征性的亚单位，有囊膜。病毒可在绵羊肾、胎儿及新生羊的睾丸细胞、Vero细胞上增殖，并产生细胞病变（CPE），形成合胞体。

【流行特点】主要感染山羊、绵羊、羚羊等小反刍动物。绵山羊发病比较严重。牛、猪等可以感染，但通常为亚临床经过。本病主要通过直接和间接接触传染或呼吸道飞沫传染。本病的传染源主要为患病动物和隐性感染动物，处于亚临床型的病羊尤为危险。病畜的分泌物和排泄物均含有病毒。目前，该病主要流行于非洲西部、中部和亚洲的部分地区。由于国际贸易和牲畜流动性增强，该病业已成为危害我国养羊业的重大传染病之一。近年来，新疆、甘肃、内蒙古、宁夏、安徽、重庆等19省区发生了小反刍兽疫疫情、危害较大，并有扩大化趋势，已被列为国家强制免疫范畴。

【临床症状】小反刍兽疫潜伏期为4~5d，最长21d。自然发病仅见于山羊和绵羊。感染动物临床症状与牛瘟病牛相似。急性型体温可上升至41℃，并持续3~5d。感染动物烦躁不安，被毛无光，口鼻干燥，食欲减退。流黏液脓性鼻漏，呼出恶臭气体（彩图6-5、彩图6-6）。在发热的前4d，口腔黏膜充血，颊黏膜进行性、广泛性损害、导致多涎，随后出现坏死性病灶，开始口腔黏膜出现小的粗糙的红色浅表坏死病灶，以后变成粉红色。感染部位包括下唇、下齿龈等处。严重病例可见坏死病灶波及齿垫、腭、颊部及其乳头、舌头等处。后期出现带血水样腹泻，严重脱水，消瘦，随之体温下降。出现咳嗽、呼吸异常。发病率高达100%，在严重暴发时，死亡率为100%；在轻度发生时，死亡率不超过50%。幼年动物发病严重，发病率和死亡都很高。

【预防措施】接种预防，封闭扑杀，牛瘟组织培养苗紧急接种。

（1）严禁从曾发或存在本病的国家或地区引进相关动物。

（2）一旦发现病例，应按《中华人民共和国动物防疫法》规定，采取紧急、强制性的控制和扑灭措施，扑杀患病和同群动物。

（3）疫区及受威胁区的动物进行紧急预防接种。目前市面上提供的进口小反刍兽疫疫苗免疫期为3年，一次接种几乎可以达到终身免疫。紧急状况下，可根据小反刍兽疫病毒与牛瘟病毒抗原相关原理，用牛瘟组织培养苗进行免疫接种。

【临床治疗】原则上，对PPR患羊一经发现即施捕杀、不得治疗，以防传播漫延。但考虑到发病初期诊断不准，为了局部控制和减少损失，可尝试封闭治疗。

（1）羊舍周围用碘制剂消毒药消毒，每天两次。

（2）发病初，使用抗生素和磺胺类药物可对症治疗和预防继发感染。

（3）使用羊全清配合刀豆素肌肉注射，1次/d，连用2d。怀孕母羊按照治疗量每天分两次注射。两天后化脓部位出现结痂，结痂脱落后完全恢复正常。

（4）全群羊口服左旋咪唑 1mg/kg 体重，双嘧达莫 0.5mg/kg，1~2 次/d，连用 7d，停 3d 为一疗程。同时按产品说明，加倍补饲维生素 B_{12}、复合维生素 B 等。一般连用 2 个疗程。

（5）发病羊可肌注：①聚肌胞 0.5mL/10kg 体重，每 2 天一次，连用 3~5 次；②维生素 K_3 4~12mg，一天一次，连用 3~4 次；③庆大霉素 4mg/kg 体重，一天一次，连用 3~5 次；④按上一个处方口服左旋咪唑、双嘧达莫、B 族维生素等。

（二）羊传染性胸膜肺炎

【致病病原】羊传染性胸膜肺炎又称羊支原体性肺炎，是由支原体所引起的一种高度接触性传染病。其临床特征为高热、咳嗽、胸和胸膜发生浆液性和纤维素性炎症，取急性和慢性经过，病死率很高。近年来，新疆等高寒干燥地区在引进的小尾寒羊、湖羊和杜波羊等多胎品种羊中，普遍发生了该病，死亡率约为 15%~30%。

【流行特点】在自然条件下，丝状支原体山羊亚种只感染山羊，3 岁以下的山羊最易感染。而绵羊肺炎支原体则可感染山羊和绵羊。病羊和带菌羊是本病的主要传染源。本病常呈地方流行性，接触传染性很强，主要通过空气—飞沫经呼吸道传染。阴雨连绵、寒冷潮湿、羊群密集、拥挤等因素，有利于空气—飞沫传染的发生；多发生在山区和草原，主要见于冬季和早春枯草季节，羊只营养缺乏，容易受寒感冒，因而机体抵抗力降低，较易发病，发病后病死率也较高；呈地方流行，冬季流行期平均为 15d，夏季可维持 2 个月以上。

新疆绝大多数舍饲多胎羊场普遍发生过此病，尤其是第一年跨越冬春季节成为引种成败的关键。在新疆，冬春季节持续时间较长（6~7 个月），气候干燥、寒冷多变、风沙较大，羊吸入空气中沙尘及病原物生物，引起咳嗽和呼吸困难；加之羊只营养缺乏、抵抗力下降，进而加重病情、食欲废绝。最后，因肺组织严重受损、糟烂，消瘦而死亡。故此成为“种羊场舍内外地面硬化和环境清洁”要求的依据之一。

【临床症状】羊传染性胸膜肺炎潜伏期短者 5~6d，长者 3~4 周，平均 18~20d。根据病程和临床症状，可分为最急性、急性和慢性三型。

最急性：病初体温增高，极度萎顿，食欲废绝，呼吸急促而有痛苦的鸣叫。数天后出现肺炎症状，呼吸困难，咳嗽，并流浆液带血鼻液，肺部叩诊呈浊音或实音，听诊肺泡呼吸音减弱、消失或呈捻发音。12~36h 内，渗出液充满病肺并进入胸腔，病羊卧地不起，四肢直伸，呼吸极度困难，每次呼吸则全身颤动；黏膜高度充血，发绀；目光呆滞，呻吟哀鸣，不久窒息而亡。病程一般不超过4~5d，有的仅12~24h。

急性：最常见。病初体温升高，继之出现短而湿的咳嗽，伴有浆液性鼻漏。4~5d后，咳嗽变干而痛苦，鼻液转为黏液——脓性并呈铁锈色，高热稽留不退，食欲锐减，呼吸困难和痛苦呻吟，眼睑肿胀，流泪，眼有黏液——脓性分泌物。口半开张，流泡沫状唾液。头颈伸直，腰背拱起，腹肋紧缩，最后病羊倒卧，极度衰弱委顿，有的发生臌胀和腹泻，甚至口腔中发生溃疡，唇、乳房等部皮肤发疹，濒死前体温降至常温以下，病期多为7~15d，有的可达1个月。幸而不死的转为慢性。患病孕羊70%~80%发生流产。

慢性：多见于夏季。全身症状轻微。病羊间有咳嗽和腹泻，鼻涕时有时无，身体衰弱，被毛粗乱无光。在此期间，如饲养管理不良，与急性病例接触或机体抵抗力由于种种原因而降低时，很容易复发或出现并发症而迅速死亡。

剖检：胸膜变厚而粗糙，上有黄白色纤维素层附着，直至胸膜，心包发生粘连（彩图6-7）；心包积液，心肌松弛、变软。胸腔常有淡黄色液体，间或两侧有纤维素性肺炎；肺肿大、病变区突出于肺表、血管明显呈网状（彩图6-8），颜色由红至灰色不等，切面呈大理石样；肺出血呈花斑状、表面有纤维素膜，严重者肺组织坏死（彩图6-9、彩图6-10），甚至糟烂。急性病例还可见肝、脾肿大，胆囊肿胀，肾肿大和膜下小溢血点。根据本病的流行规律、临床表现和病理变化特征做出综合诊断并不困难。但确诊需进行病原分离鉴定和血清学试验。

本病在临床和病理上均与羊巴氏杆菌病相似，但可以病料进行细菌学检查以区别。

【预防措施】羊场地面硬化、粪便及时清理以减少粉尘和病菌吸入，专用特异性疫苗接种预防。

（1）平时预防。除加强一般措施外，关键问题是防止引入病羊和带菌者。新引进羊只必须隔离检疫1个月以上，确认健康时方可合入大群。

（2）应急处理。发病羊群应进行封锁，及时对全群逐头检查，对病羊、可疑病羊隔离和治疗；对被污染的羊舍、场地、饲管用具和病羊的尸体、粪便等，应进行彻底消毒或无害处理。

（3）预防接种。是预防本病的最有效的措施。新引进或新生多胎羊在确定未感染此病，则可选用特异性疫苗接种免疫，预防本病的发生。

有学者认为，本病是内因和外因共同作用的结果。即病羊本身携带有该病的基因，在原产地因对自然环境长期适应，有害基因并未启动而不表现出病症和危害；但到了被引入地，环境条件的变化激发了该有害基因，表现出病症和危害，但到了第二年以后适应了这里的环境则有害基因关闭，不再变现病症和危害，且其繁育的后代也无病症表现。此外，在不同环境条件的地区，病症的表达形式和危害程度也存在明显的差异、治疗与疫苗接种的效果大不相同。也就是说，在不同地区致病菌的类型或菌株存在着差异。必须因地制宜制作特异性疫苗，才能取得理想的免疫效果。

此外，干燥气候和空气中高浓度的粉尘与致病微生物被认为是本病发生和快速传播的主要原因。因此，在建造羊场尤其是原种场和一级繁育场时，羊舍内外地面必须硬化、及时清理粪便，植树造林改善环境，羊舍消毒坚持每周清扫、喷雾消毒至少 1 次为好。

【临床治疗】用磺胺嘧啶钠皮下注射，每天 2 次。病初使用卡那霉素，每天 2 次。也可用环丙沙星注射液肌肉注射治疗。用新胂凡纳明（新 606 或 914）静脉注射，证明能有效地治疗和预防本病。

（三）羊肠毒血症

【致病病原】羊肠毒血症又叫软肾病、过食症、类快疫，俗称血肠子病。病原体是产气荚膜杆菌，又称魏氏梭菌中的 D 型。

【流行特点】产气荚膜杆菌在自然界常存在于土壤、污水、饲料及病羊消化道中和粪便中，绵羊采食被污染的饲料和饮水，经消化道感染。各种年龄的羊都发生，但以两岁以下的幼龄羊发病较多，患羊多是膘情较好、食欲旺盛的羊只。

【临床症状】绵羊羔羊发生本病的特点是，没有发病预兆而突然死亡。有时白天放牧未表现任何症状，而第二天发现羊已死于圈舍内；也有在放牧过程中突然倒下，心跳加快，呼吸急迫，抽搐几分钟，昏迷死亡；病情稍慢的在 1~4h 内死亡，病羊步行蹒跚，呼吸困难，有时磨牙，全身肌肉颤抖、抽搐，四肢划动，鼻孔流白沫，口腔黏膜苍白，四肢发凉，头颈向后弯曲，痉挛而死亡。成年肉绵羊的病程有的稍长，病羊不爱吃草，离群呆立，时而兴奋，时而沉郁，黏膜黄染，发生腹泻、排褐色稀便混有黏液或血液，局部肌肉颤抖，昏迷，体温多数不高，1~3d 死亡。

幼龄羊病变比较明显，胸、腹、心包积液较多。心脏扩张，心内外膜有出血点。小肠黏膜充血或出血，严重肠段的肠壁呈血红色，有的溃疡（彩图 6-11）。肠系膜淋巴结肿大，切面呈黑褐色。肾脏充血，但随着解剖时间的延长，肾脏发生进行性变软如泥状（彩图 6-12）。肝脏肿大，有的呈灰褐色半熟状，质地脆软。肺脏水肿。细菌学检查，可发现大量的产气荚膜梭菌。在诊断中，要注意区别于炭疽、巴氏杆菌、大肠杆菌及快疫等病。

【预防措施】在常发区每年发病季节前，用羊肠毒血症菌苗或用羊肠毒血症、羊猝疽、羊快疫三联苗进行预防注射。对发病羊群也可用上述菌苗作紧急预防注射，可控制该病的流行。怀孕母羊产前2周接种，羔羊生后10~12周龄接种一次，6周后再接种一次，以后间隔6个月再接种。

【临床治疗】羔羊发病突然，来不及治疗即已死亡，故未见有治疗病例。成年肉用绵羊的病程有的稍长，可一次性给予10~20g磺胺脒。

（四）羊破伤风

【致病病原】破伤风又名锁口风、耳直风，是一种急性中毒性传染病，多发生于新生羔羊，绵羊比山羊多见。其特征是病羊全身或部分肌肉发生痉挛性收缩，表现出强硬状态。

【流行特点】病的发生主要是细菌经伤口侵入身体的结果。母羊多发生于产死胎和胎衣不下的情况下，有时是由于难产助产中消毒不严格，以致在阴唇结有厚痂的情况下发生本病。也可以经胃肠黏膜的损伤感染。

【临床症状】该病的潜伏期为5~20d，但在特殊情况下可能延长。患羊四肢僵硬，头向后仰，初发病时，仅步行稍不自然，不易引起饲养员的特别注意。病势发展时，则双耳硬直，牙关紧闭，不能吃东西，口腔内黏液多。颈部及背部强硬，头偏于一侧或向后弯曲；四肢伸直，腹部蜷缩，好像木制的假羊（彩图6-13），如果扶起行走，严重者无法迈步，一经放手，即突然摔倒。突然的音响可引起骨骼肌发生痉挛，而使病羊倒地。症状轻微时，脉搏和体温无大变化。严重时，体温可以增高。脉搏细而快，心脏跳动剧烈。病的后期，常因急性胃肠炎而发生腹泻。死亡率很高。

【预防措施】以做好接产消毒、早治外伤和接种预防为主要措施。

（1）抓好卫生。保持圈舍清洁、干燥，定期消毒。

（2）接产消毒。对脐带断端认真涂抹碘酒。羊身上任何部分发生破伤时，均应用碘酒严密消毒，并避免泥土及粪便侵入伤口。

（3）早治外伤。发现羊有外伤，及时用5%的碘酊严格消毒。如已长有痂皮，须揭掉痂皮，再按创伤常规进行清洗、消毒治疗。发现新伤口，可在伤口周围分点注射破伤风血清2 000~5 000IU进行预防，免疫期为1年。

（4）疫苗预防。在破伤风流行区域，可能的情况下应及时用破伤风抗毒素作预防注射，剂量为400IU。经常发生破伤风的地区，可注射破伤风类毒素。

（5）手术预防。手术法去势或因特殊需要手术前接种破伤风疫苗。

【临床治疗】以消灭细菌、中和毒素和缓解痉挛为主要目标。

1. 加强护理

将病羊放于避光安静的地方，避免能够引起肌肉痉挛的一切刺激。给予柔软易消化而容易咽下的饲料，经常在旁边放上清水。多铺垫草，每日给患羊翻身，以防发生褥疮。

2. 药物治疗

（1）为了消灭细菌，防止破伤风毒素继续进入体内，必须彻底清除伤口的脓液及坏死组织，并用1%高锰酸钾、3%双氧水或5%~10%碘酒进行严格消毒。病的早期同时应用青霉素与磺胺类药物。

（2）为了中和毒素，可先注射40%乌洛托品5~10mL，再肌肉或静脉注射大量破伤风抗毒素，每次5万~10万IU，每日1次，连用2~4次。亦可将抗毒素加入5%葡萄糖溶液中静脉注射。

（3）为了缓解痉挛，可皮下注射25%或肌肉注射40%的硫酸镁溶液，每天1次，每次5~10mL，分点注射。或者肌肉注射氯丙嗪2g/kg体重。

（4）对于牙关紧闭的羊，可将3%普鲁卡因5mL和0.1%肾上腺素0.2~0.5mL混合，注入咬肌。

（5）防止感染。为抵制破伤风杆菌繁殖，并防止感染其他杂菌，可给病羊肌肉注射青霉素80万~160万IU，每天注射2次，连续注射4~5d。如病羊对青霉素过敏，可用肾上腺素脱敏，然后改用红霉素消炎。

（6）针灸疗法。针刺病羊的牙关和锁口、百会等穴，也可火烙风门穴。还可用10%的葡萄糖溶液3~5mL进行穴位注射。

（7）配合疗法。用60度白酒30mL，于病羊颈部肌肉注射，每天注射2次，交替注射。再用20%的大蒜注射液20mL肌肉注射，每天注射1次，连续注射4~5d。若病羊粪干时，可用泻剂泻下。

（五）羊链球菌病

【致病病原】羊链球菌病俗称嗓喉病，是由链球菌属C群兽疫链球菌引起的一种急性热性败血性传染病。该病以咽喉部及下颌淋巴结肿胀、大叶性肺炎、呼吸异常困难、胆囊肿大为特征。

【流行特点】本病主要通过消化道和吸呼道传染，多发于冬春寒冷季节（每年11月至翌年4月）。其临床特征主要是下颌淋巴结与咽喉肿胀。链球菌最易侵害绵羊，山羊也很容易感染，多在羊只体况比较弱的冬春季节呈现地方性流行，老疫区一般为散发，临床上表现的特征为发热，下颌和咽喉部肿胀，胆囊肿大和纤维素性肺炎。潜伏期一般 3~10d。

【临床症状】病羊体温升高到 41℃，呼吸困难、精神不振，呆立、不愿走动。食欲减退或废绝，反刍停止。口流涎水，鼻孔流浆液性、脓性分泌物；眼结膜充血，有时可见眼睑、嘴唇、面颊及乳房部位肿胀；咽喉肿胀（彩图 6-14），咽背和颌下淋巴结肿大。粪便松软，常带有黏液或血液，最后衰竭倒地，病死前常有磨牙、呻吟及抽搐现象，病程 1~3d。

剖检：尸僵不显著或者不明显。淋巴结出血、肿大。鼻、咽喉、气管黏膜出血。肺脏水肿、气肿，肺实质出血、肝变，呈大叶性肺炎，有时可见有坏死灶。大网膜、肠系膜有出血点。胃肠黏膜肿胀，有的部分脱落。第四胃出血及内容物变稀。第三胃内容物干如石灰，幽门出血及充血。肠道充满气体，十二指肠内容物变为橙黄色。肺脏常与胸壁粘连。肝脏肿大，表面有少量出血点。胆囊肿大 2~4 倍，胆汁外渗。肾脏质地变脆、变软肿胀、梗死，不易被剥离。膀胱内膜出血。各脏器浆膜面常覆有黏稠、丝状的纤维素样物质。

【预防措施】改善饲管条件、做好圈舍用具消毒、定期驱虫和入冬前接种预防。

（1）改善饲管条件，做好抓膘、保暖防风、防冻、防暑工作，防拥挤；做好门卫消毒，防止病源传入。

（2）定期消灭羊体内外寄生虫（本章第三节）。

（3）做好羊圈及场地、用具的消毒工作（本章第一节）。

（4）入冬前，用链球菌氢氧化铝甲醛菌苗进行预防接种。羊只不分大小，一律皮下注射 3mL，3 月龄内羔羊 14~21d 后再免疫注射 1 次。在流行地区给每只健康羊注射抗羊链球菌血清或青霉素等抗生素有一定的效果。

【临床治疗】以抗菌、降温为主要手段。

（1）发病后，对病羊和可疑羊要分别隔离治疗，场地、器具等用 10%的石灰乳或 3%的来苏儿水严格消毒。羊粪及污物等堆积发酵。病死羊进行无害化处理。

（2）每只病羊用青霉素 30 万~60 万 IU 肌注，每日 1 次，连用 3d。肌注 10mL 10%的磺胺噻唑，每日 1 次，连用 3d。也可用磺胺嘧啶或氯苯磺胺 4~8g 灌服，每日 2 次，连用 3d。

（3）高热者每只用 30%安乃近 3mL 肌肉注射。病情严重、食欲废绝的给予强心补液，5%葡萄糖盐水 500mL，安钠咖 5mL，维生素 C 5mL，地塞米松 10mL 静脉滴注，每天 2 次，连用 3d。

（六）羔羊痢疾（红痢）

【致病病原】 本病病原为B型魏氏梭菌。是新生羔羊的一种毒血症，其特征为持续性下痢和小肠发生溃疡，死亡率很高。由于病羊小肠有急性发炎出血变化，拉出的粪便时常带血，故俗称红肠子病。

【流行特点】 该病多发生于集中产羔。本病一般发生于出生后1～3d的羔羊，较大的羔羊比较少见。羔羊在生后数日内，魏氏梭菌可以通过羔羊吮乳、饲养员的手和羊的粪便而进入羔羊消化道。在外界不良诱因如母羊怀孕期营养不良，羔羊体质瘦弱；气候寒冷，羔羊受冻；哺乳不当，羔羊饥饱不匀，羔羊抵抗力减弱时，细菌大量繁殖，产生毒素。一旦有本病发生，以后几年内可能继续使3周以内的羔羊患病，表现为亚急性或慢性。

【临床症状】 羔羊病初精神不好，低头拱背，不吃奶。之后很快发生持续性剧烈腹泻。粪便初为黄色糊状，后呈水样并带有气泡、黏液或血液（彩图6-15），有恶臭，呈绿色、黄绿色或灰白色。羔羊逐渐衰弱、脱水、卧地不起，如不及时治疗和认真护理，常在1～2d内死亡。尸体剖检，可见胃肠充血、出血、肿胀，乃至黏膜出现溃疡。胃肠充满乳样内容物，有时内容物里有血样颜色，肠系膜淋巴结肿大。

【预防措施】 加强母羊怀孕后期饲养、初生羔羊的管理，给繁殖母羊注射"三联四防"疫苗。

（1）加强母羊怀孕后期饲养，使之不仅能够产出发育充分、身体健壮的羔羊，同时，也能分泌更多的乳汁。

（2）做好产房和产羔栏内地面的防潮保暖工作。

（3）搞好产房用具卫生和消毒工作，搞好羔羊脐带消毒。

（4）对分娩母羊的乳房及后裆、腹部的被毛要清洗干净，认真消毒，并一定要于羔羊第一次吃奶前挤除其母亲乳头中的积奶。

（5）加强新生羔羊的护理和检查，尤其对于新生羔羊，每隔2～3h检查一次，观察其精神及排粪、吃奶情况。

（6）按有关防疫条例要求，给繁殖母羊注射"羊三联四防"疫苗。

【临床治疗】 以抗菌消炎、补液为主要措施。

（1）磺胺脒0.5g、次硝酸铋0.2g、鞣酸蛋白0.2g、小苏打0.2g，用适量水混合拌成半湿，一次口服，每天3次，同时肌注青霉素，每天2次，至痊愈。

（2）口服土霉素0.5～1.0g，每天2次。

（3）对腹泻脱水羔羊，每天补液1～2次。如能自饮，可口服补液。亦可用医用导尿管接上有补液的玻璃注射器，将游离端放进羔羊口中，随吞咽慢慢把补液一口一口地送进入羔羊口内。口服的补液可在温开水中加入适当食盐，滴入2~3滴氯化钾注射液，并加适量的白糖粗略配成。当然，同时若能再静脉注射复方氯化钠溶液或5%葡萄糖生理盐水20~100mL更好。必要时，也可再加入碳酸氢钠，以防酸中毒。

（4）冬季要加强对病羔的保暖，如将病羔放于火炕上，或放进保暖箱内护理。但要防止过热而加重脱水。热天要防晒，以免加剧脱水。

（七）羔羊大肠杆菌病（白痢）

【致病病原】羔羊大肠杆菌病又称羔羊大肠杆菌性腹泻或羔羊白痢，是由致病性大肠杆菌所致羔羊的一种急性传染病。其病理特征为胃肠炎或败血症。病原菌为中等大小的革兰氏阴性杆菌，对外界不利因素的抵抗力不强，常用消毒药可将其杀死。

【流行特点】本病发生与气候不良、营养缺乏、圈舍潮湿污秽、饲养方式突变及应激反应等密切相关，多发于产后数日龄至6周龄的羔羊，主要经消化道感染。冬春季舍饲期间，气候多变、初乳不足、圈舍潮湿等容易导致本病的发生。潜伏期数小时至1~2d。

【临床症状】败血型多发生于2~6周龄的羔羊。常突然发病，体温升高，羔羊41~42℃。临床常有精神委顿、四肢僵硬、运步失调（彩图6-16）、视力障碍、卧地磨牙、呼吸急促浅表，很快出现一肢或数肢做划水动作等神经症状，有的关节肿胀、疼痛，多于24h内死亡；急性型，主要表现慢性肺炎症状，如持续咳嗽，有黏液性脓性鼻液等，多于7d左右死亡。肠型的在病初仅有部分病羔体温升高至41℃左右，不久腹泻，初期粪如粥状，以后为水样，呈黄白色或灰白色，其中混有黏液和血液，腹痛、拱背、虚弱，卧地等。肠型多见于2~8日龄的幼羔，主要表现病初体温升高，随之出现下痢，体温下降。病羔腹痛、拱背、委顿。粪便先呈半液状，色黄灰，以后呈液状，含气泡，有时混有血液。如治疗不及时可于24~36h死亡，病死率15%~75%，偶见关节肿胀。

【预防措施】加强饲养管理，接种、拌料预防。

（1）加强饲养管理，改善羊舍环境卫生，保持母羊乳头清洁，及时吃上初乳。

（2）用本地流行的大肠杆菌血清型制备的活苗或灭活苗接种妊娠母羊，以使羔羊获得被动免疫。

（3）羊大肠杆菌病灭活菌苗皮下注射接种预防。3个月以上的绵羊2mL/只，

3 个月以下的羔羊 0.5～1mL/只。

（4）卡那粉拌料，连喂 1 周，可预防本病发生。

【临床治疗】以抗菌消炎和补液、抗休克为主要手段。

（1）土霉素粉每日 30～50mg/kg 体重，分 2～3 次口服；

（2）磺胺脒口服，第一次 1g，以后每隔 6h 内服 0.5g；

（3）对败血型大肠杆菌病，采用及时输液、抗菌消炎、抗休克等综合疗法，有时可收到满意效果。①用 5%葡萄糖氯化钠注射液 300～500mL/次，安钠咖 0.5～2.0g/次，维生素 B_1 25～50mg/次，维生素 C 0.2～0.5g/次，地塞米松 4～12mg/次，低分子右旋糖酐 10mL/次，混合 1 次静脉注射；②青霉素 2 万～3 万 IU/kg，链霉素 10～15mg/kg，混合 1 次肌注，每天 2 次；③对危重病羊也可用 5%葡萄糖液 200～300mL，将青霉素、链霉素稀释后静脉滴注，但要做临床监测，防止不良反应。④补碱补糖：可用 50%葡萄糖液 40～60mL，5%碳酸氢钠液 40～80mL，混合 1 次静注。配合用菌毒 190（主要成分为乳酸环丙沙星）、先锋霉素Ⅳ等每天 2 次肌注。

（八）羊快疫

【致病病原】羊快疫是由梭菌属革兰氏阳性的厌气大杆菌——腐败梭菌引起的主发于绵羊的一种急性传染病。该病以突然发病，病程短促，真胃出血性、炎性损害为特征。病原菌在动物体内外均能产生芽孢，可产生多种外毒素。所以必须使用强力消毒药进行消毒，如 20%漂白粉，3%～5%氢氧化钠等。病羊血液或脏器涂片可见单个或 2～5 个菌体相连的粗大杆菌，有时呈无关节的长丝状，其中一些可能断为数段。这种无关节的长丝状形态，在肝被膜触片中更易被发现，在诊断上具有重要意义。

【流行特点】多发于 6～18 月龄、营养较好的绵羊。主要经消化道感染。腐败梭菌通常以芽孢体形式散布于自然界，特别是潮湿、低洼或沼泽地带。羊只采食污染的饲草或饮水，芽胞体随之进入消化道，但并不一定引起发病。当存在诱发因素时，特别是秋冬或早春季节气候骤变、阴雨连绵之际，羊只寒冷饥饿或采食了冰冻带霜的草料时，机体抵抗力下降，腐败梭菌即大量繁殖，产生外毒素，使消化道黏膜发炎、坏死并引起中毒性休克，使患羊迅速死亡。本病以散发性流行为主，发病率低而病死率高。

【临床症状】病羊往往来不及表现症状，突然死亡。常见在放牧时死于牧场或早晨发现死于圈舍内。病程稍缓者，不愿行走、运动失调，腹痛、腹泻，磨牙抽搐，最后衰弱昏迷，口流带血泡沫；病程极为短促，多于十分钟至几小时内死亡。死尸迅速腐败膨胀，可视黏膜充血呈暗紫色。剖检主要见真胃出血性炎症，胃底部及幽门部黏膜可见大小不等的出血斑点及坏死区。黏膜下发生水肿，肠道内充满气体，常有充血、出血，严重者坏死和溃疡；体腔积液；心内外膜可见点状出血；胆囊多肿胀。羊快疫通常与羊炭疽、羊肠毒血症和羊黑疫等临床症状相似，诊断时应予以区别（彩图 6-17）。

【预防措施】加强饲养管理，定期接种疫苗。

（1）加强饲养管理，防止严寒侵袭，严禁吃霜冻饲料。

（2）发病时将圈舍搬迁至地势高燥之处。

（3）常发区定期注射羊厌气菌三联苗（羊快疫、羊猝疽、羊肠毒血症）或五联苗（另加羊黑疫和羔羊痢疾）或羊快疫单苗，皮下或肌肉注射 5mL。免疫期半年以上。

【临床治疗】病羊往往来不及治疗而死亡。对病程稍长的，可采取以下方法进行治疗：

（1）青霉素肌肉注射，每次 80 万~160 万单位，每天 2 次；

（2）磺胺嘧啶灌服，按每次 5~6g/kg 体重，连用 3~4 次；

（3）复方磺胺嘧啶钠注射液肌肉注射，按每次 0.015~0.02g/kg 体重（以磺胺嘧啶计），每天 2 次；

（4）磺胺脒按 8~12g/kg 体重，第 1 天 1 次灌服，第 2 天分 2 次灌服。

（5）10%~20%石灰乳灌服，每次 5~100mL，连用 1~2 次。

（九）羊黑疫

【致病病原】羊黑疫又称“传染性坏死肝炎”。因尸体皮下静脉显著淤血，全身皮肤外观呈青黑色而得其名。病原菌为 B 型诺维氏梭菌。本病以肝实质发生坏死性病灶为特征（彩图 6-18）。诺维氏梭菌分类上属于梭菌属，为革兰氏阳性的大杆菌。本菌严格厌氧，可形成芽孢，不产生荚膜，具有周身鞭毛，能运动。根据本菌产生的外毒素，通常分为 A、B、C3 型。A 型菌主要产生 α、β、γ、δ（a、g、e、d）等 4 种外毒素；B 型菌主要产生 α、β、η、ξ、θ（a、b、h、x、q）5 种外毒素；C 型菌不产生外毒素，一般认为无病原学意义。

【流行特点】本病主要引起 2~4 岁、营养好的绵羊发病，山羊也可发病。诺维氏梭菌广泛存在于自然界特别是土壤之中，羊采食被芽孢体污染的饲草后，芽胞由胃肠壁进入肝脏（途径不明）。当羊感染肝片吸虫时，肝片吸虫幼虫游走损害肝脏使其氧化-还原电位降低，存在于该处的诺维氏梭菌芽胞即获适宜的条件，迅速生长繁殖，产生毒素进入血液循环，引起毒血症，导致急性休克而死亡。本病主要发生于低洼、潮湿地区，以春、夏季节多发，羊肝片吸虫病是诱发本病的主要原因。

【临床症状】病羊主要呈急性反应，通常来不及表现临床症状即突然死亡。少数病例呈1~2天慢性经过，主要表现为食欲废绝、反刍停止、精神不振、呼吸急促，体温升高达41.5℃，最后常昏睡俯卧而死。羊黑疫通常与羊炭疽、羊肠毒血症和羊快疫等临床症状相似，诊断时应予以区别。

【预防措施】做好肝片吸虫防治，定期接种疫苗。

（1）流行本病的地区应搞好控制肝片吸虫感染的工作。

（2）常发病地区定期接种羊快疫、羊肠毒血症、羊猝疽、羔羊痢疾、羊黑疫“五联苗”，每只羊皮下或肌肉注射5mL。接种后2周产生免疫力，保护期达半年。

（3）本病发生、流行时，将羊群移牧于高燥地区。可用抗诺维氏梭菌血清进行早期预防，每只羊皮下或肌肉注射10~15mL，必要时重复1次。

【临床治疗】该病由于病程短促，往往来不及治疗。病程较长者，可肌肉注射青霉素80万~160万IU，每天2次；或静脉、肌肉注射抗诺维氏梭菌血清，每次50~80mL，注射1~2次。

（十）羊副结核病（稀屎痨）

【致病病原】副结核病又称副结核性肠炎、稀屎痨，是羊的一种慢性接触性传染病。临床特征为间歇性腹泻和进行性消瘦。病原菌副结核分枝杆菌具有抗酸染色特性，对外界环境的抵抗力较强，在污染的牧场、圈舍中可存活数月，对热抵抗力差。

【流行特点】本病分布广泛。在青黄不接，草料供应不上、羊只体质不良时，发病率上升。转入青草期，病羊症状减轻，病情大见好转。病程长短不一，一般是15~20d，短的4~5d，长的可达70多天，有的甚至可拖延6个月至2年。

【临床症状】病羊呈间断性或持续型腹泻，粪便呈稀粥状，卵黄色、黑褐色，带有腥臭味或恶臭味，并带有气泡。开始为间歇性腹泻，逐渐变为经常性而又顽固的腹泻，后期呈喷射状排出。体温正常或略有升高。母羊泌乳下降，面颜及前胸浮肿，腹泻不止。体重逐渐减轻，形成“狭尻”，最后消瘦骨立，衰竭而死。病理过程如彩图6-19所示。

【预防措施】发病后，对发病羊群每年用变态反应检疫4次，对出现症状或变态反应阳性羊，及时淘汰；感染严重、经济价值低的一般生产羊群应全部淘汰。

（1）非疫区（场）应加强卫生措施，引进种羊应隔离检疫，无病才能入群。

（2）在感染羊群，接种副结核灭活疫苗综合防治措施，可以使本病得到控制和逐步消灭。

（3）对疫场（或疫群）可采用以提纯副结核菌素变态反应为主要检疫手段，每年检疫4次，凡变态反应阳性而无临床症状的羊，立即隔离，并定期消毒；无临床症状但粪便检菌阳性或补给阳性者均扑杀。

（4）对病羊用过的圈栏、用具可用20%漂白粉或20%石灰乳彻底消毒，并空置一年以后再引入健康羊。

（十一）羊传染性脓疱病（羊口疮）

【致病病原】羊传染性脓疱病又称脓疱疮，传染性脓痂疹、俗称黄水疮。是由化脓球菌所产生的脓疱病毒引起的羊的一种接触性传染病。其主要特征性病变是在嘴唇、口角、鼻孔周围等处的皮肤、黏膜上形成丘疹、水泡、脓疱，破溃后形成疣状厚痂，故又称羊口疮。

【流行特点】病羊和带毒羊是本病的传染源。健康羊主要通过接触传染，被污染的圈舍、饲草、用具等可间接传染。多为群发，只要有一只羊发病，将迅速波及全群。本病世界各地都有发生。本病潜伏期为4～7d，对成年羊危害轻，对羔羊危害重，死亡率在1%～15%，康复后发育迟缓。人与猫也可感染发病。

【临床症状】发生部位主要在嘴唇、口角、鼻孔周围，其次是乳房、外阴及蹄部（彩图6-20）。发病后首先出现丘疹，继而形成水泡、脓疱，破溃流黄水，最后结痂，形成褐色或黑色的疣状物，揭开痂皮可见黄水或脓样物质。病羊患处发痒，嘴头不断在建筑物或树木上强行摩擦，严重时采食困难，精神不振，体温升高，采食和反刍减少，有的因继发性肺炎或败血症或机体极度衰弱衰竭而死亡。

本病应与羊痘溃疡性皮炎坏死杆菌病、蓝舌病等相区别。

【预防措施】应从引种和饲养管理入手进行预防。

（1）不从疫区引进羊和畜产品。必须引进时应隔离检疫2～3周，并多次彻底消毒蹄部。

（2）管理上避免饲喂带刺的草或在有刺植物多的草场放牧，定期加喂适量食盐，以减少羊啃土啃墙。这样能避免羊皮肤、黏膜损伤，减少病毒入侵机会。

（3）发生本病后，除对病羊隔离治疗外，还要对圈舍、用具、羊体表及蹄部多次进行消毒。

【临床治疗】

（1）使用消毒、杀菌、抗感染药物。揭去痂皮，用温盐水或0.1%高锰酸钾溶液、1%~3%硫酸铜溶液、明矾溶液等清洗创口，然后涂抹碘甘油或2%龙胆紫（紫药水）、鱼石脂软膏、尿素软膏等。同时，每只羊内服或肌注病毒灵（盐酸吗啉胍）0.4~0.6g，每天2次，连用3~5d。蹄部可用3%克辽林（煤焦油皂溶液或臭药水）或3%来苏儿溶液洗净，擦干再涂松馏油。乳房部用2%~3%硼酸水冲洗，涂氧化锌鱼肝油软膏。

（2）中药疗法。本着去腐生肌、消炎止痛的原则，配制中药和冰硼散、雄黄散、脱腐生肌散等涂敷患部。也可以用金银花、野菊花、蒲公英、紫花地丁各等份，粉碎成末，混合玉米面喂服。

（3）民间偏方：①揭去痂皮，用适量的百草霜（锅底灰）或尿素撒敷，每日1~2次，连用3~5d。②硫磺50g研末，加适量废机油调成糊，将患部用温盐水洗净后涂患部。③取石灰澄清液加适量辣椒面调匀后涂患部。④辣椒面适量，加5%的碘酒调成糊涂患部。

（4）为防止继发感染，应根据具体情况酌情使用抗菌消炎药和解热镇痛药辅助治疗。

第三节　常见普通病防治

一、羔羊消化不良

【病因】羔羊消化不良是幼畜消化机能障碍的统称，是哺乳期羔羊常见的一种疾病，不仅使幼畜生长受阻，还易导致死亡。其主要是由羔羊胃肠机能紊乱造成的。可能的病因有以下6个方面。

（1）母羊妊娠期饲养管理粗放，特别是在妊娠后期，饲料中的营养物质不足，缺乏蛋白质、矿物质和维生素等，直接影响胎儿的生长发育和母乳质量，造成仔畜先天性消化功能低下。

（2）母羊乳汁营养品质不良或乳汁过浓。

（3）羔羊吃初乳太迟或不足。

（4）羔羊人工哺乳不能定时、定量、定温，饥饱不均；乳温过冷或过热、乳汁变质等。

（5）圈舍潮湿、环境卫生不良等引起羔羊受寒感冒。

（6）多由单纯性消化不良转为中毒性消化不良。

【症状】 临床表现为消化代谢障碍、机体消瘦和不同程度地腹泻。该病多发生于1~3日龄的初生羔羊，哺乳前期的羔羊均可发生。

（1）单纯性消化不良羔羊体温正常或稍低，有轻微腹泻、粪便变稀。随着时间的延长，粪便变成黄色或深黄色，有时为暗绿色，其中混有小气泡和黄白色未消化的凝乳块或饲料，气味酸臭。肠鸣音响亮，有轻度腹胀和腹痛；心音亢进，心跳和呼吸加快；持续腹泻不止，严重时脱水，皮肤弹性降低，被毛无光；眼球塌陷、站立不稳、全身颤抖。

（2）中毒性消化不良病羔羊精神极度沉郁，眼光无神，食欲减退或废绝，体温一般正常或偏低，衰弱躺地不起，头颈后仰。体温升高时，全身震颤或痉挛，严重时呈水样腹泻，粪中混有黏液和血液，气味腐臭、肛门松弛、排粪失禁。眼球塌陷，皮肤无弹性。心音变弱，节律不齐，脉微细弱，呼吸浅表。羔羊患病后期体温下降，四肢及耳朵冰凉，直至昏迷而死亡。

【预防】 加强饲养管理，改善卫生条件，保证母羊怀孕后期和哺乳期的营养。让羔羊尽早吃上初乳、吃足初乳。人工哺乳时，应定时定量，合理饲养；搞好圈舍卫生，注意保暖，避免羔羊受寒；也可用药物维护心脏血管机能，抑菌消炎，防止酸中毒；抑制胃肠发酵和腐败，补充水分和电解质，饲喂青干草和胡萝卜。

【治疗】 以调整消化系统与血液电解质平衡（健胃、利便和促消化）为原则。

（1）将病羔羊置于温暖、干燥、清洁处，禁食8~10h，畜禽饮服电解质溶液；用油类或盐类缓泻剂以排除羔羊胃肠容积物，如灌服石蜡油30~50mL。

（2）是为了促进羔羊消化，可一次灌服人工胃液（胃蛋白酶10g、稀盐酸5mL，加水1 000mL混匀）10~30mL，或用胃蛋白酶、胰酶、淀粉酶各0.5g，加水1次灌服，每日1次，连用数日。也可用饥饿疗法，让患病羔羊禁乳8~10h，再口服温生理盐水适量，每天3次。

（3）为防止羔羊肠道继发性感染，制止肠内腐败发酵，对中毒性消化不良的羔羊，可选用抗生素药物进行治疗。以千克体重计算，链霉素20万单位/kg，新霉素25万单位/kg，卡那霉素50g/kg，任选其中一种灌服，每日2次，连用3d。磺胺脒，首次剂量0.2~0.5g，维持量0.1~0.2g，每天2~3次。

（4）为防止羔羊脱水，羔羊病初时可饮用复方盐水或糖盐水；脱水严重的羔羊可用5%葡萄糖生理盐水500mL、5%碳酸氢钠50mL、10%樟脑磺酸钠3mL，混合静脉注射。

二、急性瘤胃鼓气

【病因】羊为复胃动物，有瘤网瓣皱四个胃（图 6-2）。急性瘤胃臌气就发生在第一个胃瘤胃，是草料在瘤胃发酵，产生大量气体，致使瘤胃体积迅速增大，过度臌胀并出现嗳气障碍为特征的一种疾病。多见于初春季节，羊只大量采食了幼嫩豆科牧草（苜蓿等）或易发酵糟渣类饲料而突然发病。

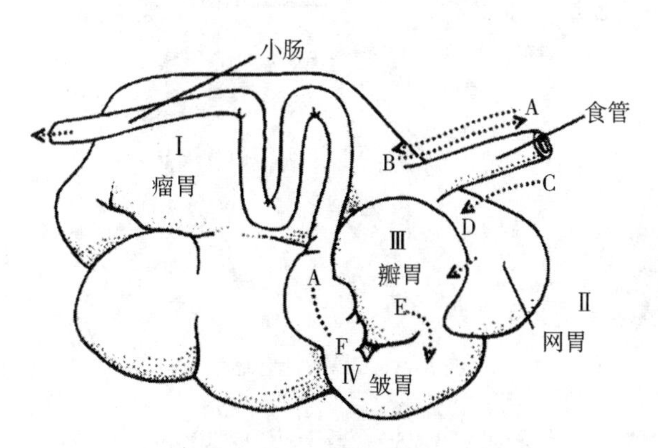

图 6-2　反刍动物复胃结构模型

（虚线表示食物经过途径）

【症状】病羊站立不起，背拱起，头常弯向腹部，不久腹部迅速胀大，左侧更为明显，皮肤紧张，叩之如鼓。呼吸困难，张口伸舌，表现非常痛苦。膨胀严重时，病羊的结膜及其他可视黏膜呈紫红色，食欲废绝，反刍停止，脉搏快而弱，间有嗳气或食物反流现象，有时直肠脱出，快速死亡（彩图 6-21）。

【预防】主要是提高饲养员认知水平和责任感，加强过程管理。

（1）春初放牧时，每日应限定时间，有危险的植物不能让羊只任意饱食；一般在生长良好的苜蓿地放牧不可超过 20min。第一次放牧时间不可超过 10min，以后逐渐增加，则不会发生大问题。刈割青绿牧草舍饲投喂量由少到多、逐渐增加。

（2）青嫩的豆科草场放牧以前，应先喂些富含纤维质的干草。可起到限制采食速度和采食量、延缓发酵速度的作用。

（3）在饲喂新饲料或变换放牧场时，应该严加看管，及早发现症状。

【治疗】以抢救性紧急措施，挽救患羊生命为目标。

（1）排气抢救。腹胀严重者，立即施行瘤胃穿刺术放气（图 6-3）。病情轻者，让病畜处于前高后低位置，头部向上，用胃导管排出瘤胃中的气体；或用剥皮的柳木棍横置口中，两端用绳固定于两角根或两耳处，使其不断张口舐棍，促使瘤胃气体排出（彩图 6-22）。同时用双手在瘤胃部缓慢反复按压，使瘤胃内气体上升、排出。

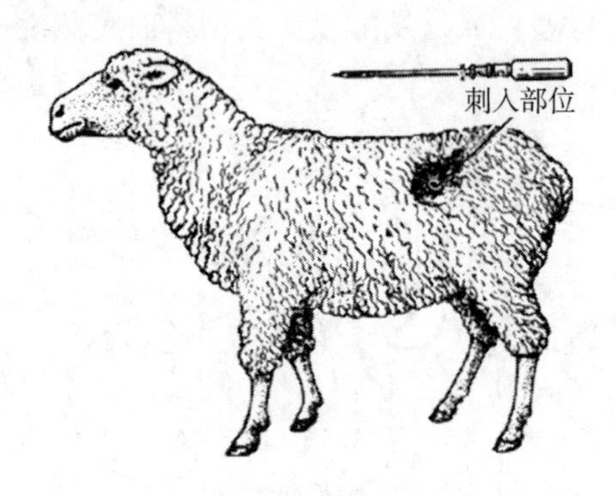

图 6-3　套管针穿刺术

（2）制止发酵。用鱼石脂 15～30g 溶于 100～200mL 酒精中（羊用量酌减），加水灌服。

（3）恢复瘤胃机能。可灌服酒精、松节油，肌注维生素 B_1，静脉注射 10% 氯化钠溶液等。如患畜张口伸舌、呼吸困难，不宜用胃导管排气；瘤胃穿刺不能放出气体时，应马上做瘤胃切开手术，取出瘤胃内容物。

三、前胃弛缓

【病因】前胃即皱胃（真胃，图 63）之前的三个胃的总称，通常主要指瘤胃。羊前胃弛缓是前胃（瘤胃）兴奋性和收缩力量降低导致的疾病。长期使用含泥沙过大的饲料、糠麸类饲料、粉碎过细的饲草料及其颗粒饲料，圈养运动量不足则是出现前胃弛缓的可能原因。

【症状】临床特征为正常的食欲、反刍、嗳气扰乱；进而胃蠕动减弱或停止，可继发酸中毒。

急性前胃弛缓：病畜食欲废绝，反刍停止，瘤胃蠕动力量减弱或停止；瘤胃内容物腐败发酵，产生多量气体，左腹增大，叩触不坚实。

慢性前胃弛缓：病畜精神沉郁，倦怠无力，喜卧地；被毛粗乱；体温、呼吸、脉搏无变化，食欲减退，反刍缓慢；瘤胃蠕动力量减弱，次数减少。

【预防】 以改善饲养管理，恢复前胃（瘤胃）功能为主旨。

（1）不采食和饲喂含泥沙过大的饲料。草料中泥沙过大时，应过筛清理或淘洗后饲喂。

（2）保持饲料适度细度。饲料尤其是粗饲料不宜粉碎过细，粗饲料粉碎长度以 0.5~1.5cm 为宜。

（3）限制颗粒饲料饲喂时间。对短期育肥羊，育肥期内（60d）可全部饲喂颗粒饲料；但对后备羊和种羊则需限制连续饲喂天数（参阅“颗粒饲料注意事项”相关内容）。

【治疗】 原则上缓泻止酵、兴奋瘤胃的蠕动，增强体液调节功能，防止脱水和自体中毒。

（1）饥饿疗法。先禁食 1~2d，每天人工按摩瘤胃数次，每次 10~20min，并给以少量易消化的多汁饲料。

（2）缓泻止酵。当瘤胃内容物过多时，可投服缓泻剂。内服硫酸镁 20~30g 或石蜡油 100~200mL。

（3）兴奋瘤胃蠕动。为加强胃肠蠕动，恢复胃肠功能，可用瘤胃兴奋剂：病初用 10%氯化钠溶液 20~50mL，静脉注射；还可内服吐酒石（酒石酸锑钾半水合物）0.2~0.5g、番木鳖酊 1~3mL，或用 2%毛果芸香碱 1mL 皮下注射等前胃兴奋剂。

（4）防止酸中毒。在兴奋瘤胃蠕动的同时，可加服碳酸氢钠 10~15g。后期可选用各种健胃剂，如灌服人工盐 20~30g 或用大蒜酊 20mL、龙胆末 10g、豆蔻酊 10mL，加水适量 1 次内服，以便尽快促进食欲的恢复。

四、瘤胃积食

【病因】 多是由于突然改换饲料，羊贪食或偷食了过多的精饲料，缺乏运动，饮水不足，以致瘤胃运动功能减弱，草料停积在胃内造成的。

【症状】 病羊初期食量减少，反刍减弱，喘气少，常呻吟，拱背呈排粪尿姿势。回头看腹，摇尾，后蹄踢腹，起卧不安，打滚，常呈右倒卧。左腹明显增大，触诊可感瘤胃内容物或呈面团状有压痕，或充血坚实。重症眼黏膜发紫，呼吸困难，脉搏加快，甚至步态不稳，昏迷。

本病与瘤胃胀气、前胃迟缓症状有许多相同之处，须仔细诊断、区别治疗（表 6-2）；且在诊治此三种疾病时，均需考虑是食道阻塞、网胃创伤、肠道阻塞等疾病引起的继发病，及三者之间的相互关联性。

表 6-2 原发性瘤胃积食、前胃迟缓和瘤胃鼓气诊断要点

病征	瘤胃鼓气	瘤胃积食	前胃迟缓
主要原因	暴食了幼嫩牧草或易发酵的精饲料、霉变饲料	过多采食新饲料或豆类饲料，饮水与运动不足	过多或长久采食了含有泥沙的饲料、精饲料或劣质饲料
外部表现	腹部迅速臌大，左侧肷窝臌胀或突出，腹围迅速增大	腹围明显变大，左侧肷窝膨胀但少见突出	腹部稍下垂、肷窝部无明显变化
患羊表现	食欲废绝反刍停止；呆立弓背，回顾腹部；体温正常，呼吸困难，心跳快而弱；间有嗳气或食物反流现象，有时直肠脱出；治疗不及时迅速死亡	食量反刍减少，常呻吟。拱背呈排便姿势，回头顾腹、摇尾、后蹄踢腹，起卧不安、打滚；体温正常，呼吸困难、脉搏加快；步态不稳，四肢贴腹外展卧地，时起时卧，昏迷而死	食欲不完全减退、渴欲增加，精神抑郁，反刍缓慢且次数减少；便秘、排出色黑而硬或棕褐色带恶臭味糊状粪便；体温、脉搏正常；腹部呈间歇性臌气；四肢紧靠身体站立，低头伸颈背拱起，常磨牙
叩诊	鼓音	坚实	不坚实
触诊	紧绷有弹性，羊有疼痛感或麻痹	可感瘤胃内容物或呈面团状，压痕恢复缓慢	触诊前胃坚硬，有时呈现疼痛反应
呼出气体	酸臭味儿或氨气味儿	呼出臭气，口舌赤红至青紫	嗳气带臭味儿
病理过程	急性型，病程短促	病程较长	病程长

【预防】逐步更换饲料，适当增加运动量（尤其是舍饲），保证饮水充足。

【治疗】以导泄、助消化为主要手段。

（1）消导下泻。用石蜡油 100mL、人工盐 50g 或硫酸镁 50g、芳香氨酯 10mL，加水 500mL，1 次灌服。

（2）解除酸中毒。用 5% 碳酸氢钠 100mL 灌入输液瓶，另加 5% 葡萄糖 200mL，静脉 1 次注射。为防止酸中毒继续恶化，可用 2% 石灰水洗胃。

（3）强心急救。心脏衰弱时，可用 10% 樟脑磺酸钠 4mL，静脉或肌肉注射。呼吸系统和血液循环系统衰竭时，可用尼可刹米注射液 2mL，肌肉注射。对种羊若推断药物治疗效果较差，宜迅速进行瘤胃切开抢救。

五、食道阻塞

【病因】食道阻塞是羊食道内腔被食物或异物堵塞而发生的以咽下障碍为特征的疾病。急促间偷食块根块茎饲料或误食了坚刺异物则会导致食道阻塞。

【症状】往往采食中突然发病，停止采食，恐惧不安，张口缩脖，伸颈、流涎，具有泡沫，连连咳嗽，不断作呕吐和吞咽动作（彩图 6-23）。通过视诊、触诊和探诊，可以确诊。羊发生食道阻塞时，由于嗳气停止，瘤胃中的气体不能排出，便迅速发生瘤胃胀气。若发生不完全阻塞时，上述症状较轻，液体或稀糊状

物质还可或多或少咽下，往往不见反流。食道探诊时，胃管外流黏液泡沫，并呈现剧烈疼痛和不易前进现象。若阻塞物是金属或骨片，或未确诊阻塞物性质时，不宜用胃管探诊，以免食管破裂。

【预防】应防止羊偷食未加工的块根饲料，补充家畜所需的饲料添加剂，清理牧场、厩舍周围的废弃杂物。

【治疗】以尽快消除阻塞，疏通食管为主旨。

（1）吸取法。阻塞物属草料食团，可将羊只保定好，将阻塞物送入胃管后用橡皮球吸取水注入胃管，在阻塞物上部或前部软化阻塞物，反复冲洗，边注入水边吸出，反复操作，直至食道畅通。

（2）胃管探送法。阻塞物在近贲门部位时，可先将 2% 普鲁卡因溶液 5mL、石蜡油 30mL 混合后，用胃管送至阻塞物部位。待 10min 后，再用硬质胃管推送阻塞物进入瘤胃中（彩图 6-24）。

（3）掏取法。如图 6-4 所示，将羊（牛）头部吊起呈约 45°水平角，固定在保定架的柱子上。掰开嘴巴，一只手将舌头从齿槽间隙拉向一侧；另一只手持经消毒、浸蘸有消毒液或润滑液（紧急时蘸水也行）的长柄钳小心探入食道内，将阻塞物夹出。牛的口腔和食道粗大，可将消毒润滑过的手臂小心深入其内，直接将阻塞物掏出。

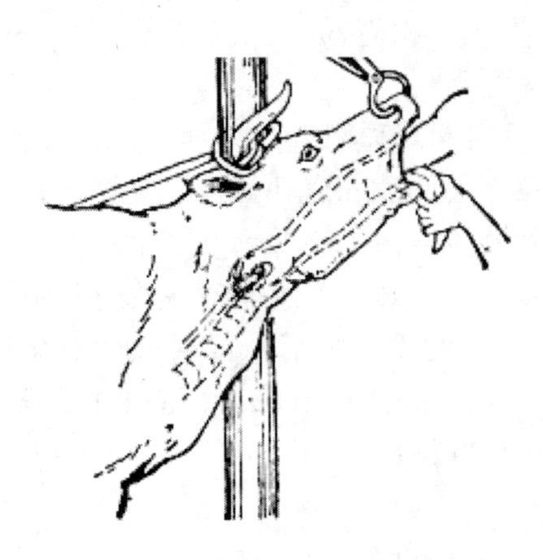

图 6-4　掏取法治疗食道阻塞

（4）砸碎法。当阻塞物易碎、表面圆滑并阻塞在颈部食道时，可在阻塞物两侧垫上布鞋底，将一侧固定，在另一侧用木槌或拳头均匀用力打砸，使其破碎后咽入瘤胃。

治疗中若继发瘤胃臌气，可施行瘤胃放气术以防病羊发生窒息。

六、瓣胃阻塞（百叶干）

【病因】瓣胃阻塞又称瓣胃秘结，在中兽医称为“百叶干”。是由于羊瓣胃收缩力量减弱，食物排出不充分；通过瓣胃的食糜积聚，充满于瓣叶之间，水分被吸收，内容物变干而致病。

【症状】彩如图 6-25 所示，阻塞发生在瓣胃。以瓣胃容积增大、坚硬，腹部胀满，不排粪便为特征。病羊初期症状与前胃弛缓相似，瘤胃蠕动力量减弱，瓣胃蠕动消失，并可继发瘤胃臌气和瘤胃积食。触压病羊瓣胃（右侧第七至第九肋间肩关节水平线上）时，病羊表现疼痛不安，粪便干少，色泽暗黑，后期停止排粪。随着病程延长，瓣胃小叶发炎或坏死，常可继发败血症，此时可见体温升高、呼吸和脉搏加快，全身表现衰弱，病羊卧地不能站立，最后死亡。

【预防】舍饲防暴食、供水充足、保持适量运动（人工定时定量驱赶运动）。

【治疗】以软化瓣胃内容物为主，辅以兴奋前胃运动机能，促进瓣胃内容物排出。

（1）促反排空。病的初期：硫酸钠或硫酸镁 80～100g，加水 1 500～2 000mL，一次内服；或石蜡油 500～1 000mL，一次内服。同时，静脉注射促反刍注射液 200～300mL，增强前胃神经兴奋性，促进前胃内容物的运转与排出。

（2）内服中药。大黄 9g、枳壳 6g、二丑（牵牛子）9g、玉片（槟榔）3g、当归 12g、白芍 2.5g、番泻叶 6g、千金子 3g、山栀 2g，煎水一次内服。

（3）注射疗法。对顽固性瓣胃阻塞疗效显著。25%硫酸镁溶液 30～40mL，石蜡油 100mL，在右侧第九肋间隙和肩胛关节线交界下方，选用 12 号 7cm 长针头，向对侧肩关节方向刺入 4cm 深，刺入后可先注入 20mL 生理盐水。试其有较大压力时，表明针已刺入瓣胃，再将上述准备好的药液用注射器交替注入瓣胃，于第二日再重复注射 1 次。瓣胃注射后，可用 10%氯化钙 10mL、10%氯化钠 50～100mL、5%葡萄糖生理盐水 150～300mL，混合 1 次静脉注射。待瓣胃松软后，皮下注射 0.1%氨甲酰胆碱 0.2～0.3mL，兴奋胃肠运动机能，促进积聚物后排。

七、真胃阻塞

【病因】真胃阻塞也就是皱胃阻塞，也叫真胃积食。是由于真胃内积聚过多的细粉饲料和泥沙（或异物）及患其他疾病（胃肠粘连、幽门痉挛、幽门阻塞等）引起机体脱水、胃肠分泌功能紊乱、电解质平衡失调、碱中毒和进行性消瘦为特征的一种严重疾病。

【症状】 根据构成阻塞物的成分不同分饮食性真胃阻塞和泥沙性真胃阻塞。该病发展缓慢，初期似前胃弛缓症状，病羊食欲减退，排粪量少，以至停止排粪，粪便干燥，附有多量黏液或血丝；右腹真胃区增大、充满液体，冲击触诊真胃可感觉到坚硬的真胃体。但应注意与瓣胃阻塞相区别。

羊毛球、塑料薄膜球团阻塞幽门也可引起真胃阻塞。

【预防】 加强饲养管理，去除致病因素。尤其对饲料的品质、加工等要特别注意；定时定量喂料，供给充足清洁的饮水。

【治疗】 应先给病羊输液，可试用25%硫酸镁溶液50mL、甘油30mL、生理盐水100mL、混合做真胃注射；10h后，可选用胃肠兴奋剂，如氨甲酰胆碱注射液（每千克体重0.05g）等，少量多次皮下注射。

八、肠扭转

【病因】 肠扭转大多时候是由于羊体翻滚颠覆、受到挤压踩踏等导致肠管位置发生改变，引起肠机械性闭塞，继而肠管出血（彩图6-26）、麻痹、坏死的重剧性腹痛病。该病既可以是大肠扭转，也可以是小肠扭转，还可以是大小肠之间发生扭转，但多见于大肠扭转。如不及时恢复肠管位置，可造成患羊急性死亡，死亡率常达100%。

【症状】 该病平时少见，多见于剪毛后，故有的地方称其为“剪毛病”。发病初期，病羊精神不安，回头顾腹，伸腰或拧腰，起卧不定；口唇有少量白沫，两肋内吸，后肢弹腹或踢蹄，不时摇尾和翘唇，不排粪，不排尿；瘤胃蠕动音先增强、后减弱，肠音增强，有的病羊瘤胃蠕动音和肠音在听诊部位互换位置；体温正常或略高；呼吸浅而快，每分钟25~35次；心跳快而有力，每分钟80~100次。随着时间延长，症状逐渐加剧，病羊急起急卧，腹围逐渐增大，叩之如鼓，卧地时呈昏睡状，起立后前冲后撞，肌肉震颤，结膜发绀，腹壁触诊敏感；使用镇痛剂腹痛症状也不能明显减弱；瘤胃蠕动音及肠音减弱或消失；体温40.5~41.8℃；呼吸急促，每分钟60~80次；心跳快而弱，节律不齐，每分钟108~120次。后期，病羊腹部严重臌气，精神萎靡，结膜苍白，食欲废绝，拱腰呆立或卧地不起，强迫行走时步态蹒跚；瘤胃蠕动音及肠音废绝；体温37℃以下，呼吸微弱而浅，每分钟70~80次；心跳慢而弱，节律不齐，每分钟60次以下；腹腔穿刺时，有息肉水样流体流出。一般病程6~18h。

【预防】 善待羊只，减少机械性损伤。

（1）进出羊圈时，压制速度、疏导羊群，避免严重拥挤、踩踏、翻滚。

（2）剪毛时，顺其自然、缓慢翻动羊体、轻提轻放，避免猛烈折腾、强制折压。

【治疗】治疗以整复法为主，辅以药物镇痛。

（1）体位整复法。由助手用两手抱住病羊胸部。将其提起，使病羊臀部着地。羊背部紧挨助手腹部和腿部。让羊腹部松弛。呈人伸腿坐地状。术者跪蹲于羊前方，两手握住羊的两前腿，左右晃荡10余次。然后，将羊背着地，术者分别提起羊同侧前后肢，右右摆动十余次。放开羊让其起立。术者持鞭驱赶患羊中度奔跑运动8~10min。若其症状消失，则整复成功。

（2）腹部控诊。若整复法不能达到目的，应立刻进行腹部控诊。查明扭转部位，整理患羊扭转的肠管使之复位。

（3）手术法。对种用价值大、价格昂贵的珍贵羊只，在采用上述二法无效或无法实施时，可请专业兽医实施手术整复术，解除扭转。

九、胃肠炎

【病因】原发性胃肠炎是由饲养管理不当引起的，如羊只采食大量冰冻或发霉的饲草料，或其中混有化肥或具有刺激性的药物也可致病（急性胃肠炎）。继发性胃肠炎则是由一些传染性疾病引起的，如副结核、炭疽、巴氏杆菌病、羔羊大肠杆菌病等（慢性胃肠炎）。急性胃肠炎治疗不及时可转化为慢性胃肠炎。

【症状】此胃肠炎是指皱胃（真胃）和肠系膜及其深层组织发生的炎症。临床特征是体温升高，腹泻、腹痛，脱水和酸中毒。病羊食欲废绝，口腔干燥发臭，舌面覆有黄白苔，常伴有腹痛。听诊肠音初期增强，不断排稀粪便或水样粪便，气味腥臭或恶臭，粪中混有血液及坏死的组织碎片。由于下泻，可引起脱水。脱水严重时，尿少色浓，皮肤弹性降低，迅速消瘦、腹围紧缩。当虚脱时，病羊不能站立而卧地，呻吟、痉挛、昏迷衰竭而亡。

【预防】加强饲养管理，谨防误食异物。

（1）保证饲料品质。饲料品质符合国家标准，严禁发霉变质饲料喂羊。

（2）保证饮水质量。饮水新鲜清洁、经常清理更换。不饮污水、脏水、死水和冰碴子水。怀孕羊、羔羊冷季供给温水。

（3）规范药物管理。按照相关条例规定，严格药品、物品管理，避免羊只误食。

【治疗】以消炎、补液为主要措施。

（1）口服磺胺脒4~8g、小苏打3~5g。

（2）用青霉素40万~80万单位、链霉素50万单位，1次肌肉注射，连用5天。

（3）脱水严重的应输液，可用5%葡萄糖150～300mL、10%樟脑磺酸钠4mL、维生素C 100g混合，静脉注射，每日1～2次。同时，庆大霉素注射液10mL，肌肉注射。

十、肺炎

【病因】引起羊肺炎的原因很多，有诱发的也有继发的。

（1）风寒感冒如圈舍湿潮，空气污浊，而兼有贼风，即容易引起鼻卡他及支气管卡他，如果护理不周，即可发展成为肺炎。

（2）气候突变如放牧时忽遇风雨，或剪毛后遇到冷湿天气。严寒季节和多雨天气更易发生。

（3）羊健康状态下，在绵羊并未见到病原菌存在，人类肺炎球菌在家畜没有发现。但当抵抗力下降时，许多细菌即可乘机而起，发挥出病原菌的致病作用。

（4）吸入异物或灌药入肺，都可引起异物性肺炎。灌药入肺的现象多由于灌药过快，或者由于羊头抬得过高，同时羊只挣扎反抗。例如对臌胀病灌服药物时，由于羊呼吸困难，最容易挣扎而发生问题。

（5）肺寄生虫如肺丝虫的机械作用或造成营养不良而发生肺炎。

（6）继发病往往因病中长期偏卧一侧，引起一侧肺的充血，而发生肺炎（继发肺炎的致死率比原发疾病为高）。

【症状】原发性急性肺炎多因气温急剧变化、圈舍潮湿寒冷感冒而引起，羊发病初期，精神迟钝，食欲减退，体温上升达40～42℃，寒颤，呼吸加快。心悸亢进，脉搏细弱而快，眼、鼻黏膜变红，鼻无分泌物，常发干而痛苦的咳嗽音。以后，从鼻孔流出灰色黏液或脓性黏液（彩图6-27），呼吸愈见困难，表现喘息，以至死亡。病程约一周左右，死亡率高低不定。

临床诊断时，须注意与传染性支原体胸膜肺炎相区别。

【预防】应采取综合措施，精细管理。

（1）加强调养管理，这是最根本的预防措施。为此应供给富含蛋白质、矿物质、维生素的饲料；注意圈舍卫生，不要过热、过冷、过于潮湿，通气要好。剪毛后若遇天气变冷，应迅速把羊赶到室内。

（2）远道运回的羊只，不要急于喂给精料，应多喂青饲料或青贮料。

（3）对呼吸系统的其他疾病要及时发现，抓紧治疗。

（4）预防异物性肺炎。如灌药时务必小心，不可使羊嘴的高度超过额部，灌入要缓慢。一遇到咳嗽，应立刻停止。最好是使用胃管灌药，切记不可将胃管插入气管内。

（5）由传染病或寄生虫病引起的肺炎，应集中力量治疗原发病。

【治疗】对症治疗与综合治疗相结合。

（1）首先要加强护理发现病羊及早隔离。把病羊放在清洁、温暖、通风良好但无贼风的羊舍内，保持安静，喂给容易消化的饲料，经常供应清水。

（2）药物治疗病初，抗生素和磺胺类单独使用；病情严重时，抗生素或磺胺类两种可同时应用。在肌肉注射青霉素或链霉素的同时，内服或静脉注射磺胺类药物。采用四环素或卡那霉素，疗效也很好。

（3）根据羊只的不同表现，采用相应的对症疗法。例如当体温升高时，链霉素8万IU/kg体重，青霉素8万IU/kg体重，安痛定（复方氨林巴比妥注射液）0.4mL/kg体重，皮下注射；卡那霉素6万IU/kg体重，安痛定0.2mL/kg体重，肺部7~9肋间用16号人用细针头肺内注射。为了强心和增强小循环，可注射樟脑磺酸钠注射液2~3mL。如有便秘，可灌服油类或盐类泻剂。

十一、乳房炎

【病因】乳头、乳腺体机械性损伤，或因挤乳工具不卫生，使乳房受细菌感染。

【症状】羊乳房炎是乳腺炎、乳池炎、乳头炎症的通称，有单一局部的，也有多部位同发的。多见于绵羊泌乳期泌乳性能高的母羊。以乳腺发生各种不同性质的炎症，乳房发热、红肿、疼痛，影响泌乳机能和产乳量为特征。

急性乳房炎：乳房极度肿大，皮肤潮红，触诊有热、痛，患病乳区增大、发热、疼痛，乳头发紫、出血（彩图6-28）。乳房淋巴结肿大，乳汁变稀，混有絮状或粒状物。重症时，乳汁可呈淡黄色水样或带有红色水样性黏液。同时可出现不同程度的全身症状，表现食欲减退或废绝，瘤胃蠕动和反刍停滞；体温高达41~42℃；呼吸和心搏加快，眼结膜潮红。严重时眼球下陷，精神委顿。患病羊起卧困难，站立不愿卧地，有时体温升高持续数天而不退，急剧消瘦，常因败血症而死亡。

慢性乳房炎：多因急性型未彻底治愈而引起。一般没有全身症状，患病乳区组织弹性降低、僵硬；触诊乳房时，发现大小不等的硬块；乳汁稀、清淡，泌乳量显著减少，乳汁中混有粒状或絮状凝块。

注意：在多胎羊养殖过程中，有的羊场或养殖户为了提高母羊产奶量，使用了违规制造的含高剂量激素的“催乳素”类添加剂，致使母羊在增加产奶量的同时，乳房发生炎症——组织急剧增生肿大垂至飞节以下甚至着地，且泌乳期结束后仍不能消失回缩。这种“激素型”生理性乳房炎是不可逆的，也给羊的生活带来了极大的痛苦、严重影响其使用寿命。此种做法应当引起警惕！

【预防】以改善圈舍卫生条件和调整精料喂量为主题。

（1）改善羊圈的卫生条件，扫除圈舍污物，使乳房经常保持清洁；对病羊要隔离饲养，单独挤乳，防止病菌扩散；定期消毒棚圈。

（2）每次挤奶前要用温水将乳房及乳头洗净，用干毛巾擦干；挤完奶后，应用0.2%~0.3%氯胺T（对甲苯磺酰氯胺钠，氯氨丁）溶液或0.05%新洁尔灭浸泡或擦拭乳头。

（3）枯草季节要适当补喂草料，避免严寒和烈日暴晒，乳用羊要定时挤奶，一般每天挤奶3次为宜；产奶特别多而羔羊吃不完时，可人工将余奶挤出。同时，减少精料喂量。

（4）泌乳后期不要停奶过急，停奶后将抗生素注入每个乳头管内。

（5）分娩前如乳房过度肿胀，应减少精料及多汁饲料。

（6）乳房炎有传染性和上下遗传的趋势。对多次发病的母羊应予淘汰。

【治疗】治疗上对急性乳房炎应及早发现，及早治疗，防止转为慢性。

（1）急性乳房炎初期可冷敷，之后挤净乳汁，①用0.25%~0.5%普鲁卡因10mL，加青霉素40万单位，于乳腺组织多点封闭注射。②或用青霉素40万单位，链霉素0.5g，用注射用水稀释后注入乳孔内。2~3d后可采用热敷疗法，常用10%硫酸镁水溶液1 000mL，加热至45℃左右，每天热敷1~2次，连用2~4d，每天5~10min。

（2）化脓性乳房炎及开口于深部的脓肿，宜先排脓，再用3%过氧化氢或0.1%高锰酸钾溶液冲洗，纱布条引流，同时给予全身抗菌疗法。每天封闭1次。中后期用热敷，也可用10%鱼石酯酒精或10%鱼石脂软膏外敷。除化脓性乳房炎外，外敷前可配合乳房按摩。

十二、子宫炎

【病因】引起本病的可能因素有分娩、助产、人工授精、子宫脱出、阴道脱出、胎衣不下、腹膜炎、胎死腹中等。

（1）母羊在分娩后，胎衣不下或子宫脱出时，受到细菌侵袭。

（2）难产助产时消毒不严，或配种时人工授精器械和外阴部消毒不严。

（3）布氏杆菌等病原体侵入子宫。

（4）羊舍内潮湿污秽，母羊外阴部感染细菌，细菌随之进入阴道和子宫，而导致子宫黏膜的炎症。

【症状】按病程分为急性和慢性两种。

急性子宫炎：多发生于流产后或产后胎衣不下。病羊精神不振，食欲减退，体温升高，反刍减少或停止。常见拱背、努责和做排尿姿势，从阴门流出黏性或黏液脓性渗出物，有时排污红色、腥臭内容物，卧下时排量增多。严重时可致昏迷、死亡。

慢性子宫炎：多由急性转化而来，病情相对较轻，但治愈缓慢。病羊有时体温升高，食欲及泌乳量减少。可见从阴门排出透明、混浊或脓性絮状物。没有发情表现或发情无规律，屡配不孕。随着病程的发展，病羊子宫坏死，发生败血症或脓毒败血症，预后不良。

【预防】注意操作的各个环节，严格消毒程序。

（1）保持圈舍干燥，产房卫生。

（2）人工授精时应严格消毒。

（3）临产前将外阴部冲洗干净，助产时防止损伤产道；对胎衣不下、子宫脱出等病及时治疗。产后要勤于观察母羊阴门处，看阴道排出的黏液有无异常，如排出物有腥臭味、呈脓性或污红色黏液，要立即治疗。

（4）公羊应定期体检，以防染病公羊参加配种。

【治疗】采取冲洗子宫、抗菌消炎等方法治疗。

（1）冲洗子宫。常用冲洗液有1%氯化钠溶液，1%～2%碳酸氢钠溶液，0.1%～0.2%的雷佛奴尔（利凡诺，乳酸依沙吖啶）溶液，或0.1%高锰酸钾溶液，用量为300mL左右，向子宫腔内灌注。然后用虹吸法排出灌注液，每天1次，连续3～4d，直至排出液透明为止。

（2）抗菌消炎。冲洗后向子宫内注入碘甘油3mL；肌肉注射青霉素80万单位，链霉素50万单位，每天2次。

（3）解除自体中毒。可用10%葡萄糖溶液100mL、5%碳酸氢钠溶液30～50mL，一次静脉注射，肌注维生素C 200g。也可以补钙为目的，用10%葡萄酸钙注射液静脉注射，1次剂量50～150mL；或5%氯化钙注射液静脉注射，1次剂量20～100mL。

十三、口炎

【病因】羊口炎是羊的口腔黏膜表层和深层组织的炎症。原发性口炎多由外伤引起；继发性口炎则多发生于羊口疮、口蹄疫、羊痘、霉菌性口炎、过敏反应和羔羊营养不良时。

【症状】病羊表现食欲减少，口内流涎，咀嚼缓慢，不敢吃食，当继发细菌时有口臭。卡他性口炎（黏膜组织渗出性炎症），病羊表现口腔黏膜发红、充血、肿胀、疼痛，特别在唇内、齿龈、颊部明显（彩图 6-29）；水疱性口炎，病羊的上下唇内有很多大小不等的充满透明或黄色液体的水疱；溃疡性口炎，在黏膜上出现有溃疡性病灶，口内恶臭，体温升高。

在诊断时，羊口炎须将其与羊口疮、口蹄疫和羊痘等疾病相区别。

【预防】 加强饲养管理，预防各种传染病。

（1）清除饲草料中的杂物、软化粗硬饲料，以防刺伤羊的嘴唇与口腔、引起原发性口炎。

（2）做好各种疾病特别是传染病的防治，防止羊继发性口炎的发生。

【治疗】 清洗消毒与抗菌消炎相结合。

（1）喂给柔软且富含营养易消化的草料，必要时补喂牛奶、羊奶。

（2）轻度口炎的病羊可选用 0.1%高锰酸钾、3%硼酸水、10%浓盐水、2%明矾水等反复冲洗口腔，洗毕后涂碘甘油，每天 1~2 次，直至痊愈为止。

（3）口腔黏膜溃疡时，可用 5%碘酊、碘甘油、龙胆紫溶液、磺胺软膏、四环素软膏等涂拭患部。

（4）病羊体温升高，继发细菌感染时，可用青霉素 40 万~80 万单位，链霉素 100 万单位，肌肉注射，每天 2 次，连用 2~3d；服用或注射磺胺类药物。

第四节　常见营养代谢病及中毒症防治

一、营养代谢病

（一）羔羊佝偻病（缺钙症）

【病因】 羊佝偻病是由钙供给不足、或钙磷比例失调引起的羔羊代谢障碍，导致骨组织发育不良的一种非炎性疾病，维生素 D 缺乏在本病的发生中也起着重要作用。

【症状】 病情较轻的羊主要表现为生长迟缓、精神不振、发育停滞，多有异嗜癖（经常见啃食泥土、食砂石、食毛发、食粪便等）；喜卧，卧地后起立缓慢，行走步态摇摆，四肢负重困难，表现跛行。触诊关节有疼痛反应。病程稍长则关节肿大，以腕关节、膝关节较为明显；骨骼变形，长骨弯曲、弓背弯腰，四肢外展如蛙状或 O 形（彩图 6-30），肋骨与肋软骨相接处肿胀，出现念珠状的结节。患病后期，病羔以腕关节着地爬行，躯体后部不能抬起。重症羊卧地不起，呼吸和心跳加快。

诊断时，主要根据羔羊的生长表现和饲料钙、磷或维生素 D 供给状况来判断。如果掌骨和跖骨远端骨骺变大、有明显的疼痛性肿胀，以及饲料中钙、磷或维生素 D 缺乏（维生素 D 缺乏影响机理见图 6-5)，则可做出临床诊断。放射照相证明骨髓变宽和不规则，即证明是佝偻病。

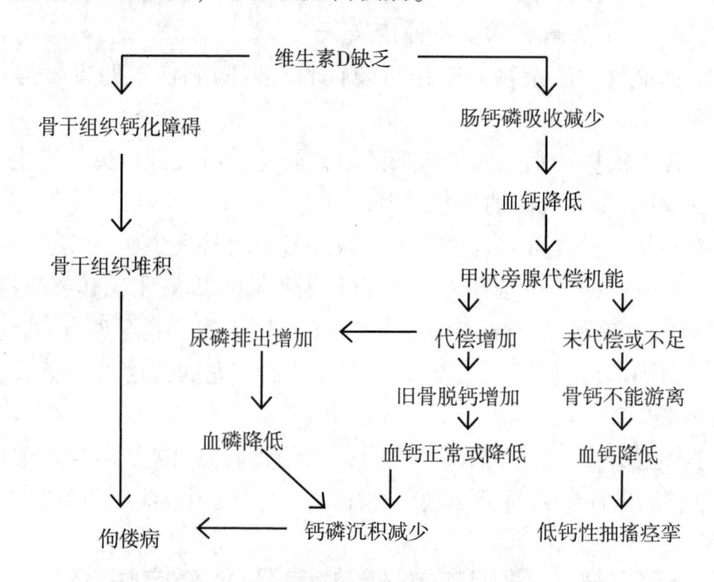

图 6-5　维生素 D 对佝偻病影响机理示意

羔羊佝偻病必须与衣原体和丹毒性关节炎相鉴别，后两种疾病于剖检时容易诊断。

【预防】 以补钙为主，调节钙磷平衡，补充维生素 D。

（1）加强对怀孕母羊和泌乳母羊的饲养管理。母羊日粮中能量供给充足，不仅含有较丰富的蛋白质，而且要保证钙元素供给充足、钙磷比例平衡［1：(1. 5~2. 0)］，及维生素 D 或其前体供给充足，以使羔羊通过乳汁获得充足的钙、磷。

（2）枯草季节，给母羊补充青绿饲料（青贮饲料、胡萝卜）和青干草，钙质饲料或矿物元素与维生素复合添加剂。

（3）羔羊尽早开食。补饲优质青饲料、青干草及富含钙质的混合精料（如苜蓿干草、胡萝卜、青绿多汁饲料，矿物元素添加剂等)，以弥补乳汁供给不足；增加日照时间和运动，有利于体内的维生素 D 原转化为维生素 D，促进钙质的吸收。

【治疗】补充钙质和维生素 A、维生素 D，消除症状。

（1）补充钙制剂。10%的葡萄糖酸钙注射液 5~10mL，或维丁胶性钙 2mL 肌肉注射，每周 1 次，连用 3 次。

（2）补充维生素制剂。维生素 AD 注射液 3mL 肌肉注射；精制鱼肝油 3mL 灌服或肌肉注射。

（二）羔羊白肌病（缺硒症）

【病因】羊机体缺乏微量元素硒和维生素 E 的缺乏为主要原因。缺乏时，使组织细胞受体内过氧化物的损害，从而失去对细胞进行正常生理功能所的起保护作用。因解剖可见病变部肌肉色淡，像煮过似的、甚至苍白，故称白肌病。

【症状】以骨骼肌、心肌纤维以及肝组织等发生变性、坏死为主要特征。本病多呈地方性流行，3~5 周龄的羔羊最易患病，死亡率有时高达 40%~60%。生长发育越快的羔羊，越容易发病、死亡也越快。病羔精神不振，食欲减退，常腹泻、跛行，运动无力，站立困难，卧地不愿起来（彩图 6-31）；驱赶时步态僵硬、关节不能伸直；常发生角膜炎，角膜浑浊、软化，可导致失明；严重的出现强直性痉挛状态，随即出现麻痹、血尿；死亡前昏迷，呼吸困难。有时羔羊病初不见异常，往往由于剧烈运动或过度兴奋而突然死亡。剖检可见骨骼肌苍白，心肌苍白、变性，营养不良（彩图 6-32）。

【预防】从母羊做起，抓前期预防。

（1）母羊。初生羔羊以母乳为主要营养来源。一般说来，母羊饲料中缺什么必然导致其乳汁中缺什么。加强妊娠期、泌乳期母羊饲养管理，供给豆科牧草，对怀孕母羊补给 0.2%亚硒酸钠液，皮下或肌肉注射 4~6mL，可预防新生羔羊白肌病。

（2）羔羊。在缺硒地区，对每年所生新羔羊于出生后 20d，先用 0.2%亚硒酸钠液，皮下或肌肉注射，每次 2mL，间隔 20d 后再注射 1.5mL。注射开始日期最晚不得超过 25 日龄。

（3）平时在草场或圈舍投放含硒舔砖，让羊自由舔食，预防硒缺乏。

【治疗】对发病羔羊，可颈部皮下注射 0.1%亚硒酸钠溶液 2~3mL，隔 20d 再注射 1 次。如同时肌肉注射维生素 E 10~15g，则疗效更佳。

（三）羔羊摇摆病（缺铜症）

【病因】摇摆病又称摆腰病、蹒跚病。是由微量元素铜缺乏引起的一种慢性代谢病。本病具有明显的地区性，多见于放牧羊只。本病与各地土壤和牧草中铜、硒、锌、碘缺乏，以及氟、钼、铁高有关，是一种条件性铜、硒缺乏综合征。或饲料中虽然含有足量的铜，但如果同时含有过多的钼和硫，会抑制机体对铜的吸收和利用；氟摄入过量也影响体内铜的利用；另外，磷、氮及镍、锰、钙、铁、锌、硼和抗坏血酸（V_c）等都是铜的拮抗因子，这些元素的过量也不利于铜的吸收，易导致铜缺乏病的出现。

【症状】以运动失调为典型特征。步态不稳是羔羊缺铜症的典型症状。病羔体弱消瘦，被毛粗乱，缺乏光泽，食欲、饮欲减退，精神沉郁，步态无力、不稳。羔羊后躯摇摆（共济失调），严重者后躯瘫痪、或以前肢跪地爬行带动后肢摇摆前行，与猪的症状相同，最后饥饿死亡。耐过 3~4 月龄的羔羊可以存活，但遗留有摆腰后遗症。毛绒用羊还出现被毛色泽变浅或褪色，毛的卷曲减少乃至消失，弹性下降。

【预防】从草场、饲料原料抓起，重在母羊饲养。绵羊对于铜的需要量很小，每天只供给 5~15mg 即可维持其铜的平衡。如果给量太大，即储存在肝脏中而造成慢性铜中毒。因此，铜的补给要特别小心，除非具有明显的铜缺乏症状外，一般都不需要补给。

（1）在低铜的地区，给饲草上喷洒硫酸铜溶液，从提升牧草饲料中铜含量以增加羊只铜的摄入量。

（2）妊娠母羊饲喂全价营养日粮，细致平衡铜、钼、氟三者比例（2∶1∶1），控制磷、氮及镍、锰、钙、铁、锌、硼和维生素 C 等拮抗因子，做到全价而均衡。补饲胡萝卜等维生素饲料，以保证胎儿正常发育和母羊产后有足够的营养分泌乳汁哺乳羔羊。

（3）平时在草场或圈舍投放含铜舔砖，让羊自由舔食，预防铜缺乏。

（4）妊娠母羊在后期开始，以饮硫酸铜水方式补铜。3%的硫酸铜溶液每只母羊 1 次注射 20mL，每周 2 次；或将硫酸铜溶液洒在补加的饲草上，既方便又可靠，预防效果很好。

（5）饲料中添加硫酸铜。羊饲料中铜的标准含量为 5~10mg/kg。

【治疗】：根据病史和临床症状可做出初步诊断。再进行血液和组织的微量元素测定即可确诊。对有症状的羊只口服硫酸铜（10%溶液），15g/kg 体重，每两周灌服一次，连用 2 次；同时皮下注射 0.1%的亚硒酸钠，3g/kg 体重，每月 1 次，连用 3 次。

（四）增生性皮炎与脱毛症（缺锌症）

【病因】由机体缺锌（Zn）引起蛋白合成代谢障碍。锌是机体蛋白合成代谢必需的多种酶的重要组成成分，对维持皮肤、黏膜的完整性和正常功能具有重要作用。锌缺乏将导致机体正常生理功能障碍，严重影响羊只的正常发育和生长。锌缺乏的原因主要有锌的摄入、贮存减少（饲料或日粮中锌含量过低），锌的吸收受抑制（饲料中钙、镉、铜、铁、铬、钼、锰、磷、碘等配合比例失当影响锌的吸收），抑或生病（胃肠炎）造成锌的吸收不良或丢失过多。

【症状】自然病例的特征性症状是皮肤增厚，产生皱纹，脱毛。病羊皮肤角化不全，皱裂、增厚（有的表皮上覆盖以容易剥离的鳞屑，患畜并无痒感）、伴有异食癖（喜食毛发类、纤维织物）。弹性减退、脱毛，病羊还出现大量流涎。病变和脱毛部位尤以鼻端、耳部、颈部、尾尖、阴囊最为明显；后肢弯曲、关节肿胀、僵硬（彩图 6-33）。母羊繁殖机能紊乱，发情延迟、不发情或发情配种不孕。公羊精液量和精子减少，活力降低，性功能减弱。

【预防】要防患于未然。因为动物对锌的吸收比较缓慢，但贮存的能力却很强。即使当日粮或牧草中缺锌时，它可以调动体内贮存的锌进入血液而不表现出症状；只有当缺锌很严重，而且体内贮存的锌调用不足时，才表现出应有的症状来。所以：

（1）坚持无病先防。在缺锌的地区常年投放含锌舔砖，供羊只自由甜食。

（2）每吨饲料中添加碳酸锌或硫酸锌 180g。补饲含不饱和脂肪酸的植物油，也有良好的预防作用。

（3）控制拮抗因子：①在缺锌的地区，饲粮中的钙含量严格控制在 0.5%～0.6%以内，同时在饲料中以 25～50g/t 的比例补加硫酸锌；②调整饲粮中锌铜钼 3 种微量元素的比例为 3∶2∶1。

【治疗】依据临床症状和血清锌水平降低可以确诊。

（1）饲料中添加 0.02%碳酸锌供羊采食；或按锌 2～4mg/kg 体重给病羊每天注射 1 次，连续 10d；每天口服 0.4g 硫酸锌，或每周注射 0.2mg 硫酸锌，连续 2 周。

（2）对于疑似缺锌病羊，每只羊口服硫酸锌 1g，每周一次；或以 100g/kg 体重剂量连续服用硫酸锌 3～4 周。

（五）青草抽搐症（缺镁症）

【病因】镁对体内的许多酶具有激活作用。参与几乎所有的蛋白质和能量的代谢，几乎介入体内的所有代谢过程。饲料中矿物质缺乏或不足使血液中镁和钙离子含量急剧下降，导致动物神经兴奋性增高，发生肌肉痉挛、抽搐等症状。所以，该病又叫低血镁症。又因为该病多发于早春青草萌发返青季节，羊只采食了过多的幼嫩多汁的牧草而发生突发性全身肌肉抽搐，故俗称青草抽搐症。舍饲多胎羊出现该病的根本原因，是土壤中镁缺乏导致饲草料中镁含量不足，进而引起的镁的缺乏或镁、钙、磷的比例失调导致的营养代谢障碍。本病常见于放牧羊，且以春、秋两季多发。发病率虽低，但死亡率可超过70%。在新疆，该病多发于5—6月。

【症状】 病初期，羊只表现精神不振、步态不稳，病情缓慢者仅出现沉郁、步态摇晃。数周后逐渐出现运动障碍，兴奋性增高，最后惊厥、抽搐而死亡。急性病例在放牧时突然表现出惊恐不安、四肢震颤、摇摆、磨牙、头颈后仰而倒地。如不及时抢救，则很快呼吸衰竭而死亡。该病的诊断比较困难，应根据发病季节、临床症状、血液中镁、钙、磷含量、当地土壤和牧草矿物质的检测进行综合性分析。如果，血清中镁含量0.4～0.9mg/100mL（正常值1.8～3.2mg/100mL）、钙含量在8mg/100mL以下，则可确诊。

此外，要注意与产后瘫痪、破伤风、农药中毒鉴别诊断。

【预防】 从土壤、牧草饲料、日粮配合和疾病防治进行综合预防。

（1）土壤补镁。在常发生羔羊缺镁症的地区，检测土壤镁的含量。根据缺乏情况，人工草场使用镁肥补充其不足，以保证牧草中镁的含量。

（2）牧草补镁。在土壤缺镁的地区，牧草叶面喷洒镁肥或镁制剂，以补充牧草中镁的不足。

（3）羊群补镁。在土壤缺镁的地区春夏季放牧时，每周以5～10g/只的剂量在补饲料中添加氧化镁或碳酸镁1次；或放牧前先给羊饲喂少量干草，以减少羊只青嫩草采食量。

（4）疾病防治。胃肠道疾病、胆道疾病导致消化机能障碍，使镁的吸收减少或排出增加，可致使血液中镁含量急剧下降、动物神经兴奋性增高，发生肌肉痉挛、抽搐。及时预防和治疗各种胃肠道疾病（尤其是下泄性疾病），以减少镁的流失。

【治疗】 钙镁合剂20～40mL/只静脉注射，同时用25%硫酸镁溶液20mL/只肌肉注射；或将2g硫酸镁溶于5%葡萄糖溶液100mL中，缓慢静脉注射。症状好转后可用20%硫酸镁或氯化镁10～20mL皮下注射，同时内服氧化镁3g，连服1周。出现惊厥时，肌肉注射苯巴比妥钠1g/只，可迅速缓解神经症状。

（六）食毛症（缺硫症）

【病因】 饲料日粮中缺乏硫和含硫氨基酸（蛋氨酸和赖氨酸），或者是两者的比例不平衡使机体缺乏有机硫所致。

【症状】此病多发生于舍饲养殖的多胎羊及杂交肉羊的成年母羊，放牧杂交羊也时有发生。可能是因其生长速度快，营养供给不上。发病初期，羊只啃食自己的毛，喜食粪便、土块、炉渣及散落在圈舍或田间的破碎塑料薄膜等，尤喜食被粪尿污染的腹舐股部和尾部的毛。以后变为啃食同圈其他羊的毛，被啃毛者毫无反抗；或互相之间啃毛。严重时体躯大片大片毛被吃光，鲜红的皮肤暴露在外而毫不在乎（彩图6-34）。吃下的毛积在真胃及肠管内，形成毛球，刺激胃肠，引起消化不良、便秘、腹痛及臌胀等症，严重者消瘦贫血。羔羊易发生真胃阻塞或肠道阻塞，食欲废绝，排粪停止，肚胀，磨牙空嚼，流涎，气喘，哞叫，拱背，回顾腹部等。触摸腹部时，可摸到真胃或肠内有枣核大小的圆形硬物。

缺硫症与皮肤疥癣病不同之处在于：第一，毛丛中各毛纤维断裂位点不同。前者，羊毛纤维断裂点参差不齐，留有长短不一的毛茬，皮肤一般不会裸露；后者，则全部位于毛纤维与皮肤表面交界处，羊体皮肤光滑裸露。第二，分布不规则。前者虽然多发生在羊的背部和体侧部，但全身每个部位均有可能，呈随机型和弥散型分布；而疥癣病则使羊毛整片脱落，一般多在臀部、颈部或体侧部。

【预防】以补充有机硫和微量矿物质元素、调整日粮赖蛋比为主要措施。

（1）科学配制舍饲羊日粮配方，做到营养供给完全、足量和平衡；并根据羊生理阶段不同和饲料原料的变化，及时调整配方［赖蛋比=(2~3)：1］。

（2）舍饲羊全年所有日粮配方中，都要有矿物质、维生素、氨基酸复合添加剂。

（3）常年补充矿物质舔砖，不要间断。

（4）有条件的尽可能多地在舍外放牧。

【治疗】目前尚无特效方法，主要是针对并发症状对症治疗。

（1）对症治疗。以泻药疏通阻塞，以抗生素消炎止痢，以补液预防脱水。具体方法参见瓣胃阻塞、真胃阻塞、肠阻塞。

（2）专用配方。配制羊食毛症专用添加剂，混于精料中供羊采食，45d后见效。

（七）尿结石症

【病因】尿结石是尿中盐类在肾盂、膀胱、输尿管及尿道等处形成的凝结物。其形状有圆形、椭圆形、多角形或砂子状。大小有粟粒大至豌豆大或更大。本病在母羊较少发生。公羊因其尿道细长，又有“S”形弯曲及尿道突，故易发生阻塞。

羊尿结石的成因目前尚无定论，但一般认为是由于诸多因素影响引起机体钙磷比例失调、水代谢障碍或紊乱所致。例如：饲喂未经脱毒处理的棉花副产品（棉秆、棉籽壳、生榨棉籽饼），因其中含有较高的有害物质游离棉酚而引起尿结石，不仅可以引起公羔出现尿结石，也可引起舍饲母羊发生尿结石；羔羊舍饲强度育肥后期，因高能高蛋白日粮引起的酮症，也可导致公羔出现尿结石；饮水不足、运动量不足及泌尿系统炎症，也可引起羊尿结石。

【症状】尿结石常因发生的部位不同而症状也有差异。尿道结石，常因结石完全或不完全阻塞尿道，引起尿闭、尿痛、尿频时才被发现。病羊排尿努责，痛苦咩叫，焦躁不安，尿中混有血液。尿道结石可致膀胱破裂，尿道破裂，还可以引起腹部水肿。膀胱结石在不影响排尿时，不显临床症状，常在死后才被发现。肾盂结石有的生前不显临床症状，而在死后剖检时，才被发现有大量的结石。肾盂内结石多量时，较小的结石进入输尿管，引起输尿管阻塞，致使肾盂扩张，可使羊发生疝痛症状（彩图 6-35）。当尿闭时，常可发生尿毒症。对尿液减少或尿闭，或有肾炎、膀胱炎、尿道炎病史的羊，不应忽视可能发生尿结石。

【预防】引起羊尿结石的因素很多，发病机理尚不清楚。因此，预防尿结石应从多方面入手。

（1）未经脱毒的棉秆、棉籽壳和生榨棉饼尽量不要喂羊。若须使用应控制在一定的范围内：母羊的最大使用量不应超过日粮的 20%，切忌连年连续使用；育肥羔羊不应超过日粮的 35%；后备羊和种公羊最好不要使用。

（2）控制谷物、麸皮、甜菜块根的喂量。

（3）舍饲母羊保证饮水充足清洁，以及足够的运动量和自然光照。

（4）育肥羊饲料日粮中添加轻泄利尿中草药，可有效预防羊尿结石的发生。

（5）注意对病羊尿道、膀胱、肾脏炎症的治疗。

【治疗】羊尿结石症一旦发生，药物治疗一般无效果。但对利用价值很高、价格昂贵的种羊，可采用药物和手术进行抢救性治疗。

（1）药物治疗。服用 NH_4Cl 等利尿药物，配合以抗菌消炎药物肌肉注射或与补液一起滴注。

（2）手术治疗。种羊患尿道结石时可施行尿道切开术，取出结石。施行肾盂及膀胱结石取出术时，或因小块结石随尿液落入尿道而形成尿道阻塞，对愈后护理要慎重。

（八）妊娠毒血症（酮症）

【病因】病因尚不完全清楚。目前认为主要与营养失调和运动不足有关。品种、年龄、肥胖、胎次、怀胎过多、胎儿过大、妊娠期营养不良及环境变化等因素均可影响本病的发生。妊娠期营养不良是多胎羊发病的主因。日粮缺硒是该病的诱因之一。

本病的发生首先是体内肝糖原被消耗殆尽，接着动员体脂去调节血中葡萄糖平衡，结果造成大量脂肪积聚于肝脏和游离于血液中，造成脂肪肝和高血脂，肝功能衰竭，有机酮和有机酸大量积聚，导致酮血症和酸中毒；大量酮体经肾脏排出时，又使肾脏发生脂肪变性，有毒物质更加无法排出，造成尿毒症；同时因机体不能完成调节葡萄糖平衡而出现低血糖。因此，妊娠毒血症是酮血症、酸中毒、低血糖和肝功能衰竭的综合征。

【症状】病初食欲减退，精神沉郁，离群呆立或伏卧，举动不安，步态不稳；黏膜苍白，进一步发展，瞳孔散大，视力减退，可视黏膜黄染（彩图6-36），呆滞凝视；严重时食欲废绝，起立困难而卧地，头向侧仰，耳朵震颤，眼肌挛缩，咬齿，心跳加快，呼吸困难，尿量严重减少，呼出气体有酮味；死前可发生流产、共济失调，惊厥及昏迷等症状，多于3～5d内死亡。血液学检查非蛋白氮升高，钙减少，磷增加，丙酮试验阳性。

【预防】以调节孕羊的营养状况为中心内容，适当增加运动量。

（1）加强妊娠后期营养妊娠后期是胎儿生长最快的时期（增重量占初生重的70%左右），母羊的营养需求量急剧增加（尤其是多胎羊）。如果日粮营养不能满足母体胎儿及自身的营养需要，就要动用肝糖原和体脂肪来补充。因此，必须根据妊娠母羊的生理特点配制日粮，做到饲料多样化，营养全价（营养种类多）、足量（数量充足）和均衡（比例协调）；减少青贮料喂量，以防酸中毒和产后瘫痪。放牧羊应适当补饲青干草和精饲料，每只羊每天补精料0.6～0.8kg，青干草1～1.5kg，并注意补饲胡萝卜、食盐等矿物质饲料或添加剂。

（2）加强饲养管理。保持羊舍温暖安静，减少外界环境因素的刺激；发霉、腐败、变质、冰冻的饲料禁止喂羊；饮水新鲜清洁充足，不饮冰碴子水；保持适当运动，驱赶要轻慢稳，防止拥、挤、压、咬、撞、跃、打、踢，禁止随意抓羊、惊扰羊群。

【治疗】治疗原则是补充血糖，降低血脂，解毒保肝，维护心肾功能，防止酸中毒。

（1）先肌肉注射亚硒酸钠-维生素E 10mL（隔天注射）。然后静脉注射25%

葡萄糖 500mL，维生素 C 注射液 20mL，维生素 B_1 20mL，庆大霉素 15 万单位，氨疸（胆）注射液 10mL，每天一次，连用 2～3d，保护率可达 98%。

（2）防治酸中毒：①一次静注 5%碳酸氢钠 100mL，每日 1 次，连续 3 日。②解毒保护肝脏，可静脉注射 10%的葡萄糖 150～200mL，加入维生素 C 0.5g。同时肌肉注射维生素 B_1 20mL；③可静脉注射 10%的葡萄糖酸钙 100mL，防止继发感染可肌注抗生素，连用 3～4d。

（3）紧急抢救。若有病情已恶化，危及母子生命时为保全母子平安，应进行全面检查。临产期已到或已近的，可人工催产或剖腹产；如未到产期应及时终止妊娠（人工流产），保证母羊的安全。

（九）维生素缺乏症

羊是反刍动物，其瘤胃微生物可以合成绝大多数水溶性 B 族维生素和部分脂溶性维生素，放牧情况下一般不会出现维生素缺乏。但在舍饲条件下，由于饲料比较单一、种类少，互补效应和组合效应受到限制；加之，其多为干草类或秸秆饲料，品质较差，所能提供的营养有限；再加上多胎羊营养需要量大，抑或会出现多种脂溶性维生素和一些 B 族维生素的缺乏。因此，在多胎羊舍饲过程中应注意一些重要维生素的供给。特别是 2～3 月龄羔羊，由于瘤胃生理机能和微生物区系不够完善、制造维生素的能力不足、不能满足机体发育的需要而容易引起维生素缺乏症（表 6-3），应注意预防。

二、常见中毒症

（一）有机磷中毒

【病因】有机磷中毒是由于羊只接触、吸入或采食了某种有机磷制剂（1059、1605、乐果、氧化乐果、久效磷、辛硫磷、杀螟松、喹硫磷、水胺硫磷等）污染的饲料所致。如羊只误食了刚刚喷过农药的牧草饲料，误饮了被有机磷农药污染的饮水，敌敌畏清理伤口、口服、药浴经伤口、皮肤和黏膜接触感染，羊舍除蜱蚤熏蒸消毒、喷雾药浴特殊情况下经呼吸道，短时间大量进入体内而致病，造成以神经系统损害为主的一系列伤害。

【症状】有机磷农药（OPS）是我国使用广泛、用量最大的杀虫剂。该病的病理过程是体内的胆碱脂酶活性受到抑制，使乙酰胆碱在体内蓄积，从而导致神经生理机能紊乱，以副交感神经兴奋为主要特征。中毒羊食欲不振，流涎，呕吐，腹泻，腹痛，多汗，尿失禁，瞳孔缩小，眼球外突、颤动，可视黏膜苍白（彩图 6-37），呼吸困难、加速（50 次以上/min），以及发绀等。全身发抖，血

表 6-3　脂溶性维生素特性、主要生理功能及其缺乏症与防治一览

名称和别名	特性	主要生理功能	主要来源	缺乏症	对象	原因	防治
维生素 A（视黄醇） 抗传染病维生素 抗干眼病维生素	淡黄色，油质；易受空气、高温和阳光的破坏	维持上皮细胞完整，增强对传染病的抵抗力，对视觉、骨骼形成及繁殖有重要作用，促进畜禽生长	全奶，黄玉米青绿饲料，由胡萝卜素转化而来，或人工合成	上皮组织角质化不完整，生长缓慢、精神不振，关节肿大僵硬，夜盲症（鸡宿眼）、瞎眼病。公羊生精障碍，母羊不发情难受孕	初生羔羊，妊娠期母羊和配种采精期公羊	饲料品质差、供给不足，蛋白脂质不足影响吸收	防：防止饲料发热、发霉和氧化，以保证维生素 A 不被破坏；补饲青贮饲料或胡萝卜等。 治：给病羔羊口服鱼肝油，每次 20～30mL；用维生素 A、维生素 D 注射液，肌肉注射，每次 2～4mL，每天 1 次
维生素 D 抗佝偻病因子 维生素 D_2、维生素 D_3	白色晶体，无味，对高温光热比较稳定	促进钙的吸收，与该磷代谢有关	全奶，鱼肝油，日光晾制青干草，大脑皮层合成或人工合成品	与钙缺乏症相似。幼畜生长缓慢，脊椎弓曲变形、佝偻病，成年动物发生骨软病或纤维性骨营养不良	各龄段公母羊均可发生	机体维生素 D 生成或摄入不足而引起的以钙、磷代谢障碍	防：以谷粒饲料、多汁饲料和青饲料和人工合成维生素 AD、D_3添加剂平衡饲料，舍外自然光照。 治：加强舍外自然光照；补充谷粒饲料、多汁饲料和青饲料或人工合成维生素 AD、D_3添加剂；维生素 AD 注射液 3mL 肌肉注射；精制鱼肝油 3mL 灌服或肌肉注射
维生素 E 生育酚	有 α－生育酚、β-生育酚和 γ-生育酚 3 种，性能相当稳定	抗氧化作用，细胞核的一种代谢调节剂，与硒和胱氨酸有协同作用	谷物胚芽，苜蓿草粉，青绿饲料，蚕蛹油，人工合成 α－生育酚	与缺硒病相似：白肌病，繁殖机能障碍，肝坏死。羔羊生长缓慢，肌肉萎缩，步态不稳四肢僵硬。种公羊性欲下降，受胎率下降；母羊发情周期紊乱，屡配不孕	各龄段公母羊均可发生	长期缺乏青绿饲料，饲喂农作物秸秆和被氧化了的混合饲料或含油脂过多饲料	防：多喂青绿杂草和青贮饲料、新鲜谷物饲料。 治：醋酸生育醇 5g，1 次肌肉注射，间隔 3 天再注射 1 次；维生素 E+亚硒酸钠组合针剂 15~20 天肌注 1 次，或按标准计量口服
维生素 K 凝血维生素	天然有 K_1，肠道细菌合成 K_2，人工合成 K_3、K_4 溶于水。一般相当稳定	促进肝脏合成凝血酶原，参与凝血过程，加速血液凝固	绿色植物，苜蓿，多种籽实，合成维生素 K	凝血时间延长；皮下、肌肉及内脏广泛性出血	一般都不缺，特殊情况可能发生	缺乏青绿饲料，饲料中竞争性抑制的抑制物过高，其他脂溶性维生素含量过高，长期过量添加抗生素等药物	防：注意补饲青绿饲料、及与其他维生素的平衡，禁喂含双香豆素过高的饲料，及时治疗胃肠肝疾病，避免长时间使用磺胺和抗生素药物 治：肌注维生素 K 制剂，配合以补钙

压升高，心跳加速（100 次以上/min），体温正常。兴奋不安，冲撞蹦跳，全身震颤、抽搐，进而步态不稳，以至倒地不起，在全身麻痹下窒息死亡。

根据临床症状、毒物接触史和毒物分析，并测定胆碱酯酶活性，可以确诊。

剖检：胃黏膜充血、出血、肿胀、黏膜易脱落，肺充血肿大，气管内有白色泡沫，肝脾肿大，肾脏混浊肿胀，包膜不易剥落。

诊断时，须将有机磷农药中毒与杀虫脒中毒相鉴别（表 6-4）。

表 6-4　有机磷农药中毒与杀虫脒中毒的鉴别

项目	有机磷农药中毒	杀虫脒中毒
接触史或食饮史	有	有
体表或呕吐物	蒜臭味儿	无蒜臭味儿
瞳孔	缩小	正常
眼球	突出震颤	无明显症状
肌肉颤抖	可见	无
嗜睡	一般无	有
紫绀	不明显	明显
膀胱刺激症状	无	常有
皮肤	潮湿多汗	无前症状
胆碱酯酶活性	降低	正常

【预防】加强农药管理，谨慎用药防治。

（1）按照国家有关农药管理规定，做好牧场和养殖场农药的使用和保管工作。切勿在喷洒过有机磷农药的草地上放牧，拌过有机磷农药的作物种子不得再喂羊。

（2）防治羊的病虫害时谨慎用药，掌握好剂量和使用方法，避免有机磷经消化道、呼吸道或皮肤伤口短时间大量进入羊体内。

【治疗】以清除胃内毒物，减轻后续中毒；解除毒性，消除神经症状为目的。

（1）清除胃内毒物。灌服盐类泻剂，尽快清除胃内毒物。可用硫酸镁或硫酸钠 30~40g，加水适量一次内服；

（2）解毒消症。应用特效解毒剂解除毒性。①解磷定、氯磷定按 15~30g/kg 体重，溶于 5%葡萄糖溶液 100mL 内，静脉注射；以后每 2~3h 注射一次，剂量减半。根据症状缓解情况，可在 48h 内重复注射；②双解磷、双复磷，解磷定的一半剂量，用法相同；③硫酸阿托品，按 10~30g/kg 体重，肌肉注射。症状不减轻，可重复应用解磷定和硫酸阿托品。④10%葡萄糖注射液 500mL，碘解磷啶注射液 15mg/kg，静脉滴注；2h 后再静脉推注一次，剂量同上。图 6-6 为解磷定作用机理。

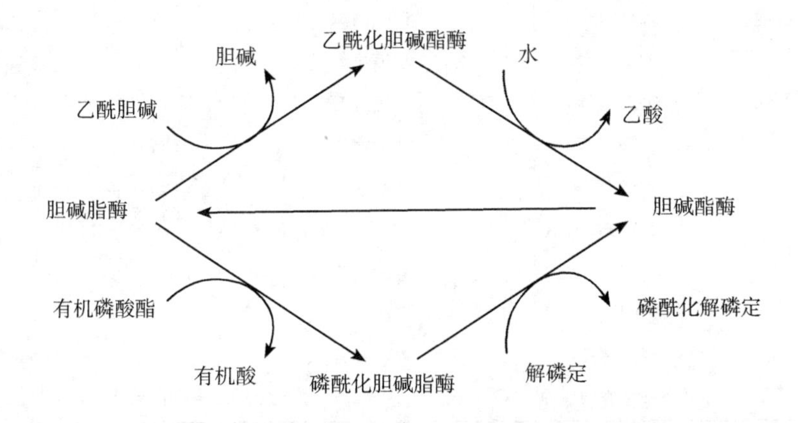

图 6-6 胆碱酯酶代谢因有机磷失活与解磷啶复活

（二）有机氯中毒

【病因】羊因误食、舔食含有有机氯制剂（六六六、滴滴涕、碳氯灵、毒杀芬、氯丹、林丹、三氯杀虫酯、三氯杀螨醇、七氯烷等）的青草、蔬菜、残留量过高的饲草料，或用有机氯药物杀灭外寄生虫时，在体表涂撒面积过大，有机氯经皮肤吸收而引起中毒。

【症状】有机氯农药是神经毒，又是一种肝毒。羊发生中毒后主要表现精神萎靡，食欲减少或消失，口吐白沫，呕吐，心悸亢进，呼吸加快，视力模糊、行动缓慢，呆立不动。中枢神经兴奋而引起肌肉颤动，逐渐表现运动失调，痉挛，步态不稳。过 1~2h 流涎停止，四肢无力，倒地，心律不齐，呻吟，眼球震颤，体表肌肉抽动。以后四肢麻痹，多于 12~24h 内死亡。可伴有肝脏和肾脏损伤。

可根据临床表现和呕吐物或血、尿中氯烃类化合物分析，可明确诊断。

诊断时，须与有机磷农药中毒相鉴别（表 6-5）。

表 6-5 有机磷、有机氯和菊酯类农药中毒的鉴别

项目	有机磷农药中毒	有机氯农药中毒	菊酯类农药中毒
接触史或食饮史	有	有	有
性质	肝毒为主	神经毒+肝毒	

（续表）

项目	有机磷农药中毒	有机氯农药中毒	菊酯类农药中毒
精神	兴奋食欲减退	萎靡食欲减退或消亡	短暂迟钝后兴奋惊厥
体表或呕吐物	蒜臭味儿	口吐白沫	口吐白沫
瞳孔	缩小	不缩小	
眼球	突出震颤	突出震颤	
肌肉颤抖	震颤痉挛	抽动痉挛	震颤
呼吸	≥50 次/min	加快浅表	呼吸急促
心跳	≥100 次/min	加快细弱心律不齐	心跳加快
嗜睡	一般无	昏睡呻吟	
紫绀	不明显	发绀	
皮肤	潮湿多汗	重症者多汗	
死亡原因	全身麻痹窒息	12~24h 呼吸衰竭	0.5~1.0h 四肢强直

【预防】①严禁将喷洒过有机氯制剂的谷物、饲草喂羊；②妥善保管有机氯农药；③用有机氯农药防病灭虫时，打开门窗让药气消散，以防发生中毒。

【治疗】目的与有机磷中毒相似。①尽快灌服盐类泻剂，排出胃内毒物。用硫酸镁或硫酸钠 20~50g，加水 200mL，灌服，禁用油类泻剂；②缓解痉挛，可用巴比妥类，按 25g/kg 体重，肌肉注射；③内服石灰水、肥皂水等碱性药物可破坏其毒性，用石灰 500g 加水 1 000mL，搅拌澄清，服用澄清液 300~500mL。④呼吸衰竭者注射呼吸兴奋剂。但忌用肾上腺素，以免诱发室颤。

（三）菊酯类农药中毒

【病因】菊酯类农药［氯氰菊酯、溴氰菊酯、氯氟氰菊酯、氟氯氰菊酯；驱杀蚊子蟑螂的雷达（四氟甲醚菊酯）、蚊香（丙烯菊酯）等］是广谱性杀虫剂，具有速效、高效、低毒、低残留，对作物安全等特点，除对 140 多种害虫防治有特效外，有些菊酯类农药还对地下害虫和螨类害虫有较好的防治效果。

此类农药中毒主要是在封闭性较好的环境里喷雾使用该类农药，灭蝇、灭蚊及灭蟑，使在其中生活的羊只吸入而中毒，或摄入过量被农药污染饲料、饮水而中毒；用拟除虫菊酯类农药驱除羊体外寄生虫时，使用量过大，药浴时间过长，用药后不及时清洗羊体，药液误入口腔等均可引起中毒。

【症状】表现呼吸急促，心跳加快，步态不稳，肌肉震颤，口吐白沫。短时间迟钝后，出现全身过度兴奋、惊厥，四肢强直而死亡。严重病例整个过程

30min~1h，病程长者，食欲废绝，瘤胃臌气，步态蹒跚。

诊断时，应与有机磷、有机氯农药中毒相区别，以免误诊。

【预防】除脱离接触外，主要是对症治疗。

（1）严禁用被该类药物污染了的饲草料喂羊，严禁羊只饮用被其污染了的饮水。

（2）严禁使用除虫菊酯类药物带畜进行灭蝇、灭蚊及灭蟑。用药前，将羊群赶出羊舍后，再行封闭羊舍进行灭虫活动；灭虫活动结束，打开窗门通风，待药气散尽后方可让羊群入舍。

（3）用拟除虫菊酯类农药驱除羊体外寄生虫时，使用量不宜过大，药浴时间不宜过长。用药后及时清洗、晾干羊体，以免药液误入口腔引起中毒。

【治疗】菊酯类药物中毒是没有特效药物的，只能是对症处理。可参照其他农药中毒的治疗方案，用阿托品进行治疗。

（四）氢氰酸中毒

【病因】羊过多采食了含有氰苷配糖体的植物而引起中毒。如胡麻苗、高粱苗、玉米苗、木薯和马铃薯幼苗，及收割后的再生苗。饲喂生榨胡麻饼、刀豆、狗爪豆、桃、杏、梅、李、枇杷、樱桃等的叶子和核仁，或用中药治病时当杏仁、桃仁用量过多亦可致病。

【症状】中毒羊以兴奋不安、流涎、腹痛、气胀、呼吸困难、结膜鲜红为特征。食后10~20min发病。最急性型：突然极度不安，惨叫后倒地死亡；急性型：病初兴奋不安，流涎、呕吐、腹痛，气胀，下痢，废食，心跳、呼吸加快，沉郁，衰弱，行走和呼吸困难，结膜鲜红，瞳孔散大，最后倒地抽搐而死。

中毒作用在于氰苷糖苷通过酯解酶和瘤胃发酵作用，产生有毒的氢氰酸，进入动物血液内后氰离子（CN）迅速与氧化型细胞色素氧化酶的辅基三价铁结合，从而丧失传递氢原子的电子和激活分子氧的作用，造成组织缺氧和窒息。剖检可见尸僵不全（尸体不易腐败），血液呈鲜红色、凝固不良，口腔有血色泡沫，喉头、气管和支气管黏膜有出血点，气管和支气管内有大量泡沫状液体。肺充血、出血和水肿，心内、外膜有点状出血，口腔胃肠黏膜充血和出血，胃内充满气体，有苦杏仁味。

【预防】对因预防。

（1）禁止在含有氰苷作物的地方放牧，谨防羊只偷食农作物青苗。

（2）严禁用已知含有氰苷的植物的叶和核仁等喂羊。高粱、玉米的幼苗及收割后的再生苗及木薯、马铃薯幼苗、未经蒸煮而榨油的亚麻籽饼，刀豆、狗爪豆、桃、杏、梅、李、枇杷、樱桃等的叶子和核仁中都含有较多的氰苷，如果误食易导致疾病。如要利用，利用木薯应去皮切片，用水浸泡2d，整薯浸泡4~6d，磨成粉的浸泡1d（每天换水1次）。去毒后每天喂量不得超过日粮饲喂量的1/8~1/5；含有氰苷的高粱苗、玉米苗、胡麻青苗等须待其自然萎蔫半干后，经过水浸或发酵后再喂饲，要少喂勤添，一次不宜过多。

（3）禁止羊只饮用被氰苷、氢氰酸污染了的饮水及其加工过程产生的废水。

【治疗】鉴别诊断，对症用药。

要与硝酸盐或亚硝酸盐中毒、尿素中毒、蓖麻中毒和马铃薯中毒（见下文（八）进行鉴别。首先了解病羊采食经历，根据临床症状、解剖结果作出诊断；或取检材10g放于烧瓶中，加水及20%硫酸或酒石酸，迅速在瓶口盖上硫酸亚铁-氢氧化钠试纸，以文火加热2~10min后，取下滤纸加10%盐酸使呈酸性，如滤纸上出现蓝绿或蓝色，则表明病样中有氢氰酸。可诊断为氢氰酸中毒，并对症治疗。

（1）3%亚硝酸钠，每千克体重6~10mg，静注。然后再静注5%硫代硫酸钠1~2mg/kg体重；或10%对二甲氨基苯酚，10mg/kg体重静注。

（2）亚硝酸异戊酯吸入剂1/2~2支，用纱布或棉花包裹安焙瓶打碎，放在鼻孔处让其吸入。

（3）钴胺、乙二胺四乙酸的单钠双钴亚盐、亚硝酸钴钠，治疗氰化物中毒也均有效。

（五）亚硝酸盐中毒

【病因】是由于羊只采食了大量含有硝酸盐的嫩绿饲料或饮用了大量含硝酸盐的饮水所致。硝酸盐本身不致病，但在硝酸还原菌作用下可还原为亚硝酸盐。亚硝酸盐进入，能使血液中正常携氧的低铁血红蛋白氧化成高铁血红蛋白，失去携氧能力而引起组织缺氧。青饲料长期堆放而发热、腐烂、蒸煮不透或煮熟后焖在锅里放置很久，这时的条件适合硝酸盐还原菌的大量繁殖，将饲料中的硝酸盐大量地还原为亚硝酸盐。羊吃了这种饲料也会引起亚硝酸盐中毒，绵羊亚硝酸盐致死量为67mg/kg体重。

【症状】病羊以精神沉郁，呼吸促迫，结膜发绀，角弓反张（图6-7），体温偏低、流涎、血液呈暗褐色及血液凝固不良为特征。羔羊采食焖煮饲料后，表现精神沉郁，目光呆滞，不爱走动，当强迫运动时步态蹒跚、不稳。反刍停止，口角流有大量口水，重病羊全身肌肉震颤，四肢无力；在陷入虚脱状态后1~2h内死亡。采食性越好、中毒越严重、死亡越快。

图 6-7　亚硝酸盐中毒羊角弓反张

最急性：不显症状即死亡。

急性：精神沉郁，流涎，呕吐，腹痛，腹泻（偶尔带血），脱水。可视黏膜发绀。呼吸困难，心跳加快，肌肉震颤，步态蹒跚，卧地不起，四肢划动，全身痉挛。

慢性：前胃弛缓，腹泻，跛行，甲状腺肿大。随后沉郁，流涎，腹痛，呕吐，肌肉震颤，卧地则四肢划动，全身痉挛，血色暗褐或似酱油。

剖检可见胃肠黏膜充血、出血、易脱落。取胃内容物液滴于滤纸上，加 10% 联苯胺液 1~2 滴，再加上 10% 醋酸 1~2 滴，滤纸变为棕色，即证明有硝酸盐。或从静脉取血液 5mL 放试管内震荡 15min，血液仍呈暗褐色（正常为鲜红色）。

【预防】 主要从加强饲料与饲养管理和饮水入手。

（1）严禁大量使用堆沤发热或文火焖煮的青绿饲料、蔬菜和农作物幼苗喂羊。白菜、萝卜叶、甜菜、莴苣叶、南瓜藤、甘薯藤，未成熟的燕麦、小麦、大麦、黑麦、苏丹草等幼嫩时硝酸盐含量高，如堆放过久、雨淋、发酵腐熟，或煮熟后低温慢焖延缓冷却时间，可使饲料中的硝酸盐转化为亚硝酸盐。羔羊大量采食后，即会发生中毒。若要使用，应坚持新鲜未发黄、少量饲喂；或将其摊开晾晒至半干或晾干后饲喂；焖煮的青绿饲料须待完全冷却后，少量饲喂。

（2）不饲用大量使用硝酸铵、硝酸钠肥料的青绿饲料。大量使用硝酸铵、硝酸钠施肥的饲料，其中硝酸盐含量必然增多，致动物亚硝酸盐中毒的可能性就越大。

（3）谨慎饮水。在羊舍、粪堆、垃圾附近的水源，常有危险量的硝酸盐存在，如水中硝酸盐含量超过 200~500mg/L，即可引起中毒。

【治疗】 早期发病的羊以纠正酸中毒及促进毒物排出为治疗原则。后期及重症者以特效解毒和对症治疗为原则。

（1）早期发病羔羊。先肌肉注射10%安钠咖5mL强心，再静脉注射25%葡萄糖500mL、5%碳酸氢钠250mL、维生素C 6mL；对肌肉颤抖站不稳的羔羊：再静脉注射10%葡萄糖500mL（与碳酸氢钠不能同时静脉注射）；对病重的羔羊：将美蓝（亚甲蓝）制剂按0.1~0.2mL/kg体重溶于25%葡萄糖溶液中静脉注射。再静脉注射或多次肌肉注射维生素C 10mL。

（2）美蓝。是一种氧化还原剂，在小剂量低浓度时，本身先与辅酶I作用变成白色美蓝。白色美蓝可把高铁血红蛋白还原为正常低铁血红蛋白，是治疗亚硝酸盐中毒的特效药。①按1mg/kg体重用药，配成1%溶液一次静脉注射。必要时2h后重复用药一次。②用美蓝8mg/kg体重配成溶液（美蓝1g溶于酒精10mL中，加生理盐水9mL）缓慢静注或分点肌注，必要时2h后再注射1次。同时，皮下注射维生素C 6~10mL。

（3）甲苯胺蓝：①按5mg/kg体重用药配成5%溶液静脉、肌肉或腹腔注射。配合使用维生素C和高渗葡萄糖可提高疗效。特别是无美蓝时，重用维生素C及高渗糖也可达治疗目的。②用甲苯胺蓝配成5%溶液，按0.5%的溶液静注或肌注0.5mL/kg体重，疗效比美蓝高。

（4）用0.1%高锰酸钾水洗胃。

（5）重症患羊用含糖盐水500~1 000mL、樟脑磺酸钠5~10mL、维生素C 6~8mL静注。

（六）尿素中毒

【病因】羊是反刍动物，有利用非蛋白氮（尿素等）的功能。但如果摄入量过大，尿素在瘤胃中分解的速度大于其对氨（NH_3）吸收的速度，就会引起氨中毒。误食或偷食过量尿素，尿素与饲料中热量物质比例不当，尿素混于水中被饮用、在青贮饲料中分布不均喂后立即饮水，突然大量饲喂尿素处理过的秸秆类饲料等均可导致中毒。如果平时饲料的种类过于单纯，前胃有病影响瘤胃中微生物的总量、种类和活性，因而对尿素的利用率降低，也可发生中毒。

氨是一种无色、有强烈刺激味的气体。易溶于水，形成的氨水可作化肥用。

氨对中枢神经系统具有强烈刺激作用。氨在机体体组织内遇水生成氨水。氨水可以溶解组织蛋白质，与脂肪起皂化作用；氨水能破坏体内多种酶的活性，影响组织代谢；具有极强的腐蚀作用。

氨气吸入呼吸道内遇水生成氨水。氨水会透过黏膜、肺泡上皮侵入黏膜下、肺间质和毛细血管，引起：①声带痉挛，喉头水肿，组织坏死。坏死物脱落可引起窒息。损伤的黏膜易继发感染。②气管、支气管黏膜损伤、水肿、出血、痉挛等。影响支气管的通气功能。③肺泡上皮细胞、肺间质、肺毛细血管内皮细胞受损坏，通透性增强，肺间质水肿。氨刺激交感神经兴奋，使淋巴总管痉挛，淋巴回流受阻，肺毛细血管压力增加。氨破坏肺泡表面活性物质。上述作用最终导致肺水肿。④黏膜水肿、炎症分泌增多，肺水肿，肺泡表面活性物质减少，气管及支气管管腔狭窄等因素严重影响肺的通气、换气功能，造成全身缺氧（图 6-8）。

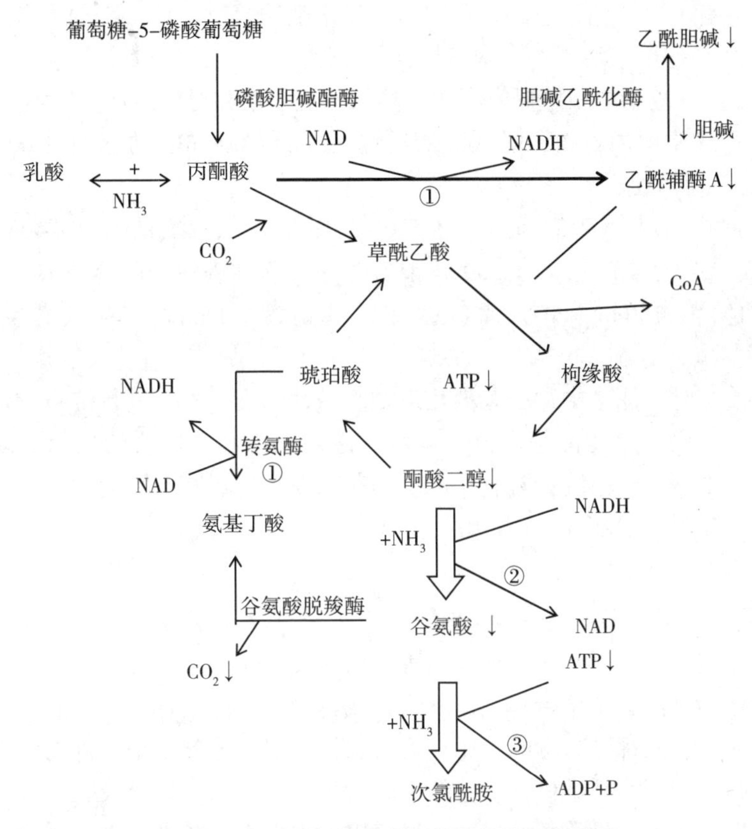

图 6-8　氨对脑细胞代谢可能干扰的环节设想

【症状】羊尿素中毒多表现神经、呼吸系统一系列的中毒症状。羊一般在采食后 20～30min 发病，临床症状多为急性病例。病初表现不安，发抖、呻吟，混合性呼吸困难，呼出气有氨味，大量流涎，口唇周围挂满泡沫。不久则步态不稳，卧地，精神沉郁，衰弱，肌肉震颤、共济失调，瘤胃胀气，腹痛，偶有前肢麻痹，最后出汗，瞳孔散大，肛门松弛，呼吸短促，倒地死亡。

【预防】 根据发生的原因，制定针对预防措施。

（1）严格管理，防止羊偷食或误食尿素。

（2）标准化使用，规范化饲喂。在利用尿素制作粗饲料氨化饲料或青贮饲料时，一定要按标准加入尿素，不要超量使用。必须将尿素溶于水，然后同饲料充分混合均匀，再堆沤发酵。饲用前，要将氨化发酵好的饲料摊开，让未被吸收的氨气挥发干净；开始饲喂尿素时应少量添加、逐渐增加，于10~15d达到标准量，使羊只有一个逐渐适应的过程。而且每次喂尿素时，1h内不要饮水。

（3）严禁把尿素混于饮水中直接让羊饮用。

【治疗】 应遵循中和瘤胃内容物、降低脲酶活性和对症治疗的原则。

（1）中和瘤胃内容物，降低脲酶活性。食醋1 000mL，加常水2 000mL、黄糖2 000g、一次灌服。

（2）对症治疗。①25%葡萄糖1 500~2 000mL，10%安钠咖30~40mL，维生素C 10mL，维生素B_1 600~1 000mg混合，一次静脉滴注。严禁补碱。②10%硫代硫酸钠溶液150mL、10%葡萄糖酸钙注射液500mL、10%葡萄糖注射液2 000mL。

对症治疗时：尿素中毒引起消化道黏膜碱性灼伤，不宜进行洗胃或催吐，应喂服蛋清、牛奶、植物油等润滑导泻；注意纠正水和电解质的失衡，以保护心脏、肝脏、中枢神经系统和肾脏功能。同时，还要注意肺水肿的发生及胃肠道黏膜被灼伤坏死等并发症。

（七）蓖麻中毒

【病因】 通常放牧时进入蓖麻地，羊只采食了大量的蓖麻叶而引起中毒，特别是吃了被霜打后的蓖麻茎叶和幼嫩种子（图6-9），很容易发生中毒；也有管理不慎，让羊只偷食了蓖麻籽、蓖麻饼粕或蓖麻油引起中毒的。致病因子为蓖麻素和蓖麻碱。它们都是有毒的物质，后者毒性更强。蓖麻素是一种血液毒素，能使纤维蛋白原转变为纤维蛋白，使红细胞发生凝集。因此一经吸收，首先在肠黏膜血管中形成血栓，导致肠壁出血、溃疡以及出血性胃肠炎。进入循环后，则造成各组织器官血栓性血管病变，并发生出血、变性和坏死，从而表现出相应的器官机能障碍和重剧的全身症状。

【症状】 以血液病变、血管栓塞的器官机能障碍和全身脱水为特征。病羊腹胀，食欲废绝；1~2h发狂，狂躁不安、起卧不定，瞳孔散大，头部伸直，呈特异的口唇痉挛和头颈伸张现象，或有角弓反张、全身痉挛、发生臌气者。孕羊常发生流产。呼吸困难，结膜苍白，可视黏膜潮红和黄染；脉搏加速，心跳加快，

图 6-9　幼嫩蓖麻籽、黄熟蓖麻籽和脱壳蓖麻籽

肠音亢进，同时伴发运动失调、呼吸麻痹症状；体温则下降至 37℃以下，耳尖、鼻端和四肢下端发凉。重病羊只突然仰倒，肌肉震颤，昏睡不起、口吐沫、呼吸困难、心跳 120 次/min 左右，心跳急速而变弱，迅速死亡。严重的腹痛、拉稀，甚至便血，粪便很快由稀糊状变为稀水样，而且恶臭。由于拉稀量多而频繁，很快发现肛门失禁，全身脱水，病羊不停地发出痛苦的叫声，叫声由大而小，最后昏睡虚脱而亡。

解剖可见：肠道黏膜苍白，胃肠道有针尖大的弥漫性出血点，瘤胃黏膜极易脱落，大网膜、肠系膜出血、淋巴结出血、肿大、心内外膜心肌有出血点或出血斑，支气管充满气泡，肺充血，肝充血及脂肪变性，肾充血，膀胱积尿。一般于 8h 左右死亡。

【预防】谨慎放牧，管好物品。

（1）放牧时要看护好羊群，不到蓖麻地里放牧。更不要用霜打的蓖麻茎叶和幼嫩种子喂羊。

（2）新鲜蓖麻叶、蓖麻饼作饲料时，开始少量，逐渐增加，但不能超过全天饲料的 10%~20%。蓖麻叶、蓖麻饼蒸煮后，可变为无害。为安全起见，蓖麻叶、蓖麻饼煮沸 2h 以上，凉透再喂；或用六倍量的 10%盐水浸泡 10h，倒出盐水再用清水洗 2 次，然后再喂。

（3）管好物品，防止偷食。蓖麻的叶、饼、油等妥善保管，以防羊只偷食。

【治疗】前期以解毒排毒为主治原则，中后期以强心、止痛和保护收敛胃肠黏膜为主治原则。

（1）前期：①破坏毒素。0. 2%高锰酸钾溶液反复洗胃。必要时行高位灌肠，尽快使体内残留的毒素排出。②排出毒物。灌服盐类泻剂（如硫酸钠或硫酸镁）及黏浆剂。也可耳尖放血 50 ~ 100mL，接着静脉注射复方氯化钠溶液 200 ~ 300mL。③镇静。皮下注射阿托品，每只羊 2~4mg。

（2）中后期：①内服白糖水，每只羊200g，加水灌服。②口服白酒，成年羊50~100mL，当年羔羊30~50mL，加水灌服。严重时间隔5~10min再灌1次。③对严重的中毒病羊应用复方氯化钠250mL，10%维生素C 10mL、40%乌洛托品10mL、10%安钠咖5mL，一次静脉注射。保护收敛剂可采用鞣酸蛋白、鞣酸、次硝酸铋和硅碳银等。

（八）马铃薯中毒

【病因】羊采食了过多的发芽、变质、腐烂的马铃薯所致（彩图92）。马铃薯其致毒成分为龙葵素，又称马铃薯毒素，是一种弱碱性的生物苷，可溶于水，遇醋酸易分解，高热、煮透可解毒。其含量会随储藏条件和部位的不同而有所不同。当储藏马铃薯不当，导致马铃薯发芽或变为黑绿色时，其中的龙葵素含量会大大增加。发芽马铃薯或未成熟、青紫皮的马铃薯含龙葵素增高数倍甚至数十倍。在新鲜组织中龙葵素的含量一般为20~100mg/kg；若将马铃薯暴露于阳光下5d，其表皮中的龙葵素含量可达到500~700mg/kg；马铃薯发芽后，其幼芽和芽眼部分的龙葵素含量更可高达3 000~5 000mg/kg；龙葵素具有腐蚀性、溶血性。或直接刺激胃肠黏膜导致胃肠炎；吸收后，对运动中枢神经系统和呼吸中枢产生麻痹作用，可造成破坏红细胞溶血、神经麻痹等一系列症状，死亡率较高。人一次食入龙葵素200~400mg即可引起中毒。烹调时如未能除去或破坏龙葵素，食后即可能发生中毒。

【症状】一般发生轻度中毒的羊多呈现出慢性中毒经过，表现出明显的胃肠炎症状。病初：中毒羊食欲减少，瘤胃蠕动微弱，反刍废绝，并伴有口腔黏膜肿胀，流涎，呕吐和便秘等症状。当中毒羊的胃肠炎发生急剧时，中毒羊会发生剧烈的腹泻症状，粪便中混有血液，精神沉郁，肌肉松弛，极度衰弱，且体温时有升高，并在肛门、尾根、四肢内侧和乳房等部位发生皮疹，口角周围发生水疱性皮炎，且反复发作。重度中毒时，中毒羊会表现出明显的神经症状。病初中毒羊表现兴奋不安，性情狂暴，有时向前猛冲直撞；之后转为精神沉郁，后躯软弱无力，并发生运动障碍，步态左右摇摆，可视黏膜发绀，呼吸无力，心脏衰弱，瞳孔散大，全身痉挛，一般1~2d内即会发生死亡。

【预防】严禁用发芽、变质和腐烂的马铃薯喂羊。若确需补充时，可挖掉芽眼煮熟后压碎与草料拌合饲喂。此外，当马铃薯作为饲料时，应防冻、防生芽、防变质腐烂，防羊只偷吃。

【治疗】下泄清肠，对症治疗。

（1）对一般轻度中毒的病羊，可使用0.025%高锰酸钾溶液或5%鞣酸溶液

1 000mL 给病羊洗胃或灌肠，以清除病羊胃肠道内的有毒物质，以制止有毒物质的吸收扩散。

（2）对马铃薯中毒引起病羊发生皮肤斑疹、水疱性皮炎的部位，治疗则应先剪去患部的被毛，清除污垢，用20%鞣酸溶液或30%硼酸溶液进行洗涤，然后涂擦30%龙胆紫或30%硝酸银溶液，以对患部起到防腐、收敛和制止渗出的作用。

（3）重度中毒和中毒症状表现较为剧烈的病羊，服用解毒药物：①菜籽油250mL、蜂蜜250mL混合后1次给病羊内服。②配合用绿豆300g、甘草30g，混合后煎水1次给病羊内服。③配合用10%葡萄糖注射液2 000mL、10%苯甲酸钠咖啡因注射液20mL、维生素C注射液20mL、硫酸镁注射液100mL，混合后1次给病羊静脉注射，每天早晚各注射1次，以改善病羊的血液循环，从而加速解毒功能。

中毒的病羊应加强饲喂调理，对已发生皮肤斑疹、水疱性皮炎的病羊应加强体表破溃部位的治疗，并做好破溃部位的保温，防范破溃部位冻伤并继发细菌感染，影响治疗效果。

第五节　羊寄生虫病防治

一、寄生虫防治新理念

（一）寄生虫流行规律

以新疆放牧绵羊消化道线虫和吸虫病发生和流行为例，基本呈秋季感染，冬季蛰伏，春季和夏季生长、繁殖，7—8月虫体年老排出的模式（图6-10）。图中①、⑥是消化道线虫的主循环，①、③、⑦、⑩是消化道线虫的侧循环。正是由于存在主侧循环，导致羊体内一年四季都有寄生虫。绦虫在羊体内一年一个世代循环，吸虫则每2~3年一个世代循环。

（二）防治现状与误区

1. 防治现状

在寄生虫防治方面，我们一直以来都遵循着“预防为主，治疗为辅”的方针，坚持每年春秋季人工灌服驱虫药物各1次。投入了大量的人力物力和资金，但收效甚微，寄生虫流行依然存在、危害有增无减，几乎所有的牧场、草场和羊场都受到危害，甚至可以说畜牧养殖业没有一块儿净土。应当说，我们制定的方

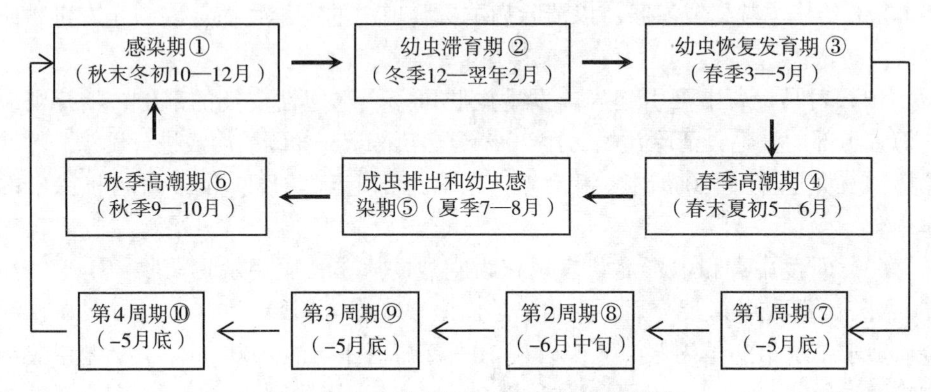

图 6-10　绵羊胃肠道线虫发育周期模型

针路线没有问题。问题是对寄生虫的发育过程、流行特点及其时间变化规律性并不十分了解，在实施预防驱虫的时间节点和方法上出现了偏差。

2. 存在问题

（1）盲目驱虫。实际上，我们在给羊进行定期预防驱虫前，并不了解羊感染了什么寄生虫，只是按照传统习惯和政策条例要求教条地去做而已。如果羊没有感染寄生虫病给羊投驱虫药，则是浪费人力、物力和财力，并且造成食品和环境的污染。不同的寄生虫病要用不同的药物来治疗。如果不知道羊感染了什么寄生虫病，购药就存在盲目性，选药不正确就治不了寄生虫病。

（2）时间点选择。长期以来，我们一直按照春秋两季驱虫的模式辛勤地工作着，但对为什么要在此时驱虫并不十分了解和肯定。秋驱虫（新疆一般在 5~6 月和 9 月中下旬），气温适宜寄生虫生长繁殖，驱虫后再感染机会很大。只起到治疗作用，保护期大约只有 6d。有试验（刘志强等，2014）结果表明：丙硫苯咪唑在投药后 6~8h 血液中检测值达到高峰，持续到 72h；伊维菌素 0. 5h 达到高峰，12h 后为 0；吡喹酮 0. 5h 达到高峰，持续到 72h。也就是说，春、秋驱虫的模式只能保证家畜 1 年中只有 6d 处于无虫状态，其他 359d 中家畜仍处在感染和传播寄生虫病的状态。致使寄生虫病年年防治年年有、危害年年不减，没有起到预防作用（特别是春乏死亡）；不能切断其生活史，也就起不到寄生虫病的净化作用。

（3）不计效果。实事求是地说，我们只是把定期预防驱虫当作一种工作、一项任务去完成，至于为什么要驱虫、驱什么虫、在什么时候驱虫、效果如何，则很少有人去考虑。花了那么大的精力、那么多的钱、那么多药物，驱虫的效果如何则不得而知。

（三）新理念与新技术

1. 新理念

根据寄生虫生活史和发生流行规律，选择适当的时间节点、对症下药、阻断发育循环链，利用严冬酷暑的大自然力量消灭感染性虫卵和幼虫，达到增加保护期、增强健康、防控净化的目的。

2. 新技术

驱虫新技术主要包括：冬季驱虫、转场前驱虫、舍饲前驱虫和治疗性驱虫，以取代“春秋驱虫”传统模式，解决其驱虫时间选择不科学、驱虫后保护期短的问题。

（1）冬季驱虫。试验表明：外界环境中的虫卵和感染性幼虫在25℃左右为最佳生长温度，0℃或40℃停止发育。0℃以下时，温度越低虫卵和感染性幼虫存活时间越短；40℃以上时，温度越高虫卵和感染性幼虫存活时间越短。感染性幼虫在-10～-22℃ 12h 死亡；40℃ 8d、50℃ 0.5h 死亡。晚春、夏季和秋末，感染性幼虫在草上，家畜通过采食感染寄生虫病，冬季感染性幼虫在草根、土缝中，家畜不易感染寄生虫。严冬和酷暑可部分自然净化环境中感染性虫卵和幼虫。

实行冬季驱虫，可全部驱除秋末冬初感染的所有幼虫和少量残存的成虫，从而起到治疗作用；被驱除体外的成虫、幼虫和虫卵在低温状态下很快死亡，不会发育为感染性幼虫，不造成环境污染，可起到无害化驱虫的目的；驱虫后的羊只在相当长的一段时间内不会再感染虫体，或感染量极少，保护期延长；寄生虫夏在草上，冬在草下，这就可有效地保护羊只越冬度春，减少春乏死亡；切断寄生虫的生活史，起到净化作用。

当确认气温连续 3 天在-5℃以下时（根据天气预报），可启动冬季驱虫程序。

怀孕母羊尽量避免在妊娠第 1 个月和第 5 个月时进行驱虫。因为此时驱虫，可造成 1.7%的母羊发生流产。

（2）转场前驱虫。转场前驱过虫的羊只体内没有寄生虫，到了新牧场也不会对新草场造成污染。由于新草场在放牧前已经过一个严冬或一个炎热的夏天考验，草场中的感染性幼虫在高温和低温不利条件下会大量死亡，草场已得到自然净化，羊只再感染的机会相对较低，可保持较长时间的低荷虫量。

春季、夏季和秋季驱虫时，应在圈舍内进行，防止虫卵污染草场。驱虫后圈养 1～2d，并将粪便清除后堆放，生物热发酵杀死虫卵。

(3) 舍饲前驱虫。舍饲前对羊只进行驱虫，以避免对羊舍产生污染，也可减少寄生虫病的危害，提高饲料利用率。对驱虫后的粪便应及时清除，集中单独堆放，生物发酵杀灭虫卵，可达到无害化驱虫的目的。

(4) 治疗性驱虫

①检测设备：动物粪便虫卵、幼虫诊断盒（操作方法详见附件5）。

②诊断原理：利用不同类型的寄生虫虫卵和幼虫，在饱和盐溶液（饱和盐溶液：380g，比重1.18；硫酸镁、硫酸锌1.28；硫代硫酸钠1.4；硝酸铅1.5）中漂浮、沉淀分层不同的原理，贝尔曼氏幼虫分离法将之分离，显微镜下观察其形态，对照动物粪便虫卵模式图（附件5）即可辨别出寄生虫种类，做出结论对症治疗。

③对症治疗：对原虫类寄生虫、吸虫类寄生虫、绦虫类寄生虫、线虫类寄生虫及螨虫类寄生虫、外寄生虫分门别类，对症用药治疗。

④效果检验：在药物有效期后，采集动物粪便，利用动物粪便虫卵、幼虫诊断盒检验驱虫效果，以证明诊断和用药的准确性等。

(5) 无病预防原则

无病预防原则是指在羊有可能感染寄生虫病或感染初期时所采取的预防或治疗措施。这样可以最大限度减少寄生虫病对羊的危害，减少经济损失。同时早期治疗的效果也好于中后期。

①原虫病和外寄生病的无病预防方法：在原虫病和外寄生虫病流行季节定期喷洒杀虫剂，可预防和减少原虫病和外寄生虫病的发生，减少其对羊的危害。

②皮蝇蛆病的无病预防方法：羊感染羊皮蝇蛆病的时间一般为7—9月，感染性幼虫在羊体内生长9~10个月，如在三期幼虫期进行治疗，此时虫体已对羊体造成危害，且治疗效果不理想。如在11月对当地所有羊进行一次预防性治疗，翌年就不会发生羊皮蝇蛆病，就不会造成羊的危害了。

③蠕虫病的无病预防原则：蠕虫病是绵羊最常见的寄生虫病。有时可能会出现吸虫病、绦虫病和线虫病混合感染，对羊只危害十分严重且比较普遍。在本病流行地区，结合本地的实际情况，开展冬季驱虫、转场前驱虫、舍饲前驱虫和治疗性驱虫，消灭和控制自然环境中的中间宿主，平时加强饲养管理措施，从而减少羊吸虫病、线虫病和绦虫病的发生，减少其对羊的危害。

二、羊体内寄生虫病防治

(一) 原虫类寄生虫病

原虫类寄生虫病是由寄生在绵羊血液红细胞中的血液原虫（泰勒焦虫、巴贝斯虫、伊氏焦虫）、肌肉内肌肉原虫（住肉孢子虫）和肠道内原虫（球虫）引起的寄生性原虫病。

1. 泰勒焦虫病

【虫体形态】绵羊泰勒焦虫病是由寄生在绵羊的红细胞内泰勒焦虫所引起的一种血液原虫病。泰勒焦虫呈圆形、椭圆形、杆状等形状。圆形、椭圆形为大多数，约占80%。环形虫体呈戒指状，位于环形边缘的一端，着色为红色（彩图6-39），原生质为淡蓝色，大小为0.6~1.5μm；圆点形虫体内无原生质，着色为蓝色，很类似边形虫，但虫体不在红细胞边缘，直径略小于环形；裂殖体形虫体散在于红细胞之外，着色为蓝色，大小为0.8~1μm。

【感传特点】羊泰勒焦虫病的传播者为长角血蜱（彩图6-40）。蜱多寄生在灌木丛、榛棵、草叶中。当羊采食路过时，蜱便爬上羊体，叮在皮肤上吸血的同时将泰勒焦虫传播给羊。虫体进入家畜体内后，先浸入网状内皮系统的细胞中，形成石榴体（裂体），其后进入红细胞内寄生，从而破坏红细胞，引起各种临床症状和病理变化。

【流行特点】该病发病迅猛而快，死亡率极高。羔羊对本病最易感，尤以2~6月龄最为多见，死亡率高达90%~100%。蜱是焦虫的中间宿主，焦虫在蜱的体内能进行有性繁殖。所以此病是由蜱进行传播的。蜱的活动有一定的季节规律性，因此，焦虫病的发生也有一定季节性。多发季节为春、夏、秋季。

【临床症状】精神沉郁，食欲减退，反刍迟缓，体温升高至40~42℃，呈稽留热。呼吸促迫，脉搏加快，不同程度喘吸，鼻发鼾声。心律不齐，便秘或腹泻。四肢僵硬，喜卧地。眼结膜初为充血，继而苍白，并轻度黄疸，迅速消瘦。体表淋巴结肿大，肩前淋巴结肿大尤为显著，有核桃大至鸭蛋大，触之有痛感（彩图6-41）。

采集静脉血，制作血片，姬姆萨染色，用油镜进行观察，发现虫体可确诊。

剖检：病死羊消瘦，贫血，全身淋巴结不同程度的肿大，尤以肩前、肠系膜、肝、肺等处更为明显；肝脏、胆囊、脾脏显著肿大，并有出血点；肾脏呈黄色，表面有蛋黄或灰白色结节和小出血点；真胃黏膜有溃疡斑，肠黏膜有少量出血点。

【预防措施】从引种检疫、圈舍消毒和灭蜱外寄生虫防治入手。

（1）检疫从外地调入的羊，有的处于带虫状态，在运输前进行血液寄生虫学检查，确认健康后方可允许调入。

（2）消毒。加强饲养管理，改善卫生条件，羊舍及周围场区用“碘酊消毒液”进行消毒，1次/日，连续3~5d，保持环境安静，以减少应激反应。

（3）灭蜱。绵羊环形泰勒焦虫是一种经有残缘璃眼蜱传播的血液原虫，因此应重视灭蜱工作，春季第一次在羊体上发现蜱时，用粉状“杀蜱散”洒在羊体上，夏季可用1%～2%的敌百虫溶液喷洒在羊体和羊舍内外进行杀虫。

（4）做好体外寄生虫的防治工作，每月用1%的敌百虫喷洒以消灭体外寄生虫。

【临床治疗】对发病绵羊用“血虫120”按0.1～0.2mL/kg体重肌肉注射，1次/d，连用3d。同时，在饮水中加入维生素C、电解质、口服补液盐等，以减少应激，补充营养。

2. 住肉孢子虫病

是由寄生在羊肌肉内的住肉孢子虫引起的一种人畜共患原虫病。感染该寄生虫病的家畜屠宰后，胴体的不同部位肌肉内还会存留一定量的病原体。因此，在流行区内，羊肉须煮熟后方能食用，以免毒素危害人体健康。

【虫体特性】病原虫现已知有6种。虫体包囊呈卵圆形或圆形，大小为3～6mm，包囊壁厚7～12μm，包囊有次生囊壁，原生囊表面有菜花状突起。包囊内部有中心区和外周区之分，中心区小室内缓殖子较少或无，外周区小室内充满缓殖子（彩图6-42）。住肉孢子虫需要在两个不同种的宿主循环，才能完成其生活史。无性发育阶段通常在中间宿主完成，有性发育阶段在终末宿主完成。孢子囊和卵囊对外界的抵抗力很强，在4℃下可存活1年之久；但对高温、冷冻和盐渍很敏感，67℃ 5min、-20℃ 2d、每千克肉加食盐60g，3d即可灭活肌肉中的缓殖子，达到无害化处理的目的。

【感传特点】羊的住肉孢子虫病，羊是终末宿主，狗猫是中间宿主。狗猫吞食了含有住肉孢子虫包囊的肉食品而感染，包囊在肠道内释放出缓殖子，进入肠上皮细胞或固有层，1～2d发育成大配子和小配子，两者受精后形成卵囊。卵囊第5d左右开始孢子化，经8～12d发育成熟，随粪便从肠道排出。卵囊内含有2个孢子囊，每个孢子囊内含有4个紧贴囊壁的瓜子形子孢子。薄而脆的囊壁通常在肠内因摩擦而破裂，释放出子孢子。终末宿主羊采食了被狗猫粪便污染的饲料或饮用了被污染的水而受感染。于是，子孢子在肠道内逸出，进入全身血管内皮细胞进行2次裂殖生殖。然后，进入血液或单核细胞内进行第3次裂殖生殖。最后，进入心肌和肌肉纤维细胞中发育成包囊。裂殖生殖过程释放毒素，使羊致病；裂殖发育和包囊发育均需消耗羊体营养，致其消瘦。

这是一个世界性分布的寄生性原虫病，存在于世界各地的绵羊产区。感染率为10%～93%，死亡率为10%～20%。

【临床症状】患羊体温升高，腹泻；体重减轻，疲倦无力，不孕，流产，感染严重的羊只出现死亡。感染小型住肉孢子虫病羊只精神不振，食欲减退或消失，有渴欲，可视黏膜苍白，腹泻，便血，粪便中常混有剥脱的黏膜和上皮，有恶臭，并含有大量的卵囊，体温有时升高。剖检诊断可见食道、膈肌或肌肉内有白色的肉孢子虫包囊，小肠黏膜出现卡他性炎症、出血点和溃疡灶。粪便触片检查可查出大量卵囊和裂殖体。

【预防措施】预防的关键是切断住肉孢子虫病传染途径中的中间和终末宿主。对带虫肉品进行无害化处理；严禁用生肉喂狗、猫，严禁狗、猫接近和进入羊场，避免其粪便污染水源和饲料。

【临床治疗】临床治疗主要目标还是驱虫。

（1）氨丙林，按羊 0.1g/kg 体重用药，一次口服。

（2）①伯氨喹、氯喹，按羊各 1.25mg/kg 体重用药，一次口服；②按伯氨喹 1.25mg/kg 体重、乙胺嘧啶 1mg 用药，一次口服。方①连用 4 天，接着方②连用 4 天。

3. 羊球虫病

是由寄生在羊小肠黏膜的艾美尔科艾美尔属球虫（图 6-11）引起的一种原虫病。病原虫主要有雅氏艾美尔球虫、阿萨他艾美尔球虫、小型艾美尔球虫、帕里达艾美尔球虫和颗粒艾美尔球虫等。

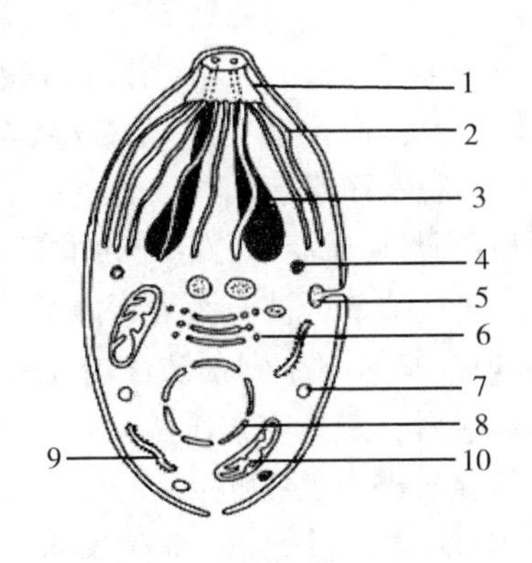

图 6-11　艾美尔球虫模型

1. 极帽；2. 小线体；3. 棒状体；4. 脂团；5. 食泡；6. 高尔基复合体；7. 蛋白体；8. 细胞核；9. 内质网；10. 线粒体

【虫体特性】卵囊呈球状。羊艾美尔球虫属直接发育型，不需要中间宿主，须经过无性生殖、有性生殖和孢子生殖 3 个阶段。孢子化卵囊被羊吞食后，在胃液的作用下，子孢子逸出并迅速侵入肠道上皮细胞，进行多世代的无性生殖，形成裂殖体和裂殖子。再形成小裂殖体或进入有性生殖阶段，形成大、小配子体。大、小配子体寄生于肠腺和肠绒毛上皮细胞中，发育成熟后，后者分裂生成许多小配子，小配子与大配子结合形成合子，再形成卵囊。卵囊随宿主粪便排出体外，在适宜条件下，进行孢子生殖。经数日发育成感染性卵囊，被羊吞食后，重新开始其在宿主体内的无性生殖和有性生殖（图 6-12）。

【感传特点】本病的传染源是病羊和带虫羊。被污染的土壤、牧草、饲料、饮水、用具和环境，经消化道使健康羊获得感染。饲料和环境的突然改变，长途运输，断乳和恶劣的天气，以及饲养条件差都可引起山羊的抵抗力下降，导致球虫病的突然发生。各种品种的绵羊对球虫均有易感性。1 岁以下的感染率高于 1 岁以上的，成年羊一般都是带虫者。1~3 月龄的羔羊，发病率几乎为 100%，死亡率可高达 60%以上。1~2 月龄春羔的粪便中，常发现大量的球虫卵囊。随着年龄的增长，每克粪便中的卵囊数有逐渐减少的趋势。本病呈世界性分布，病的潜伏期为 2~3 周，感染率和强度依不同球虫种类及各地的气候条件而异。流行季节多为春、夏、秋三季；冬季气温低，不利于卵囊发育，很少发生感染。

【临床症状】临床症状可分温和型、急性型和最急性型三种类型。

（1）温和型。病羊食欲减退，慢性腹泻，被毛粗乱，肛门周围沾有大量稀粪。由于球虫对肠上皮细胞和血管的破坏，可引起出血性肠炎，以致粪便中含有黏液和血液（彩图 6-43）。

（2）急性型。病羔排出暗红色血痢，甚至含有血凝块。初期排便时努责时间较长，后期随着下痢次数增多，而排便失禁。后躯被粪便污染，有些羊发生直肠脱出。病羊精神委顿，由于脱水而迅速消瘦，最后因极度衰竭而死亡。

（3）最急性型。表现最急性综合症状，于 24h 内死亡。看不到消化紊乱症状。法国的研究人员认为，这些结节可被应激因素激活，容易发展为肠毒血症。

【预防措施】预防应采取隔离、卫生和预防性治疗等综合措施。

（1）成年羊是球虫的散播者，最好将羔羊隔离饲养管理。

（2）羊球虫以孢子化卵囊对外界的抵抗力很强，一般消毒药很难将其杀死。对圈舍和用具，最好用 70~80℃以上热水或 3%热碱水消毒。经常保持圈舍及周围环境的卫生，通风干燥，每天清除粪便，进行堆积生物热消毒。

（3）也可采取提前使用抗球虫药物进行预防。

【临床治疗】以驱虫为主，辅以抗菌消炎、补液。

（1）磺胺二甲嘧啶。按第 1 天为 0. 2g/kg 体重，以后改为 0. 1g，连用 3~5d，对急性病例有效。

（2）磺胺与甲氧嘧啶加增效剂。按 5：1 比例配合，按每天 0. 1g/kg 体重剂

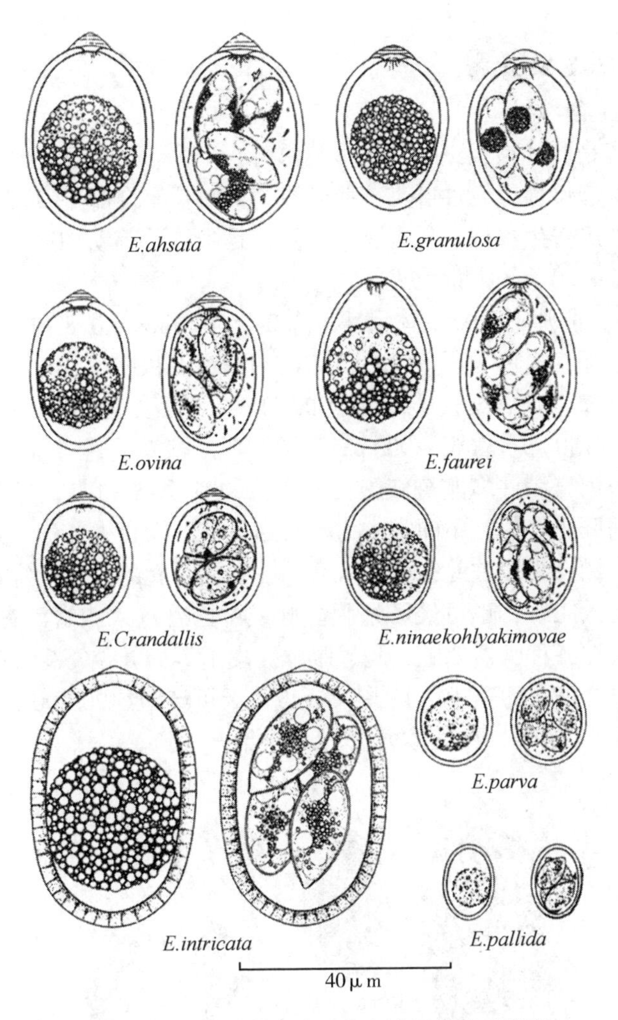

图 6-12　绵羊的未孢子化和孢子化球虫卵囊

量内服，连用 2d 有治疗效果。

（3）磺胺喹恶啉。按 12.5g/kg 体重，配成 10%溶液灌服，每天 2 次，连用 3~4d。

（4）氨丙啉。按每天 20g/kg 体重，连用 5d。

（5）鱼石脂 20g，乳酸 2mL，水 80mL，配成溶液，内服，每次每只羊 5mL，每天 2 次。

（6）硫化二苯胺。每 kg 体重 0.2~0.4g，每天 1 次，内服，使用 3d 后间隔 1d。

（二）蠕虫类吸虫病

1. 肝片吸虫病

肝片吸虫病是肝片形吸虫、巨片形吸虫寄生于牛、羊等反刍动物或人体的肝脏、胆管内，引起慢性或急性肝炎、胆管炎，同时伴有全身中毒现象及营养障碍等病症的人兽共患寄生虫病。危害相当严重，是牛、羊等动物严重的寄生虫病之一，可引起羔羊和绵羊的大批死亡。

【病虫习性】肝片形吸虫虫体大小（2.0~5.0）cm×（0.8~1.3）cm，背腹扁平，似叶形，呈深红褐色（图 6-13）。体前端呈圆锥状突起，称为头锥，头锥后虫体骤宽称为肩峰。口吸盘较小，位于虫体顶端，腹吸盘略大，位于头锥基部。虫卵甚大（130~150）μm×(63~90)μm，椭圆形，淡黄褐色，卵壳薄，分两层。一端有小盖。卵内充满许多卵黄细胞（彩图 6-44、图 6-14）。肝片形吸虫成虫寄生在终宿主的肝胆管内，中间宿主为椎实螺类。尾蚴自螺体逸出后在水草等水生植物上形成囊蚴。囊蚴被终宿主食入后，在肠中脱囊的后尾蚴穿过肠壁，经腹腔侵入肝脏而转入胆管，也可经肠系膜静脉或淋巴管进入胆管。在移行过程中，部分童虫可停留在各种脏器如肺、脑、眼眶、皮下等处异位寄生，造成损害。自感染囊蚴至成虫产卵最短需 10~11 周。成虫每天可产卵约20 000个。在绵羊体内寄生的最长纪录为 11 年，在人体可达 12~13 年。

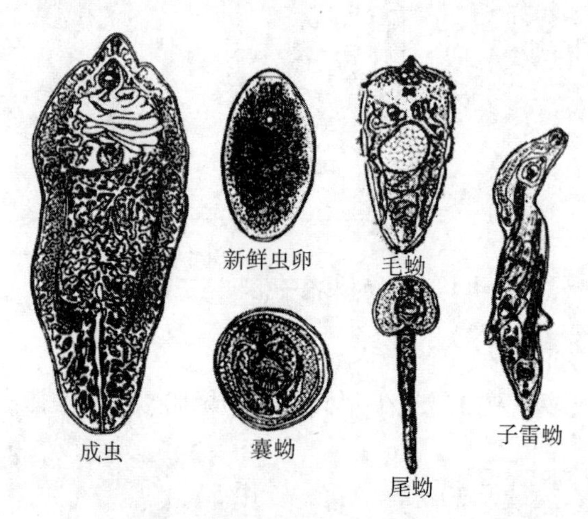

图 6-13　不同龄段肝片吸虫

【感传特点】肝片吸虫对人和畜体的损伤大致可分为童虫和成虫两方面。早期童虫穿过肠壁进入腹腔，在此过程中可破坏组织，在虫道上留有出血灶。童虫在肝实质中移行时，以肝细胞为食，损伤肝组织。随着童虫的发育，肝损伤更为广泛，可出现纤维蛋白性腹膜炎。肉眼可见肝脏明显充血，其间布满乳白花纹(硬结部分)。肝组织表面偶有小脓肿，脓肿内充满嗜酸性粒细胞及大量的夏-雷结晶。童虫在肝内游走约6周后进入胆管中寄生并发育为成虫（图6-14）。成虫寄生在胆管内，使管腔明显增大，突出于表面。虫体的吸盘及皮棘等机械性刺激，可引起炎症性改变，并易致继发性感染而引起细胞性胆管炎或肝脓肿。虫体能产生大量的脯氨酸，可诱发胆管上皮增生，因此成虫引起的主要病变是胆管炎症及上皮增生，致使胆管管腔变窄，管壁增厚，胆管周围亦有纤维组织增生。严重者可见较大的胆管也有慢性阻塞及胆汁淤积，从而发生胆汁性肝硬化。

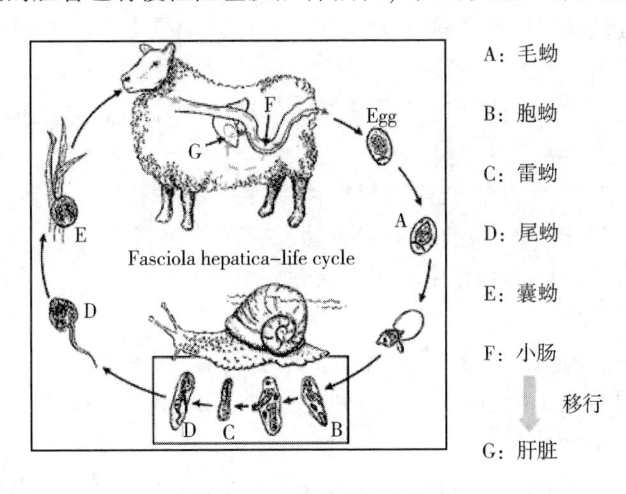

图6-14　肝片吸虫生活史

常出现于河流、山川小溪和低洼、潮湿沼泽地带，特别是在多雨季节，中国北方以8—9月、南方以9—11月感染最严重，感染率高达20%~60%。

【临床症状】症状的表现程度根据虫体多少、羊的年龄、羊的体质以及感染后的饲养管理情况而分为急性型和慢性型。

（1）急性型。多见于秋季，表现为体温升高，精神沉郁，食欲废绝，偶有腹泻。肝区叩诊时半浊音区扩大，敏感性增高，病羊迅速贫血。有些病例表现症状后3~5d发生死亡。

（2）慢性型。最为常见，可发生在任何季节。病程发展很慢，一般在1~2个月后体温稍有升高，食欲略见降低，眼睑、下颌、胸下及腹下部出现水肿，肋骨突出。病程继续发展时食欲趋于消失，表现出卡他性肠炎，放牧时有的吃土，便秘与腹泻交替发生，拉出黑褐色稀粪，有的带血。使得黏膜苍白，黄疸，贫血剧烈。由于毒素危害以及代谢障碍，羊的被毛粗乱无光泽，脆而易断，有局部脱毛现象。3~4 个月后水肿更为剧烈，病羊更加消瘦，孕羊可能生产弱羔，甚至死羔。

剖检，可见肝脏表面有白色包泡样突起。切开肝脏，实质部亦可见相同病变（彩图 6-45）。

【预防措施】以消灭中间寄主椎实螺为主要目标，实行轮牧制、舍饲前驱虫。

（1）消灭中间宿主。消灭中间宿主椎实螺是预防肝片吸虫病的重要措施。在放牧地区，改变椎实螺的生活条件，达到灭螺的目的。在放牧地区，大群养鸭，既能消灭椎实螺，又能促进养鸭业的发展。

（2）轮牧预防：①选择高燥地区放牧，不到沼泽、低洼潮湿地带放牧。②轮牧是防止肝片吸虫病传播的重要方法。每个小区放牧 30~40d，按一定的顺序一区一区地放牧，周而复始地轮回放牧，以减少肝片吸虫病的感染机会。③放牧与舍饲相结合。

（3）舍饲前驱虫。在冬季和初春气候寒冷、牧草干枯，大多数羊消瘦、体弱，抵抗力低，患羊死亡数量最多的时期。应由放牧转为舍饲，以加强饲养管理，来增强抵抗力、降低死亡率。羊在入舍前集中集体驱虫，粪便集中无害化处理（参见冷季驱虫）。

（4）舍饲全进全出。舍饲羊实行“全进全出制”，便于集中驱虫、粪便无害化处理和羊舍集中消毒，也有利于羊舍空闲、以切断感染传播途径，达到预防的目的（参见转场前驱虫）。

（5）饮水卫生。在发病地区，尽量饮自来水、井水或流动的河水等清洁的水，不要到低湿、沼泽地带去饮水。

（6）粪便处理。圈舍内的粪便，每天清除后进行堆肥，利用粪便发酵产热而杀死虫卵。对驱虫后排出的粪便，要严格管理，不能乱丢，集中起来堆积发酵处理，防止污染羊舍和草场及再感染发病。

（7）患病脏器的处理。不能将有虫体的肝脏随意丢弃，或在河水中清洗，或把洗涤肝脏的水到处乱泼，而使病源人为地扩散。对有严重病变的肝脏立即作深埋或焚烧等销毁处理。

（8）驱虫预防。肝片吸虫病的传播主要是源于病羊和带虫者，因此驱虫不仅是治疗病羊，也是积极的预防措施。预出预防关键在于驱虫的时间与次数。所有羊只每年在 2—3 月（新疆 4—5 月）和 10—11 月（新疆 4—5 月）（参见转场前驱虫）应有两次定期驱虫，10—11 月驱虫是保护羊只过冬，并预防羊只冬季发病，2—3 月驱虫是减少羊只在夏秋放牧时散播病源。驱虫药物、剂量和方法与临床治疗性驱虫基本相同。

【临床诊治】羊肝片吸虫病以身体消瘦，眼睑、下颌、胸下及腹下部出现水肿为主要特征。治疗的本质和目标依然是驱虫。急性病例一般在 9 月下旬幼虫期驱虫，慢性病例一般在 10 月成虫期驱虫。

（1）硝氯酚。3~6g/kg 体重，空腹 1 次灌服，每天 1 次，连用 3d。

（2）丙硫咪唑。20g/kg 体重。

（3）硫双二氯酚。80~100g/kg 体重。

（4）氯碘柳苯胺。7~10g/kg 体重。

（5）滴注。5%葡萄糖氯化钠注射液 500mL 20%安钠咖注射液 10mL，10%维生素 C 注射液 10mL，10%碳酸钠注射液 20mL，混合 1 次性静脉滴注，1 次/d，连用 3d。继发感染者，肌肉注射抗生素。

2. 羊双腔吸虫病

双腔吸虫病又称复腔吸虫病，是由寄生在羊肝脏、肝管及胆囊内的多种双腔吸虫引起的寄生虫病，由于虫体比肝片吸虫小得多，故有些地方称之为小型肝蛭。本病在我国分布很广、感染率很高，特别是在西北及内蒙古各牧区流行比较广泛，感染率和感染强度远较片形吸虫为高，绵羊和山羊都可发生，对养羊业带来的损害很大。人也可感染此病。

【病虫习性】病原为矛形双腔吸虫、中华双腔吸虫等。矛形双腔吸虫，虫体扁平、透明、呈棕红色，肉眼可见内部器官；表面光滑，前端尖细，后端较钝，呈矛状；体长 5~15mm、宽 1.5~2.5mm。腹吸盘大于口吸盘。睾丸两个，近圆形或稍分叶，前后斜列或并列于腹吸盘之后。睾丸后方偏右侧为卵巢和受精囊，卵黄腺呈小颗粒状，分布于虫体中部两侧。虫体后部为充满虫卵的曲折子宫。虫卵呈卵圆形或椭圆形，暗褐色，卵壳厚，两侧稍不对称；大小为（38~45）μm×（22~30）μm。虫卵一端有明显的卵盖，卵内含毛蚴。中华双腔吸虫，虫体扁平、透明，腹吸盘前方体部呈头锥样，其后两侧较宽似肩样突起；体长 3.5~9.0mm、宽 2.63~3.09mm。两个睾丸呈不正圆形，边缘不整齐或稍分叶，并列于腹吸盘之后。睾丸之后为卵巢。虫体后部充满子宫。卵黄腺分列于虫体中部两侧。虫卵与矛形双腔吸虫卵相似（彩图 6-46）。

【感传特点】矛形双腔吸虫在发育过程中，需要两个中间宿主参加。中间宿主是陆地螺，补充宿主是蚂蚁。成虫在肝胆管和胆囊中产卵，虫卵随胆汁进入肠道，然后随粪便排出体外。排出的成熟虫卵内已含有发育好的毛蚴。虫卵被中间宿主吞食后，毛蚴破卵壳而出，经胞蚴、子胞蚴阶段后发育为尾蚴。尾蚴离开螺体，粘附于植物叶上或其他物体上，被补充宿主吞食，在补充宿主体内发育为囊蚴。羊吃草时，将含有囊蚴的蚂蚁一起吞食而感染。幼虫沿十二指肠、胆管逆行进入肝脏发育为成虫（与肝片吸虫的相似，彩图 103）。适宜季节虫体在畜体内由少聚多，由小到大，对牛羊产生机械刺激作用，并夺取机体的营养，随着毒素的逐渐增强，危害机体健康，表现出发病症状。本病分布广泛，在我国主要分布在东北、华北、西北、西南等地区，个别地区感染率在 80%以上。

【临床症状】病羊表现因感染强度不同而有差异。轻度感染时，通常无明显症状。严重感染时，病羊消瘦、贫血、黄疸、消化反常、腹泻与便秘交替。下颌、胸下出现水肿，逐渐变为消瘦，最后因极度衰竭而死亡。由于虫体机械刺激，胆管增厚或发炎，出现肝炎、肝硬化的病理及症状，从肝脏、胆管，胆囊内检查到大量虫体。用动物粪便虫卵诊断盒采用水洗沉淀法检查粪便中的虫卵，便可做出诊断。

【预防措施】参照肝片吸虫病。应以定期驱虫为主，同时加强羊的饲养管理，以提高其抵抗力；对粪便亦应进行堆肥发酵处理，以杀灭虫卵。

（1）以定期驱虫为主，同时加强饲养管理，以提高羊的抵抗力，并采取轮牧消灭中间宿主和预防性驱虫。

（2）消灭中间宿主可采用下列各种办法：①发动群众捡捉蜗牛，或养鸡消灭蜗牛和蚂蚁。②铲除杂草，清除石块，消灭蜗牛及蚂蚁的孳生地。③化学药品消灭蜗牛：用氯化钾 20~25g，能够杀死 60%~90%的蜗牛。

（3）对粪便进行堆沤发酵处理，以杀灭虫卵。

【临床诊治】与肝片吸虫相同，以驱虫为主要目标。

（1）海涛林［1-β,β,β-3（对氯苯基）丙酰-4-甲基哌嗪］该药是治疗双腔吸虫病最有效的药物，安全幅度大，对怀孕母羊及产羔均无不良影响。剂量按 40~50g/kg 体重，配成 2%悬浮液，经口灌服。

（2）丙硫咪唑 剂量按 30~40g/kg 体重，口服。

（3）六氯对二甲苯（血防 846）剂量按 200~300g/kg 体重，口服。

（4）噻苯唑剂量按 150~200g/kg 体重，口服。

（5）吡喹酮 剂量按 65~80g/kg 体重，口服。

3. 羊阔盘吸虫病

是由寄生在动物胰脏内的多种阔盘吸虫引起的胰脏吸虫病。病原主要为双腔科阔盘属的胰阔盘吸虫、腔阔盘吸虫和枝睾阔盘吸虫（彩图 6-47）。

【病虫习性】胰阔盘吸虫，虫体较大，呈长椭圆形，口吸盘大于腹吸盘，攀丸并列在腹吸盘后缘两侧，呈圆形，边缘有缺刻或有一小分叶。卵巢分叶 3~6

瓣。虫体较小，呈短椭圆形，体后端中央有明显的尾突，口吸盘小于或等于腹吸盘。睾丸大多为圆形或椭圆形，少数有不整齐的缺刻。卵巢大多为圆形整块，少数有缺刻或分叶。腔阔盘吸虫，虫体较小，呈短椭圆形，体后端中央有明显的尾突，口吸盘小于或等于腹吸盘。睾丸大多为圆形或椭圆形，少数有不整齐的缺刻。卵巢大多为圆形整块，少数有缺刻或分叶。枝睾阔盘吸虫，虫体是三种中最小的，体形呈前尖后钝的瓜子形。口吸盘明显小于腹吸盘。睾丸较大而分枝，卵巢有 5~6 个分叶。

阔盘吸虫要经过虫卵、毛蚴、母胞蚴、子胞蚴、尾蚴、囊蚴（后尾蚴）、童虫及成虫 8 个阶段。成虫寄生在宿主的胰管中，虫卵随胰液到消化道后随粪便排出。虫卵被陆地蜗牛吞食后，在蜗牛靠近内脏团的上段肠管中孵出毛蚴。毛蚴穿过肠壁到胃肠结缔组织中发育形成母胞蚴，后产生子胞蚴和尾蚴。包裹着尾蚴的成熟子胞蚴离开原来母胞蚴着生的部位上行到蜗牛的气室，经呼吸孔排出到外界。从蜗牛吞食虫卵到排出成熟子胞蚴（内含百余个短球尾型尾蚴），在 25~32℃条件下约需 5~6 个月。成熟子胞蚴被第二中间宿主草蝠或针蟀吞食，其内的尾蚴便在体内脱去球尾，穿过胃壁到达血腔中形成囊蚴。羊等动物吃草时吞食含有成熟囊蚴的草蝠或针蟀而感染，特别在深秋季节，昆虫类的活跃能力降低时更易被羊只吞食。当囊蚴到达十二指肠，由于胰酶的作用，囊壁溶解，童虫逸出，并进入胰管中发育为成虫。阔盘吸虫的整个发育时间较长，从毛蚴进入蜗牛体内到成熟的子胞蚴排出需半年至 1 年时间；童虫进入终末宿主胰管中至发育为成虫约需 100d 时间。故整个生活史共需 10~16 个月才能完成（图 6-15）。

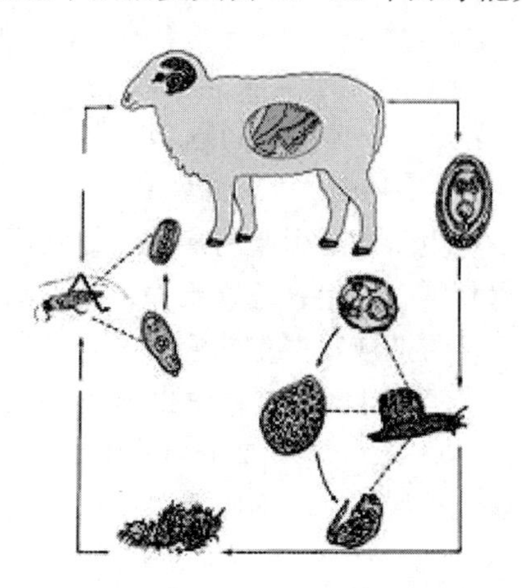

图 6-15　阔盘吸虫发育与生活史

【感传特点】 阔盘吸虫属世界性分布，我国的东北、西北牧区及南方各省都有本病流行。羊阔盘吸虫病流行的地区及受感染的情况，均与本类吸虫两个中间宿主的分布、孳生栖息地点及羊放牧习惯等密切相关。国内各省区都有蜗牛存在，只有在适宜的季节，蜗牛（贝类宿主）、昆虫宿主及羊、牛三者联系在一起的地点，才是病原传播、羊受感染的地点。由于阔盘吸虫在中间宿主体内发育期长，而草螽、针蟀又是一年生的昆虫，所以一个地区被吸虫病感染的季节受当地的自然气候所影响，也与当地阳性蜗牛排出成熟子胞蚴及昆虫宿主带有成熟囊蚴的季节密切相关。在我国南方，感染季节有5~6月及9~10月两个高峰期；而在北方，感染的高峰期只在9—10月。

【临床症状】 阔盘吸虫的成虫寄生在羊的胰管中，因机械性刺激、堵塞代谢产物以及营养的夺取等引起胰脏的病理变化及机能障碍。病羊全身出现营养不良、消瘦、贫血、水肿、腹泻、生长发育受阻，严重的造成死亡。剖检可见胰脏肿大、胰管高度扩张，管上皮细胞增生发炎肥厚，管壁增厚，管腔缩小，黏膜不平呈小结节状，也有出血，溃疡，炎性细胞浸润，黏膜上皮被破坏，发生渐进性坏死变化。整个胰脏结缔组织增生，呈慢性增生性胰腺炎，从而使胰腺小叶及胰岛的结构变化，胰液和胰岛素的生成、分泌发生机能紊乱。管腔内有大量虫体，有的胰脏萎缩或硬化，甚至癌变。

【预防措施】 与肝片吸虫、双腔吸虫的方法相同。杀灭中间宿主草螽和针蟀、定期驱虫是关键环节。

【临床治疗】 肝片吸虫病、双腔吸虫病临床治疗药物均可用来治疗阔盘吸虫病。也可采用以下方法：

（1）吡喹酮：50g/kg体重，混水灌服，效果甚好。

（2）血防846：400~600g/kg体重，间隔2d，连服3次。

4. 羊前后盘吸虫病

是指由前后盘科吸虫寄生于瘤胃引起的疾病，故又叫同盘吸虫病、瘤胃吸虫病。成虫寄生在羊的瘤胃和网胃壁上，危害不大；幼虫则因在发育过程中移行于真胃、小肠、胆管和胆囊，可造成较严重的疾病，甚至导致死亡。

【病虫习性】 病原主要有鹿同盘吸虫。成虫体呈圆锥状，背面稍弓起，腹面略凹陷，粉红色，雌雄同体，长0.5~1.2cm，宽0.2~0.4cm。口吸盘位于虫体前端，腹吸盘又称后吸盘位于后端，比口吸盘大，虫体靠吸盘吸附于胃壁上（彩图6-48）。

前后盘吸虫的发育与生活史（图6-16）与肝片吸虫相似。成虫在终末宿主的瘤胃内产卵，卵进入肠道随粪便排出体外。卵在外界适宜的温度（26~30℃）

下，发育成为毛蚴，毛蚴孵出后进入水中，遇到中间宿主淡水螺而钻入其体内，发育成为胞蚴、雷蚴、尾蚴。尾蚴具有前后吸盘和一对眼点。尾蚴离开螺体后附着在水草上形成囊蚴。牛、羊吞食含有囊蚴的水草而受感染。囊蚴到达肠道后，童虫从囊内游出，在小肠、胆管、胆囊和真胃内寄生并移行，经过数十天，最后到达瘤胃，逐渐发育为成虫。

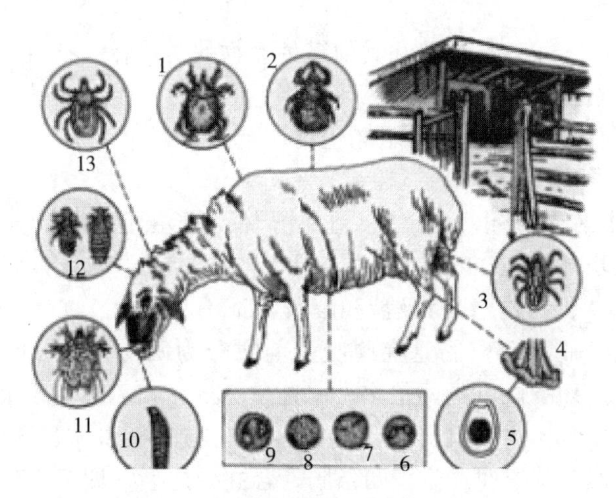

图 6–16　前后吸盘虫发育与生活史示意

1. 成虫 2；2. 成虫 3；3. 毛蚴；4. 肠道排出；5. 虫卵；6. 孢蚴；7. 雷蚴；8. 尾蚴；9. 眼点；10. 尾蚴；11. 囊蚴；12. 童虫；13. 成虫 1

【感传特点】该病遍及全国各地，南方较北方更为多见。本病的发生多集中在夏秋两季。

【临床症状】这是绵羊的一种急性寄生虫病。羊吞食了含有囊蚴的水草而感染。早期以十二指肠炎与腹泻为特征。在童虫大量入侵十二指肠期间，病羊精神沉郁、厌食、消瘦，数天后发生顽固性拉稀，粪便呈粥状或水样、恶臭、混有血液。以致病羊急剧消瘦、高度贫血、黏膜苍白、血液稀薄，红细胞在 3×10^{12} 左右，血红蛋白含量降到 40%以下。白细胞总数稍增高，出现核左移现象。体温一般正常。病至后期，精神萎靡，极度虚弱，眼睑、颌下、胸腹下部水肿，最后常因恶病质而死亡。成虫引起的症状也是消瘦、贫血、下痢和水肿，但过程缓慢。

【预防措施】预防可参照肝片吸虫病，并根据当地的具体情况和条件，制定以前期驱虫为主的预防措施。

【临床治疗】治疗可选用下列药物。

（1）氯硝柳胺（灭绦灵），该药对驱童虫疗效良好。剂量按 75 ~ 80g/kg 体重，口服。

（2）硫双二氯酚，驱成虫疗效显著，驱童虫亦有较好的效果。剂量按 80~100g/kg 体重，口服。

（3）溴羟替苯胺，驱成虫、童虫均有较好的疗效。剂量按 65g/kg 体重，制成悬浮液，灌服。

5. 羊东毕吸虫病

是由寄生在牛、羊等反刍兽和其他多种动物的门静脉、肠系膜静脉内的东毕属吸虫，引起的贫血、消瘦与营养障碍等疾患的一种寄生虫病。病原为土耳其斯坦东毕吸虫和彭氏东毕吸虫。其尾蚴也可引起人的皮肤炎症，但不能在人体内发育。

【病虫习性】东毕吸虫为线状，雌雄异体。雄虫粗大、呈乳白色，雌虫细小、呈棕色。雄虫体长 4. 28mm、宽 0. 43~0. 47mm。虫体前端略扁平，后部体壁向腹面弯曲形成“抱雌沟”。口吸盘和腹吸盘都不甚发达，二者相距较近。口下无咽，食道有两个膨大部。肠管在腹吸盘前方分为两支，到虫体后部又合为一支。单支的长度为双支长度的两倍多。睾丸呈圆形、78~80 个成单行排列，起自腹吸盘后延到体中部。生殖孔开口于腹吸盘的后方。雌虫体长 3. 4~5. 5mm、宽 0. 1mm。卵巢呈螺旋状扭曲，位于两条肠管合并处之后。卵黄腺位于自卵巢后方开始的肠单支两侧，并一直到肠管末端。子宫短、在卵巢前方，子宫内通常只含有一个虫卵。雌雄虫合抱呈 C 字形（彩图 6-49）。

【感传特点】土耳其斯坦东毕吸虫的发育需中间宿主参加，其中间宿主为锥实螺类。成虫寄生于牛羊等家畜的门静脉及肠系膜静脉中。产出的虫卵，一部分随血流进入肝脏堆积在一起形成结节，被结缔组织包埋钙化死亡；或由虫卵分泌的溶组织酶使结节破溃，虫卵再随血流、胆汁进入小肠。另一部分虫卵，由于重力下降至肠黏膜血管、聚集成堆，阻塞血管，使血管因血流阻滞而管腔扩大。这样由于腹内压力改变、肠肌收缩，加上卵内毛蚴分泌的组织溶解酶作用使肠壁组织破坏，虫卵落入肠腔，随粪便排出体外。虫卵落入水中，在适宜的条件下很快孵出毛蚴。毛蚴在水中游动，遇中间宿主椎实螺即钻入其体内。经胞蚴、子胞蚴发育到成熟的尾蚴，尾蚴离开中间宿主进入水中。当牛羊到水中吃草、饮水时，便从皮肤钻入其体内，随血流到门静脉和肠系膜静脉发育为成虫。

羊东毕吸虫感染率和死亡率具有地方性和季节性。平均分别为 50%和 20%，我国北方急性病例发病时间为 8 月上旬至 10 月下旬，慢性病例为 11 月上旬至翌年 2 月中旬。

【临床症状】羊、牛患该病多呈慢性经过，只有当突然大量感染尾蚴后才表现为急性发病。病畜表现体温升高，似流感症状，食欲减退，精神沉郁，呼吸急促，有浆液性鼻漏，下痢，消瘦等，常可造成大批死亡。一经耐过则转为慢性。慢性病例一般呈现视黏膜苍白黄染，下颌及腹下水肿。腹围增大，消化不良，软硬或下痢。幼羊发育停滞，消瘦贫血，黄疸，颌下、胸下水肿。母羊不发情、不孕或流产。由于虫体寄生在门静脉中，使静脉血回流受阻，可出现严重的腹水，晚间特别明显。虫体大量寄生可造成羊只的死亡。

【预防措施】预防同肝片吸虫病。也可应用敌百虫、硫酸铜等药物杀灭水源内的毛蚴、尾蚴，以防止羊被感染。

【临床诊治】本病的生前诊断比较困难，因雌虫排卵数量较少，不易从粪便中检出，主要是根据流行病学调查及其症状做出初步诊断。但粪便涂片检查虫卵、粪便反复沉淀查卵，也可作为参考手段。病例剖解可见肝硬化，肠系膜、肠壁血管壁水肿。治疗常用药物如下：

（1）吡喹酮，剂量 60~80g/kg 体重，分两次内服。

（2）硝硫氰胺，剂量按 4g/kg 体重，配成 2%水悬液，颈静脉一次注射。

（3）六氯对二甲苯，剂量按 700g/kg 体重，分 7 日 7 次内服。

（4）敌百虫，剂量绵羊 70~100g/kg 体重，山羊 50~70g/kg 体重，1 次内服。

6. 羊肺吸虫病

肺吸虫病又称肺并殖吸虫，是由并殖吸虫引起的急性或慢性的地方性寄生虫病，虫体主要寄生于肺部，以咳嗽、咳棕红色痰为主要表现，也可寄生于多种组织器官，如脑、脊髓、胃肠道、腹腔和皮下组织等，产生相应症状。猪、羊、牛、犬、猫等多种动物和人也可感染这一疾病。

【病虫习性】本病的病原是卫氏并殖吸虫。虫体为椭圆形，色棕红，肥厚。虫体长 7. 5~12mm。在虫体的前端有口吸盘；在虫体的中部稍前处有腹吸盘。虫体表面有很多小棘（彩图 6-50）。其生活史如图 6-17 所示。

【感传特点】羊肺吸虫寄生在宿主的肺、支气管和胸膜等处。虫卵排出到外界环境后，幼虫经过第一中间宿主川卷螺和第二中间宿主石蟹与喇蛄而成为囊蚴。人或动物由于吃到含有囊蚴的石蟹或喇蛄而发生此病（图 6-17）。本病潜伏期数天至数年，大多在 1 年内。

【临床症状】肺吸虫病主要是童虫或成虫在体组织与器官内移行、寄居造成的机械性损伤，及其代谢物等引起的免疫病理反应。病变以在器官或组织内形成互相沟通的多房性小囊肿为特点。患有这种疾病的动物的主要症状是不断咳嗽，在人还有咯血和痰液增多。病羊慢性消瘦，精神困倦。由于肺吸虫还可寄生在肝

图 6-17　肺吸虫生活史

脏、肠壁、肾脏、脑、淋巴结和睾丸等处。因此可兼有其他症状出现，如腹泻与神经症状等。

【预防措施】与肝片吸虫相同。消灭中间宿主川卷螺、石蟹与刺蛄，收集的粪便进行无害化处理，以杀死其中的虫卵。人不应生食石蟹和喇蛄，以防感染本病。

【临床治疗】剖检时，在肺内小支气管和肺膜下里可以找到成虫，和寄生虫形成的一种暗褐色或灰白色结节，其大小如豌豆。某些重症病例，病变还可出现在肠、肾、肝和脑内各处。发现虫体可对本病做出诊断。硫双二氯酚治疗：用60～100mg/kg体重，每天一次口服，连用两次。

（三）羊线虫病

1. 羊绦虫病

羊绦虫病是羊的重要寄生虫病，目前有发生趋重的态势。病原体是寄生在羊小肠中的扩张莫尼茨绦虫、贝氏莫尼茨绦虫、中点无卵黄腺绦虫和盖氏曲子宫绦虫。其中莫尼茨绦虫危害最严重，常见于羔羊，不但影响羊只的生长发育，而且可造成羊只的死亡。

【病虫习性】莫尼茨绦虫属裸头绦虫科。其中间宿主为甲螨等。体长4～5mm，节片最宽达16mm。前部白色，后部带黄色。头节略呈方形，有四个吸盘。头节后面的叫颈节，能不断增生节片，使虫体增长（彩图6-51）。莫尼茨绦虫的发育需要中间宿主地螨（外形与蜘蛛相似）参与。寄生在羊小肠内的成虫，其孕卵节片成熟脱落后随粪便排出。节片中含有大量虫卵，它们被螨吞食后，就在螨体内孵化发育成似囊尾蚴。当山羊吃了带有螨的草后，就会被感染而发生绦虫病。绦虫寄生在羊、牛、骆驼等反刍动物的小肠内，引起肠阻塞和幼畜发育迟缓等症状。

【感传特点】本病为慢性消耗性疾病，在饲养管理不当，气候变化时，常可伴有其他疾病，引起羔羊的大量死亡。此病在我国分布很广，呈明显的季节性、地方性流行，在潮湿季节最易感染发病，会造成羔羊成批死亡。一般2—3月被感染，4月发病，5—7月感染达最高峰，8月以后逐渐下降。同时，本病的感染与羊的年龄有着一定关系，新生2个月羔羊就有感染，3~6月龄的羊感染率最高，2岁以上的成年羊感染率极低，这和已经获得免疫力有关。

【临床症状】幼虫的感染率较高。主要症状为消化不良，拉稀，生长缓慢，消瘦，贫血。感染绦虫的病羊一般表现为食欲减退、饮欲增加、精神不振、虚弱、发育迟滞，严重时病羊下痢，粪便中混有成熟绦虫节片，病羊迅速消瘦、贫血，有时出现痉挛或回旋运动或头部后仰的神经症状。有的病羊因虫体成团引起肠阻塞产生腹痛甚至肠破裂，因腹膜炎而死亡。有时出现痉挛或回旋运动或头部后仰的神经症状。病末期，常因衰弱而卧地不起，多将头折向后方，经常作咀嚼运动，口周围有许多泡沫，最后死亡。

【预防措施】预防措施主要为驱虫、消灭中间宿主和粪便无害化处理。

（1）采取圈养的饲养方式，避免在雨后、清晨或傍晚放牧，以免羊吞食地螨而感染。

（2）避免在低湿地放牧，尽可能地避免在清晨、黄昏和雨天放牧，以减少感染。

（3）在流行区，春季舍饲变放牧前（成虫期前）对羊群驱虫。即开始放牧30天后进行第1次驱虫，10~15d后再进行第2次驱虫。①丙硫咪唑10g/kg体重。②氯硝柳胺（驱绦灵）100g/kg体重。③硫双二氯酚75~150g/kg体重。

（4）驱虫时羊群圈养2~3d。驱虫后圈舍内羊粪便要及时集中堆积发酵或沤肥至少2~3个月。

（5）经过驱虫的羊群，不要到原地放牧，及时地转移到清洁的安全牧场，可有效地预防绦虫病的发生。

【临床诊治】①采取粪便，用动物粪便虫卵诊断盒进行虫卵检查，查出虫卵即可确诊。②清晨对粪便进行眼观检查，检查粪便表面有无绦虫节片。③剖解诊断：在小肠内发现虫体即可做出诊断。治疗：

（1）1%硫酸铜对羊绦虫有良好的驱虫作用。一般1~6个月羔羊可给予15~45mL，7个月成年羊可给予45~100mL。一次治愈率约80%。隔2~3周再灌服一次。要求药品质纯，当天配制，当天使用，不能过夜。

（2）可用砷酸铅、砷酸亚锡、砷酸钙三种砷制剂驱虫。剂量均为：羔羊0.5g，成年羊1g，一次投服。服药后给以油类泻剂。

2. 羊捻转血矛线虫病

捻转血矛线虫病既是反刍动物毛圆线虫病的主要病原，又是一种对绵羊危害比较严重的传染性寄生虫病。病原虫主要寄生在羊体消化道内

【病虫习性】虫体尖细，具有一个不大的口囊。口囊里有一个小而明显的角质齿，体表角质层有纵纹和横纹。颈乳突较大，位于食道前半部体表两侧。雄虫：淡红色，长11.50~22.00mm，背肋呈“人”字形，分为2枝，位于不对称的小背叶上。交合刺1对，棕色、等长，长0.415~0.609mm，末端各有1个倒钩。两个交合刺上的倒钩位置不在同一水平线上。阴器梭形，长0.202~0.349mm。雌虫：白色的生殖器官和红棕色的肠管相互捻转，形成红白相间的特征。虫体长16.50~32.00mm，阴门位于体后半部，有一舌状阴门盖（图6-18）。虫卵：呈椭圆形，大小为（75~95）μm×（40~45）μm，壳薄，刚排出的虫卵含有1 632个胚细胞。

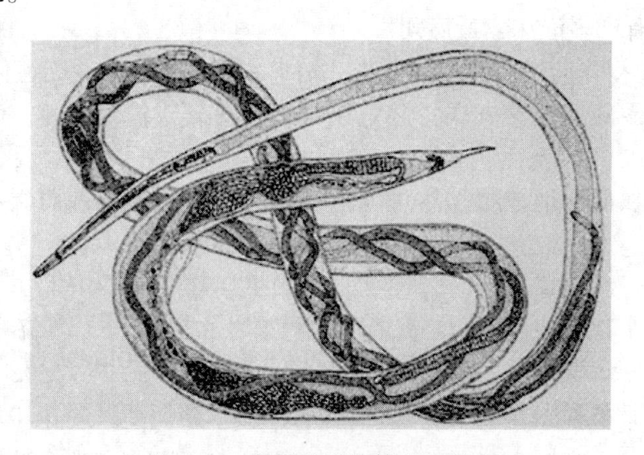

图6-18 羊消化道捻转血矛线虫

羊消化道线虫捻转血矛线虫发育过程（图6-19）不需要中间宿主，可直接发育为土源性线虫。雌雄虫在消化道内交配产卵，虫卵随宿主粪便排至外界，在适宜的温度、湿度和氧气条件下，从卵内孵化出第一期幼虫，蜕二次皮后变为第三期幼虫（感染性幼虫）。感染性幼虫对外界的不利因素有很强的抵抗力，能在土壤和牧草上爬动。清晨、傍晚、雨天和雾天多爬到牧草上，当羊随同牧草吞食感染性幼虫而获得感染。幼虫在终末宿主体内或移行或不移行逐步发育为4~5

级幼虫，在真胃发育为成虫。虫体在宿主羊体内发育变为成虫、并产卵，需要50~60d。虫卵在外界环境下发育成为3级感染幼虫，需要约7d。

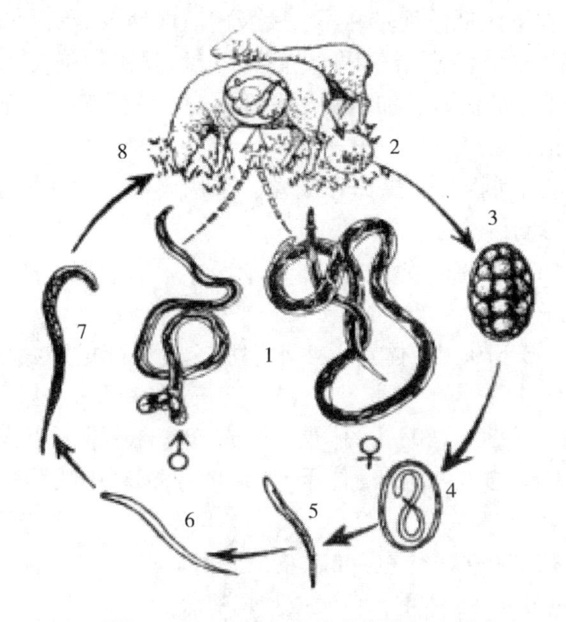

图6-19　捻转血矛线虫发育与生活史

1. 雌雄成虫；2. 粪便+虫卵；3. 虫卵；4. 孵出幼虫；5. 第1期幼虫；6. 第2期幼虫；7. 第3期幼虫；8. 羊采食感染

【感传特点】羊消化道线虫发生呈现秋季感染、冬季蛰伏、春季和夏季生长繁殖、7—8月虫体年老排出之规律性。每年春秋季节多发，是引起羊只大批死亡的重要原因之一。

【临床症状】虫体感染强度较低时，羊只一般无明显的临床症状；只有大量感染时，才出现临床症状。消化道线虫常呈混合感染。其症状为，患羊食欲不振，消化不良，拉稀，便秘，粪便带血，顽固性下痢或便秘腹泻交替发生。羔羊发育不良，生长缓慢，被毛蓬松；成年羊育肥困难，母畜不孕或流产。特别在饲养管理不良的情况下，患羊极度衰弱，贫血，颌下、胸下和腹下发生水肿，体温有时升高，呼吸、脉搏频数及心音减弱；患羊抵抗力下降，常伴发一些综合征，引起羊只死亡。急性型以肥壮羔羊突然死亡为特征，羊只真胃内有大量红白相间的毛发状线虫，长度为15~30mm，外观着色很特别，真胃黏膜有严重的大面积出血症状，其他脏器没有明显的病理变化。

【预防措施】与其他线虫病相同。

（1）定期进行预防性驱虫。春末、秋末期间，每天按硫化二苯胺 0.5～1g/只，均匀混入食盐或精料中喂给。

（2）尽量避免在潮湿低洼地带和早、晚及雨后或幼虫活跃的时间放牧。

（3）加强饲养管理，注意给羊以全价营养以增强机体抵抗力，对羊群应饮用自来水、井水或干净的流水；加强粪便管理，对羊群的粪便必须经过堆积发酵处理，以杀死其中虫卵。

【临床诊治】应用动物粪便虫卵诊断盒，采用漂浮法对羊只粪便进行检查，发现虫卵即可做出诊断。治疗：

（1）驱虫净（四咪唑）。按 10～20g/kg 体重，1 次灌服；或用 5%溶液肌肉注射，按 10～12g/kg 体重。

（2）左旋咪唑。5～10g/kg 体重，溶水灌服，也可配成 5%的溶液皮下或肌肉注射。

（3）噻苯哒唑。按 50～100g/kg 体重，配成 20%悬浮液灌服，或瘤胃注射。

（4）丙硫苯咪唑。按 5～10g/kg 体重，均匀拌入饲料中喂服，或配成 10%混悬液灌服。

（5）甲氧啶。按 200g/kg 体重，1 次皮下注射。

（6）甲噻嘧啶。10g/kg 体重，口服或拌饲喂服。

（7）甲苯咪唑。1 015g/kg 体重，灌服或混饲给予。

（8）伊维菌素。0.1g/kg 体重，口服；0.1～0.2g/kg 体重，皮下注射，效果极好。

3. 羊肺线虫病

羊肺线虫病也叫肺丝虫病，是由网尾科和原圆科的线虫寄生在气管、支气管、细支气管乃至肺实质引起的以支气管炎和肺炎为主要症状的疾病，虫体大量寄生可造成羊只的死亡。其中网尾科线虫较大，为大型肺线虫，致病力强，在春乏季节常呈地方性流行，可造成羊只尤其是羔羊大批死亡。原圆科线虫为小型肺线虫，其引起的疾病又称小型肺线虫病，危害相对较轻。

【病虫习性】丝状网尾线虫，大型白色虫体，肠管呈黑色穿行于体内，口囊小而浅。雄虫体长 30～80mm；交合伞的中侧肋和后侧肋合并，仅末端分开；1 对交合刺粗短，为多孔状结构，黄褐色，呈靴状。雌虫体长 50～112mm，阴门位于虫体中部附近（彩图 6-52）。丝状网尾线虫发育过程不需要中间宿主。雌虫在羊的支气管内产生出含幼虫的虫卵。在羊咳嗽时虫卵随黏液经气管、喉、咽进入消化道，在中途孵化，随粪便排出时为第一期幼虫。在外界适宜的温湿度条件下，第一期幼虫在一周内经两次脱皮变为感染性幼虫，爬浮在水草上。牛羊吃草和饮水时将其吞入体内而感染。肠内感染性幼虫钻入肠壁，沿淋巴管进入肠系膜淋巴结，生长发育一段时间后，经淋巴循环到达右心房。继而由右心室经肺动脉至肺部，滞留在肺部毛细血管内。最后穿破血管壁，进入细支气管寄生。从吞入感染性幼虫到发育为成虫的时间约为 18d，自感染到排出虫卵约需 26d。

【感传特点】网尾幼虫在 4~5℃环境下，可以发育为感染性幼虫。感染性幼虫对低温的抵抗力很强，在积雪覆盖下仍能生存，但对热和干燥很敏感。当羊体壮抵抗力强时，幼虫可在肠系膜淋巴结或肺泡内停留 5~6 个月。待到羊抵抗力下降时，才游行到支气管内成熟，引起发病。成虫在肺内寄生的时间与羊的抵抗力有关。羊只的营养状况好时，虫体寄生的时间就短，有时只有 2~3 个月；反之，寄生时间就长，可达 1 年以上。成年羊比幼年羊感染率高，但对幼年羊的危害严重。

肺线虫病在我国各大养羊区都有流行，常在炎热的夏季开始发病，危害较大，是常见的羊蠕虫病之一。

【临床症状】羊群遭受感染时，首先个别羊干咳，继而成群咳嗽，运动时和夜间更为明显，此时呼吸声亦明显粗重，如拉风箱。在频繁而痛苦的咳嗽时，常咳出含有成虫、幼虫及虫卵的黏液团块，咳嗽时伴发罗音和呼吸促迫，鼻孔中排出黏稠分泌物，干涸后形成鼻痂，从而使呼吸更加困难。病羊常打喷嚏，逐渐消瘦，贫血，头、胸及四肢水肿，被毛粗乱。羔羊症状严重，死亡率也高，羔羊轻度感染或成年羊感染时，则症状表现较轻。小型肺线虫单独感染时，病情表现亦比较缓慢，只是在病情加剧或接近死亡时，才明显表现为呼吸困难、干咳或呈暴发性咳嗽。感染严重时，出现食欲减退或废绝，消瘦，贫血，四肢无力，不愿走动，卧地不起，体温升高，最后因呼吸困难，衰竭而死。有异食癖，吞吃土块、塑料布等。尸体消瘦，贫血；气管、支气管中有黏性混有血丝的分泌物，其中有白色线虫，最多的气管内有 8 条；支气管黏膜混浊、肿胀，有小豆状出血点；肺呈灰白色，有不同程度的肺气肿，虫体寄生部位的肺表面稍隆起，切开可见虫体（彩图 6-53）。

【预防措施】该病流行区内，每年应对羊群进行 1~2 次普遍驱虫，并及时对病羊进行治疗。驱虫治疗期应收集粪便进行生物热处理；羔羊与成年羊应分群放牧，并饮用流动水或井水；有条件的地区，可实行轮牧，避免在低湿沼泽地区牧羊；冬季补饲期间，每隔 1 日可在饲料中加入硫化二苯胺，按成年羊 1g、羔羊 0.5g 计，让羊自由采食，能大大减少病原的感染。

【临床诊治】采集病羊的粪便，用肺丝虫幼虫诊断盒漂浮法集虫镜检，发现有少量虫卵和幼虫；采病羊咳出的带血丝的黏液压片镜检，发现有大量幼虫。

治疗可选用下列药物：①丙硫咪唑，剂量按5~15g/kg体重，口服。这种药对各种肺线虫均有良效。②苯硫咪唑，剂量按5g/kg体重，口服。③左旋咪唑，剂量按7.5~12.0g/kg体重，口服。④氰乙酰肼，剂量按17g/kg体重，口服；或15g/kg体重，皮下或肌肉注射。该药对缪勒线虫无效。⑤枸橼酸乙胺嗪（海群生），剂量按200g/kg体重，口服。该药适合对感染早期童虫的治疗。⑥支持疗法：青霉素钠160万单位加入5%葡萄糖缓慢静脉滴注，每天一次，连用3d，用以抗菌消炎；10%葡萄糖500mL、3%氨茶碱70mL、10%维生素C 30mL、5%盐酸普鲁卡因10mL、氢化可的松10mL，混合后缓慢静脉滴注，以防止水肿与毒血症。

4. 羊腹腔丝虫病

是由寄生在牛羊等反刍动物和马属动物腹腔内的唇乳突丝状线虫引起的一种腹腔内寄生虫病，其中以指形丝状线虫为主。寄生于腹腔的成虫，致病性不强；但有些种的幼虫，可寄生于宿主的非固有某些器官，引起如脑脊髓丝虫病和浑睛虫病等一些危害严重的疾病，给畜牧业造成一定的损失。

【病虫习性】指形丝状线虫雄虫长40~80mm；雌虫长70~150mm，尾端呈圆锥形，其表面光滑或稍粗糙；微丝蚴长190~256μm，大小与鹿丝状线虫相似。鹿丝状线虫雄虫长40~60mm；雌虫长60~120mm，尾端为一球形的纽扣状膨大，表面有小刺；微丝蚴有鞘，长240~260μm。

【感传特点】 成虫寄生于腹腔，所产微丝蚴（图6-20）进入宿主的血液循环。微丝蚴周期性地出现在畜体外周血液中。外周血液中的马丝状线虫微丝蚴的数量高峰出现在黄昏时分；外周血液的指形丝状线虫微丝蚴的密度以早晨6时、中午12时、晚6时和9时较高。中间宿主为吸血昆虫蚊类。当中间宿主刺吸终末宿主血液时，微丝蚴随血液进入中间宿主——蚊虫的体内，约经15d左右发育为感染性幼虫，并移行至蚊子的口器内。当这种蚊子再次刺吸终末宿主羊的血液时，感染性幼虫即进入终末宿主羊体内，经8~10个月，发育为成虫。由于宿主不适，它们常沿环淋巴或血液进入脑脊髓或眼前房，停留于童虫阶段，引起羊的脑脊髓丝虫病或浑睛虫病。

【临床症状】寄生在腹腔内的成虫致病力不强，无明显的临床症状。主要是它们的幼虫进入非正常宿主脑内时，可引起多种脑脊髓丝虫病和浑睛病等危害性疾病。急性脑脊髓丝虫病：病羊突然卧倒，不能站立。眼球上转，呈现兴奋、骚乱及叫唤等精神症状。有时可见全身肌肉强直，完全不能站立。由于卧地不起，头部又来回抽搐，导致眼皮受到摩擦而充血，引发结膜炎，甚至发生外伤性角膜炎。慢性脑脊髓丝虫病：主要表现腰部无力，走路摇摆，或卧地不起，但食欲及

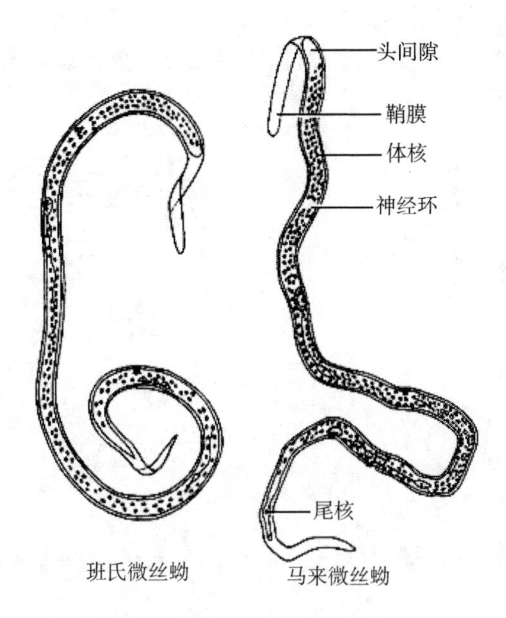

图 6-20　丝虫微丝蚴

精神均正常。时间久时，逐渐发生褥疮，食欲逐渐下降，病羊消瘦、贫血，最终死亡。

【预防措施】 消灭蚊虫是最有效的预防方法。搞好环境卫生，消灭蚊虫滋生地。在蚊虫肆虐季节经常使用灭蚊药物喷洒羊舍，或用拟除虫菊酯类药物或松叶等进行烟熏灭蚊。

【临床诊治】 采血做血滴压片或推制血片检查，发现微丝蚴即可确诊。当虫体少不易检出时，可用集虫检查法：采血 5~10mL，加入 5%醋酸数滴，溶血后进行离心沉淀，然后吸取沉淀进行检查。

脑脊髓丝虫病早期发现治疗：①海群生 10g/kg 体重，一日分 2~3 次内服，连用 2d；②也可以 20g/kg 体重计量，1 日 1 次，连用 6~8 日注射或内服。③酒石酸锑钾，剂量按 8g/kg 体重配成 4%的溶液，1 次静脉注射，隔日 1 次，共 3~4次。

（四）羊包虫病

又称羊三绦蚴病、棘球蚴病、囊虫病（图 6-21）。是由寄生在羊肝、肺上的棘球蚴、寄生在羊脑内的多头蚴和寄生在羊内脏上的细颈囊尾蚴的幼虫引起的寄生虫病。三绦蚴虫在新疆地区感染率很高，危害严重，是人畜共患寄生虫病。因其感染部位不同分别叫作肝包虫病、肺包虫病、脑包虫病、心包虫病、脊髓包虫病、骨包虫病及肌肉囊虫病等等。因棘球蚴也可在各组织器官中相互转移，所以常见为多器官综合感染。

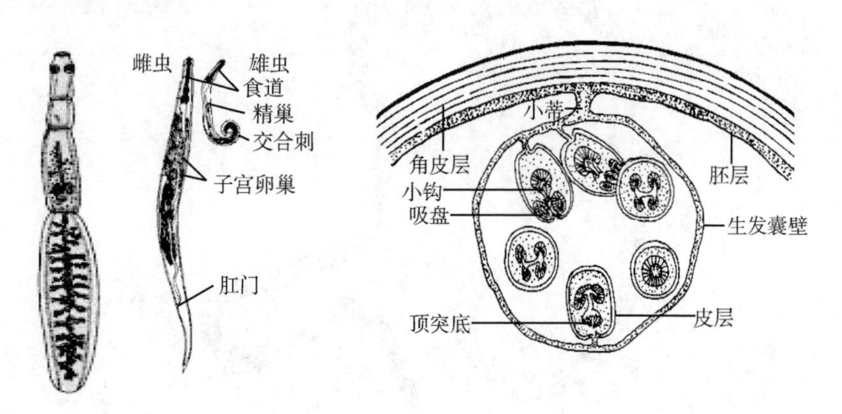

图 6-21　棘球蚴：成虫、头部结构、棘球蚴及生发囊模型

1. 羊肝包虫病

也叫棘球蚴病囊虫病、肝棘球蚴病或肝包虫囊肿，寄生和危害肝脏，为人畜共患的自然疫源性地方病。病原体是细粒棘球绦虫的蚴虫。所有哺乳动物都可受到棘球蚴的感染而发生棘球蚴病。

【病虫习性】棘球蚴呈多种多样的囊泡状，大小可由黄豆粒至西瓜大，囊内充满液体（彩图 6-54）。由于蚴体生长力强、体积大，不仅压迫周围组织使之萎缩和功能障碍，还易造成继发感染，如果蚴体包囊破裂可引起过敏反应。往往给人畜造成严重的病症，甚至死亡。棘球蚴是一个母囊内发育有多个子囊，而每个子囊的生发层囊壁又芽生出许多原头节。它是带科棘球属绦虫特有的幼虫期。细粒棘球绦虫的棘球蚴只是一个母囊，内生许多子囊和原头节，也叫单囊棘球蚴。

就羊肝包虫病而言，羊是中间宿主（在体内完成棘球蚴无性繁殖），犬是终末宿主（在其体内完成有性繁殖）。成虫生活在犬的小肠内，虫卵随粪便排出，常黏附于水草上。羊吃草时误吞虫卵，虫卵在十二指肠内孵化成幼虫。幼虫穿入小肠壁进入门静脉系统，约 70%停留在肝，危害动物肝脏。肉食动物狗猫等吞食了带有虫源的羊内脏（肝肺）或扔掉的棘球蚴囊泡，再次在其体内进行繁衍，使该病不断循环传播。细粒棘球蚴肝包虫生活史如图 6-22 所示（与绦虫相似）。

【感传特点】我国多见细粒棘球绦虫引起的单房性棘球蚴病（包虫囊肿）和多房性或泡状棘球绦虫感染所引起的泡状棘球蚴病（滤泡型肝棘球蚴病）。现已

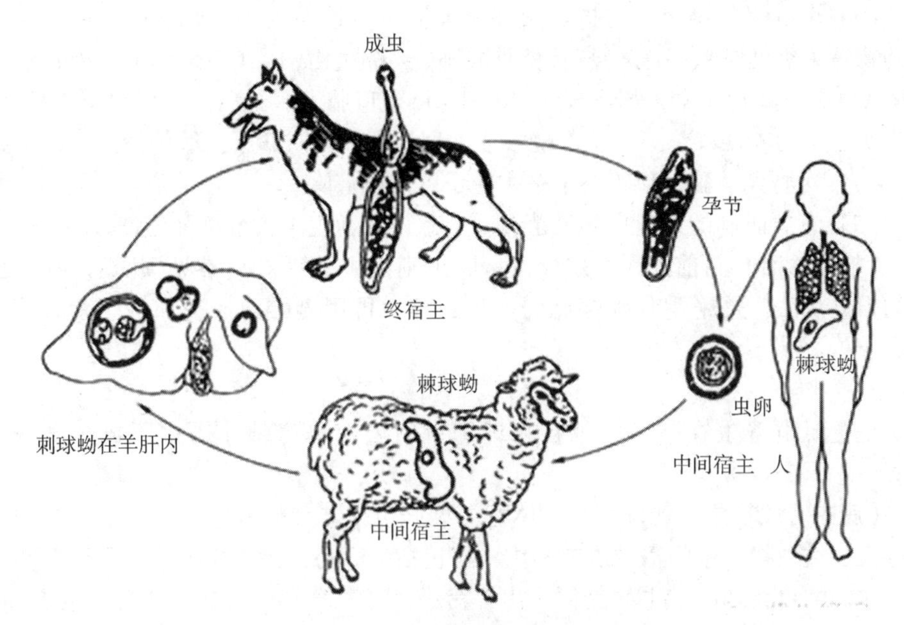

图 6-22　细粒棘球蚴生活史示意

有 23 个省区有过报道，主要流行于我国的新疆、甘肃、青海、西藏、陕西、宁夏和内蒙古等畜牧业发达地区，其中以新疆最为严重。绵羊对本病感染率约在 60%、死亡率约为 10%。该病呈世界性分布，导致全球性的公共卫生和经济问题，受到人们的普遍关注。

【临床症状】羊只发生本病以后，因肝脏受损害（彩图 6-55）而致营养代谢功能下降，可使幼羊发育缓慢，成年羊的毛、肉、奶的数量减少，质量降低；又患病的肝脏和肺脏大批废弃，因而造成严重的经济损失。严重感染时，有长期慢性的呼吸困难和微弱的咳嗽。叩诊肺部，可以在不同部位发现局限性半浊音病灶；听诊病灶时，肺泡呼吸音特别微弱或完全没有。当肝脏受侵袭时，叩诊可发现浊音区扩大，触诊浊音区时，病羊表现疼痛。当肝脏容积极度增加时，可观察右侧腹部稍有膨大。绵羊严重感染时，营养不良，被毛逆立、容易脱落。有特殊的咳嗽，当咳嗽发作时，病羊躺在地上。

【预防措施】以定期预防驱虫为主要手段，加强对感染源与传播途径的管理。

（1）患棘球蚴病畜的脏器一律进行深埋或烧毁，以防被犬猫或其他肉食动物食入。流行地区，不用生肉喂狗。

（2）做好饲料、饮水及圈舍的清洁卫生工作，防止犬粪便污染。

（3）驱除犬的绦虫。对护羊犬和家犬应定点拴系或围栏饲养，同时应用下列药物每个季度驱虫一次：①氢溴酸槟榔碱：剂量按1~4g/kg体重，绝食12~18h后口服。②吡喹酮，剂量按5~10g/kg体重口服。服药后，犬应拴留1昼夜，并将所排出的粪便及垫草等全部烧毁或深埋处理，以防病原扩散传播。

（4）对野犬、狼、狐等终末宿主应予以彻底清除。

（5）有新研制的羊包虫病疫苗，对未感染和新生羊进行接种免疫。

【临床诊治】目前尚无有效疗法，驱虫则是主要手段（参见预防）。浑睛虫病的根本疗法，是采用角膜穿刺法取出虫体，再用硼酸液清洗和抗生素眼药水点眼。

2. 羊肺包虫病

是主要由寄生在肺内的细粒棘球绦虫幼虫（单房棘球蚴）所致的囊肿性疾病。

【病虫习性】细粒棘球绦虫虫体特征见肝包虫。细粒棘球绦虫终宿主为狗或狼等肉食类动物，中间宿主以羊为主，还包括牛、马、猪、牦牛或骆驼等有蹄动物。它们的虫卵随同宿主的粪便排出，污染水源、草场和食物。虫卵被吞食后，在中间宿主的十二指肠内孵化为六钩蚴钻入肠壁，经肠系膜小静脉血管，侵入各器官和组织的毛细血管。定居寄生在羊的肺部，存活下来的继续发育成幼虫期单房型棘球蚴，对肺器官组织产生机械性刺激、损伤及释放毒素，使羊体致病。中间宿主动物的内脏被狗或狼等动物吞食，原头蚴即可在小肠内发育为成虫，完成其生活史（图6-23）。

【感传特点】羊牛等有蹄类动物采食了含有虫卵的水草，即可感染上棘球蚴病。其在宿主体内完成无性繁殖阶段中，使其致病。人因密切接触狗或羊、或饮食不洁，误吞虫卵而感染。终端宿主狗排出的粪便中常有成堆的虫卵，虫卵颗粒飞扬，也可能通过呼吸道吸入人体造成感染，无论男女老少均为易感人群。该病为自然疫源性疾病，分布广泛，遍及全球，主要流行于牧区。

【临床症状】由于包虫病具有多器官同时感染的多发性，病羊除表现出肝包虫的许多症状之外，临床还表现出与肺功能相关的症状，如咳嗽时流出含有棘球蚴包囊和幼虫的黏液或团块；发热、体温升高，气短喘息、呼吸困难；食欲不振或食欲废绝；体质逐渐消瘦。最后因呼吸衰竭和体力衰竭而死亡。

尸体解剖，可见肺表面散布包泡样凸起，脓肿或化脓破裂，肺组织孔洞或糟烂（彩图6-56）。

【预防措施】与肝包虫的基本相同。不在沼泽地水草地放牧、不食带露水的牧草，以减少羊感染包虫病的机会。消灭或控制传播源，以切断其生活链为主要

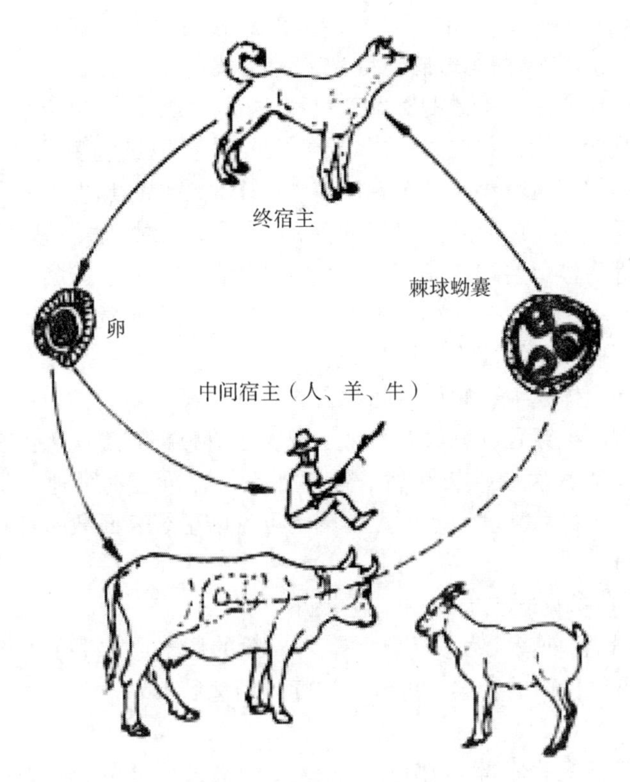

图 6-23　肺包虫生活史

手段，不要让狗吃生的家畜内脏。不论是在屠宰场或村舍里，宰杀家畜的内脏和死亡牲畜要防止被狗食入。减少狗的数量和对狗拴养、集体驱虫治疗，可减少肺包虫的传播。

【临床诊治】与肝包虫一样，目前尚无有效药物治疗。在用药（参见肝包虫）驱虫的同时，可配合补液和抗生素治疗。

3. 羊脑包虫病

又称羊脑多头棘球蚴病，是由寄生在脑部的多头棘球蚴虫引起的一系列神经症状的严重寄生虫病。

【病虫习性】多头棘球蚴母囊不仅有内生子囊，还有外生子囊。子囊可再内生或外生更多子囊，且每个子囊都具有 1~30 个原头节。其发育过程和生活史与前羊肺包虫病和羊肝包虫病相似。

【感传特点】与脑包虫和肺包虫病相同，主要流行于畜牧业发达的地区，新疆为重灾区。

【临床症状】感染初期，由多头棘球蚴幼虫移行寄生于脑部而引起羊脑和脑膜的急性炎症，病羊常表现离群，目光无神，减食，行动迟缓，运动和姿势异常。其症状表现还取决于虫体的寄生部位和大小：若虫体寄生于某一侧脑半球表面，病羊将头倾向患侧，并向患侧作圆圈运动。虫体数量愈多或卵体越大、感染时间越长，转圈的半径越小，甚至就地转动。个别出现癫痫发作，而对侧的眼睛常失明（浑睛病）；若虫体寄生在脑的前部（额叶）时，病羊头部低垂抵于胸前，头抵在墙等物体上磨蹭或撞击，步行时高抬前肢或向前方猛冲，遇到障碍物时倒地或静立不动；若虫体在小脑寄生，病羊初期表现感觉过敏，容易惊恐，行走时出现急促步样或蹒跚步态。随后虫体增多或增大则头后仰、望天站立不动。虫体数量愈多或卵体越大、感染时间越长，后仰的程度越大；当虫体在脑表面寄生时，颅骨萎缩甚至穿孔，触诊时容易发现，压迫患部有疼痛感；有的重症病羊甚或撞墙而亡。随着病期延长和病情逐渐加重，患羊衰竭卧地，视觉障碍，磨牙、流涎、痉挛，最后高度消瘦而亡。解剖可见脑组织表面散布有鸡蛋大小的包囊（彩图6-57）。

【预防措施】参见肝包虫病和肺包虫病。

【临床治疗】目前尚无有效药物治疗。一般的病羊通常宰杀、进行无害化处理。对有特殊重要价值的种羊，可进行治疗。但愈后效果一般不太理想，有复发的可能。

（1）手术疗法。手术部位剪毛，用2%碘酒消毒，再用75%酒精消毒。在骨质变软的部位作一长宽均为2cm的“U”字形切口（注意：切口应在低处，及时止血），切透皮肤及皮下组织。分离皮瓣将它翻过用线加以固定，但不切破骨膜（有利术后愈合）。用圆锯在骨质上开一小孔，用力均匀，使脑膜暴露。确定包囊位置后，用注射针头避开血管刺入脑膜，发现有液体向外流出，连接注射器后抽动活塞，尽量吸取囊泡至吸尽为止，再摘除囊体。取出包囊后，用止血纱布擦拭手术部位，滴入少量青霉素。把骨膜拉平，遮盖原锯孔，然后用结节缝合法缝合皮肤。缝完以后涂磺胺软膏，最后用碘酒消毒。术后3d内连续注射青霉素防止细菌感染。手术后由专人保护羊的头部以免发生振动。为防预后复发，配合口服吡唑酮，50mL/kg体重，连用5d。

实施过程由专业兽医进行，可参考有关录像视频影像资料。

（2）穿刺法治疗。直接用注射针头从外面刺入囊内抽出囊液，再注入75%的酒精1mL。

（3）药物疗法。当发现症状时，先将羊放在舍内，如果出现兴奋可先镇静，之后口服或肌肉注射吡喹酮70g/kg体重。将吡喹酮和面粉以1比2混合加水混匀，一次灌服；肌肉注射时，先将吡喹酮与过滤消毒的植物油以 1 比 10 混合，置于研钵内研磨，在臀部分两点肌肉注射，60g/kg 体重。在治疗过程中如发现症状减轻，最好间隔 5d 后再用药一次。对患病中期的羊只，在用 2 次药后，按脑炎治疗，一般 1 周为一个疗程，连续治疗 2 个疗程后停药 7~15d，再连续用药 2 个疗程，多数可治愈。

三、羊体外寄生虫病防治

羊体外寄生虫病虫体寄生在体表，肉眼可见。常见的有蜱病、虱病、蝇蛆病和螨病等。由于虫体大量吸血和释放毒素，引起患羊奇痒，蹭磨、踢咬患部，精神沉郁，食欲下降、消瘦，掉毛，乃至瘫痪，最后衰竭死亡。

（一）羊蜱病的防治

蜱俗称臭虫、臭虱，或草爬子、狗豆子、壁虱、扁虱，分硬蜱和软蜱 2 类。

1. 羊硬蜱病

是由寄生在羊只体表的硬蜱科 6 个属的几十种硬蜱引起的羊体外寄生虫病。硬蜱除直接侵袭、危害畜体外，还是家畜各种梨形虫病和某些传染病的传播媒介。

【病虫习性】硬蜱成虫在躯体背面有壳质化较强的盾板。主要流行于新疆荒漠半荒漠草原，对家畜造成危害的主要是草原革蜱。

硬蜱成虫（图 6-24）身体呈卵圆形，背腹扁平。颚体位于躯体前端，从背面可以看到。表皮革质，吸血后伸展。雄蜱背面的盾板几乎覆盖着整个背面，雌蜱的盾板仅占体背前部的一部分。硬蜱的颚体也称假头，位于躯体前端，从背面可见到，由颚基、螯肢、口下板及须肢组成。颚基与躯体的前端相连接，是一个界限分明的骨化区，呈六角形、矩形或方形；雌蜱的颚基背面有 1 对孔区，有感觉及分泌体液帮助产卵的功能。螯肢 1 对，从颚基背面中央伸出，是重要的刺割器。口下板 1 块，位于螯肢腹面，与螯肢合拢时形成口腔。口下板腹面有倒齿，为吸血时固定于宿主皮肤内的附着器官。螯肢的两侧为须肢，由 4 节组成，第 4 节短小，嵌出于第 3 节端部腹面小凹陷内。腹面有足 4 对，每足 6 节（基节、转节、股节、胫节、后跗节和跗节）。基节上通常有距。足 Ⅰ 跗节背缘近端部具哈氏器，有嗅觉功能，末端有爪 1 对及垫状爪间突 1 个。生殖孔位于腹面的前半部，常在第 Ⅱ 、Ⅲ 对足基节的水平线上。肛门位于躯体的后部，常有肛沟。气门一对，位于足 Ⅳ 基节的后外侧，气门板宽阔。雄蜱腹面有几丁质板。

硬蜱是不完全变态的节肢动物，其发育过程包括卵、幼虫、若虫和成虫四

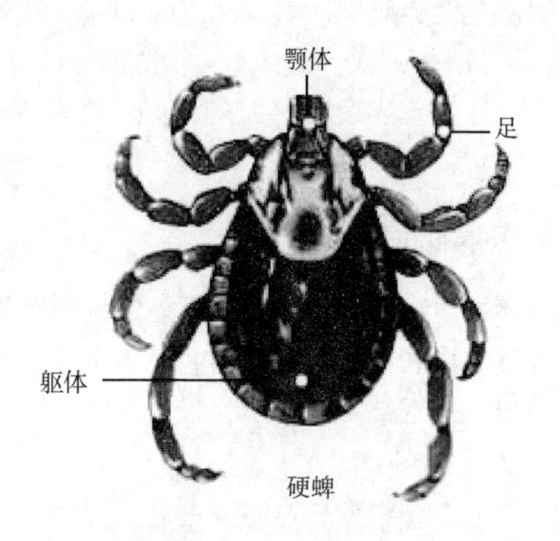

图 6-24　硬蜱成虫

个阶段（图 6-25）。多数硬蜱在动物体上进行交配，交配后吸饱血的雌蜱离开宿主落地，爬到缝隙内或土块下静伏不动，一般经过 4~8d 待血液消化和卵发育后，开始产卵。硬蜱一生只产卵一次，可产千余或数千个卵，甚至达万个以上。虫卵小，呈卵圆形，黄褐色。通常经 2~3 周或 1 个月以上孵出幼虫。幼虫爬到宿主体上吸血，经过 2~7d 吸饱血后，落到地面，经过蜕化变为若虫。饥饿的若虫再侵袭动物，寄生吸血后，再落到地面，蛰伏数天至数十天，蜕化变为性成熟的雌性或雄性成蜱。吸饱血后，虫体可涨大几倍到几十倍，雌蜱最为显著，可达100~200 倍；雌蜱产卵后 1~2 周内死亡，雄蜱一般能活 1 个月左右。雌蜱受精吸血后产卵，饱血后在 4~40d 内全部产出，可产数百至数千个卵。

【感传特点】硬蜱多在白天侵袭宿主，吸血时间较长，一般需要数天。蜱的吸血量很大，各发育期饱血后可胀大几倍至几十倍，雌硬蜱甚至可达 100 多倍（彩图 131）。硬蜱多生活在森林、灌木丛、开阔的牧场、草原、山地的泥土中等。草原革蜱主要生活于半荒漠草原，越冬的成虫在早春 2 月末或 3 月初开始出现，4 月为旺期，5 月逐渐减少。

【临床症状】虫体寄生在羊体表吸血时口器刺入皮肤可造成局部损伤，组织水肿，出血，皮肤肥厚。有的还可继发细菌感染引起化脓、肿胀和蜂窝组织炎等。易引起寄生部位痛痒，使患羊不安，致使患羊贫血，消瘦，发育不良；毛皮质量下降，产奶量下降；当幼羊被大量硬蜱侵袭时，由于过量吸血，加之硬蜱的

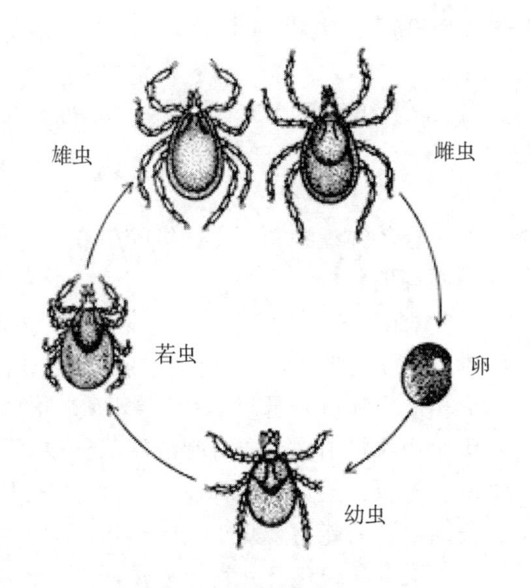

图 6-25　全沟硬蜱生活史

唾液内的毒素进入机体后破坏造血器官，溶解红细胞，形成恶性贫血，使血液有形成分急剧下降；硬蜱唾液内的毒素作用，有时还可出现神经症状及麻痹，造成“蜱瘫痪”。同时，硬蜱吸血过程中还可传染巴贝斯虫病、炭疽、疟疾等疾病，引起大批羊只死亡。

【预防措施】 预防的关键是灭蜱。

（1）人工捕捉或用器械清除羊体表寄生的蜱虫。

（2）消灭圈舍内的蜱虫。有些蜱可在圈舍的墙壁、缝隙、洞穴中栖息，可选用药物喷洒或粉刷后，再用水泥、石灰等堵塞。

（3）消灭大自然中的蜱虫。根据具体情况可采取轮牧，相隔 1~2 年时间，牧地上的成虫即可灭亡。

【临床诊治】 根据病畜出现的症状，检查体表，发现病原即可确诊治疗。

（1）皮下注射。阿维菌素或伊维菌素 0.2mL/kg 体重等，间隔 7d 用药 1 次，连续 2~3 次。

（2）药物涂抹。选 0.05% 的双甲脒、0.1% 的马拉硫磷、0.1% 的辛硫磷、0.05% 的毒死蜱、0.05% 的地亚农、1% 的西维因、0.0015% 的溴氰菊酯、0.003% 氟苯醚菊酯，任一种或交替涂抹患处。

（3）药液喷涂。可使用1%的马拉硫磷、0.2%辛硫酸、0.25倍的硫磷等乳剂喷涂畜体。羊每次200mL，每隔3周处理1次。或喷淋透皮杀虫剂虱螨灵。

（4）羊群药浴。常用药剂有0.05%辛硫磷、0.05%双甲脒、0.005%~0.008%溴氰菊酯等。

2. 羊软蜱病

是由寄生在羊体表的拉合尔钝缘蜱和乳突钝缘蜱引起的外寄生虫病。乳突钝缘蜱主要分布于新疆和山西等地。

【虫体习性】区别于硬蜱最显著的特征是，躯体背部无盾板（硬壳）、雌蜱可多次产卵。虫体为雌雄异体。体形扁平，稍呈长椭圆形或长圆形，淡灰色，灰黄色或淡褐色。雌雄体形相似，吸血后迅速膨胀（彩图6-58）。由有弹性的革状外皮构成，背上或有乳头状颗粒状结构，或有圆的凹陷，或呈星形的皱褶。软蜱的发育过程包括卵、幼虫、若虫、成虫四个阶段，整个发育过程一般需要1~12个月。其各活跃期均有长期耐饿的能力为几年到十几年，软蜱的寿命可达15~25年。幼虫和若虫在动物体上采食和蜕化，并在体表长期停留。第三期若虫吸饱血液后离开宿主，以后蜕化为成虫（彩图6-59）。

在自然条件下，软蜱在温暖季节产卵。软蜱的产卵方式与硬蜱相似，但产卵的次数和产卵量则不同。软蜱一生产卵多次，每次产卵50~300粒，一生可产卵1 000余粒。寒冷季节雌蜱的卵巢内无成熟的卵细胞。未交配的成蜱虽然也积极吸血，但一般不产卵、或产下的卵不能孵化。只有个别种类有孤雌生殖现象。软蜱对干燥环境有较强的适应能力，在相对湿度为20%~40%的条件下，能够存活较长时间。软蜱的另一个特点是具有惊人的耐受饥饿的能力和存活寿命。软蜱的寿命，可长达5~7年，甚至15~25年。拉合尔钝缘蜱的Ⅰ期若蜱可耐饥饿2年、Ⅱ期若蜱为4年、Ⅲ期若虫成蜱能够不取食存活5~10年，个别成蜱长达10~14年之久。

【感传特点】软蜱成虫白天隐伏在棚圈的缝隙中，或在木柱的树皮下、或石块下、或圈棚顶的泥草中，夜间爬出活动。每年秋季至来年春季是绵羊软蜱病的发生季节，

【临床症状】软蜱和硬蜱一样，虫体机械性地损伤皮肤引起寄生部位红肿、斑块，使患羊痛痒不安，影响休息和消化；大量寄生吸血则使使患羊贫血，消瘦，发育不良；毛皮质量下降，生产性能降低；还能传播犬类的各种疾病，如焦虫病、布氏杆菌病、钩端螺旋体病和野兔热病等，造成羊只死亡。

【预防措施】消灭过夏软蜱基数是关键。

（1）圈舍喷洒杀虫。春季羊群转场后和冬季入舍前，对羊圈全面、彻底的处理，可每隔10d喷杀虫药一次，连续3次，药物喷到所有缝隙。杀虫药物可用敌百虫结合氯氰菊酯。

（2）圈舍烟雾杀虫。敌敌畏烟剂：氮酸钾20%、硫酸铵（化肥）15%、敌敌畏20%、白陶土（或黄土）25%、细锯末（干）20%。将上述研细混匀，压制成块备用。春季羊群转场后和冬季入舍前，羊圈完全密闭，将其分放于角落等位置，点燃产生烟雾，可弥散到羊舍的各个角落和墙体缝隙内，杀死软蜱净化羊舍。2~3d后打开窗门，通风2~3d后羊群即可入舍。

【临床诊治】根据病畜出现的症状，检查体表、发现虫体或虫卵即可确诊。

（1）人工摘除。人工拨开毛层，细致检查羊表皮，发现虫体即刻摘除。

（2）药物驱虫。阿维菌素和依维菌素口服或肌注治疗，效果很好。3d后在羊身上找不到活的虫体，10d重服药治疗一次。对于极度消瘦、困倦和麻痹的羊可先手工摘除蜱虫，再驱虫，配合以静注樟脑磺酸钠、生理盐水、葡萄糖和氨基酸等，病羊都可以得到痊愈。

（二）羊虱病的防治

1. 羊虱子病

是由寄生在羊体表的虱类引起的一种体外寄生虫病。病原主要有绵羊颚虱、绵羊毛虱等。羊虱是永久寄生羊体表或毛丛中的外寄生虫，有严格的畜主特异性。可分为两大类：一类是吸血的，如绵羊颚虱，对羊体健康有害；另一类是不吸血的，为以羊毛、皮屑等为食的，如绵羊毛虱，对羊体健康无害、只破坏附属物。

【虫体习性】虱子在羊体表以不完全变态方式发育，经过卵、若虫和成虫三个阶段（彩图6-60），整个发育期约一个月。羊颚虱寄生于山羊体表下颚至下脖颈的毛丛皮肤上，虫体色淡、长1.5~2.0mm。头部呈细长圆锥形，前有刺吸口器，其后方陷于胸部内。胸部略呈四角形，有足三对。足粗短而有力，肢末端以跗节的爪与胫节的指状突相对，形成握毛抓皮的有力工具。腹呈长椭圆形，侧缘有长毛，气门不显著。

【感传特点】羊虱子有严格的畜主特异性。羊颚虱成虫在羊体上吸血，交配后产卵（俗称虮子）。成熟的雌虱一昼夜内产卵1~4个。卵被特殊的胶质牢固粘附在羊毛上，约经2周后发育为若虫，再经2~3周蜕化3次而变成成虫（图6-26）。雌虱成虫产卵期2~3周，共产卵50~100个，一个月内可繁殖数代至十余代，产卵后即死亡。雌虱从卵到产卵死亡约40d的寿命；雄虱的生活期更短，交配后不久就会死亡。

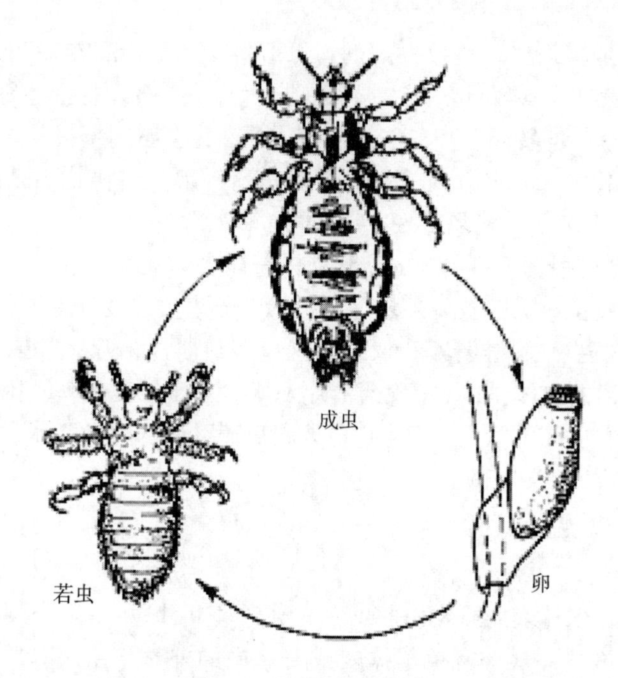

图 6-26　虱子的生活史

虱子的成虫跟若虫终生在寄主体上以吸血维生，一旦离开羊体（寄主），得不到食料 1~10d 就会死亡。

羊虱病是接触感染。可经过健康羊与病羊直接接触，或经过管理用具、互相接触机会增多，加之羊舍阴暗、拥挤等，都有利于虱子的生存、繁殖和传播。人接触动物多了就有机会生虱子。注重个人卫生，用硫磺皂多洗几次即可，穿过的衣物用开水煮以杀死虱子的卵。

【临床症状】寄生于羊体表面的虫体，通过啃咬或摩擦而损伤皮肤，分泌有毒的唾液散入皮下，刺激皮肤的神经末梢而引起发痒，引起患羊皮肤发炎、痛痒不安，影响采食和休息，食欲下降、消瘦，幼羊发育不良，奶羊泌乳量显著下降。羊体虚弱，抵抗力降低，严重者可引起死亡。当大量虱子聚集时，可使皮肤发生炎症、脱皮或脱毛。尤其是毛虱可使羊毛绒折断，对毛绒的质量造成严重的影响。

【预防措施】从加强圈舍卫生做起，搞好营养和药物预防。

（1）加强饲养管理及兽医卫生工作，保持羊舍清洁、干燥、透光和通风。

（2）平时给予营养丰富的饲料，以增强羊的抵抗力。

（3）对新引进的羊只应加以检查，及时发现及时隔离治疗，防止蔓延。

（4）对羊舍要经常清扫、消毒，垫草要勤换勤晒，管理工具要定期用热碱水或开水烫洗，以杀死虱卵。

（5）及时对羊体进行预防性灭虱，可根据气候不同，采用洗刷、喷洒或药浴。

【临床诊治】羊虱子人的肉眼可以看到。根据病畜出现的症状，扒开羊毛，就可以发现虫体及其对皮肤伤瘢即可确诊。治疗可选用以下办法：

（1）人工捉除。最简单的出虱办法。对个别患虱子。且不太严重的羊只，可用手拨开羊毛，指捏捉除虱子；粗毛羊或山羊可用篦子（图 6–27）梳捋，连同虱卵（虮子）一起除掉。捉下的虱子和虮子进行捻破、药杀或焚烧处理。

图 6–27　篦子

（2）皮下注射。伊维菌素，0.01～0.02mL/kg 体重（羔羊在 3 月龄以上方可注射）。

（3）治疗创伤。①硫磺软膏，一般要求 1～2 个月。②林旦乳膏，毒性较大，一般要求每天使用 3～5 次，连用 20～30d。此二法只能缓解症状不能根治，停药易反复。

（4）中药治疗。虱立净是多种纯中药成分提取物，依据动植物相互拮抗原理刺激虱子的神经中枢产生过量兴奋素，最终导致窒息死亡。

（5）药浴治疗。用 0.5%敌百虫［学名 O,O–二甲基–(2,2,2–三氯–1–羟基乙基）磷酸酯］水溶液或 20%蝇毒（硫）磷，池浴、喷雾。浴前 2h 让羊充分饮水，停止喂草料；先用品质差的羊只试浴，无毒后方可进行。先浴健康羊、后浴病羊，有外伤者不药浴。药浴水温为 20 ~ 30℃，药浴时间为 2 ~ 3min，预防为 1min。怀孕 2 月以上母羊不要药浴。药浴后阴凉处休息 1 ~ 2h，如遇天气突变可放回羊舍，以防感冒。对于患病严重或除虱不彻底的个别羊只，再进行第 2 次药浴，半月后羊身上的虱子就会全部死亡。

2. 羊蠕形蚤病

是由寄生在羊体表的多种蠕形蚤引起的一种体外寄生虫病。病原主要有花蠕形蚤（彩图 6-61）、叶氏蠕形蚤和羊长喙蚤。其中，较常见的是对家畜危害较大的是花蠕形蚤。

【虫源习性】蠕形蚤虫体型较大、左右扁平，无翅，体表有较厚的几丁质外皮，刺吸式口器；头部三角形，侧方有 1 对单眼；触角 3 节，位于触角沟内。胸部小，分 3 节，有三对粗大的肢。腹部分为 10 节，6 节清晰可见，后三节变为外生殖器。雌蚤吸血后腹部显著增大，并呈长卵形。花形乳蚤吸血后，由原长增长到 6mm，羚蠕形蚤则增长到 166mm。蠕形蚤为蚤目蠕形蚤科完全变态昆虫，发育过程历经卵、幼虫、蛹和成虫四个阶段（图 6-28）。幼虫呈圆柱状，无足，咀嚼式口器，营自由生活；蛹蜷于茧内。成虫于晚秋开始侵袭动物，冬季产卵，初春季死亡。雌雄蚤均不能跳跃，寄生于家畜被毛内。在绵羊，蠕形蚤多寄生于尾部，其次是臀、颈、股内侧、肩、胸等处。

【感传特点】其成虫寄生于牦牛、绵羊、马和驴体表，吸食家畜血液。该病多见于秋末冬初，呈地方性流行。蠕形蚤在严寒的冬季生活在宿主体表，隐藏在毛间。气候寒冷、营养渐差的情况下，尤易引起家畜贫血、水肿，被毛损坏易脱落，并造成一些死亡，给畜牧业带来很大的损失。该病在我国西北、内蒙古等地较为普遍。

【临床症状】蠕形蚤大量吸取宿主的血，并排出带有血色的粪便污染羊毛，少数感染严重羊出现俗称的“红尾羊”。患羊因奇痒难忍，常在硬物上蹭痒、用嘴啃咬或后蹄踢挠虫体寄生部位；羊体消瘦、衰弱、贫血、掉毛；母羊流产，少奶或者无奶。

【预防措施】①结合灭蜱、灭虱，应用敌杀死液喷洒环境及易感畜体表。②每年用螨净等药物给羊进行药浴，驱杀体表寄生虫。

【临床诊治】流行地区的秋、冬、初春季节，当发现羊被毛粗乱、污秽，有发痒表现时，应进行仔细检查，发现虫体即可确诊。治疗措施：一是清洗、用软膏处理创伤部位；二是药浴。

羊蜱、虱子和蚤病的区别：一是虫体形态结构不同。这一点将虫体与标本

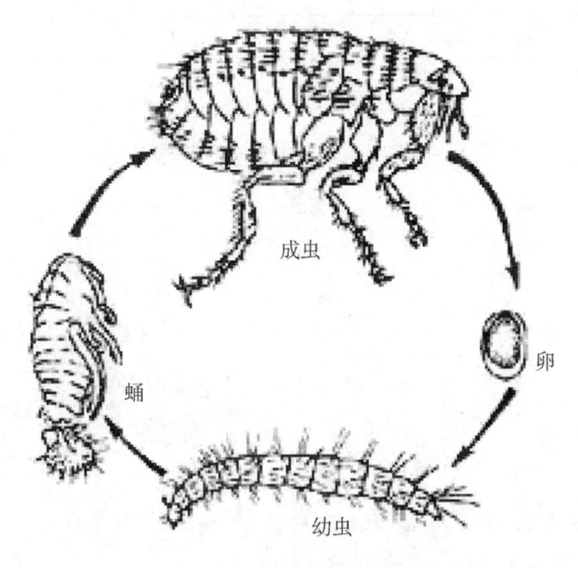

图 6-28　蚤的生活史

图进行对照就会一目了然，是区别三者差异最捷径有效的手段。二是生活方式不同。蜱是半寄生生活——硬蜱多在白天侵袭宿主、晚上则藏了起来（软蜱正好相反），成蜱离开寄主不取食也能够存活 5～10 年，一旦时机成熟则会变本加厉地危害宿主；而虱子和蚤则是永久寄生——无论白天黑夜、一年四季都需在宿主体上生活，一旦离开宿主，几天就会被活活饿死。三是附着能力和对宿主的危害程度有很大差异。成蜱附着能力惊人，针刺式口器刺入皮肤甚至将头和半个身子都可以钻进宿主的皮肤里、拔都拔不下来，吸血量是其自身体积的十倍甚至百倍，引起家畜快速消瘦；不仅释放毒素使宿主出现神经症状及麻痹，而且还可传染巴贝斯虫病、炭疽、疟疾等疾病，造成家畜大量死亡；同为针刺式口器的虱子与之相比，则是小巫见大巫了；最为“低智”的大概要数蚤子。它用咀嚼式口器直接咬食宿主皮肤，留下斑斑狼藉很容易被人发现；而且还排出带有血色的粪便污染羊毛，人们一看到“红尾羊”就知道是蚤子在作祟。

依据上述比较直观的差异性特征、结合发病的季节性规律性，人们就可以迅速将三种寄生虫病区分开来（表 6-6），对症下药，拯救生命、减少损失。

表 6-6　羊蜱、虱子和蠕形蚤区别及其对家畜危害性比较

项目		硬蜱	软蜱	虱子	蠕形蚤
形态结构	大小	最大	中等	小	最小
	丁甲板	有	无	无	几丁质外皮
	体色	大多褐色	黄灰色/灰色	灰白/白/血红	橘黄色/暗红褐色
	形状	卵圆形/背腹扁平	扁平/长椭圆形	细长圆锥形	坚硬侧扁
	背分节	无	无	有	有
	口器	针刺式	针刺式	针刺式	成虫针刺/若虫咀嚼
寄生方式		半寄生/夜伏昼出	半寄生/昼伏夜出	永久寄生	永久寄生
寄生部位		裸露/毛发稀少处	裸露/毛发稀少处	下颚至脖下	尾下/臀颈股内侧肩胸
产卵次数		一生产 1 次	一生多次	一生多次	冬季多次产卵
运动能力		极强	强	最弱	弱
吸血能力		极强/可钻入皮肤	强/可钻入皮肤	最弱	后腹部明显变大
吸血后前比		几倍/10 倍/100 倍	几倍/10 倍/100 倍	1~10 倍	数倍
耐饥饿力		若虫 1~4 年/成虫≥10 年	5—6 年/喜燥怕湿	40d 左右	较弱
寿命		数月至 5 年	5~6 年	1 月左右	1 年左右
对家畜危害		很严重/传染疾病	严重/传染疾病	不太明显	严重（红尾羊）

（三）羊蝇蛆病防治

1. 羊鼻蝇蛆病

是由寄生在羊的鼻腔及附近腔窦内的羊鼻蝇幼虫所引起的寄生虫病。羊鼻蝇主要危害绵羊，对山羊危害较轻。该病在我国西北、东北、华北地区较为常见。

【虫源习性】成虫羊鼻蝇形似蜜蜂，全身密生短绒毛，体长 10~12mm；头大呈半环形、黄色；两复眼小，相距较远；触角环形，位于触角窝内；口器退化；胸部有 4 条断续而不明显的黑色纵纹，腹部有褐色及银白色斑点。第一期幼虫呈淡黄白色，长 1mm，前端有两个黑色口前钩，体表丛生小刺，末端的肛门分左右两叶，后气门很小，呈管状；第二期幼虫呈椭圆形，长 20~25mm，体表刺不明显，后气门呈弯肾形；第三期幼虫长约 30mm，背面拱起，各节上有深棕色的横带，腹面扁平，各节前缘有数行小刺，体前端尖，有 2 个强大的黑色口前钩，虫体后端齐平，有 2 个黑色的后气孔（彩图 6-62）。

羊鼻蝇蛆的发育需经幼虫、蛹和成虫 3 个阶段。成虫出现于每年 5~9 月间，雌雄交配后，雄虫很快死亡；雌虫则于有阳光的白天以急剧而突然的飞行动作扑向羊鼻，将幼虫产在羊鼻孔内或羊鼻孔周围。雌虫在数天内产完幼虫后亦很快死亡。产出的第一期幼虫活动力很强，爬入鼻腔后以其口前钩固着于鼻黏膜上，并逐渐向鼻腔深部移行，到达额窦或鼻窦内（有些幼虫还可以进入颅腔），经两次蜕化发育为第三期幼虫。幼虫在鼻腔内寄生约 9~10 个月，到翌年春天，发育成熟的第三期幼虫由鼻腔深部向浅部返回移行，当患羊打喷嚏时，将其喷出鼻孔（图 6–29）。于是，三期幼虫即在土壤表层或羊粪内变蛹，蛹的外表形态与三期幼虫相同。蛹经 1~2 个月羽化为成虫。成虫寿命约 2~3 周。在温暖地区羊鼻蝇 1 年可繁殖两代，在寒冷地区每年繁殖 1 代。

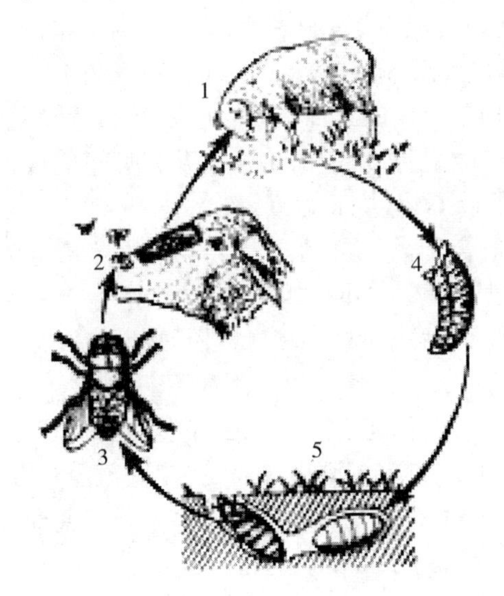

图 6–29　羊鼻蝇生活史

1. 羊鼻蝇成虫；2. 成虫飞到羊鼻孔周围产出幼虫。幼虫爬入羊鼻腔内浅表处；3. 成熟幼虫随羊打喷嚏落到地上；4. 成熟幼虫；5. 成熟幼虫钻入土中变为蛹，继而羽化为成虫。

【感传特点】被动性接触感染和传播。前者是羊鼻蝇成虫主动出击，使羊感染上羊病蝇蛆病；患羊与健康羊接触，通过其鼻腔中流出的含有鼻蝇幼虫与虫卵的黏液传染给健康羊。羊鼻蝇蛆病在世界各地养羊区广泛分布。我国北方地区羊鼻蝇蛆感染严重，成虫出现于每年 5—9 月，新疆绵羊感染率很高，内蒙古、华北和东北等地区也较为常见。

【临床症状】羊鼻蝇幼虫进入羊鼻腔、鼻窦及额窦后，在其移行过程中，由于体表小刺和口前钩损伤黏膜引起鼻炎，可见羊流出多量鼻液，鼻液初为浆液性，后为黏液性和脓性，有时混有血液（彩图6-63）；当大量鼻漏干涸在鼻周围形成硬痂时，使羊发生呼吸困难。此外，可见病羊表现不安，打喷嚏，时常摇头，磨鼻，眼睑浮肿，流泪，食欲减退，日渐消瘦。症状表现可因幼虫在鼻腔内的发育期不同而持续数月。通常感染不久呈急性表现，以后逐渐好转，到幼虫寄生的晚期，则疾病表现更为剧烈。有时，当个别幼虫进入颅腔损伤的脑膜或因鼻窦发炎而波及脑膜时，可引起神经症状，病羊表现为运动失调，旋转运动，头弯向一侧或发生麻痹；最后病羊食欲废绝，因极度衰竭而死亡。病羊表现为精神不安，体质消瘦，甚至发生死亡。

【预防措施】预防该病应以消灭第一期幼虫为主要措施。各地可根据不同气候条件和羊鼻蝇的发育情况，确定防治的时间，一般在每年10~11月进行为宜。

（1）烟雾法。常用于羊群的大面积防治，药量按熏蒸场所的空间体积计算，每立方米空间使用80%敌敌畏0.5~1.0mL。吸雾时间应根据小群羊的安全试验和驱虫效果而定，一般以不超过1h为宜。

（2）气雾法。亦适合于大群羊的防治，可用超低量电动喷雾器或气雾枪使药液雾化。药液的用量、吸雾时间与烟雾法的相同。

【临床诊治】根据流行病学调查和症状进行诊断；死后剖检时在鼻腔、鼻窦或额窦内发现羊鼻蝇幼虫，可确诊。可选用如下药物：

（1）精制敌百虫。①口服剂量按0.12g/kg体重，配成2%溶液，灌服。②肌肉注射取精制敌百虫60g，加95%酒精31mL，在瓷器内加热溶解后，加入31mL蒸馏水，再加热到60~65℃。待药完全溶解后，加水至总量100mL，经药棉过滤后即可注射。体重10~20kg用0.5mL；体重21~30kg用1mL；体重31~40kg用1.5mL；体重41~50kg用2mL；体重51kg以上用2.5mL。

（2）敌敌畏。口服剂量按5g/kg体重，每日1次，连用2d。

（3）烟雾法和气雾法。与预防相同。

（4）涂药法。对个别良种羊，可在成蝇肆虐季节将1%敌敌畏软膏涂擦在羊的鼻孔周围，每5天1次，可杀死雌虫产下的幼虫。

2. 羊狂蝇病

羊狂蝇是由寄生在羊的鼻腔及其附近的腔窦内的羊狂蝇幼虫引起的寄生虫病，偶尔也可侵入气管和肺、甚至脑。

【虫源习性】羊狂蝇是节肢动物门狂蝇属的一种。羊狂蝇的成虫体中型，淡灰色，体长10~12mm，全身密被绒毛，外形似蜂。头大，黄色，复眼小，相距较远，触角短小呈球形，位于触角窝内，触角芒裸，头部和胸部具有很多凹凸不平的小结（图 141）。翅透明，中脉末端向前方弯曲，与第 4、5 径脉愈合，形成封闭的第五径室，这是狂蝇科的重要特征。腹部具有银灰色与黑绿色的块状斑。一龄幼虫，体长约 1mm，淡黄色，体表丛生小刺。三龄幼虫体长约 30mm，各节背面具黑棕色横带，背面拱起，腹面扁平具小刺，后端平截并凹陷，具 2 个黑色的气门板（图 6-30）。

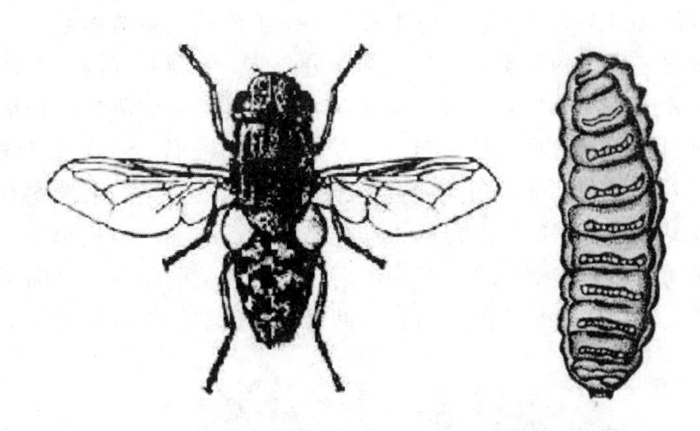

图 6-30　羊狂鼻蝇成虫和第 3 期幼虫

其生活史与羊鼻蝇的相同，亦须经过卵、幼虫、蛹、成虫 4 个虫期。

【感传特点】成虫在每年的春、夏、秋三季出现，尤以夏季为盛。羊狂蝇病在世界各地养羊区广泛分布。我国北方地区羊狂蝇蛆感染严重，新疆的绵羊感染率在 70%以上，内蒙古、华北和东北等地区也较为常见。

【临床症状】病羊的症状为流脓性鼻液、打喷嚏、进而引起烦躁不安、呼吸困难、慢性鼻炎和额窦炎等症状。患羊减少增重 8. 29%～3. 58%，每只羊月均活重损失 0. 479～0. 6kg。而胴体肉损失达 1. 19～4. 6kg/只，羊毛损失 200～500g/只，奶产量下降 10%。严重影响羊只生长发育。

【预防措施】在成虫产幼虫的高峰期应实施防治措施。在放牧制度上，炎热的夏季坚持早晚放牧，中午应将羊留在舍内，可避开成虫的侵袭。亦可用烟雾法和气雾法进行群体预防。

【临床诊治】①1%伊维菌素 0. 2～03mg/kg 体重，皮下注射；②20%敌敌畏水溶液 0. 15g/kg 体重灌服，用药一次；③板蓝根注射液 10mL 冲洗，每日或隔日 1 次，连用 3～4 次。④群体感染，亦可用烟雾法和气雾法进行驱虫治疗。

（四）羊疥癣病的防治

羊疥癣病是由寄生在体表的疥螨、痒螨和足螨而引起的慢性寄生性皮肤病，以剧痒、湿疹性皮炎、脱毛、患部逐渐向周围扩散为特征，严重的皮肤增厚，形成皱裂和龟裂褶。具有高度传染性，往往在短期内引起羊群严重感染，危害十分严重。

【虫源习性】疥螨（图 6-31）是一种小寄生虫，肉眼看不见，呈灰白色或略带黄色，近于圆形。雌螨大小为（0.3~0.5）mm×（0.25~0.4）mm，雄螨为（0.2~0.3）mm×（0.15~0.2）mm。颚体短小，位于前端。螯肢如钳状，尖端有小齿，适于啮食宿主皮肤的角质层组织。须肢分 3 节。无眼和气门。躯体背面有横形的波状横纹和成列的鳞片状皮棘，躯体后半部有几对杆状刚毛和长鬃。腹面光滑，仅有少数刚毛和 4 对足。足短粗，分 5 节，呈圆锥形。前两对足与后两对足之间的距离较大，足的基部有角质内突。雌雄疥螨前 2 对足的末端均有具长柄的吸垫，为感觉灵敏部分；后 2 对足的末端雌雄不同，雌虫均为长刚毛，而雄虫的第 4 对足末端具吸垫。雌螨的产卵孔位于后 2 对足之前的中央，呈横裂缝状。雄螨的外生殖器位于第 4 对足之间略后处。两者的肛门都位于躯体后缘正中。

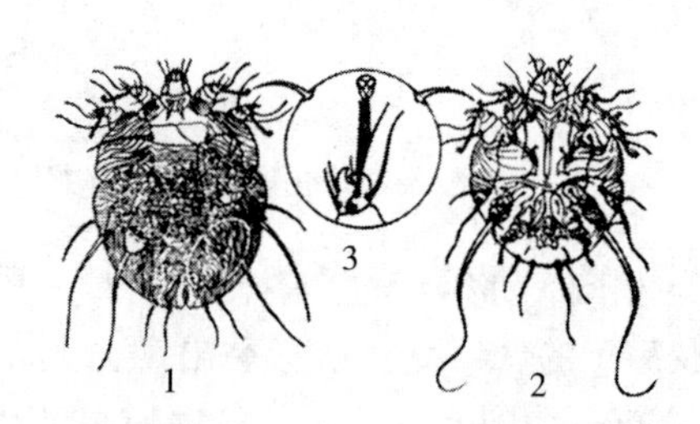

图 6-31　羊疥螨——穿孔疥虫成虫

1. 雌虫腹面构造；2. 雄虫腹面构造；3. 跗节吸盘

疥螨在宿主皮肤角质层下进行发育和繁殖，挖掘隧道，以表皮细胞和淋巴液为营养。痒螨虫体较大，椭圆形，长 0.5~0.8mm，有四对细长的足，两对前足特别发达。虫卵呈灰白色、透明、椭圆形，卵内含有不均匀的卵胚或已成形的幼虫。疥螨一般是晚间在宿主皮肤表面交配。雄性成虫和雌性后若虫进行交配后不久即死亡。雌性后若虫在交配后 20~30min 内钻入宿主皮内蜕皮为雌成虫，2~3 天后即在隧道内产卵。每日可产 2~4 个卵，一生共可产卵 40~50 个，雌螨寿命约 5~6 周。

痒螨（图 6-32）寄生在羊皮肤表面，不掘隧道，只吸吮其皮下的淋巴液和血液。足螨亦寄生在皮肤表面，采食脱落的上皮细胞，如皮屑、痂皮等，对羊无明显危害。

这三种螨的一生都在寄主畜体上度过，并能世代相继地生活在同一宿主身上。发育历经卵、幼虫、若虫（前若虫和后若虫）和成虫四个阶段，从卵发育为成虫约需 2 周左右。疥螨和痒螨区别参见表 6–7。

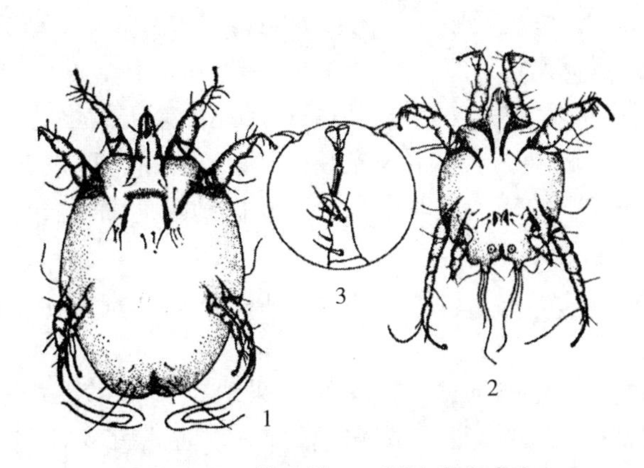

图 6–32　羊痒螨——吸吮疥虫成虫

1. 雌虫腹面构造；2. 雄虫腹面构造；3. 跗节吸盘

表 6–7　疥螨与痒螨的区别

项目	疥螨	痒螨
形态	小/圆形	微黄色
颜色	大/长圆形	灰白色
体表刚毛	稀少	稠密
足具有	钟形口器	喇叭形口器
寄生部位	皮肤内	皮肤外
危害方式	破坏组织	吸食汁液
症状	皮肤变厚皱褶多“干骚”	皮肤皱褶不明显毛易脱落“湿骚”

【感传特点】感染来源是病羊以及被病羊污染了的羊舍和用具。通过病羊与健康羊的直接接触或通过被螨虫污染了的羊舍和用具等间接传播。另外，也可由饲养人员或兽医人员的衣服及手传播病原。该病主要发生在冬季和秋末、春初。在秋末、冬季和早春多发生，阴暗潮湿、圈舍拥挤和常年的舍饲可增加发病几率和流行时间。

【临床症状】患羊主要表现为剧痒，消瘦，皮肤增厚、龟裂和脱毛，影响羊只健康和毛的产量及质量。绵羊的螨病一般都为痒螨所侵害，病变首先在背及臀部毛厚的部位，以后很快蔓延到体侧，痒螨在皮肤表面移行和采食皮屑，吸吮淋巴液，患部皮肤剧痒。羊只在墙壁，柱栏擦痒，或用后肢搔痒，患部皮肤开始出现针头大至粟粒大结节，继而形成水疱脓疱，渗出浅黄色液体，进而形成结痂。皮肤遭到破坏，增厚，龟裂及脱毛（彩图6-64），羊只脱毛后畏寒怕冷剧痒而不采食，逐渐消瘦，甚至死亡。

【预防措施】以铲除羊螨滋生的环境条件和驱除杀灭螨虫为目标。

（1）畜舍要保持通风、干燥、采光好，羊只不拥挤，可减少本病的发生率。

（2）为消灭环境中的螨，应对畜舍及用具做到定期消毒，可用0.5%敌百虫水溶液喷洒墙壁、地面及用具。

（3）饲养员要讲究卫生，勤洗澡换衣。脱下的衣服洗干净、用0.5%敌百虫水溶液浸泡消毒。

（4）在有螨病常发生的地区，对羊只可采取定期检疫，并随时注意观察羊只情况，一旦发现病羊，要立即采取隔离治疗，以防此病蔓延。

（5）每年定期对羊进行药浴。通常于每年秋末春初，用螨净等对羊群进行集体药浴。

【临床诊治】通过现场观察或实验室诊断后，利用药物进行治疗。

诊断：现场观察法和实验室诊断法配合使用。

现场观察法：螨病一般根据流行病学调查、症状和发病部位进行诊断，但确诊还需实验室检查。用手撕拉羊体患部皮肤羊毛，羊毛则可以被轻易拉下。

实验室诊断法：用刮勺或小刀上蘸一点水，选择患部皮肤与健康皮肤交界处，垂直于皮肤轻轻刮取皮屑和组织。将病料置于表面皿或三角瓶中，于阳光下暴晒或在皿底加热至40~50℃，然后移去热源，在瓶皿外黑色背景下可肉眼观察到皮屑在蠕动，说明有爬动的螨虫。或将刮下的病料带回实验室，放在载玻片上，滴加10%氢氧化钠或者液体石蜡、50%甘油醚，置显微镜下可看到幼虫或虫卵，即可确诊。

治疗：常用的有口服和注射疗法、涂抹疗法和药浴疗法3种。

（1）注射和口服伊维菌素。此药不仅对疥癣病而且对线虫病均有效果，应用时，剂量按50~100μg/kg体重。

（2）涂抹疗法。适于病羊数量少，患部面积小，寒冷季节不适合剪毛药浴的情况，也可在其他季节使用。但每次涂药面积不得超过体表的1/3。①新灭癞灵（精制马拉硫磷溶液）稀释成1%~2%的水溶液。②药浴所用药液。以毛刷蘸取药液刷拭患部。因为虫体主要集中在病灶的外围，所以一定要把病灶的周围涂好药，并要适当超过病灶范围。另外当患部有结痂时，要反复多刷几次，使结痂软化松动，便于药液浸入，以杀死痂内和痂下的虫体和虫卵。③百草霜（锅底灰)、食盐、清油各 100g 调匀，涂擦患部。

(3) 药浴疗法①可选用 0.5%~1%敌百虫溶液（按 1：200 的比例，将敌百虫溶于水中)。②0.04%林丹乳油（1kg 水加入 20%林丹乳油 2mL，充分搅拌，充分溶解)。③石硫合剂（生石灰 3kg，硫磺粉 5kg，用适量水拌成糊状后加水 60kg 煮沸，取上清液加入温水 20kg 即成)。④.0.05%蝇毒磷乳剂水溶液或。⑤0.05%辛硫磷乳油水溶液。药液温度 20~30℃，浸泡至全身毛湿透为止。

(五) 羊的药浴

1. 药浴方式

药浴是防治羊体外寄生虫病及其传播的最基本、最常见和最有效的方式。有适用于个别患羊或家庭小群饲养的桶、缸、锅浸泡式药浴，也有适合大群药浴的喷淋式、吊篮浸泡式和浴池式药浴。

(1) 喷淋式药浴池。一般由 1 个直径 8~10m，高 1.5~1.7m、用石头或砖砌成（用水泥抹面）的圆形淋场，前端连接一个待淋羊圈，后端连接一个回流滴水圈，侧旁连接一个回流过滤贮液池的四元结构组成（图 6-33)。药浴时，羊只由待淋羊圈与淋浴池连接口进入淋浴池。操作人员持药管喷药。淋浴结束后，打开喷淋圈与滴水回流圈连接的小门，将羊赶入滴水回流圈内，则后面的药浴接着进行。

图 6-33　四元式喷淋药浴池构成

实践中，有人设计出改进的三元结构的喷淋药浴系统（图 6-34)。该系统只是将过滤贮液池设在喷淋圈侧底下而已。喷淋圈中心设立一个 1.8~2.0 高的钢管立柱，输液管从其中穿过与其上的可旋转的多出口平行喷架相连（图 143-⊙处)。其优点是较四元结构节省土地面积，对羊的应激也大大降低。

图 6-34　支架式三元结构喷淋药浴池

总之，这样机械化喷淋药浴系统的主要特点是不用人工抓羊，节省劳力，降低了劳动强度，提高工效，避免羊只伤亡。但其建筑费用高，往往因羊只拥挤在一起，药液渗透不够彻底、杀灭虫体效果不佳，也易造成羊只应激过大、呛肺病或呛死。此种方式，现已基本被淘汰。

（2）吊篮浸泡式药浴。在设计上与喷淋式有着异曲同工之妙。该系统也是由羊群待浴圈、药浴池（圆形或方形，深1.5m左右）和滴水回流圈组成的三元结构，另外加装了一个机械吊篮（形状与药浴池相配套）代替人工抓羊。药浴时，将羊群由待浴圈赶入吊篮中，通过操作机械臂将盛羊的吊篮沉入药浴池中而达到药浴的目的。药浴结束，再吊起吊篮、转动机械臂将浴羊置于滴水回流圈。这种方法克服了喷淋式药浴对羊应激大的缺点，极大地减轻了劳动强度，节省人力；但增大了建设投资，存在着浸泡不彻底（羊脊背和头部浸水不完全）、受电力控制性强和机械故障造成重大事故的隐患。因而受到质疑，目前国内已几乎看不到了。

（3）泳池式药浴池。是最原始、最基本、最简单、效果也最好的药浴方式，也是目前被广泛采用的药浴方式。尽管其存在着建设投资和人力投入较大、人羊体力消耗都大，还有可能造成羊只伤亡等缺点，但其以可有效利用地形地势、就地取材（石块、木板均可）、建造方便，坚固耐用、使用寿命长、良好的药浴效果受到养殖者的认可和青睐。其存在的弊端和隐患也可通过人为控制而降低到最低限，此法一直沿用至今、经久不衰。

2. 泳浴式药浴池建设

药浴池建设是一个系统工程，由羊群待浴圈、泳浴池和返流滴水圈三部分构成。泳浴池为主体工程，待浴栏和返流滴水栏为辅助配套工程。

药浴池选址要求：①水位低——开挖 2.5m 深没有渗水。②地势平坦干燥，供、排水方便。③药浴池建立在相对中心地带，照顾相对距离较远的羊群。

药浴池建造参数：长度最佳为 20m。只有这样，才能保证羊在下水入池后有 3~5min 的泡泳时间。泳池墙体、池底基部全部采用混凝土，或石料+混凝土+细灰勾缝。地基宽度外径为 1.2~1.3m，一般采用毛石混凝土下地基 0.4m 厚，池底内径宽为 0.6m。两边墙体厚度一般在（从下到上）0.3~0.25m，横断面呈梯形，下宽上窄，下底宽为 0.3m，到上顶平口处为 0.25m。浴池上口内径宽为 0.7m，外径宽为约 1.2m。上口打平后，两边加 0.3m 宽，0.1m 厚水泥护拦，药浴时药浴人员行走方便。泳池深一般在 2.0m，药浴时药浴液一般保持在 1.6m 左右，如此才能保证羊被“淹没”、浑身湿透。在池的底面最低处留排水孔两个，直径以 0.12m 左右为好，便于排出污浴液更换新浴液，并以管道导流到非农田、可用草场外的低洼处。

开挖地基时，要注意把底全部挖成 2m 深，要在全长 20m 的后 1/3 处与滴水回流圈挖成斜坡，斜坡呈 25~30°，以便羊药浴后进入滴水回流圈，行走方便。泳池斜坡处的墙体一定要挖到 2.0m 深，斜坡原土可全部挖走，以混凝土填筑；也可留下坚实原土层，待墙体完成后以混凝土填缝抹面（0.4m 厚），以节省材料和成本（图 6-35）。

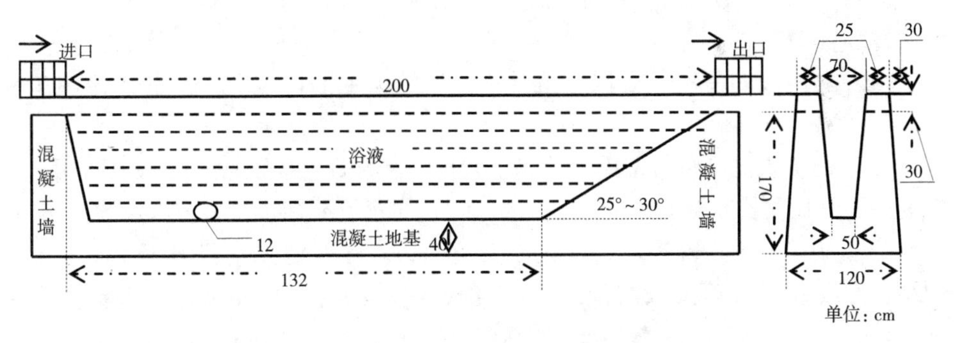

图 6-35　标准化羊药浴池纵剖面与横断面示意

配套设施包括羊群待浴圈和滴水回流圈（图 6-36）。

羊群待浴圈：是准备洗浴羊只统一管理的圈。其大小应根据场地情况、需要药浴羊的总数或羊群大小及计划完成的时间来确定。形状因地制宜，方形或圆形均可，长久性的石头、混凝土、砖块墙和临时性的铁围栏、网围栏、木桩栏材料均可作为墙体建筑材料。墙体高度一般在 1.2~1.5m，原则上只要能圈住羊就

图 6-36　药浴池配套设施待浴圈和控水回流圈

行。待浴栏地面总体要平整，也可把地面用细沙石铺垫、砖块或铺设约 10cm 厚的混凝土。地面与泳池上口基本齐平或稍高 5～10cm。石头砖块等可能伤及羊体的物品要清理干净，待浴栏与泳池衔接处，采用围墙或围栏在泳池始端 0.5m 处衔接，逐渐缩变成“ v”字形便于赶抓羊只省时省力。

滴水回流圈：是羊只浴后控干身上药液滞留的地方。建造要求与羊群待浴栏基本相同。不同的是：一要混凝土铺设地面（厚度≥10cm）；二要四周高中间低呈“勺”状。“勺把”与滴水流坡（泳池末端斜坡）相连，呈水平角度 5～10°便于羊体滴下来的药液返回到泳池再利用。羊只在此处迅速控干身上的药液后迅速离开，腾出地方以便进下一批羊药浴。

3. 药浴程序

（1）药浴液的配制。根据养殖数量，按照泳池的体积和产品配制说明配制标准药浴液。

（2）推羊入池。将待浴圈静待了 1～2h 以上的羊只缓慢赶入泳浴池始端，人工逐一将其抓住推入池内（自动跳入更好）。注意不要拥挤重叠，以免弄伤羊只。

（3）按羊入水。安排专人站在泳浴池两边，在羊游泳过程中用拉压勾于肩颈结合部或颈部将羊按入浴液中 2～3 次，使羊的背、颈和头侵入药液，全身湿透。

（4）控干出栏。全身浸透药液的羊只自行游到泳浴池末端，从斜坡爬上浴池进入滴水回流圈。当一批或一群羊只经浴池全部进入滴水回流圈后，药浴工作要暂时停下来，等待进入该圈的羊只药液基本控干（无滴水）离开后，再进行下一批或下一群的药浴。因为，一般情况下滴水回流圈与待浴栏的羊群大小基本相同，连续进行则会容纳不下。当然，如果滴水回流圈足够大，则可连续流水作业。

（5）更换药液。打开泳池底部的排水孔阀门，放出浓度严重不足、被污染了的浴液。然后放入清洁新水，配制新的浴液。继续进行药浴工作。

图 6-37 展示了羊泳浴池药浴的全过程及操作方法。

图 6-37　药浴过程与各环节实拍

值得赞叹的是，人民群众在实践应用中探索和积累丰富的经验，在恪守原则的前提下，就地取材、因陋就简，建造出了各式看似简单粗糙，却造价低廉、非常实用的羊药浴池。采收几例于此，以飨读者（图 6-38）。

4. 药浴注意事项

（1）春季药浴的时间一般在剪毛 1 周后进行。此时，剪毛的创伤已愈合，可减少药浴中毒的情况发生；也可保证药液浸泡透彻，有效杀死羊只体外病虫的效果。

（2）药浴要选择在无风、无雨的晴朗天气进行。便于使羊体尽快自然干燥，防止感冒。

（3）使用药浴池前要进行清理、清洗。减少药液消耗和污染，保证药液有效性。

（4）药浴浓度一定要配制准确。浓度过低无效，浓度过高易引起中毒。

（5）药浴时间要保持 30s 以上，头部要在浴液中浸没 2 次。保证浸泡透彻，

图 6-38　几种常见普通简易式羊药浴池

注：普通药浴池：一般长 10~12m，池顶宽 0.6~0.8m，池底宽 0.4~0.6m，以羊能通过而不能转身为准，深 1.0~1.2m。

不留死角。

（6）应用新药品进行药浴时，要进行小批量试浴，若无异常，再进行大群药浴。

（7）3 个月内的羔羊应禁止药浴；母羊药浴后要用温水洗净乳房周围药液，才能让羔羊接触母羊吃奶，以免羔羊中毒。

附件 1　小尾寒羊饲养管理规范及技术要点（部分）

表 1　饲料中的营养拮抗因子

拮抗营养因子	存在	影响
胰蛋白酶抑制因子	生豆科籽实	降低蛋白质消化率
植物凝血素	生豆科籽实	损害小肠绒毛
单宁	蚕豆、高粱	影响适口性，降低消化率
硫葡萄糖甙	菜籽及其他十字花科作物	促甲状腺
芥子碱	菜籽及其他十字花科作物	味苦降低食欲
黄曲霉毒素	黄曲霉菌污染的玉米花生等	中毒
棉酚	棉籽饼	中毒
氰化物	生亚麻籽	中毒
生物碱	羽扇豆	中毒
纤维（复合多糖）	多种植物性饲料	降低消化率
亚硝酸盐	青绿料堆积熟化不全	中毒

表 2　小尾寒羊对各种矿物质的需要量和微量元素的中毒剂量

常量元素	需要量（日粮 DM%）	微量元素	最低需要量（mg/kg DM）	中毒量（mg/kg DM）	微量元素	最低需要量（mg/kg DM）	中毒量（mg/kg DM）
钠	0.25～0.50	铁	50～80	500	碘	0.20～0.50	8
氯	0.25～0.50	铜	4～5	8～25	硅	0.10	70
钙	0.24～0.45	钼	0.01	5～10	氟	20～30	60～200
磷	0.15～0.33	硒	0.10	5			
镁	0.06～0.10	锌	20～30	1 000			
钾	0.50	锰	20～40	1 000			
硫	0.10～0.20	钴	0.05～0.10	100～200			

表 3　哺乳母羊的营养需要（带双羔）

体重（kg）	干物质（kg）	饲料单位	粗蛋白（g）	可消化蛋白（g）	食盐（g）	钙（g）	磷（g）	硫（g）	镁（g）	维生素 A（IU）	维生素 D（IU）	胡萝卜素（mg）
50	2. 0~2. 3	2. 2~2. 4	350~400	210~240	15~17	10~12	6. 5~7. 5	5~6	1. 0~1. 5	7 000	750	20~25
60	2. 1~2. 4	2. 3~2. 5	370~440	220~260	15~17	11~13	7. 0~8. 0	5~6	1. 5~1. 8	7 500	800	20~25
70	2. 2~2. 5	2. 4~2. 7	390~460	230~280	16~18	11~13	7. 5~8. 5	5~6	1. 8~2. 0	8 000	900	20~25
80	2. 3~2. 6	2. 5~2. 8	400~480	240~290	16~18	12~13	7. 5~8. 5	5~6	1. 8~2. 0	8 500	1 000	20~25

表 4　哺乳母羊的营养需要（带单羔）

体重（kg）	干物质（kg）	饲料单位	粗蛋白（g）	可消化蛋白（g）	食盐（g）	钙（g）	磷（g）	硫（g）	镁（g）	维生素 A（IU）	维生素 D（IU）	胡萝卜素（mg）
50	1. 8~2. 1	1. 9~2. 1	260~300	160~180	12~15	8~10	5. 0~6. 0	5~6	1. 0~1. 2	7 000	700	15~20
60	2. 0~2. 3	2. 0~2. 2	280~340	170~200	12~15	8~10	5. 0~6. 0	5~6	1. 2~1. 5	7 200	750	15~20
70	2. 0~2. 4	2. 1~2. 4	310~360	190~220	13~15	9~11	5. 5~6. 5	5~6	1. 5~1. 8	7 500	850	15~20
80	2. 1~2. 5	2. 3~2. 6	350~390	210~230	13~15	9~11	5. 5~6. 5	5~6	1. 5~1. 8	8 500	950	15~20

表 5　种公羊的营养需要（非配种期）

体重（kg）	干物质（kg）	饲料单位	粗蛋白（g）	可消化蛋白（g）	食盐（g）	钙（g）	磷（g）	硫（g）	镁（g）	维生素 A（IU）	维生素 D（IU）	胡萝卜素（mg）
70	1. 7~1. 75	1. 4~1. 6	220~240	130~140	12~14	7. 0~8. 0	4~5	3. 0	0. 5	6 000	700	16~18
80	1. 8~1. 85	1. 5~1. 7	220~250	130~150	12~14	7. 5~8. 5	4~5	3. 5	0. 8	7 000	800	18~21
90	1. 9~1. 95	1. 6~1. 8	240~270	140~160	13~15	8. 0~9. 0	4~5	5. 7	1. 1	8 000	900	20~24

（续表）

体重（kg）	干物质（kg）	饲料单位	粗蛋白（g）	可消化蛋白（g）	食盐（g）	钙（g）	磷（g）	硫（g）	镁（g）	维生素 A（IU）	维生素 D（IU）	胡萝卜素（mg）
100	2. 0~2. 15	1. 7~1. 9	250~280	150~170	13~15	9. 0~9. 5	5~6	4. 0	1. 2	8 500	1 000	22~27
110	2. 1~2. 25	1. 8~2. 0	270~300	160~180	13~16	9. 5~10. 5	5~6	4. 5	1. 3	9 000	1100	24~30
120	2. 2~2. 35	1. 9~2. 1	280~320	170~190	13~16	10. 0~11. 0	6~7	5. 0	1. 4	9 500	1 200	26~32
130	2. 3~2. 45	2. 0~2. 2	300~340	180~200	13~16	10. 5~11. 5	6~7	5. 5	1. 5	1 000	1 300	28~35

表 6　种公羊的营养需要（配种期，日采精 2~3 次）

体重（kg）	干物质（kg）	饲料单位	粗蛋白（g）	可消化蛋白（g）	食盐（g）	钙（g）	磷（g）	硫（g）	镁（g）	维生素 A（IU）	维生素 D（IU）	胡萝卜素（mg）
70	2. 0~2. 2	1. 8~2. 0	370~400	220~240	15~17	9. 0~10. 0	4. 0~5. 0	3. 5	1. 0	9 000	1 000	25~35
80	2. 1~2. 3	1. 9~2. 1	380~430	230~260	15~17	9. 5~10. 5	4. 4~5. 0	3. 8	1. 1	1 0000	1 100	30~40
90	2. 2~2. 4	2. 0~2. 2	400~450	240~270	17~19	10. 0~11. 0	4. 8~5. 5	4. 1	1. 2	12 000	1 200	35~45
100	2. 3~2. 5	2. 1~2. 3	420~470	250~280	17~19	10. 5~11. 5	5. 3~6. 0	4. 5	1. 3	14 000	1 400	40~50
110	2. 4~2. 6	2. 2~2. 4	430~480	260~290	17~19	11. 0~12. 0	5. 6~6. 2	5. 0	1. 4	16 000	1 600	45~55
120	2. 5~2. 7	2. 3~2. 5	450~500	270~300	18~20	11. 5~12	6. 0~6. 4	5. 5	1. 5	18 000	1 800	50~65
130	2. 6~2. 8	2. 4~2. 6	470~500	280~310	18~20	12. 0~13. 0	6. 2~6. 5	6. 0	1. 6	20 000	2 000	55~70

表 7　育成母羊的营养需要

月龄	体重(kg)	干物质(kg)	饲料单位	粗蛋白(g)	可消化蛋白(g)	食盐(g)	钙(g)	磷(g)	硫(g)	镁(g)	维生素 A(IU)	维生素 D(IU)	胡萝卜素(mg)
2	20	0. 8~1. 0	0. 9~1. 2	180~200	110~120	6~10	4. 5~6. 0	3. 2	2. 2	0. 4	2 400	300	6~8
4	30	0. 9~1. 1	1. 0~1. 3	180~200	110~120	6~10	5. 5~7. 0	3. 4	2. 8	0. 5	2 400	400	6~8
6	40	1. 0~1. 2	1. 1~1. 4	180~200	120~130	6~10	5. 5~7. 0	3. 6	3. 4	0. 6	2 800	500	6~8
8	50	1. 3~1. 4	1. 2~1. 5	200~220	120~130	6~10	6. 0~7. 0	3. 6	4. 0	0. 7	3 200	500	6~8
10~15	60	1. 4~1. 5	1. 3~1. 6	200~220	110~120	6~10	6. 0~7. 0	3. 6	4. 0	0. 8	3 400	500	6~8

表 8　育成公羊的营养需要

月龄	体重(kg)	干物质(kg)	饲料单位	粗蛋白(g)	可消化蛋白(g)	食盐(g)	钙(g)	磷(g)	硫(g)	镁(g)	维生素 A(IU)	维生素 D(IU)	胡萝卜素(mg)
2	20	0. 9~1. 1	0. 9~1. 25	180~200	110~120	8~12	6. 5	4. 0	3. 2	0. 6	3 000	400	9~10
4	30	1. 2~1. 3	1. 25~1. 45	200~220	120~130	8~12	7. 0	4. 3	3. 5	0. 7	3 500	500	
6	40	1. 25~1. 5	1. 35~1. 55	220~230	130~140	8~12	7. 4	4. 8	4. 0	0. 8	3 500	500	9~10
8	50	1. 35~1. 6	1. 45~1. 65	230~250	140~150	8~12	8. 0	5. 3	4. 4	0. 9	4 000	600	10~12
10	60	1. 45~1. 7	1. 55~1. 75	250~270	150~160	8~12	8. 5	5. 7	4. 8	1. 0	4 500	700	10~12
12	70	1. 55~1. 8	1. 65~1. 90	220~230	130~140	8~12	9. 0~10	6. 0	5. 2	1. 1	4 500	800	12~16
18	80	1. 65~1. 9	1. 70~1. 90	220~230	130~140	8~12	9. 5	6. 3	5. 4	1. 2	5 000	900	14~16

表9　怀孕期和怀孕前期成年母羊的营养需要

体重（kg）	干物质（kg）	饲料单位	粗蛋白（g）	可消化蛋白（g）	食盐（g）	钙（g）	磷（g）	硫（g）	镁（g）	维生素A（IU）	维生素D（IU）	胡萝卜素（mg）
50	1.60~1.65	1.00~1.15	120~140	70~85	9~10	3.5	2.5	2.0	0.4	4 000	500	10~12
60	1.65~1.75	1.05~1.25	135~150	80~95	9~10	4.5	3.0	2.5	0.5	4 500	600	10~12
70	1.80~1.90	1.15~1.35	140~165	85~100	10~13	5.0	3.5	3.0	0.6	5 000	700	11~13
80	2.00~2.20	1.20~1.40	150~170	90~110	10~13	5.5	4.0	3.5	0.65	6 000	800	12~15

表10　怀孕后期成年母羊的营养需要

体重（kg）	干物质（kg）	饲料单位	粗蛋白（g）	可消化蛋白（g）	食盐（g）	钙（g）	磷（g）	硫（g）	镁（g）	维生素A（IU）	维生素D（IU）	胡萝卜素（mg）
50	1.65~1.70	1.30~1.45	170~190	110~120	12~13	8.0	4.0	4.5	0.6	7 000	850	15~20
60	1.75~1.85	1.40~1.55	195~210	125~130	12~13	8.5	4.5	5.0	0.7	8 000	900	15~20
70	1.90~2.00	1.45~1.65	220~240	135~140	13~15	9.0	5.0	5.5	0.9	9 000	950	20~25
80	2.10~2.30	1.55~1.90	245~260	145~160	13~15	10	5.5	6.0	1.0	1 0000	1 000	20~25

注：（1）1个饲料单位=2 501kcal净能；（1个燕麦饲料单位=1 414kcal肉牛产肉净能；1个奶牛饲料单位=1710奶牛产奶净能）

（2）维持需要：绵羊每日维持能量为$56W^{0.75}$×4.1868kJ（W为体重）。

（3）生长需要：这部分需要是用于组织沉积的，绵羊增重的能量需要为23.03~31.40kJ/kg。

（4）妊娠母羊能量需要：怀单羔的母羊，总需要为1.5×维持需要量；怀双羔的母羊为2.0×维持需要量。

（5）泌乳母羊能量需要：包括维持和产乳需要。羔羊在哺乳期增重与对母乳的需要量之比为1∶5。

（6）一般情况下，羊对必需氨基酸需要的40%由瘤胃微生物合成，其余60%来自饲料。

表 11　羔羊哺喂方案

日龄	哺乳情况	精料	青粗料
1~10	跟随母羊	/	/
11~20	跟随母羊	50~70g	不限量
21~34	跟随母羊	100~150g	不限量
35~40	2 次/d	200g	不限量
41~断奶	1 次/d	200g 以上	不限量

表 12　小尾寒羊免疫程序

疫苗种类	注射时间							
	3 月	4 月	5 月	6 月	7 月	8 月	9 月	10 月
羊四联苗	√				√			
羊链球菌氢氧化铝菌苗		√						
羊大肠杆菌病菌苗				√			√	
第Ⅱ号炭疽芽孢苗		√						
羊松菌多联干粉菌苗	√							
布氏杆菌猪型 2 号冻干菌苗	每 2 年进行一次							
羔羊氢氧化铝菌苗	第一次在产前 30~20d 注射，第二次产前 20~10d 注射							

表 13　不同年龄的小尾寒羊灌服硫酸铜剂量

月龄	剂量（mL）	月龄	剂量（mL）
1~1.5	15~20	5~6	40~45
1.5~2	20~25	6~7	45~50
2~3	25~30	7~8	50~60
3~4	30~35	8~10	60~80
4~5	35~40	10 月龄以上	80~100

附件 2　湖羊的饲养标准

表 1　2~3 岁湖羊妊娠母羊的饲养标准

	年龄							
	2 岁				3 岁			
妊娠天数	0~61	61~96	96~127	127~147	0~61	61~96	96~127	127~147
体重（kg）	37	42	46	52	39	43	44	51
风干日粮采食量（kg/d）	1.30	1.35	1.45	1.80	1.1	1.4	1.7	1.9
代谢能（MJ/d）	7.9	9.2	12.6	16.7	5.4	6.7	10.0	12.6
代谢能（Mcal/d）	1.9	2.2	3.0	4.0	1.3	1.6	2.1	3.0
粗蛋白（g/d）	50	63	103	150	30	41	80	126

表 2　湖羊吮乳羔羊（1~80 日龄）的饲养标准

体重（kg）	代谢能需要量（MJ/d）						粗蛋白需要量（g/d）					kpf	Q
	日增重（kg/d）						日增重（kg/d）						
	0.00	0.42	0.63	0.84	1.05	1.26	0.10	0.15	0.20	0.25	0.30		
4	1.13	1.97	2.47	2.97	3.51	4.02	32	42	52	62	71	0.70	0.94
6	1.63	2.51	5.05	3.56	4.10	4.60	40	50	60	70	79		
8	2.09	3.14	3.68	4.18	4.77	5.27	48	58	67	77	87		
10	2.55	3.72	1.27	1.81	5.36	5.86	56	65	75	85	95	0.68	0.79
12	3.05	4.31	1.85	5.40	5.91	6.44	63	73	83	93	102		
14	3.51	4.94	5.48	6.07	6.61	7.15	71	81	91	100	110	0.66	0.71
16	4.02	5.52	6.11	6.65	7.20	7.74	79	89	98	108	118		

注：kpf-净能/代谢能（NE/ME）；Q-代谢能/总能（ME/GE）

表 3　湖羊育成羔羊的饲养标准

体重（kg）	代谢能需要量（MJ/d）				粗蛋白需要量（g/d）			
	日增重（kg/d）				日增重（kg/d）			
	0. 00	0. 05	0. 10	0. 15	0. 00	0. 05	0. 10	0. 15
18	3. 39	4. 85	6. 28	7. 75	74	92	110	128
20	3. 68	5. 23	6. 78	8. 33	80	98	116	135
22	3. 97	5. 61	7. 24	8. 87	86	104	122	140
24	4. 23	5. 98	7. 70	9. 46	92	110	128	147
26	4. 48	6. 32	8. 16	10. 00	97	115	133	152
28	4. 73	6. 70	8. 62	10. 59	103	121	139	158
30	4. 98	7. 03	9. 08	11. 13	108	126	144	163

表 4　湖羊哺乳母羊的饲养标准

母羊体重（kg）	哺乳羔数（只）	项目	哺乳时期		
			1～30d	31～60d	61～80d
38（35～40）	1	哺乳量（kg/d）	0. 90	1. 00	1. 70
		代谢能（MJ/d）	12. 87	14. 77	12. 51
		粗蛋白质（g/d）	196	205	177
		干物质（kg/d）	1. 8	2. 0	1. 9
38（35～40）	2	哺乳量（kg/d）	1. 44	1. 34	0. 93
		代谢能（MJ/d）	19. 12	16. 07	15. 40
		粗蛋白质（g/d）	250	250	200
		干物质（kg/d）	2. 1	2. 3	2. 2

表 5　湖羊种公羊饲养标准

	高蛋白质组	低蛋白质组
体重（kg）	28. 57±3. 34	28. 57±3. 05
风干日粮采食量（kg/d）	1. 8	1. 9
代谢能（MJ/d）	16. 0	16. 3
粗蛋白（g/d）	366	216
粗蛋白（%）	19. 7	11. 4
蛋能比（g/MJ）	389. 11	230. 12

附件3 《NRC肉羊饲养标准》（美国2007）

表1 成年母绵羊、公绵羊和1岁绵羊维持和哺乳的营养需要

体重（kg）	体增重[c]（g/d）	日粮中能量浓度[d]（kcal/kg）	日粮干物质采食量		能量需要		蛋白需要[g]					矿物质需要[h]		维生素需要 i	
			（kg）	（% BW）	TDN（kg/d）	ME（Mcal/d）	CP20% UIP（g/d）	CP40% UIP（g/d）	CP60% UIP（g/d）	MP（g/d）	DIP（g/d）	Ca（g/d）	P（g/d）	维生素A（RE/d）	维生素E（IU/d）
成年母绵羊															
仅维持															
40	0	1.91	0.77	1.93	0.41	1.48	59	56	54	40	53	1.8	1.3	1 256	212
50	0	1.91	0.91	1.83	0.49	1.75	69	66	63	47	63	2.0	1.5	1 570	265
60	0	1.91	1.05	1.75	0.56	2.01	79	76	72	53	72	2.2	1.8	.1 884	318
70	0	1.91	1.18	1.68	0.62	2.25	89	85	81	60	71	2.4	2.0	2 198	371
80	0	1.91	1.30	1.63	0.69	2.49	98	94	90	66	90	2.6	2.2	2 512	424
90	0	1.91	1.42	1.58	0.75	2.72	107	103	98	72	98	2.8	2.5	2 826	477
100	0	1.91	1.54	1.54	0.82	2.94	116	111	106	78	106	3.0	2.7	3 140	530
120	0	1.91	1.76	1.47	0.94	3.37	134	128	123	90	122	3.3	3.1	3 768	636
140	0	1.91	1.54	1.41	1.05	3.79	151	145	138	102	136	3.7	3.5	4 396	742

（续表）

体重 (kg)	体增重[c] (g/d)	日粮中能量浓度[d] (kcal/kg)	日粮干物质采食量 (kg)	日粮干物质采食量 (% BW)	能量需要 TDN (kg/d)	能量需要 ME (Mcal/d)	蛋白需要[g] CP20% UIP (g/d)	蛋白需要[g] CP40% UIP (g/d)	蛋白需要[g] CP60% UIP (g/d)	蛋白需要[g] MP (g/d)	蛋白需要[g] DIP (g/d)	矿物质需要[h] Ca (g/d)	矿物质需要[h] P (g/d)	维生素需要 i 维生素 A (RE/d)	维生素需要 i 维生素 E (IU/d)
配种															
40		1.91	0.85	2.13	0.45	1.63	69	66	63	446	59	2.1	1.5	1 256	212
50		1.91	1.01	2.01	0.53	1.92	81	77	74	55	69	2.4	1.8	1 570	265
60		1.91	1.15	1.92	0.61	2.21	93	89	85	62	80	2.6	2.1	1 884	318
70		1.91	1.30	1.85	0.69	2.48	104	99	95	7	89	2.9	2.4	2 198	371
80		1.91	1.43	1.79	0.76	2.74	115	110	105	77	99	3.1	2.7	2 512	424
90		1.91	1.56	1.74	0.83	2.99	126	120	115	85	108	3.4	2.9	2 826	477
100		1.91	1.69	1.69	0.90	3.24	137	130	125	92	117	3.6	3.2	3 140	530
120		1.91	1.94	1.62	1.03	3.71	157	150	144	106	134	4.0	3.7	3 768	636
140		1.91	2.18	1.56	1.15	4.16	177	169	162	119	150	4.5	4.2	4 396	742

体重[a] (kg)	初生重或产奶量[b] (kg)	体增重[c] (g/d)	日粮中能量浓度[d] (kcal/kg)	日粮干物质采食量[c] (kg)	日粮干物质采食量[c] (% BW)	能量需要 TDN (kg/d)	能量需要 ME (Mcal/d)	蛋白需要[g] CP20% UIP (g/d)	蛋白需要[g] CP40% UIP (g/d)	蛋白需要[g] CP60% UIP (g/d)	蛋白需要[g] MP (g/d)	蛋白需要[g] DIP (g/d)	矿物质需要[h] Ca (g/d)	矿物质需要[h] P (g/d)	维生素需要 i 维生素 A (RE/d)	维生素需要 i 维生素 E (IU/d)
妊娠前期（单胎；体重 3.9~7.5kg）																
40	3.9	18	1.91	0.99	2.47	0.52	1.89	82	79	75	55	68	3.4	2.4	1 256	212
50	4.4	21	1.91	1.16	2.32	0.61	2.21	96	91	87	64	80	3.8	2.8	1 570	265
60	4.8	27	1.91	1.31	2.19	0.70	2.51	108	103	99	73	91	4.2	3.2	1 884	318
70	5.2	30	1.91	1.46	2.09	0.78	2.80	120	114	110	81	101	4.5	3.5	2 198	371

（续表）

体重[a] (kg)	初生重或产奶量[b] (kg)	体增重[c] (g/d)	日粮中能量浓度[d] (kcal/kg)	日粮干物质采食量[c]		能量需要		蛋白需要[g]					矿物质需要[h]		维生素需要 i	
				(kg)	(% BW)	TDN (kg/d)	ME (Mcal/d)	CP20% UIP (g/d)	CP40% UIP (g/d)	CP60% UIP (g/d)	MP (g/d)	DIP (g/d)	Ca (g/d)	P (g/d)	维生素 A (RE/d)	维生素 E (IU/d)
80	5.6	33	1.91	1.61	2.01	0.85	3.08	132	126	120	89	111	4.9	3.9	2 512	424
90	6.0	35	1.91	1.75	1.95	0.93	3.35	143	137	131	96	121	5.2	4.2	2 826	477
100	6.3	41	1.91	1.89	1.89	1.00	3.61	154	147	141	104	130	5.5	4.5	3 140	530
120	7.0	46	1.91	2.15	1.79	1.14	4.11	176	168	161	118	148	6.1	5.1	3 768	636
140	7.5		1.91	2.39	1.71	1.27	4.58	196	187	179	132	165	6.7	5.7	4 396	742
妊娠前期（两胎；体重 3.4~6.6kg）																
40	3.4	30	1.91	1.15	2.87	0.61	2.20	100	95	91	67	79	4.8	3.2	1 256	212
50	3.8	35	1.91	1.31	2.62	0.70	2.51	112	107	103	76	90	5.4	3.7	1 570	265
60	4.2	40	1.91	1.51	2.52	0.80	2.89	129	124	118	87	104	5.9	4.2	1 884	318
70	4.6	45	1.91	1.69	2.41	0.89	3.22	144	137	131	97	116	6.5	4.6	2 198	371
80	4.9	50	1.91	1.84	2..30	0.98	3.52	157	150	143	105	127	7.0	5.1	2 512	424
90	5.2	55	1.91	2.00	2.22	1.06	3.82	170	162	155	114	1.38	7.4	5.5	2 826	477
100	5.5	59	1.91	2.15	2.15	1.14	4.10	182	174	167	123	148	7.9	5.9	3 140	530
120	6.1	68	1.91	2.44	2.03	1.29	4.66	207	198	189	139	168	8.7	6.6	3 768	636
140	6.6	76	1.91	2.71	1.94	1.44	5.18	231	220	211	155	187	9.5	7.3	4 396	742
妊娠前期（三胎；体重 2.9~5.7kg）																
40	2.9	39	2.39	1.00	2.51	0.67	2.40	103	98	94	69	86	5.4	3.3	1 256	212

（续表）

体重[a]（kg）	初生重或产奶量[b]（kg）	体增重[c]（g/d）	日粮中能量浓度[d]（kcal/kg）	日粮干物质采食量[c]		能量需要		蛋白需要[g]					矿物质需要[h]		维生素需要 i	
				（kg）	（% BW）	TDN（kg/d）	ME（Mcal/d）	CP20% UIP（g/d）	CP40% UIP（g/d）	CP60% UIP（g/d）	MP（g/d）	DIP（g/d）	Ca（g/d）	P（g/d）	维生素 A（RE/d）	维生素 E（IU/d）
50	3.3	46	1.91	1.46	2.92	0.77	2.79	129	123	117	86	101	6.5	4.4	1 570	265
60	3.6	52	1.91	1.65	2.74	0.87	3.15	144	137	131	97	113	7.1	4.9	1 884	318
70	3.9	59	1.91	1..82	2.61	0.97	3.49	159	152	145	107	126	7.8	5.4	2 198	371
80	4.2	65	1.91	2.00	2.50	1.06	3.82	174	166	159	117	138	8.3	5.9	2 512	424
90	4.5	71	1.91	2.17	2.41	1.15	4.14	188	180	172	127	149	8.9	6.3	2 826	477
100	4.7	77	1.91	2.32	2.32	1.23	4.43	201	192	183	135	160	9.4	6.7	3 140	530
120	5.2	88	1.91	2.63	2.19	1.39	5.02	228	217	208	153	181	10.4	7.6	3 768	636
140	5.7	99	1.91	2.92	2.09	1.55	5.59	254	242	232	171	202	11.4	8.4	4 396	742
妊娠前期（单胎；体重 3.9~7.5kg）																
40	3.9	71	1.91	1.00	2.49	0.66	2.38	101	96	92	68	86	4.3	2.6	1 256	224
50	4.4	84	1.91	1.45	2.89	0.77	2.76	126	120	115	85	100	5.1	3.5	1 570	280
60	4.8	97	1.91	1.63	2.71	0.86	3.11	141	134	129	95	112	5.7	4.0	1 884	336
70	5.2	109	1.91	1.80	2.58	0.96	3.45	156	149	142	105	124	6.1	4.4	2 198	392
80	5.6	120	1.91	1.98	2.47	1.05	3.78	170	163	155	114	136	6.6	4.8	2 512	448
90	6.0	131	1.91	2.15	2.38	1.14	4.10	185	176	169	124	148	7.1	5.2	2 826	560
100	6.3	142	1.91	2.30	2.30	1.22	4.40	198	189	180	133	158	7.5	5.5	3 140	560
120	7.0	163	1.91	2.61	2.17	1.38	4.99	224	214	205	151	180	8.3	6.3	3 768	672
140	7.5	183	1.91	2.89	2.06	1.53	5.52	248	237	226	167	199	9.0	6.9	4 396	784

（续表）

体重[a]（kg）	初生重或产奶量[b]（kg）	体增重[c]（g/d）	日粮中能量浓度[d]（kcal/kg）	日粮干物质采食量[c]		能量需要		蛋白需要[g]					矿物质需要[h]		维生素需要 i	
				（kg）	（% BW）	TDN（kg/d）	ME（Mcal/d）	CP20% UIP（g/d）	CP40% UIP（g/d）	CP60% UIP（g/d）	MP（g/d）	DIP（g/d）	Ca（g/d）	P（g/d）	维生素 A（RE/d）	维生素 E（IU/d）
妊娠后期（两胎；体重 3. 4~3. 6kg）																
40	3. 4	119	2. 87	1. 06	2. 66	0. 85	3. 05	128	123	117	86	110	6. 3	3. 4	1 820	224
50	3. 8	141	2. 39	1. 47	2. 93	0. 97	3. 50	155	148	141	104	126	7. 3	4. 3	2 270	280
60	4. 2	161	2. 39	1. 65	2. 75	1. 09	3. 94	173	165	158	116	142	8. 1	4. 8	2 730	336
70	4. 6	181	2. 39	1. 83	2. 61	1. 21	4. 37	192	183	175	129	158	8. 8	5. 3	3 185	392
80	4. 9	200	1. 91	1. 99	2. 48	1. 32	4. 75	208	198	189	139	171	9. 4	5. 8	3 640	448
90	5. 2	218	1. 91	2. 68	2. 97	1. 42	5. 12	241	230	220	162	185	10. 7	7. 2	4 095	504
100	5. 5	236	1. 91	2. 87	2. 87	1. 52	5. 48	258	246	236	173	198	11. 3	7. 7	4 550	560
120	6. 1	271	1. 91	3. 24	2. 70	1. 72	6. 19	291	278	266	196	223	12. 5	8. 6	5 460	672
140	6. 6	304	1. 91	3. 57	2. 55	1. 89	6. 83	321	307	293	216	246	13. 6	9. 5	6 370	784
妊娠后期（三胎或三胎以上；体重 2. 9~5. 7kg）																
40	2. 9	155	2. 87	1. 22	3. 04	0. 97	3. 49	150	144	137	101	126	7. 7	4. 1	1 820	224
50	3. 3	183	2. 87	1. 41	2. 81	1. 12	4. 03	173	165	158	116	145	8. 7	4. 7	2 275	280
60	3. 6	210	2. 87	1. 57	2. 61	1. 25	4. 50	192	183	175	129	162	9. 5	5. 2	2 730	336
70	3. 9	235	2. 39	2. 07	2. 96	1. 37	4. 95	222	212	203	149	178	10. 8	6. 4	3 185	392
80	4. 2	260	2. 39	2. 26	2. 82	1. 50	5. 40	241	230	220	162	195	11. 6	6. 9	3 640	448
90	4. 5	284	2. 39	2. 44	2. 71	1. 62	5. 83	261	249	238	175	210	12. 3	7. 4	4 095	504
100	4. 7	307	2. 39	2. 59	2. 59	1. 72	6. 20	276	263	252	185	223	13. 0	7. 9	4 550	560

（续表）

体重[a] (kg)	初生重或产奶量[b] (kg)	体增重[c] (g/d)	日粮中能量浓度[d] (kcal/kg)	日粮干物质采食量[c]		能量需要		蛋白需要[g]					矿物质需要[h]		维生素需要 i	
				(kg)	(% BW)	TDN (kg/d)	ME (Mcal/d)	CP20% UIP (g/d)	CP40% UIP (g/d)	CP60% UIP (g/d)	MP (g/d)	DIP (g/d)	Ca (g/d)	P (g/d)	维生素 A (RE/d)	维生素 E (IU/d)
120	5.2	352	2.39	2.92	2.43	1.93	6.97	310	296	283	209	251	14.4	8.8	5 460	672
140	5.7	396	1.91	4.04	2.89	2.14	7.73	371	355	339	250	279	16.7	11.2	6 370	784
妊娠前期（单胎；产奶量 0.71~1.32kg/d）																
40	0.71	-14	2.39	1.09	2.73	0.72	2.61	156	149	143	105	94	4.1	3.4	1 182	224
50	0.79	-16	2.39	1.26	2.51	0.83	3.00	177	169	161	119	108	4.6	3.9	2 275	280
60	0.87	-17	1.91	1.77	2.96	0.94	3.39	210	200	191	141	122	5.4	5.0	2 730	336
70	0.94	-19	1.91	1.96	2.80	1.04	3.75	229	219	209	154	135	5.9	5.5	3 185	392
80	1.00	-20	1.91	2.13	2.67	1.13	4.08	248	237	226	167	147	6.3	5.9	3 640	448
90	1.06	-21	1.91	2.30	2.56	1.22	4.41	266	254	243	179	159	6.7	6.4	4 095	504
100	1.12	-22	1.91	2.47	2.47	1.31	4.73	284	272	260	191	170	7.1	6.8	4 550	560
120	1.22	-24	1.91	2.78	2.32	1.47	5.32	317	303	290	213	192	7.8	7.6	5 460	672
140	1.32	-26	1.91	3.08	2.20	1.63	5.89	349	333	319	235	212	8.5	8.4	6 370	784
妊娠前期（单胎；产奶量 1.18~2.21kg/d）																
40	1.18	-24	2.39	1.40	3.51	0.93	3.35	224	213	204	150	121	6.0	5.0	2 140	224
50	1.32	-26	2.39	1.61	3.22	1.07	3.85	254	242	231	170	139	6.7	5.7	2 675	280
60	1.45	-29	2.39	1.80	3.01	1.20	4.31	281	268	257	189	155	7.3	6.3	3 210	336
70	1.56	-31	2.39	1.98	2.83	1.31	4.73	306	292	279	205	171	7.9	6.9	3 745	392
80	1.67	-33	2.39	2.15	2.69	1.43	5.15	330	315	302	222	186	8.5	7.4	4 280	448

（续表）

体重[a] (kg)	初生重或产奶量[b] (kg)	体增重[c] (g/d)	日粮中能量浓度[d] (kcal/kg)	日粮干物质采食量[c]		能量需要		蛋白需要[g]					矿物质需要[h]		维生素需要 i	
				(kg)	(% BW)	TDN (kg/d)	ME (Mcal/d)	CP20% UIP (g/d)	CP40% UIP (g/d)	CP60% UIP (g/d)	MP (g/d)	DIP (g/d)	Ca (g/d)	P (g/d)	维生素 A (RE/d)	维生素 E (IU/d)
90	1.77	-35	2.39	2.32	2.57	1.54	5.54	353	337	322	237	200	9.0	8.0	4 815	504
100	1.87	-37	2.39	2.48	2.48	1.64	5.92	376	359	343	253	213	9.5	8.5	5 350	560
120	2.05	-41	1.91	3.47	2.89	1.84	6.63	441	421	403	296	239	11.3	10.7	6 420	672
140	2.21	-44	1.91	3.82	2.73	2.03	7.30	483	461	441	324	263	12.3	11.7	7 490	784
妊娠前期（三胎或三胎以上；产奶量 1.53~2.87kg/d）																
40	1.53	-31	2.87	1.36	3.41	1.08	3.91	265	253	242	178	141	7.1	5.7	2 140	224
50	1.72	-34	2.39	1.88	3.76	1.24	4.49	311	297	284	209	162	8.3	7.0	2 675	280
60	1.88	-38	2.39	2.09	3.48	1.38	4.99	343	327	313	230	180	9.1	7.8	3 210	336
70	2.03	-41	2.39	2.29	3.27	1.52	5.48	373	356	341	251	197	9.8	8.5	3 745	392
80	2.17	-43	1.91	3.11	3.89	1.65	5.94	423	404	387	285	214	11.3	10.3	4 280	448
90	2.30	-46	1.91	3.34	3.71	1.77	6.38	452	431	413	304	230	12.0	11.0	4 815	504
100	2.43	-49	1.91	3.56	3.56	1.89	6.80	480	458	438	323	245	12.7	11.7	5 350	560
120	2.66	-53	1.91	3.98	3.32	2.11	7.61	533	508	486	358	274	13.9	13.0	6 420	672
140	2.87	-57	1.91	4.37	3.12	2.32	8.36	581	555	531	391	301	15.1	14.1	7 490	784
妊娠前期（仅挤奶；产奶量 2.37~3.97kg/d）																
50	2.37	-47	2.87	1.93	3.85	1.53	5.52	392	374	358	263	199	10.4	8.5	2 675	280
60	2.60	-52	2.87	2.14	3.57	1.70	6.14	432	413	395	291	221	11.4	9.4	3 210	336
70	2.81	-56	2.87	2.34	3.35	1.86	6.72	470	449	429	316	242	12.4	10.3	3 745	392

（续表）

体重[a] (kg)	初生重或产奶量[b] (kg)	体增重[c] (g/d)	日粮中能量浓度[d] (kcal/kg)	日粮干物质采食量[c]		能量需要		蛋白需要[g]					矿物质需要[h]		维生素需要 i	
				(kg)	(% BW)	TDN (kg/d)	ME (Mcal/d)	CP20% UIP (g/d)	CP40% UIP (g/d)	CP60% UIP (g/d)	MP (g/d)	DIP (g/d)	Ca (g/d)	P (g/d)	维生素 A (RE/d)	维生素 E (IU/d)
80	3.00	-60	2.39	3.04	3.80	2.01	7.26	522	498	476	351	262	13.8	12.0	4 280	448
90	3.18	-64	2.39	3.25	3.61	2.16	7.77	556	531	508	374	280	14.7	12.7	4 815	504
100	3.35	-67	2.39	3.46	3.46	2.29	8.27	589	562	538	396	298	15.5	13.5	5 350	560
120	3.67	-73	2.39	3.86	3.21	2.56	9.22	651	622	595	438	332	17.0	14.9	6 420	672
140	3.97	-79	1.91	5.29	3.78	2.80	10.11	746	712	681	501	364	19.7	18.2	7 490	784
妊娠中期（单胎；产奶量 0.47~0.89kg/d）																
40	0.47	0	1.91	1.20	3.01	0.64	2.30	134	128	123	90	83	3.5	3.1	2 140	224
50	0.53	0	1.91	1.40	2.80	0.74	2.68	154	147	141	104	96	3.9	3.6	2 675	280
60	0.58	0	1.91	1.58	2.63	0.84	3.02	172	164	157	116	109	4.3	4.0	3 210	336
70	0.63	0	1.91	1.75	2.51	0.93	3.35	190	181	173	128	121	4.6	4.4	3 745	392
80	0.67	0	1.91	1.91	2.39	1.02	3.66	206	196	188	138	132	5.0	4.8	4 280	448
90	0.71	0	1.91	2.07	2.30	1.10	3.96	221	211	202	149	143	5.3	5.2	4 815	504
100	0.75	0	1.91	2.22	2.22	1.18	4.25	237	226	216	159	153	5.6	5.6	5 350	560
120	0.82	0	1.91	2.51	2.10	1.33	4.81	266	254	243	179	173	6.2	6.3	6 420	672
140	0.89	0	1.91	2.79	2.00	1.48	5.34	294	281	269	198	193	6.8	6.9	7 490	784
妊娠中期（两胎；产奶量 0.79~1.48kg/d）																
40	0.79	0	1.91	1.50	3.74	0.79	2.86	186	177	170	125	103	4.9	4.3	2 140	224
50	0.88	0	1.91	1.72	3.44	0.91	3.29	210	201	192	141	119	5.4	4.9	2 675	280

（续表）

体重[a] (kg)	初生重或产奶量[b] (kg)	体增重[c] (g/d)	日粮中能量浓度[d] (kcal/kg)	日粮干物质采食量[c]		能量需要		蛋白需要[g]					矿物质需要[h]		维生素需要 i	
				(kg)	(% BW)	TDN (kg/d)	ME (Mcal/d)	CP20% UIP (g/d)	CP40% UIP (g/d)	CP60% UIP (g/d)	MP (g/d)	DIP (g/d)	Ca (g/d)	P (g/d)	维生素 A (RE/d)	维生素 E (IU/d)
60	0.97	0	1.91	1.94	3.23	1.03	3.70	235	224	214	158	133	6.0	5.5	3 210	336
70	1.05	0	1.91	2.14	3.05	1.13	4.09	257	245	235	173	147	6.5	6.1	3 745	392
80	1.12	0	1.91	2.33	2.91	1.23	4.45	278	265	254	187	160	6.9	6.6	4 280	448
90	1.19	0	1.91	2.51	2.79	1.33	4.80	298	285	272	200	173	7.4	7.1	4 815	504
100	1.25	0	1.91	2.68	2.68	1.42	5.13	317	303	289	213	185	7.8	7.5	5 350	560
120	1.37	0	1.91	3.02	2.51	1.60	5.77	354	338	323	238	208	8.6	8.4	6 420	672
140	1.48	0	1.91	3.33	2.38	1.77	6.37	389	371	355	261	230	9.3	9.2	7 490	784
妊娠中期（三胎或三胎以上；产奶量 1.03~1.92kg/d）																
40	1.03	0	2.39	1.37	3.43	0.91	3.28	213	203	194	143	118	5.5	4.6	2 140	224
50	1.15	0	1.91	1.97	3.93	1.04	3.76	254	242	232	170	136	6.6	6.0	2 675	280
60	1.26	0	1.91	2.20	3.67	1.17	4.21	281	268	257	189	152	7.2	6.6	3 210	336
70	1.36	0	1.91	2.42	3.46	1.28	4.63	307	293	280	206	167	7.8	7.3	3 745	392
80	1.45	0	1.91	2.63	3.29	1.39	5.02	331	316	302	222	181	8.4	7.8	4 280	448
90	1.54	0	1.91	2.83	3.15	1.50	5.41	354	338	324	238	195	8.9	8.4	4 815	504
100	1.63	0	1.91	3.03	3.03	1.61	5.79	378	361	345	254	209	9.4	9.0	5 350	560
120	1.78	0	1.91	3.39	2.83	1.80	6.49	420	401	383	282	234	10.4	10.0	6 420	672
140	1.92	0	1.91	3.74	2.67	1.98	7.14	459	439	419	309	258	11.3	10.9	7 490	784

（续表）

体重[a] (kg)	初生重或产奶量[b] (kg)	体增重[c] (g/d)	日粮中能量浓度[d] (kcal/kg)	日粮干物质采食量[c]		能量需要		蛋白需要[g]					矿物质需要[h]		维生素需要 i	
				(kg)	(% BW)	TDN (kg/d)	ME (Mcal/d)	CP20% UIP (g/d)	CP40% UIP (g/d)	CP60% UIP (g/d)	MP (g/d)	DIP (g/d)	Ca (g/d)	P (g/d)	维生素 A (RE/d)	维生素 E (IU/d)
妊娠中期（仅挤奶；产奶量 1.59~2.66kg/d）																
50	1.59	0	2.39	1.90	3.79	1.26	4.53	308	294	281	207	163	7.9	6.8	2 675	280
60	1.74	0	2.39	2.11	3.51	1.40	5.05	340	325	311	229	182	8.7	7.5	3 210	336
70	1.88	0	2.39	2.32	3.31	1.54	5.54	371	354	338	249	200	9.4	8.2	3 745	392
80	2.01	0	1.91	3.14	3.93	1.67	6.00	421	401	384	283	216	10.8	10.0	4 280	448
90	2.13	0	1.91	3.37	3.74	1.79	6.44	449	429	410	302	232	11.5	10.7	4 815	504
100	2.25	0	1.91	3.60	3.60	1.91	6.88	477	456	436	321	248	12.1	11.4	5 350	560
120	2.46	0	1.91	4.03	3.36	2.14	7.71	532	508	486	357	278	13.4	12.6	6 420	672
140	2.66	0	1.91	4.41	3.15	2.34	8.44	578	552	528	388	304	14.5	13.8	7 490	784
妊娠后期（单胎；产奶量 0.23~0.45kg/d）																
40	0.23	10	0.91	1.09	2.72	0.58	2.08	105	100	96	70	75	2.7	2.3	2 140	224
50	0.23	11	0.91	1.26	2.52	0.67	2.40	119	114	109	80	87	3.0	2.7	2 675	280
60	0.28	12	0.91	1.43	2.38	0.76	2.73	135	129	123	91	99	3.3	3.1	3 210	336
70	0.31	14	0.91	1.76	2.29	0.85	3.07	151	144	138	102	111	3.6	3.5	3 745	392
80	0.33	15	0.91	1.91	2.20	0.93	3.36	165	157	150	111	121	3.9	3.8	4 280	448
90	0.35	16	0.91	2.05	2.12	1.01	3.65	178	170	163	120	132	4.2	4.1	4 815	504
100	0.37	17	0.91	2.33	2.05	1.09	3.93	191	182	175	128	142	4.4	4.4	5 350	560
120	0.41	18	0.91	2.60	1.94	1.23	4.45	216	206	197	145	160	4.9	5.0	6 420	672

（续表）

体重[a]（kg）	初生重或产奶量[b]（kg）	体增重[c]（g/d）	日粮中能量浓度[d]（kcal/kg）	日粮干物质采食量[c]		能量需要		蛋白需要[g]					矿物质需要[h]		维生素需要 i	
				（kg）	（% BW）	TDN（kg/d）	ME（Mcal/d）	CP20% UIP（g/d）	CP40% UIP（g/d）	CP60% UIP（g/d）	MP（g/d）	DIP（g/d）	Ca（g/d）	P（g/d）	维生素 A（RE/d）	维生素 E（IU/d）
140	0.45	20	0.91		1.86	1.38	4.97	242	231	221	162	179	5.4	5.6	7 490	784
哺乳后期（两胎；产奶量 0.38~0.75kg/d）																
40	0.38	25	0.91	1.38	3.45	0.73	2.64	142	136	130	96	95	3.7	3.2	2 140	224
50	0.43	28	0.91	1.60	3.20	0.85	3.06	163	156	149	110	110	4.2	3.7	2 675	280
60	0.47	31	0.91	1.80	3.00	0.95	3.44	182	174	167	123	124	4.6	4.2	3 210	336
70	0.51	34	0.91	2.00	2.85	1.06	3.82	201	192	184	135	138	5.0	4.6	3 745	392
80	0.55	37	0.91	2.19	2.74	1.16	4.18	220	210	201	148	151	5.4	5.1	4 280	448
90	0.59	39	0.91	2.37	2.63	1.25	4.52	237	226	217	159	163	5.8	5.5	4 815	504
100	0.62	41	0.91	2.53	2.53	1.34	4.84	253	241	231	170	174	6.2	5.9	5 350	560
120	0.69	46	0.91	2.87	2.39	1.52	5.49	286	273	261	192	198	6.9	6.6	6 420	672
140	0.75	50	0.91	3.19	2.28	1.69	6.09	317	302	289	213	220	7.5	7.4	7 490	784
妊娠后期（三胎或三胎以上；产奶量 0.55~0.97kg/d）																
50	0.55	40	1.91	1.83	3.67	0.97	3.51	193	185	177	130	126	5.0	4.4	2 675	280
60	0.61	44	1.91	2.06	3.44	1.09	3.95	217	207	198	146	142	5.6	5.0	3 210	336
70	0.67	48	1.91	2.29	3.27	1.21	4.38	239	229	219	175	158	6.1	5.5	3 745	392
80	0.72	52	1.91	2.50	3.13	1.33	4.78	261	249	238	187	172	6.6	6.0	4 280	448
90	0.76	55	1.91	2.69	2.99	1.43	5.14	279	266	255	201	185	7.0	6.5	4 815	504
100	0.81	59	1.91	2.89	2.89	1.53	5.53	300	286	274	227	199	7.4	6.9	5 350	560

（续表）

体重[a] (kg)	初生重或产奶量[b] (kg)	体增重[c] (g/d)	日粮中能量浓度[d] (kcal/kg)	日粮干物质采食量[c]		能量需要		蛋白需要[g]					矿物质需要[h]		维生素需要 i	
				(kg)	(% BW)	TDN (kg/d)	ME (Mcal/d)	CP20% UIP (g/d)	CP40% UIP (g/d)	CP60% UIP (g/d)	MP (g/d)	DIP (g/d)	Ca (g/d)	P (g/d)	维生素 A (RE/d)	维生素 E (IU/d)
120	0.90	65	1.91	2.72	2.72	1.73	6.24	337	322	308	249	225	8.3	7.8	6 420	672
140	0.97	70	1.91	2.57	2.57	1.91	6.87	370	353	338		248	9.0	8.6	7 490	784
哺乳后期（仅挤奶；产奶量 0.85~1.35kg/d）																
60	0.85	50	1.91	3.91	3.91	1.24	4.48	261	249	238	175	162	6.8	6.0	3 210	336
70	0.92	54	1.91	3.69	3.69	1.37	4.93	285	272	260	192	178	7.3	6.6	3 745	392
80	0.99	59	1.91	3.52	3.52	1.50	5.39	310	296	283	208	194	7.9	7.2	4 280	448
90	1.06	62	1.91	3.37	3.37	1.61	5.80	333	318	304	224	209	8.5	7.7	4 815	504
100	1.12	73	1.91	3.25	3.25	1.72	6.21	356	339	325	239	224	9.0	8.3	5 350	560
120	1.24	80	1.91	3.05	3.05	1.94	6.99	399	381	364	268	252	10.0	9.3	6 420	672
140	0.35		1.91	2.89	2.89	2.15	7.74	440	420	402	296	279	10.9	10.2	7 490	784
仅维持																
40		0	1.91	0.8216	2.05	0.44	1.57	60	58	55	41	57	1.8	1.4	1 256	212
50		0	1.91	0.9713	1.94	0.51	1.86	71	68	65	48	67	2.1	1.6	1 570	265
60		0	1.91	1.1136	1.86	0.59	2.13	81	77	74	54	77	2..3	1.9	1 884	318
70		0	1.91	1.2501	1.79	0.66	2.39	91	87	83	61	86	2.5	2.2	2 198	371
80		0	1.91	1.3818	1.73	0.73	2.64	101	96	92	68	95	2.7	2.4	2 512	424
90		0	1.91	1.5094	1.68	0.80	2.89	110	105	101	74	104	2.9	2.6	2 826	477
100		0	1.91	1.6335	1.63	0.87	3.12	119	114	109	80	113	3.1	2.9	3 140	530

（续表）

体重[a] (kg)	初生重或产奶量[b] (kg)	体增重[c] (g/d)	日粮中能量浓度[d] (kcal/kg)	日粮干物质采食量[c]		能量需要		蛋白需要[g]					矿物质需要[h]		维生素需要 i	
				(kg)	(% BW)	TDN (kg/d)	ME (Mcal/d)	CP20% UIP (g/d)	CP40% UIP (g/d)	CP60% UIP (g/d)	MP (g/d)	DIP (g/d)	Ca (g/d)	P (g/d)	维生素 A (RE/d)	维生素 E (IU/d)
120		0	1.91	1.8729	1.56	0.99	3.58	137	131	126	92	129	3.5	3.3	3 768	636
哺乳前期（单胎；产奶量 0.71~1.22kg/d）																
40		0	1.91	1.41	3.35	0.75	2.70	167	159	152	112	97	4.5	4.0	2 140	224
50		0	1.91	1.63	3.25	0.86	3.11	189	180	172	127	112	5.0	4.6	2 675	280
60		0	1.91	1.84	3.06	0.97	3.51	211	202	193	142	127	5.5	5.1	3 210	336
70		0	1.91	2.03	2.90	1.08	3.88	231	221	211	155	140	6.0	5.6	3 745	392
80		0	1.91	2.21	2.76	1.17	4.23	250	239	228	168	152	6.4	6.1	4 280	448
90		0	1.91	2.39	2.65	1.27	4.57	268	256	245	180	165	6.8	6.6	4 815	504
100		0	1.91	2.56	2.56	1.36	4.90	287	274	262	193	177	7.2	7.0	5 350	560
120		0	1.91	2.88	2.40	1.53	5.51	320	305	292	215	199	8.0	7.8	6 420	672
哺乳前期（两胎；产奶量 1.18~2.05kg/d）																
40	1.18	-24	2.39	1.44	3.60	0.95	3.44	224	214	205	151	124	6.0	5.1	2 140	224
50	1.32	-26	2.39	1.65	3.31	1.10	3.96	255	243	232	171	143	6.7	5.8	2 675	280
60	1.45	-29	1.91	2.32	3.86	1.23	4.43	298	284	272	200	160	8.0	7.3	3 210	336
70	1.56	-31	1.91	2.55	3.64	1.35	4.87	324	310	296	218	175	8.6	7.9	3 745	392
80	1.67	-33	1.91	2.77	3.46	1.47	5.29	350	335	320	236	191	9.3	8.6	4 28	448
90	1.77	-35	1.91	2.98	3.31	1.58	5.70	375	358	342	252	205	9.8	9.2	4 815	504
100	1.87	-37	1.91	3.19	3.19	1.69	6.09	399	381	364	268	220	10.4	9.8	5 350	560

（续表）

体重[a] (kg)	初生重或产奶量[b] (kg)	体增重[c] (g/d)	日粮中能量浓度[d] (kcal/kg)	日粮干物质采食量[c]		能量需要		蛋白需要[g]					矿物质需要[h]		维生素需要 i	
				(kg)	(% BW)	TDN (kg/d)	ME (Mcal/d)	CP20% UIP (g/d)	CP40% UIP (g/d)	CP60% UIP (g/d)	MP (g/d)	DIP (g/d)	Ca (g/d)	P (g/d)	维生素 A (RE/d)	维生素 E (IU/d)
120	2.05	-41	1.91	3.57	2.98	1.89	6.83	444	424	405	298	246	11.5	10.9	6 420	672
哺乳前期（三胎或三胎以上；产奶量 1.53~2.66kg/d）																
40	1.53	-31	2.87	1.39	3.48	1.11	4.00	265	253	242	178	144	7..1	5.7	2 140	224
50	1.72	-34	2.39	1.92	3.84	1.27	4.59	312	298	285	210	166	8.3	7.1	2 675	280
60	1.88	-38	2.39	2.14	3.56	1.42	5.11	344	328	314	231	184	9.1	7.9	3 210	336
70	2.03	-41	1.91	2.35	3.35	1.56	5.61	374	357	342	252	202	9.9	8.6	3 745	392
80	2.17	-43	1.91	3.19	3.98	1.69	6.09	425	406	388	286	220	11.4	10.4	4 280	448
90	2.30	-46	1.91	3.42	3.80	1.81	6.54	454	433	414	305	236	12.1	11.1	4 815	504
100	2.43	-49	1.91	3.65	3.65	1.93	6.98	482	461	441	324	252	12.8	11.8	5 350	560
120	2.66	-53	1.91	4.08	3.40	2.16	7.80	535	511	489	360	281	14.0	13.1	6 420	672
哺乳中期（三胎或三胎以上；产奶量 1.03~1.78kg/d）																
40	1.03	0	2.39	1.41	3.52	0.93	3.36	213	204	195	143	121	5.5	4.7	2 140	224
50	1.15	0	2.39	1.61	3.23	1.07	3.86	241	230	220	162	139	6.1	5.3	2 675	280
60	1.26	0	1.91	2.26	3.77	1.20	4.32	283	270	258	190	156	7.3	6.7	3 210	336
70	1.36	0	1.91	2.49	3.55	1.43	4.76	309	295	282	207	171	7.9	7.4	3 745	392
80	1.45	0	1.91	2.70	3.38	1.32	5.16	333	317	304	223	186	8.5	8.0	4 28	448
90	1.54	0	1.91	2.91	3.23	1.54	5.56	356	340	325	240	201	9.0	8.5	4 815	504
100	1.62	0	1.91	3.11	3.11	1.65	5.94	378	361	346	254	214	9.5	9.1	5 350	560

（续表）

体重[a]（kg）	初生重或产奶量[b]（kg）	体增重[c]（g/d）	日粮中能量浓度[d]（kcal/kg）	日粮干物质采食量[c]		能量需要		蛋白需要[g]					矿物质需要[h]		维生素需要i	
				（kg）	（%BW）	TDN（kg/d）	ME（Mcal/d）	CP20% UIP（g/d）	CP40% UIP（g/d）	CP60% UIP（g/d）	MP（g/d）	DIP（g/d）	Ca（g/d）	P（g/d）	维生素A（RE/d）	维生素E（IU/d）
120	1.78	0	1.91	3.49	2.91	1.85	6.67	422	403	385	284	241	10.5	10.1	6 420	672
哺乳后期（单胎；产奶量0.23~0.41kg/d）																
40	0.23	60	1.91	1.55	3.86	0.82	2.95	142	135	129	95	107	3.9	2.5	2 140	224
50	0.25	61	1.91	1.83	3.65	0.97	3.49	165	158	151	111	126	4.4	2.9	2 675	280
60	0.28	72	1.91	2.11	3.52	1.12	4.03	190	181	173	128	145	5.0	3.4	3 210	336
70	0.31	84	1.91	2.40	3.42	1.27	4.58	215	205	197	145	165	5.6	3.8	3 745	392
80	0.33	95	1.91	2.66	3.32	1.41	5.09	238	227	217	160	183	6.1	4.3	4 28	448
90	0.35	106	1.91	2.92	3.24	1.55	5.58	260	248	238	175	201	6.6	4.7	4 815	504
100	0.37	117	1.91	3.17	3.17	1.68	6.07	283	270	258	190	219	7.2	5.1	5 350	560
120	0.41	138	1.91	3.67	3.06	1.94	7.01	326	311	297	219	253	8.2	5.9	6 420	672
哺乳中期（单胎；产奶量0.47~0.82kg/d）																
40	0.47	0	1.91	1.25	3.12	0.66	2.38	135	129	124	91	86	3.5	3.2	2 140	224
50	0.53	0	1.91	1.45	2.90	0.77	2.77	156	148	142	105	10	4.0	3.7	2 675	280
60	0.58	0	1.91	1.64	2.73	0.87	3.13	174	166	159	117	113	4.4	4.1	3 210	336
70	0.63	0	1.91	1.82	2.60	0.96	3.48	192	183	175	129	125	4.7	4.6	3 745	392
80	0.67	0	1.91	1.99	2.48	1.05	3.80	208	198	190	139	137	5.1	5.0	4 280	448
90	0.71	0	1.91	2.15	2.39	1.14	4.11	223	213	204	150	148	5.4	5.4	4 815	504
100	0.75	0	1.91	2.31	2.31	1.22	4.42	239	228	218	161	159	5.7	5.7	5 350	560

（续表）

体重[a] (kg)	初生重或产奶量[b] (kg)	体增重[c] (g/d)	日粮中能量浓度[d] (kcal/kg)	日粮干物质采食量[e]		能量需要		蛋白需要[g]					矿物质需要[h]		维生素需要 i	
				(kg)	(% BW)	TDN (kg/d)	ME (Mcal/d)	CP20% UIP (g/d)	CP40% UIP (g/d)	CP60% UIP (g/d)	MP (g/d)	DIP (g/d)	Ca (g/d)	P (g/d)	维生素 A (RE/d)	维生素 E (IU/d)
120	0.82	0	1.91	2.61	2.18	1.38	4.99	268	256	245	180	180	6.3	6.4	6 420	672
哺乳中期（单胎；产奶量 0.79~1.37kg/d）																
40	0.79	0	1.91	1.54	3.85	0.82	2.94	187	178	171	125	106	4.9	4.4	2 140	224
50	0.89	0	1.91	1.78	3.56	0.94	3.40	213	204	195	143	123	5.5	5.0	2 675	280
60	0.97	0	1.91	1.99	3.32	1.06	3.81	236	225	216	159	137	6.0	5.6	3 210	336
70	1.05	0	1.91	2.20	3.15	1.17	4.21	259	247	236	174	152	6.6	6.2	3 745	392
80	1.12	0	1.91	2.40	3.00	1.27	4.59	280	267	255	188	165	7.0	6.7	4 280	448
90	1.19	0	1.91	2.59	2.88	1.37	4.95	300	287	274	202	178	7.5	7.2	4 815	504
100	1.25	0	1.91	2.77	2.77	1.47	5.29	319	305	291	214	191	7.9	7.7	5 350	560
120	1.37	0	1.91	3.12	2.60	1.65	5.96	356	340	325	240	215	8.7	8.6	6 420	672
哺乳后期（两胎；产奶量 0.38~0.69kg/d）																
40	0.38	65	2.39	1.47	3.68	0.97	3.51	167	159	152	112	127	4.4	2.8	2 140	224
50	0.43	78	2.39	1.73	3.47	1.15	4.14	195	186	178	131	149	5.0	3.3	2 675	280
60	0.47	91	2.39	1.98	3.31	1.32	4.74	221	211	201	148	171	5.7	3.8	3 210	336
70	0.51	104	1.91	2.79	3.98	1.48	5.33	265	253	242	178	192	7.0	4.8	3 745	392
80	0.55	117	1.91	3.09	3.86	1.64	2.91	293	279	267	197	213	7.6	5.4	4 280	448
90	0.59	129	1.91	3.38	3.75	1.79	6.46	319	305	292	215	233	8.3	5.8	4 815	504
100	0.62	141	1.91	3.65	3.65	1.94	6.98	344	328	314	231	252	8.9	6.3	5 350	560

（续表）

体重[a]（kg）	初生重或产奶量[b]（kg）	体增重[c]（g/d）	日粮中能量浓度[d]（kcal/kg）	日粮干物质采食量[c]		能量需要		蛋白需要[g]					矿物质需要[h]		维生素需要 i	
				（kg）	（% BW）	TDN（kg/d）	ME（Mcal/d）	CP20% UIP（g/d）	CP40% UIP（g/d）	CP60% UIP（g/d）	MP（g/d）	DIP（g/d）	Ca（g/d）	P（g/d）	维生素 A（RE/d）	维生素 E（IU/d）
120	0.69	166	1.91	4.21	3.51	2.23	8.06	396	378	361	266	290	10.1	7.2	6 420	672
哺乳后期三胎或三胎以上产奶量 0.55~0.90kg/d）																
50	0.55	90	2.39	1.92	3.84	1.27	4.59	223	213	203	150	166	5.8	3.9	2 140	280
60	0.61	104	2.39	2.19	3.66	1.45	5.25	253	241	231	170	189	6.6	4.4	2 675	336
70	0.67	118	2.39	2.46	3.52	1.63	5.89	282	270	258	190	212	7.2	4.9	3 210	392
80	0.72	132	2.39	2.72	3.40	1.80	6.50	310	296	283	209	234	7.9	5.4	3 745	448
90	0.76	145	2.39	2.96	3.29	1.96	7.07	336	321	307	226	255	8.5	5.8	4 280	504
100	0.81	159	2.39	3.21	3.21	2.13	7.67	363	347	332	244	277	9.2	6.3	4 815	560
120	0.90	185	2.39	4.60	3.84	2.44	8.80	446	426	407	300	317	11.5	8.3	5 350	672

表 2　生长羔羊、肥育羔羊和 1 周岁绵羊生长和妊娠的营养需要

体重[a]（kg）	体增重[c]（g/d）	日粮中能量浓度[d]（kcal/kg）	日粮干物质采食量[c]		能量需要				蛋白需要[g]					矿物质需要[h]		维生素需要 i	
			（kg）	（% BW）	TDN（kg/d）	ME（Mcal/d）	NEM（Mcal/d）	NEG（Mcal/d）	CP20% UIP（g/d）	CP40% UIP（g/d）	CP60% UIP（g/d）	MP（g/d）	DIP（g/d）	Ca（g/d）	P（g/d）	维生素 A（RE/d）	维生素 E（IU/d）
生长羔羊和 1 周岁绵羊																	
4 月龄（成熟度=0.3 晚熟）																	
20	100	191	0.57	2.86	0.30	1.09	0.20	0.21	76	73	69	51	39	2.3	1.5	2 000	200

（续表）

体重[a] (kg)	体增重[c] (g/d)	日粮中能量浓度[d] (kcal/kg)	日粮干物质采食量[c]		能量需要				蛋白需要[g]					矿物质需要[h]		维生素需要 i	
			(kg)	(% BW)	TDN (kg/d)	ME (Mcal/d)	NEM (Mcal/d)	NEG (Mcal/d)	CP20% UIP (g/d)	CP40% UIP (g/d)	CP60% UIP (g/d)	MP (g/d)	DIP (g/d)	Ca (g/d)	P (g/d)	维生素 A (RE/d)	维生素 E (IU/d)
20	150	1.91	0.78	3.91	0.41	1.50	0.21	0.32	104	99	95	70	54	3.1	2.2	2 000	200
20	200	2.39	0.59	2.97	0.39	1.42	0.21	0.42	116	111	106	78	51	3.7	2.5	2 000	200
20	300	2.87	0.61	3.04	0.48	1.74	0.21	0.63	115	148	142	104	63	5.1	3.5	2 000	300
30	200	1.91	1.05	3.51	0.56	2.02	0.29	0.42	137	131	125	92	73	4.1	2.9	3 000	300
30	250	2.39	0.76	2.53	0.50	1.82	0.29	0.53	145	139	133	98	65	4.5	3.2	3 000	300
30	300	2.39	0.88	2.93	0.58	2.10	0.29	0.63	169	162	155	114	76	5.3	3.8	3 000	300
30	400	2.39	1.12	3.72	0.74	2.67	0.30	0.84	218	208	199	146	96	6.9	5.0	3 000	400
40	250	1.91	1.32	3.31	0.70	2.53	0.37	0.53	171	163	156	115	91	5.0	3.7	4 000	400
40	300	1.91	1.54	3.84	0.82	2.94	0.38	0.63	199	190	182	134	106	5.9	4.4	4 000	400
40	400	2.39	1.16	2.91	0.77	2.78	0.38	0.84	223	213	204	150	100	7.0	5.1	4 000	400
40	500	2.39	1.40	3.51	0.93	3.35	0.39	1.05	271	259	248	182	121	8.6	6.3	4 000	500
50	250	1.91	1.38	2.76	0.73	2.64	0.44	0.53	177	169	161	119	95	5.1	3.8	5 000	500
50	300	1.91	1.59	3.19	0.85	3.05	0.45	0.63	205	195	187	137	110	6.0	4.5	5 000	500
50	400	2.39	1.21	2.42	0.80	2.89	0.45	0.84	228	218	208	153	104	7.0	5.1	5 000	500
50	500	2.39	1.45	2.90	0.96	3.47	0.47	1.05	277	264	253	186	125	8.6	6.3	5 000	500
50	600	2.39	1.69	3.38	1.12	4.04	0.48	1.26	325	310	297	219	146	10.2	7.6	5 000	500
60	250	1.91	1.43	2.39	0.76	2.47	0.50	0.53	182	174	166	122	99	5.1	3.8	6 000	600
60	300	1.91	1.65	2.75	0.87	3.15	0.52	0.63	210	201	192	141	114	6.0	4.5	6 000	600

（续表）

体重[a] (kg)	体增重[c] (g/d)	日粮中能量浓度[d] (kcal/kg)	日粮干物质采食量[e] (kg)	日粮干物质采食量[e] (% BW)	能量需要 TDN (kg/d)	能量需要 ME (Mcal/d)	能量需要 NEM (Mcal/d)	能量需要 NEG (Mcal/d)	蛋白需要[g] CP20% UIP (g/d)	蛋白需要[g] CP40% UIP (g/d)	蛋白需要[g] CP60% UIP (g/d)	蛋白需要[g] MP (g/d)	蛋白需要[g] DIP (g/d)	矿物质需要[h] Ca (g/d)	矿物质需要[h] P (g/d)	维生素需要[i] 维生素A (RE/d)	维生素需要[i] 维生素E (IU/d)
60	400	1.91	2.08	3.47	1.10	3.98	0.55	0.84	266	254	243	179	143	7.8	5.9	6 000	600
60	500	2.39	1.49	2.49	0.99	3.57	0.53	1.05	282	269	257	190	129	8.7	6.4	6 000	600
60	600	2.39	1.74	2.90	1.15	4.15	0.55	1.26	330	315	302	222	150	10.3	7.6	6 000	600
70	150	1.91	1.04	1.49	0.55	2.00	0.53	0.32	131	125	120	88	72	3.4	2.4	7 000	700
70	200	1.91	1.26	1.80	0.67	2.42	0.55	0.42	159	152	146	107	87	4.3	3.1	7 000	700
70	300	1.91	1.70	2.43	0.90	3.25	0.58	0.63	216	206	197	145	117	6.1	4.6	7 000	700
70	400	1.91	2.14	3.05	1.13	4.08	0.62	0.84	272	259	248	183	147	7.9	6.0	7 000	700
70	500	1.91	2.57	3.68	1.36	4.92	0.65	1.05	328	313	300	220	177	9.6	7.4	7 000	700
80	150	1.91	1.09	1.36	0.58	2.08	0.59	0.32	137	130	125	92	75	3.4	2.5	8 000	800
80	200	1.91	1.31	1.64	0.69	2.50	0.61	0.42	165	157	150	111	90	4.3	3.2	8 000	800
80	300	1.91	1.75	2.19	0.93	3.34	0.64	0.63	221	211	202	149	121	6.1	4.6	8 000	800
80	40	1.91	2.19	2.74	1.16	4.19	0.68	0.84	277	265	253	186	151	7.9	6.0	8 000	800
80	500	1.91	2.63	3.29	1.39	5.03	0.72	1.05	334	318	305	224	181	9.7	7.5	8 000	800
4月龄（成熟度=0.6；早熟）																	
20	100	2.39	0.63	3.16	0.42	1.51	0.21	0.46	70	66	64	47	55	2.1	1.5	2 000	200
20	150	2.87	0.65	3.25	0.52	1.87	0.21	0.68	84	80	77	57	67	2.6	2.0	2 000	200
20	200	2.87	0.83	4.17	0.66	2.39	0.22	0.91	106	101	97	71	86	3.4	2.7	2 000	200
20	300	2.87	1.20	6.00	0.95	3.44	0.24	1.37	149	142	136	100	124	4.9	4.0	2 000	200

（续表）

体重[a] (kg)	体增重[c] (g/d)	日粮中能量浓度[d] (kcal/kg)	日粮干物质采食量[c]		能量需要				蛋白需要[g]					矿物质需要[h]		维生素需要 i	
			(kg)	(% BW)	TDN (kg/d)	ME (Mcal/d)	NEM (Mcal/d)	NEG (Mcal/d)	CP20% UIP (g/d)	CP40% UIP (g/d)	CP60% UIP (g/d)	MP (g/d)	DIP (g/d)	Ca (g/d)	P (g/d)	维生素 A (RE/d)	维生素 E (IU/d)
30	200	2.87	1.20	3.99	0.79	2.86	0.31	0.91	125	119	114	84	103	3.7	3.0	3 000	300
30	250	2.87	1.06	3.54	0.84	3.04	0.31	1.14	133	127	122	89	110	4.2	3.4	3 000	300
30	300	2.87	1.25	4.15	0.99	3.57	0.32	1.37	155	148	141	104	129	4.9	4.0	3 000	300
30	400	2.87	1.62	5.38	1.28	4.63	0.35	1.83	198	189	181	133	167	6.4	5.4	3 000	300
40	250	2.87	1.50	3.76	1.00	3.60	0.40	1.14	155	148	142	104	130	4.6	3.8	4 000	400
40	250	2.87	1.29	3.22	1.02	3.69	0.40	1.37	160	153	146	108	133	5.0	4.1	4 000	400
40	400	2.87	1.66	4.15	1.32	4.76	0.43	1.83	204	195	186	137	172	6.4	5.4	4 000	400
40	500	2.87	2.03	5.08	1.62	5.83	0.48	2.28	247	236	226	166	210	7.9	6.7	4 000	400
50	250	2.39	1.55	3.10	1.03	3.71	0.47	1.14	161	154	147	108	134	4.6	3.8	5 000	500
50	300	2.39	1.81	3.63	1.20	4.34	0.49	1.37	186	178	170	125	156	5.4	4.6	5 000	500
50	400	2.87	1.70	3.41	1.35	4.88	0.51	1.83	209	200	191	141	176	6.5	5.4	5 000	500
50	500	2.87	2.08	4.16	1.65	5.96	0.54	2.28	253	242	231	170	215	8.0	6.8	5 000	500
50	600	2.87	2.45	4.91	1.95	7.04	0.58	2.74	297	283	271	199	254	9.5	8.1	6 000	500
60	250	2.39	1.60	2.66	1.06	3.82	0.54	1.14	167	159	152	112	138	4.7	3.9	6 000	600
60	300	2.39	1.86	3.10	2.23	4.45	0.57	1.37	192	183	175	129	160	5.5	4.6	6 000	600
60	400	2.39	2.39	2.98	1.58	5.71	0.61	1.83	242	231	221	163	206	7.1	6.1	6 000	600
60	500	2.87	2.12	3.54	1.69	6.08	0.62	2.28	259	247	236	174	219	8.0	6.8	6 000	600
60	600	2.87	2.50	4.17	1.99	7.17	0.66	2.74	302	289	276	203	258	9.5	8.1	7 000	600

（续表）

体重[a] (kg)	体增重[c] (g/d)	日粮中能量浓度[d] (kcal/kg)	日粮干物质采食量[c]		能量需要				蛋白需要[g]					矿物质需要[h]		维生素需要[i]	
			(kg)	(% BW)	TDN (kg/d)	ME (Mcal/d)	NEM (Mcal/d)	NEG (Mcal/d)	CP20% UIP (g/d)	CP40% UIP (g/d)	CP60% UIP (g/d)	MP (g/d)	DIP (g/d)	Ca (g/d)	P (g/d)	维生素 A (RE/d)	维生素 E (IU/d)
70	150	1.91	1.81	2.59	0.96	3.46	0.59	0.68	152	145	139	102	125	3.7	3.1	7 000	700
70	200	1.91	2.28	3.26	1.21	4.37	0.63	0.91	186	177	170	125	157	4.7	4.1	7 000	700
70	300	2.39	1.91	2.72	1.26	4.55	0.63	1.37	197	188	180	133	164	5.5	4.7	7 000	700
70	400	2.39	2.44	3.48	1.62	5.82	0.69	1.83	248	237	226	167	210	7.1	6.1	7 000	700
70	500	2.87	2.16	3.09	1.72	6.20	0.70	2.28	264	252	241	178	224	8.0	6.8	7 000	700
80	150	1.91	1.86	2.33	0.99	3.56	0.65	0.68	157	150	144	106	128	3.8	3.2	8 000	800
80	200	1.91	2.34	2.92	1.24	4.47	0.69	0.91	192	183	175	129	161	4.8	4.1	8 000	800
80	300	2.39	1.95	2.44	1.29	4.66	0.70	1.37	203	194	185	136	168	5.6	4.7	8 000	800
80	400	2.39	2.48	3.10	1.65	5.94	0.76	1.83	253	242	231	170	214	7.2	6.2	8 000	800
80	500	2.39	3.02	3.77	2.00	7.21	0.82	2.28	304	290	278	204	250	8.8	7.7	8 000	800
20	100	2.39	0.59	2.94	0.39	1.41	0.41	0.30	73	70	67	49	51	2.2	1.5	2 000	200
20	150	2.39	0.76	3.80	0.50	1.81	0.42	0.45	97	93	89	65	65	3.0	2.1	2 000	200
20	200	2.87	0.70	3.48	0.55	1.99	0.43	0.59	112	107	102	75	72	3.5	2.6	2 000	200
20	300	2.87	0.94	4.70	0.75	2.69	0.45	0.89	156	149	142	105	97	5.0	3.8	2 000	200
30	200	2.39	1.03	3.43	0.68	2.46	0.59	0.59	129	123	117	86	89	3.8	2.9	3 000	300
30	250	2.87	0.90	3.01	0.72	2.59	0.59	0.74	141	135	129	95	93	4.4	3.3	3 000	300
30	300	2.87	1.03	3.42	0.82	2.94	0.61	0.89	163	156	149	110	106	5.1	3.9	3 000	300
30	400	2.87	1.27	4.25	1.01	3.66	0.64	1.19	207	198	189	139	132	6.6	5.1	4 000	300

（续表）

体重[a] (kg)	体增重[c] (g/d)	日粮中能量浓度[d] (kcal/kg)	日粮干物质采食量[c]		能量需要				蛋白需要[g]					矿物质需要[h]		维生素需要 i	
			(kg)	(% BW)	TDN (kg/d)	ME (Mcal/d)	NEM (Mcal/d)	NEG (Mcal/d)	CP20% UIP (g/d)	CP40% UIP (g/d)	CP60% UIP (g/d)	MP (g/d)	DIP (g/d)	Ca (g/d)	P (g/d)	维生素 A (RE/d)	维生素 E (IU/d)
40	250	2.39	1.30	3.25	0.86	3.10	0.75	0.74	160	153	146	108	112	4.7	3.6	4 000	200
40	300	2.39	1.48	3.69	0.98	3.53	0.77	0.89	184	176	168	124	127	5.5	4.3	4 000	400
40	40	2.87	1.36	3.40	1.08	3.90	0.79	1.19	215	205	196	144	140	6.7	5.2	4 000	400
40	500	2.87	1.61	4.03	1.28	4.62	0.83	1.48	259	247	237	174	167	8.2	6.4	5 000	400
50	250	2.39	1.39	2.78	0.92	3.32	0.89	0.74	168	160	153	113	120	4.8	3.7	5 000	400
50	300	2.39	1.57	3.13	1.04	3.74	0.92	0.89	192	183	175	129	135	5.6	4.4	5 000	500
50	400	2.39	1.92	3.85	1.28	4.60	0.97	1.19	240	230	220	162	166	7.2	5.7	5 000	500
50	500	2.87	1.69	3.39	1.35	4.86	0.98	1.48	266	254	243	179	175	8.3	6.5	5 000	500
50	600	2.87	1.95	3.9	1.55	5.59	1.03	1.78	311	297	284	209	202	9.8	7.7	5 000	500
60	250	1.91	2.32	3.87	1.23	4.44	1.08	0.74	208	198	190	140	160	5.7	4.6	6 000	600
60	300	2.39	1.65	2.76	1.10	3.95	1.05	0.89	199	190	182	134	143	5.7	4.5	6 000	600
60	400	2.39	2.02	3.36	1.34	4.82	1.11	1..19	248	237	226	167	174	7.3	5.8	6 000	600
60	500	2.39	2.38	3.97	1.58	5.69	1.17	1.48	297	283	271	199	205	8.9	7.2	6 000	600
60	600	2.87	2.03	3.39	1.62	5.83	1.18	1.78	318	304	290	214	210	9.9	7.8	6 000	600
70	150	1.91	1.78	2.54	0.94	3.40	1.12	0.45	155	148	142	104	122	3.9	3.1	7 000	700
70	200	1.91	2.10	3.01	1.12	4.02	1.17	0.59	185	177	169	125	145	4.8	3.9	7 000	700
70	300	1.91	2.76	3.94	1.46	5.28	1.27	0.89	246	235	225	165	190	6.7	5.5	7 000	700
70	400	2.39	2.11	3.01	1.40	5.03	1.25	1.19	255	244	233	171	181	7.4	5.9	7 000	700

（续表）

体重[a] (kg)	体增重[c] (g/d)	日粮中能量浓度[d] (kcal/kg)	日粮干物质采食量[c]		能量需要				蛋白需要[g]					矿物质需要[h]		维生素需要[i]	
			(kg)	(% BW)	TDN (kg/d)	ME (Mcal/d)	NEM (Mcal/d)	NEG (Mcal/d)	CP20% UIP (g/d)	CP40% UIP (g/d)	CP60% UIP (g/d)	MP (g/d)	DIP (g/d)	Ca (g/d)	P (g/d)	维生素A (RE/d)	维生素E (IU/d)
70	500	2.39	2.47	3.53	1.64	5.91	1.31	1.48	304	290	278	204	213	9.0	7.2	7 000	700
80	150	1.91	1.87	2.34	0.99	3.58	1.24	0.45	163	155	148	109	129	4.0	3.2	8 000	800
80	200	1.91	2.20	2.75	1.17	4.21	1.29	0.59	193	184	176	130	152	4.9	4.0	8 000	800
80	300	1.91	2.87	3.58	1.52	5.48	1.40	0.89	254	242	232	171	198	6.8	5.6	8 000	800
80	400	2.39	2.19	2.74	1.45	5.24	1.38	1.19	262	250	239	176	189	7.5	6.0	8 000	800
80	500	2.39	2.56	3.20	1.70	6.13	1.45	1.48	312	297	284	209	221	9.1	7.3	8 000	800
8月龄（成熟度=0.8，早熟）																	
20	100	2.87	0.65	3.27	0.52	1.88	0.45	0.54	68	65	62	46	68	2.0	1.5	2 000	200
20	150	2.87	0.88	4.39	0.70	2.52	0.49	0.82	89	85	82	60	91	2.7	2.2	2 000	200
20	200	2.87	1.10	5.51	0.88	3.16	0.52	1.09	111	106	101	74	114	3.5	2.9	2 000	200
20	300	2.87	1.55	7.75	1.23	4.45	0.59	1.63	153	146	140	103	160	4.9	4.3	2 000	200
30	200	2.87	1.19	3.97	0.95	3.42	0.70	1.09	119	114	109	80	123	3.5	3.0	3 000	300
30	250	2.87	1.42	4.73	1.13	4.07	0.75	1.36	140	134	128	94	147	4.3	3.7	3 000	300
30	300	2.87	1.65	5.49	1.31	4.73	0.80	1.63	162	155	148	109	170	5.0	4.4	3 000	300
30	400	2.87	2.10	7.02	1.67	6.04	0.89	2.18	205	196	187	138	218	6.5	5.8	3 000	300
40	250	2.87	1.51	3.77	1.20	4.32	0.93	1.36	149	142	136	100	156	4.4	3.8	4 000	400
40	300	2.87	1.74	4.34	1.38	4.98	0.99	1.63	170	163	155	114	180	5.1	4.5	4 000	400
40	400	2.87	2.20	5.50	1.75	6.31	1.11	2.18	214	204	195	144	228	6.6	5.9	4 000	400

（续表）

体重[a] (kg)	体增重[c] (g/d)	日粮中能量浓度[d] (kcal/kg)	日粮干物质采食量[c]		能量需要				蛋白需要[g]					矿物质需要[h]		维生素需要 i	
			(kg)	(% BW)	TDN (kg/d)	ME (Mcal/d)	NEM (Mcal/d)	NEG (Mcal/d)	CP20% UIP (g/d)	CP40% UIP (g/d)	CP60% UIP (g/d)	MP (g/d)	DIP (g/d)	Ca (g/d)	P (g/d)	维生素 A (RE/d)	维生素 E (IU/d)
40	500	2.87	2.67	6.66	2.12	7.64	1.22	2.72	257	245	235	173	276	8.1	7.3	4 000	400
50	250	2.87	1.59	3.17	1.26	4.55	1.10	1.36	156	149	143	105	164	4.4	3.8	5 000	500
50	300	2.87	1.82	3.64	1.45	5.23	1.17	1.63	178	170	163	120	188	5.2	4.5	5 000	500
50	400	2.87	2.29	4.58	1.82	6.57	1.31	2.18	222	212	203	149	237	6.7	6.0	5 000	500
50	500	2.87	2.76	5.53	2.20	7.92	1.45	2.72	266	254	243	179	286	8.1	7.4	5 000	500
50	600	2.87	3.23	6.47	2.57	9.27	1.59	3.27	310	296	283	208	334	9.6	8.8	5 000	500
60	250	2.39	2.23	3.72	1.48	5.33	1.26	1.36	164	156	150	110	192	5.0	4.5	6 000	600
60	300	2.87	1.90	3.17	1.51	5.45	1.34	1.63	186	177	170	125	197	5.2	4.6	6 000	600
60	400	2.87	2.38	3.96	1.89	6.82	1.50	2.18	230	220	210	155	246	6.7	6.0	6 000	600
60	500	2.87	2.86	4.76	2.27	8.19	1.66	2.72	274	262	250	184	295	8.2	7.5	6 000	600
60	600	2.87	3.33	5.56	2.65	9.56	1.82	3.27	319	304	291	214	345	9.7	8.9	6 000	600
70	150	1.91	2.60	3.71	1.38	4.96	1.24	0.82	182	174	167	123	179	4.3	3.9	7 000	700
70	200	2.39	1.98	2.83	1.31	4.74	1.33	1.09	169	161	154	113	171	4.3	3.7	7 000	700
70	300	2.39	2.66	3.80	1.76	6.35	1.51	1.63	222	212	202	149	229	5.9	5.3	7 000	700
70	400	2.87	2.46	3.52	1.96	7.06	1.69	2.18	238	227	217	160	255	6.8	6.1	7 000	700
70	500	2.87	2.95	4.21	2.34	8.45	1.86	2.72	283	270	258	190	305	8.3	7.5	7 000	700
80	150	1.91	2.70	3.38	1.43	5.17	1.37	0.82	191	182	174	128	186	4.4	4.0	7 000	700
80	200	2.39	2.07	2.58	1.37	4.94	1.47	1.09	176	168	161	119	178	4.3	3.8	8 000	800

(续表)

体重[a] (kg)	体增重[c] (g/d)	日粮中能量浓度[d] (kcal/kg)	日粮干物质采食量[c]		能量需要				蛋白需要[g]					矿物质需要[h]		维生素需要 i	
			(kg)	(% BW)	TDN (kg/d)	ME (Mcal/d)	NEM (Mcal/d)	NEG (Mcal/d)	CP20% UIP (g/d)	CP40% UIP (g/d)	CP60% UIP (g/d)	MP (g/d)	DIP (g/d)	Ca (g/d)	P (g/d)	维生素 A (RE/d)	维生素 E (IU/d)
80	300	2.39	2.75	3.44	1.82	6.57	1.67	1.63	230	219	210	154	237	6.0	5.4	8 000	800
80	400	2.87	2.54	3.18	2.02	7.29	1.86	2.18	246	235	224	165	263	6.9	6.2	8 000	800
80	500	2.87	3.03	3.79	2.41	8.69	2.06	2.72	291	277	265	195	313	8.4	7.6	8 000	800
生长公羊																	
4月龄(成熟度=0.3,晚熟)																	
20	100	1.91	0.60	2.98	0.32	1.14	0.23	0.21	77	74	70	52	41	2.3	1.5	2 000	200
20	150	2.39	0.49	2.47	0.33	1.18	0.23	0.32	93	88	85	62	43	2.9	1.9	2 000	200
20	200	2.39	0.61	3.07	0.41	1.47	0.24	0.42	117	111	107	78	53	3.7	2.5	2 000	200
20	300	2.87	0.63	3.13	0.50	1.79	0.24	0.63	156	149	143	105	65	5.1	3.5	2 000	200
30	200	1.91	1.09	3.63	0.58	2.08	0.33	0.42	139	133	127	93	75	4.1	3.0	3 000	300
30	250	2.39	0.79	2.62	0.52	1.88	0.33	0.53	147	140	134	98	68	4.5	3.2	3 000	300
30	300	2.39	0.91	3.02	0.60	2.17	0.34	0.63	171	163	156	115	78	5.3	3.8	3 000	300
30	400	2.39	1.15	3.82	0.76	2.74	0.35	0.84	219	209	200	147	99	6.9	5.0	3 000	300
40	250	1.91	1.37	3.42	0.73	2.62	0.43	0.53	173	165	158	116	94	5.1	3.7	4 000	400
40	300	1.91	1.58	3.96	0.84	3.03	0.44	0.63	201	192	183	135	109	6.0	4.5	4 000	400
40	40	2.39	1.20	3.00	0.80	2.87	0.43	0.84	225	215	205	151	103	7.0	5.1	4 000	400
40	500	2.39	1.44	3.60	0.96	3.45	0.45	1.05	273	261	249	184	124	8.6	6.3	4 000	400
50	250	1.91	1.43	2.87	0.76	2.74	0.50	0.53	179	171	163	120	99	5.1	3.8	5 000	500

（续表）

体重[a] (kg)	体增重[c] (g/d)	日粮中能量浓度[d] (kcal/kg)	日粮干物质采食量[c]		能量需要				蛋白需要[g]					矿物质需要[h]		维生素需要 i	
			(kg)	(% BW)	TDN (kg/d)	ME (Mcal/d)	NEM (Mcal/d)	NEG (Mcal/d)	CP20% UIP (g/d)	CP40% UIP (g/d)	CP60% UIP (g/d)	MP (g/d)	DIP (g/d)	Ca (g/d)	P (g/d)	维生素 A (RE/d)	维生素 E (IU/d)
50	300	1.91	1.65	3.30	0.87	3.15	0.52	0.63	207	198	189	139	114	6.0	4.5	5 000	500
50	400	2.39	1.25	2.50	0.83	2.99	0.51	0.84	230	220	210	155	108	7.0	5.1	5 000	500
50	500	2.39	1.50	2.99	0.99	3.57	0.54	1.05	279	266	255	187	129	8.7	6.4	5 000	500
50	600	2.39	1.74	3.48	1.15	4.16	0.56	1.26	327	312	299	220	150	10.3	7.6	5 000	500
60	250	1.91	1.49	2.49	0.79	2.85	0.58	0.53	185	176	169	124	103	5.2	3.9	6 000	600
60	300	1.91	1.71	2.85	0.91	3.27	0.60	0.63	213	203	194	143	118	6.1	4.6	6 000	600
60	400	1.91	2.15	3.58	1.14	4.11	0.63	0.84	269	257	246	181	148	7.9	6.0	6 000	600
60	500	2.39	1.55	2.58	1.02	3.70	0.61	1.05	284	271	260	191	133	8.7	6.4	6 000	600
60	600	2.39	1.79	2.99	1.19	4.28	0.64	1.26	333	318	304	224	154	10.3	7.7	6 000	600
70	150	1.91	1.11	1.59	0.59	2.12	0.61	0.32	134	128	122	90	76	3.4	2.5	7 000	700
70	200	1.91	1.33	1.90	0.71	2.54	0.63	0.42	162	155	148	109	92	4.3	3.2	7 000	700
70	300	1.91	1.77	2.53	0.94	3.39	0.67	0.63	219	209	200	147	122	6.1	4.6	7 000	700
70	400	1.91	2.21	3.16	1.17	4.23	0.71	0.84	275	263	251	185	152	7.9	6.1	7 000	700
70	500	1.91	2.65	3.79	1.41	5.07	0.75	1.05	331	316	303	223	183	9.7	7.5	7 000	700
80	150	1.91	1.16	1.45	0.62	2.22	0.67	0.32	140	133	127	94	80	3.5	2.5	8 000	800
80	200	1.91	1.38	1.73	0.73	2.65	0.70	0.42	168	160	153	113	95	4.4	3.3	8 000	800
80	300	1.91	1.83	2.28	0.97	3.49	0.74	0.63	224	214	205	151	126	6.2	4.7	8 000	800
80	400	1.91	2.27	2.84	1.20	4.34	0.78	0.84	281	268	256	189	157	8.0	6.1	8 000	800

（续表）

体重[a]（kg）	体增重[c]（g/d）	日粮中能量浓度[d]（kcal/kg）	日粮干物质采食量[c]		能量需要				蛋白需要[g]					矿物质需要[h]		维生素需要 i	
			（kg）	（% BW）	TDN（kg/d）	ME（Mcal/d）	NEM（Mcal/d）	NEG（Mcal/d）	CP20% UIP（g/d）	CP40% UIP（g/d）	CP60% UIP（g/d）	MP（g/d）	DIP（g/d）	Ca（g/d）	P（g/d）	维生素 A（RE/d）	维生素 E（IU/d）
80	500	1.91	2.72	3.39	1.44	5.19	0.83	1.05	337	322	308	227	187	9.8	7.6	8 000	800
4月龄（成熟度=0.6，早熟）																	
20	100	2.39	0.65	3.27	0.43	1.56	0.24	0.46	71	67	65	47	56	2.1	1.5	2 000	200
20	150	2.87	0.67	3.34	0.53	1.92	0.25	0.68	85	81	78	57	69	2.7	2.0	2 000	200
20	200	2.87	0.85	4.26	0.68	2.44	0.26	0.91	107	102	98	72	88	3.4	2.7	2 000	200
20	300	2.87	1.22	6.10	0.97	3.50	0.28	1.37	150	143	137	101	126	4.9	4.0	2 000	200
30	200	2.87	0.90	3.00	0.72	2.58	0.35	0.91	113	108	103	76	93	3.5	2.7	3 000	300
30	250	2.87	1.09	3.62	0.86	3.12	0.36	1.14	135	128	123	90	112	4.2	3.4	3 000	300
30	300	2.87	1.27	4.24	1.01	3.56	0.37	1.37	156	149	143	105	132	4.9	4.1	3 000	300
30	400	2.87	1.64	5.48	1.31	4.71	0.40	1.83	200	191	182	134	170	6.4	5.4	3 000	300
40	250	2.87	1.54	3.86	1.02	3.69	0.46	1.14	157	150	144	106	133	4.6	3.8	4 000	400
40	300	2.87	1.32	3.30	1.05	3.79	0.46	1.37	162	155	148	109	137	5.0	4.1	4 000	400
40	400	2.87	1.70	4.24	1.35	4.86	0.50	1.83	206	196	188	138	175	6.5	5.4	4 000	400
40	500	2.87	2.07	5.18	1.65	5.94	0.53	2.28	249	238	228	168	214	8.0	6.8	4 000	400
50	250	2.39	1.60	3.20	1.06	3.82	0.54	1.14	164	156	149	110	138	4.7	3.9	5 000	500
50	300	2.39	1.86	3.72	1.23	4.45	0.57	1.37	189	180	172	127	160	5.5	4.6	5 000	500
50	400	2.87	1.74	3.49	1.39	5.00	0.59	1.83	212	202	193	142	180	6.5	5.5	5 000	500
50	500	2.87	2.12	4.25	1.69	6.098	0.63	2.28	255	244	233	172	219	8.0	6.8	5 000	500

（续表）

体重[a]（kg）	体增重[c]（g/d）	日粮中能量浓度[d]（kcal/kg）	日粮干物质采食量[c]		能量需要				蛋白需要[g]					矿物质需要[h]		维生素需要 i	
			（kg）	（% BW）	TDN（kg/d）	ME（Mcal/d）	NEM（Mcal/d）	NEG（Mcal/d）	CP20% UIP（g/d）	CP40% UIP（g/d）	CP60% UIP（g/d）	MP（g/d）	DIP（g/d）	Ca（g/d）	P（g/d）	维生素 A（RE/d）	维生素 E（IU/d）
50	600	2.87	2.50	5.00	1.99	7.17	0.67	2.74	299	286	273	201	259	9.5	8.1	5 000	500
60	250	2.39	1.65	2.75	1.09	3.94	0.62	1.14	170	162	155	114	142	4.7	3.9	6 000	600
60	300	2.39	1.92	3.19	1.27	4.58	0.65	1.37	195	186	178	131	165	5.5	4.7	6 000	600
60	400	2.87	1.79	2.99	1.42	5.14	0.67	1.83	218	208	199	146	185	6.6	5.5	6 000	600
60	500	2.87	2.17	3.62	1.73	6.23	0.72	2.28	261	250	239	176	225	8.1	6.9	6 000	600
60	600	2.87	2.55	4.26	2.03	7.32	0.76	2.74	305	292	279	205	264	9.5	8.2	6 000	600
60	150	1.91	1.88	2.69	1.00	3.60	0.68	0.68	155	148	142	104	130	3.8	3.2	6 000	600
70	200	1.91	2.36	3.37	1.25	4.51	0.72	0.91	190	181	173	127	163	4.8	4.1	7 000	700
70	300	2.39	1.97	2.81	1.30	4.70	0.73	1.37	201	192	183	135	170	5.6	4.7	7 000	700
70	400	2.39	2.50	3.58	1.66	5.98	0.79	1.83	251	240	229	169	216	7.2	6.2	7 000	700
80	500	2.87	2.22	3.17	1.77	6.37	0.81	2.28	267	255	244	180	230	8.1	6.9	7 000	700
80	150	1.91	1.94	2.43	1.03	3.71	0.75	0.68	161	154	147	108	134	3.8	3.2	7 000	700
80	200	1.91	2.42	3.03	1.28	4.63	0.80	0.91	196	187	179	132	167	4.8	4.2	8 000	800
80	300	2.39	2.02	2.52	1.34	4.82	0.81	1.37	206	197	189	139	174	5.6	4.8	8 000	800
80	400	2.39	2.56	3.20	1.70	6.11	0.87	1.83	257	246	235	173	220	7.3	6.3	8 000	800
80	500	2.39	3.10	3.87	2.05	7.40	0.94	2.28	308	294	281	207	267	8.9	7.8	8 000	800
8 月龄（成熟度=0.4，晚熟）																	
20	100	2.39	0.63	3.14	0.42	1.50	0.47	0.30	75	71	68	50	54	2.2	1.5	2 000	200

（续表）

体重[a]（kg）	体增重[c]（g/d）	日粮中能量浓度[d]（kcal/kg）	日粮干物质采食量[c]		能量需要				蛋白需要[g]					矿物质需要[h]		维生素需要i	
			（kg）	（% BW）	TDN（kg/d）	ME（Mcal/d）	NEM（Mcal/d）	NEG（Mcal/d）	CP20% UIP（g/d）	CP40% UIP（g/d）	CP60% UIP（g/d）	MP（g/d）	DIP（g/d）	Ca（g/d）	P（g/d）	维生素A（RE/d）	维生素E（IU/d）
20	150	2.39	0.80	4.00	0.53	1.91	0.48	0.45	99	94	90	66	69	3.0	2.2	2 000	200
20	200	2.87	0.73	3.65	0.58	2.09	0.49	0.59	113	108	104	76	75	3.6	2.6	2 000	200
20	300	2.87	0.98	4.88	0.78	2.80	0.52	0.89	158	150	144	106	101	5.1	3.8	2 000	200
30	200	2.39	1.09	3.62	0.72	2.60	0.68	0.59	131	125	120	88	94	3.9	2.9	3 000	300
30	250	2.87	0.95	3.17	0.76	2.72	0.68	0.74	143	137	131	96	98	4.4	3.3	3 000	300
30	300	2.87	1.08	3.59	0.86	3.08	0.70	0.89	166	158	151	111	111	5.2	3.9	3 000	300
30	400	2.87	1.33	4.42	1.06	3.81	0.74	1.19	210	200	192	141	137	6.7	5.2	3 000	300
40	250	2.39	1.37	3.43	0.91	3.28	0.87	0.74	164	156	149	110	118	4.8	3.7	4 000	400
40	300	2.39	1.55	3.88	1.03	3.71	0.89	0.89	188	179	172	126	134	5.6	4.4	4 000	400
40	400	2.87	1.42	3.56	1.13	4.08	0.91	1.19	218	208	199	146	147	6.8	5.2	4 000	400
40	500	2.87	1.68	4.20	1.34	4.81	0.96	1.48	262	250	239	176	174	8.3	6.5	4 000	400
50	250	2.39	1.47	2.95	0.98	3.52	1.02	0.74	171	164	157	115	127	4.9	3.8	5 000	500
50	300	2.39	1.66	3.31	1.10	3.96	1.05	0.89	196	187	179	132	143	5.7	4.5	5 000	500
50	400	2.87	1.51	3.03	1.20	4.34	1.08	1.19	225	215	206	151	156	6.9	5.3	5 000	500
50	500	2.87	1.77	3.55	1.41	5.09	1.13	1.48	270	258	247	181	183	8.4	6.6	5 000	500
50	600	2.87	2.03	4.07	1.62	5.83	1.18	1.78	315	300	287	212	210	9.9	7.8	5 000	500
60	250	2.39	1.57	2.62	1.04	3.76	1.17	0.74	179	171	164	120	135	5.0	3.9	6 000	600
60	300	2.39	1.76	2.93	1.16	4.20	1.21	0.89	204	194	186	137	151	5.8	4.6	6 000	600

（续表）

体重[a] (kg)	体增重[c] (g/d)	日粮中能量浓度[d] (kcal/kg)	日粮干物质采食量[c]		能量需要				蛋白需要[g]					矿物质需要[h]		维生素需要 i	
			(kg)	(% BW)	TDN (kg/d)	ME (Mcal/d)	NEM (Mcal/d)	NEG (Mcal/d)	CP20% UIP (g/d)	CP40% UIP (g/d)	CP60% UIP (g/d)	MP (g/d)	DIP (g/d)	Ca (g/d)	P (g/d)	维生素 A (RE/d)	维生素 E (IU/d)
60	400	2.39	2.13	3.54	1.41	5.08	1.28	1.19	253	241	231	170	183	7.4	5.9	6 000	600
60	500	2.87	1.86	3.11	1.48	5.34	1.30	1.48	278	265	253	187	193	8.5	6.7	6 000	600
60	600	2.87	2.13	3.55	1.69	6.10	1.36	1.78	323	308	294	217	220	10.0	7.9	6 000	600
70	150	1.91	1.91	2.73	1.01	3.66	1.29	0.45	161	154	147	108	132	4.0	3.2	7 000	700
70	200	1.91	2.25	3.21	1.19	4.29	1.34	0.59	192	183	175	129	155	5.0	4.1	7 000	700
70	300	2.39	1.85	2.65	1.23	4.43	1.36	0.89	211	202	193	142	160	5.9	4.7	7 000	700
70	400	2.39	2.23	3.18	1.48	5.32	1.43	1.19	261	249	238	175	192	7.5	6.0	7 000	700
70	500	2.39	2.60	0.72	1.72	6.22	1.51	1.48	310	296	283	208	224	9.1	7.4	7 000	700
80	150	1.91	2.02	2.53	1.07	3.87	1.42	0.45	169	161	154	114	139	4.1	3.3	8 000	800
80	200	1.91	2.36	2.95	1.25	4.51	1.49	0.59	200	191	182	134	163	5.1	4.2	8 000	800
80	300	1.91	3.04	3.80	1.61	5.81	1.61	0.89	261	249	239	176	209	7.0	5.8	8 000	800
80	400	2.39	2.33	2.91	1.54	5.56	1.58	1.19	268	256	245	180	200	7.6	6.1	8 000	800
80	500	2.39	2.71	3.38	1.79	6.47	1.67	1.48	318	303	290	214	233	9.2	7.5	8 000	800
8 月龄（成熟度=0.8，早熟）																	
20	100	2.87	0.69	3.44	0.55	1.98	0.49	0.54	70	67	64	47	71	2.0	4.5	2 000	200
20	150	2.87	0.91	4.57	0.73	2.62	0.51	0.82	91	87	83	61	95	2.8	2.2	2 000	200
20	200	2.87	1.14	5.70	0.91	3.27	0.53	1.09	113	108	103	76	118	3.5	2.9	2 000	200
20	300	2.87	1.59	7.96	1.27	4.57	0.58	1.63	156	149	142	105	165	5.0	4.3	2 000	200

（续表）

体重[a] (kg)	体增重[c] (g/d)	日粮中能量浓度[d] (kcal/kg)	日粮干物质采食量[c] (kg)	日粮干物质采食量[c] (% BW)	能量需要 TDN (kg/d)	能量需要 ME (Mcal/d)	能量需要 NEM (Mcal/d)	能量需要 NEG (Mcal/d)	蛋白需要[g] CP20% UIP (g/d)	蛋白需要[g] CP40% UIP (g/d)	蛋白需要[g] CP60% UIP (g/d)	蛋白需要[g] MP (g/d)	蛋白需要[g] DIP (g/d)	矿物质需要[h] Ca (g/d)	矿物质需要[h] P (g/d)	维生素需要 i 维生素 A (RE/d)	维生素需要 i 维生素 E (IU/d)
30	200	2.87	1.24	4.14	0.99	3.57	0.72	1.09	122	116	111	82	129	3.6	3.0	3 000	300
30	250	2.87	1.47	4.91	1.17	4.23	0.76	1.36	143	137	131	96	152	4.3	3.7	3 000	300
30	300	2.87	1.70	5.68	1.36	4.89	0.79	1.63	165	158	151	111	176	5.1	4.4	3 000	300
30	400	2.87	2.16	7.22	1.72	6.21	0.85	2.18	208	199	190	140	224	6.5	5.8	3 000	300
40	250	2.87	1.57	3.93	1.25	4.51	0.94	1.36	152	145	139	102	163	4.4	3.8	4 000	400
40	300	2.87	1.81	4.52	1.44	5.18	0.98	1.63	174	166	159	117	187	5.2	4.5	4 000	400
40	400	2.87	2.28	5.69	1.81	6.53	1.06	2.18	218	208	199	146	235	6.6	5.9	4 000	400
40	500	2.87	2.75	6.86	2.18	7.87	1.14	2.72	262	250	239	176	284	8.1	7.4	4 000	400
50	250	2.87	1.66	3.33	1.32	4.78	1.11	1.36	161	153	147	108	172	4.5	3.9	5 000	500
50	300	2.87	1.90	3.81	1.51	5.46	1.16	1.63	183	174	167	123	197	5.2	4.6	5 000	500
50	400	2.87	2.38	4.76	1.89	6.83	1.25	2.18	227	217	207	153	246	6.7	6.0	5 000	500
50	500	2.87	2.86	5.72	2.27	8.20	1.35	2.72	271	259	248	182	296	8.2	7.5	5 000	500
50	600	2.87	3.34	6.67	2.65	9.57	1.45	3.27	315	301	288	212	345	9.7	8.9	5 000	500
60	250	2.39	2.34	3.90	1.55	5.60	1.32	1.36	169	161	154	113	202	5.1	4.6	6 000	600
60	300	2.87	2.00	3.33	1.59	5.72	1.33	1.63	191	182	175	128	206	5.3	4.7	6 000	600
60	400	2.87	2.48	4.13	1.97	7.11	1.44	2.18	236	225	215	158	256	6.8	6.1	6 000	600
60	500	2.87	2.97	4.94	2.36	8.50	1.55	2.72	280	268	256	188	307	8.3	7.6	6 000	600
60	600	2.87	3.45	5.75	2.74	9.90	1.66	3.27	325	310	297	218	257	9.8	9.0	6 000	600

（续表）

体重[a]（kg）	体增重[c]（g/d）	日粮中能量浓度[d]（kcal/kg）	日粮干物质采食量[e]		能量需要				蛋白需要[g]					矿物质需要[h]		维生素需要 i	
			（kg）	（% BW）	TDN（kg/d）	ME（Mcal/d）	NEM（Mcal/d）	NEG（Mcal/d）	CP20% UIP（g/d）	CP40% UIP（g/d）	CP60% UIP（g/d）	MP（g/d）	DIP（g/d）	Ca（g/d）	P（g/d）	维生素 A（RE/d）	维生素 E（IU/d）
70	150	1.91	2.75	3.92	1.46	5.25	1.43	0.82	190	181	173	128	189	4.4	4.0	7 000	700
70	200	2.39	2.10	3.00	1.39	5.02	1.41	1.09	175	167	160	118	181	4.4	3.9	7 000	700
70	300	2.39	2.79	3.98	1.85	6.67	1.55	1.63	228	218	209	154	240	6.1	5.5	7 000	700
70	400	2.87	2.58	3.68	2.05	7.39	1.61	2.18	244	233	223	164	266	6.9	6.2	7 000	700
70	500	2.87	3.07	4.38	2.44	8.80	1.74	2.72	289	276	264	194	317	8.4	7.7	7 000	700
80	150	1.91	2.87	3.59	1.52	5.49	1.58	0.82	199	190	182	134	198	4.5	4.1	8 000	700
80	200	2.39	2.20	2.75	1.46	5.26	1.56	1.09	183	175	167	123	189	4.5	3.9	8 000	700
80	300	2.39	2.90	3.62	1.92	6.92	1.71	1.63	237	226	217	159	249	6.2	5.6	8 000	700
80	400	2.87	2.67	3.33	2.12	7.65	1.78	2.18	253	241	231	170	276	7.0	6.3	8 000	700
80	500	2.87	3.17	3.96	2.52	9.08	1.92	2.72	298	285	272	200	327	8.5	7.8	8 000	700
1周岁农场母绵羊																	
8月龄（成熟度=0.8，早熟）																	
40	40	2.39	1.18	2.94	0.78	2.81	1.43	0.23	97	93	89	65	101	3.1	1.7	2 140	224
50	50	2.39	1.43	2.85	0.95	3.41	1.72	0.29	117	112	107	79	123	3.7	2.1	2 675	280
60	60	2.39	1.67	2.78	1.11	3.99	2.00	0.34	137	131	125	92	144	4.2	2.5	3 210	336
70	70	2.39	1.91	2.73	1.27	4.56	2.27	0.40	156	149	143	105	165	4.8	2.9	3 745	392

体重[a] (kg)	初生重或产奶量[b] (kg)	体增重[c] (g/d)	日粮中能量浓度[d] (kcal/kg)	日粮干物质采食量[c]		能量需要				蛋白需要[g]					矿物质需要[h]		维生素需要[i]	
				(kg)	(% BW)	TDN (kg/d)	ME (Mcal/d)	NEM (Mcal/d)	NEG (Mcal/d)	CP20% UIP (g/d)	CP40% UIP (g/d)	CP60% UIP (g/d)	MP (g/d)	DIP (g/d)	Ca (g/d)	P (g/d)	维生素 A (RE/d)	维生素 E (IU/d)
80		80	2.39	2.15	2.68	1.42	5.13	2.54	0.46	176	168	161	118	185	5.3	3.3	4 280	448
90		90	2.39	2.38	2.64	1.58	5.68	2.80	0.51	195	186	178	131	205	5.9	3.7	4 815	504
100		100	2.39	2.61	2.61	1.73	6.23	3.05	0.57	214	204	195	144	225	6.4	4.1	5 350	560
120		120	2.39	3.06	2.55	2.03	7.31	3.56	0.68	252	240	230	169	263	7.4	4.8	6 420	672
繁殖（0.6 岁，成熟度=0.7）																		
40		60	2.39	1.28	3.20	0.85	3.06	1.59	0.23	110	105	100	74	110	3.6	2.1	2 140	224
50		74	2.39	1.55	3.10	1.03	3.70	1.91	0.29	132	126	121	89	133	4.3	2.5	2 675	280
60		88	2.39	1.81	3.02	1.20	4.33	2.22	0.34	154	147	141	104	156	4.9	3.0	3 210	336
70		101	2.39	2.07	2.96	1.37	4.95	2.52	0.40	176	168	161	118	178	5.6	3.4	3 745	392
80		115	2.39	2.32	2.91	1.54	5.56	2.81	0.46	198	189	181	133	200	6.2	3.9	4 280	448
90		129	2.39	2.58	2.86	1.71	6.15	3.10	0.51	219	209	200	147	222	6.8	4.4	4 815	504
100		143	2.39	2.82	2.82	1.87	6.75	3.39	0.57	241	230	220	162	243	7.5	4.8	5 350	560
120		170	2.39	3.31	2.76	2.19	7.91	3.94	0.68	2.38	270	258	190	285	8.7	5.7	6 420	672
妊娠前期（单胎；体重 3.5~6.3kg）																		
40	3.5	58	2.39	1.33	3.33	0.88	3.19	1.43	0.23	116	111	106	78	115	4.4	2.8	1 256	212
50	3.9	71	2.39	1.60	3.20	1.06	3.83	1.72	0.29	138	132	126	93	138	5.1	3.3	1 570	265
60	4.3	84	2.39	1.86	3.11	1.24	4.45	2.00	0.34	160	153	146	108	161	5.8	3.8	1 884	318
70	4.7	97	2.39	2.12	3.03	1.41	5.07	2.27	0.40	182	174	166	122	183	6.5	4.3	2 198	371
80	5.0	110	2.39	2.37	2.96	1.57	5.66	2.54	0.46	203	194	185	136	204	7.1	4.8	2 512	424
90	5.4	123	2.39	2.62	2.91	1.74	6.26	2.80	0.51	224	214	205	151	226	7.8	5.3	2 826	477
100	5.7	135	2.39	2.86	2.86	1.90	6.84	3.06	0.57	245	234	223	164	247	8.4	5.8	3 140	530
120	6.3	161	2.39	3.34	2.78	2.21	7.99	3.57	0.68	286	273	261	192	288	9.6	6.8	3 768	636

附件 4

ICS 65.020.30
B 43

DB65

新疆维吾尔自治区地方标准

DB 65/T 3651—2014

代乳粉育羔技术操作规程

Operation regulations of raising lamb technology for using milk replacer

2014-09-26 发布　　2014-10-26 实施

新疆维吾尔自治区质量技术监督局　发布

目　次

前　言

本标准依据 GB/T 1.1—2009《标准化工作导则第 1 部分：标准的结构和编写规则》要求制定。

本标准由新疆维吾尔自治区畜牧厅归口。

本标准由新疆畜牧科学院提出。

本标准主要起草单位：新疆畜牧科学院饲料研究所、畜牧研究所，乌苏市畜牧兽医局兽医站，乌苏市佳禾畜牧科技有限公司。

本标准主要起草人：侯广田、刘艳丰、卡那提·沙力克、王文奇、王勇、蔡铁奎、宋悦恒。

代乳粉育羔技术操作规程

1　范围

本标准规定了羊场建设与环境要求，初生羔羊护理、代乳粉饲喂技术、羔羊管理、饲料和疫病防治。

本标准适用于绵山羊集约化、规模化养殖场和广大养殖户。

2　规范性引用文件

下列文件对于本文件的应用是必不可少的。凡是注日期的引用文件，仅所注日期的版本适用于本文件。凡是不注日期的引用文件，其最新版本（包括所有的修改单）适用于本文件。

GB 7959 粪便无害化卫生标准

GB 13078 饲料卫生标准

GB 16548 病害动物和病害动物产品生物安全处理规程

GB/T 18407.3 农产品安全质量无公害畜禽肉产地环境要求

NY/T 816 肉羊饲养标准

NY 5027 无公害食品畜禽饮用水水质

NY 5030 无公害食品畜禽饲养兽药使用准则

NY 5149 无公害食品肉羊饲料兽医防疫准则

中华人民共和国国务院令 2013 年第 645 号《饲料和饲料添加剂管理条例》

3　术语和定义

下列术语和定义适用于本文件。

3.1　羔羊 lamb

初生至 2 月龄内的幼龄羊。

3.2　代乳粉 milk replacer

根据母羊乳汁主要成分人工配制的代替羊乳的粉状饲料。

3.3　后备羊 sheep of reserve

后备羊是指由断奶至初次配种的羊，一般为 3~18 月龄的母羊。

3.4　育肥羊 fattening lamb

用于短期舍饲催肥生产商品羊的羔羊。

4 羊场、产羔圈、育羔舍建设与环境要求

4.1 羊场环境应符合 GB/T 18407.3 的规定。

4.2 羊场场址选择地势高燥、排水良好、水源充足、易于防疫的地方。水质应符合 NY 5027 要求。

4.3 羊场应按主风向以生活办公区、饲料加工贮存区、生产养殖区、粪便堆存处理区顺序布局。

4.4 产羔圈采用双列式、漏缝地板标准设计，保温隔热、通风、采光良好，要有充足的饲槽和饮水设备。羊舍面积按每只羔羊 1.00～1.50m^2 计算，另加 2 倍的运动场。

4.5 育羔舍采用双列式、漏缝地板标准设计，保温隔热、通风、采光良好、操作便利。育羔舍面积按每只羔羊 0.75～0.95m^2 计算，另加 2 倍的运动场。羔羊分栏小群饲养饲，设置补饲槽和饮水设施。槽长度要与羊数相对称，以 20～25cm/只羔羊为宜。

4.6 粪便发酵处理应符合 GB 7959 的规定。

5 初生羔羊护理

5.1 羔羊出生后，应迅速清除鼻端和口腔内的黏液。如果羔羊包在胎膜内，要立即撕破胎膜，以免羔羊窒息死亡。

5.2 断脐后，在脐断处涂以 5%碘酊消毒。

5.3 羔羊出生后应在 30～45min 内吃到初乳以增强免疫力。若母羊拒食或羔羊无法自己采食，饲管人员应辅助其吃到初乳；若母羊无乳，饲管人员应辅助其从其他已产母羊处吃到初乳。

6 代乳粉饲喂技术

6.1 羔羊代乳粉人工育羔的优势作用

6.1.1 替代母乳育羔，提高羔羊成活率。尤以多胎羊泌乳能力有限，使用羔羊代乳粉可有效提高羔羊成活率 30%以上。

6.1.2 促进羔羊早期发育，提前断奶。代乳粉含有直接强化免疫因子，提高羔羊免疫力和抗力；乳中加入的益生菌群和低聚糖能调节消化道内的微生态平衡，提高体内益生菌的活力、抑制了有害菌的生长，增强抗病力；乳中添加了酶制剂，增加了肠道内各种酶的含量，优化肠道的多酶活化体系，提高了饲料转化率；代乳粉中加入了许多促生长因子，有效促进羔羊的瘤胃发育。

6.1.3　缩短繁殖周期，提高母羊利用率。利用代乳粉人工育羔技术，实行羔羊早期断奶有助于母羊产后恢复，提早提前 1~2 个月发情配种，提高母羊的利用效率实行两年三产频密繁育。

6.2　适用对象

6.2.1　孤儿羔羊、多羔、母乳不足羔羊或完全无母乳羔羊、初产及母性差的母羊所产的羔羊。

6.2.2　早期断奶羔羊。

6.3　代乳液配制

6.3.1　配制比例：料：水为 1：(6~8)。

6.3.2　羔羊每个日龄段所需代乳粉计量参照表 1 的推荐值。

6.3.3　所需的干净自来水烧开至 100℃后冷却至 60℃备用。

6.3.4　代乳粉缓慢加入到 60℃的温开水中，边加入边搅拌，直到代乳粉全部溶解，静置备用。

6.3.5　代乳粉配制应严格按配方进行，准确称量。

6.3.6　随配随喂，保证新鲜。

6.4　代乳液灌喂技术

6.4.1　灌喂用具清洗消毒：饲喂前将包括配料桶、喂奶瓶、奶嘴儿、漏斗等进行清洗，倒置网架上，消毒柜消毒。每只羊用具要相对固定。

6.4.2　将配好的乳液灌装于奶瓶之内，装上奶嘴儿即可灌喂。

6.4.3　乳液温度应保持在 36~40℃。

表 1　羔羊代乳粉饲喂量

用于后备种羊的羔羊			用于早期断奶育肥的羔羊		
日龄	饲喂次数（次/d）	饲喂量（g）	日龄	饲喂次数（次/d）	饲喂量（g）
1~2d		饲喂初乳	1~2d		饲喂初乳
3~4d	3	10+初乳	3~4d	3	10+初乳
5~7d	3	20~30	5~7d	3	20~30
8~15d	3	30~40	第 2~3 周	2	40~50
第 3 周	2	40~50	第 4 周	2	50~60
第 4~5 周	2	50~60	第 5 周后	1	逐渐减少
第 6 周	2	50			

（续表）

用于后备种羊的羔羊			用于早期断奶育肥的羔羊		
日龄	饲喂次数（次/d）	饲喂量（g）	日龄	饲喂次数（次/d）	饲喂量（g）
第7周后	1	逐渐减少			
饲喂量是指羔羊每只每天代乳粉供给量（以干物质计）					

6.4.4　灌喂时，奶瓶和羊头保持40°～50°角度为宜。

6.4.5　代乳粉用量、灌喂量、饲喂次数参照表1。

6.4.6　每天饲喂次数和时间保持相对固定。

6.4.7　实际生产中，可根据羔羊体重、食欲及消化情况，酌情调整灌喂量。

6.4.8　每次饲喂完后将饲喂用具清洗，消毒，放置备用。

6.4.9　羔羊出现腹泻现象，可在乳液中加适量土霉素粉予以治疗。

6.4.10　代乳粉用量：全人工育羔的，乳液灌喂3周左右，代乳粉用量1.5～2.0kg；母乳+补灌的，乳液灌喂2周左右，代乳粉用量一般在1.0kg以内。

7　关键技术与注意事项

7.1　初生羔羊应保证吃初乳。目前的羔羊代乳粉只能代替常乳，不能替代初乳（胶乳）。

7.2　掌握好乳液温度。用来稀释代乳粉的自来水必须烧开至100℃，起到杀菌消毒作用；配置代乳液时，水温不能超过60℃，过高会破坏代乳料中的营养成分，影响营养效价；灌喂乳液温度应保持36～40℃。低于36℃易造成羔羊腹泻，拉稀；高于40℃，则会烫伤口腔黏膜，影响采食。

7.3　灌喂定时定量，循序进减。奶液灌喂量不足，羔羊营养达不到生长要求，影响生长；奶液灌喂过多，一是影响采食精料，不利于瘤胃发育；二是容易引起腹泻，不利于羔羊生长发育。次数和喂量遵循由少到多，再由多到少的原则。

7.4　保证良好的环境和卫生条件。舍内温度冬季保持在5～10℃，夏季不超过25℃为宜。

7.5　及时补饲。尽早补饲开口料，提高羔羊采食常规饲料的能力、锻炼瘤胃机能，有利于早期断奶、节约代乳粉。

8　羔羊的管理

8.1　羔羊出生后10～15d内断尾。

8.2　10日龄时开始饲喂补充精饲料（开口料，表2）。羔羊补饲最好用颗粒料。补饲料营养水平：干物质≥91.0%、粗蛋白≥17.5%、粗脂肪≥2.8%、能量≥14.5MJ/kg、粗纤维≤8.5%、粗灰分≤9%、钙≥1.5%、磷≥0.40%。

表2　羔羊补饲料（开口料）精料配方

饲料名称	配方组成（%）	营养水平	饲喂量	
			日龄（d）	投饲量（g）
玉米	51.0	干物质（%）：90.00 代谢能（MJ/kg）：11.35 粗蛋白（%）：18.22 钙（%）：0.49 磷（%）：0.44 钙：磷：1：0.9		
豆粕	11.0		10~20	20~50
棉粕	5.0		21~30	50~100
葵粕	17.0		31~40	100~150
麸皮	11.0		41~50	150~200
酵母粉	2.0		51~60	200~250
碳酸氢钠	1.0			
食盐	1.0			
预混料	1.0			

8.3　15日龄~20日龄时开始加喂优质青干草（苜蓿、羊草等）。以架饲或粉料+开口料饲槽饲喂为宜。

8.4　羔羊30日龄后开始饲用后备羊日粮。日粮添加量和营养水平应符合NY/T 816的规定。更换日粮宜逐步替代，要有7~10d过渡期。

8.5　羔羊自由采食、自由饮水。

8.6　保持料槽、水槽用具清洁。

8.7　羊舍内要保持清洁干燥，并要定期消毒，使用垫草时，要定期更换。

8.8　断奶时间：以羔羊能够正常采食后备羊日粮为准，以体况及生产目标而定。后备羊一般在7周后断奶，达到18~20kg的活重；育肥羊一般在4~5周龄后即可断奶，达到15~18kg的活重。对于过小或发育不良的羔羊，应集中单独管理延迟断奶。

9　饲料和日粮

9.1　饲草、饲料应符合GB 13078饲料卫生标准。

9.2　饲料添加剂应符合《饲料和饲料添加剂管理条例》的规定。

9.3　充分利用当地饲料资源，合理搭配饲料。

9.4　日粮的配合应考虑羊的体重、体况和饲料适口性及饲料体积。

9.5　羔羊补饲的粗饲料以苜蓿干草或优质青干草为好，用草架或吊把让羔羊自由采食，严禁饲喂有毒、发霉、腐烂、变质、冻结饲料。

9.6　精饲料要选择适口性强、易消化、维生素含量丰富的高蛋白饲料。方法是少喂、勤添、定时、定量。

9.7　代乳粉贮存期间应避免高温、高湿，避免阳光直射、雨淋，远离污染源的，通风、干燥、阴凉处贮存。

10　羔羊疫病防治

10.1　疫病防治应符合 NY 5030 和 NY 5149 的规定。

10.2　缺硒的地区，羔羊出生 15 日龄，肌注亚硒酸钠 2~3g；30 日龄时再注射一次，以预防羔羊白肌病。

10.3　圈舍、用具进行全面消毒后使用，选用的消毒剂应符合 NY 5030 的要求。

10.4　对病羊应隔离、治疗，待愈后方可归群；因传染病和其他需要处死的病羊，应在指定地点进行捕杀，尸体应按 GB 16548 的规定处理。

10.5　羊场废弃物应实行无害化处理。

附件 5

ICS 65.020.30

B 40

DB65

新疆维吾尔自治区地方标准

DB 65/T 3652—2014

多胎羊两年三产技术操作规程

Operation regulations of two-years-three-production technology with multiplets sheep

2014-09-26 发布　　　　2014-10-26 实施

新疆维吾尔自治区质量技术监督局　发布

目　次

前　言

本标准依据 GB/T 1. 1—2009《标准化工作导则第 1 部分：标准的结构和编写》要求制定。

本标准由新疆维吾尔自治区畜牧厅归口。

本标准由新疆畜牧科学院提出。

本标准主要起草单位：新疆畜牧科学院饲料研究所、畜牧研究所，乌苏市畜牧兽医局兽医站，乌苏市佳禾畜牧科技有限公司。

本标准主要起草人：侯广田、刘艳丰、卡那提·沙力克、王文奇、王勇、蔡铁奎、宋悦恒。

多胎羊两年三产技术操作规程

1 范围

本标准规定了多胎羊的概念、品种、环境、饲料、饲养、管理、卫生防疫等方面的要求。

本标准适用于多胎羊种羊繁育场、商品肉羊杂交生产场及其专业养殖户。

2 规范性引用文件

下列文件对于本文件的应用是必不可少的。凡是注日期的引用文件，仅所注日期的版本适用于本文件。凡是不注日期的引用文件，其最新版本（包括所有的修改单）适用于本文件。

GB 4631 湖羊

GB 7959 粪便无害化卫生标准

GB 16549 畜禽产地检疫规范

GB/T 16569 畜禽产品消毒规范

GB/T 18407.3 农产品安全质量无公害畜禽肉羊的环境要求

GB/T 22909 小尾寒羊

NY/T 388 畜禽场环境质量标准

NY/T 677 细毛羊饲养技术规程

NY/T 1571—2007 羊胚胎移植技术规程

NY 5030 无公害食品畜禽饲养兽药使用准则

NY/T 5151 无公害食品肉羊饲养管理准则

DB65/T 2016 绵羊人工授精操作规程

DB65/T 2710 多浪羊品种标准

中华人民共和国国务院令 2013 年第 645 号《饲料和饲料添加剂管理条例》

3 术语与定义

下列术语和定义适用于本文件。

3.1 多胎羊

常年发情、产羔率≥200%的羊品种（系）及具有该特性的杂交羊。

3.2　两年三产

相对于单胎羊的两年两产而言，即母羊在两年 24 个月内配种、产羔 3 次。

3.3　繁殖周期（Z）

所指本生产体制下，本次配种或产羔到下次配种或产羔的时间间隔，一般用月来表示。本体制下：Z = 24/3 = 8（月）。

3.4　配种批次数（P）

一个繁殖周期内分批配种的次数。每个月安排一次配种，其配种批次为 8；若 2 个月配种一次，则配种批次为 4。

即：P = Z/F

3.5　生产节律（F）

生产节律即批次间配种或产羔的时间间隔，一般以月为单位。

生产节律 F = 繁殖周期 Z/配种批次数（P）

如 8 个月的繁殖周期内安排 4 批配种，即其生产节律 = 8/4 = 2（月）；如果 8 个月的繁殖周期内安排 8 批配种，则其生产节律 = 8/8 = 1（月）。

原则上，生产节律取整数，有利于生产安排。

3.6　生产单元数（M）

生产单元数即生产批次。依据生产节律将适繁母羊群分成若干个生产小组（或者生产单元）组织生产。生产单元数量应为整数。在确定生产节律时应考虑其能够被繁殖周期整除。当生产节律不能被其整除时，可按四舍五入的原则对估算结果进行取整处理。

按照月节律组织生产的大型规模化肉羊生产场，可将适繁母羊群分成 8 个生产单元；按照 2 个月节律组织生产的中、小型规模化肉羊生产场，可将适繁母羊群分成 4 个生产单元。

生产单元数可按下式进行估算：

$$M = \frac{Z}{F}$$

式中：

M——生产单元数；

Z——繁殖周期；

F——生产节律。

3.7　生产单元规模（n）

即生产单元内受配母羊数量。每个生产单元规模可依据生产场适繁母羊总数（N）与生产单元数（M）来确定。

3.8 生产单元平均规模

即适繁母羊总数与生产单元数的算术平均值。称为生产单元传统组建方案。

生产单元平均规模 n（只/个）= N/M

根据以上估算结果，将羊场全部适繁母羊按照等分的原则即可极为方便的组建 8 个或者 4 个相同规模的生产单元。每个生产单元按照预先设计的配种计划进行配种，如果母羊在组内怀孕失败，则 1 个生产节律后参加下一组配种。

4 生产安排

4.1 改进生产单元组建

上述 8 个或者 4 个生产单元规模表面上看似相同，但事实上受配种时母羊受胎率（25d 不返情率 R）的影响，致使其配种时规模和配种后妊娠母羊的饲养规模则不尽相同。若两年三胎密集繁殖体系起始实施点第一个生产单元的配种规模为 n，配种后妊娠母羊的饲养规模即为 n×R；第二个生产单元的配种规模和妊娠母羊的饲养规模均分别为 n+n（1-R）= n（2-R）、〔n+n（1-R）〕R = n（2-R）R。其余以此类推。

改进后的组建方案，虽然各生产单元群体规模不同，但除最后一个生产单元外，其他各单元的配种规模、妊娠羊饲养规模完全一致，基本实现了全年均衡生产。更为重要的是，新组建方案在实施过程中较传统组建方案减少了 K 只母羊 1 个生产节律的无效饲养时间。

$$k(\text{只}) = \frac{N}{M} \times \frac{(1-R)\times(M-1)}{R} - \frac{N}{M} \times \frac{(1-R)}{R} \times [1-(1-R)-(1-R)^2-\cdots\cdots-(1-R)^{(M-1)}]$$

式中：

M——生产单元数；

N——生产场适繁母羊总数；

R——25d 不返情率。

4.2 生产单元实际规模与运行效果

4.2.1 各生产单元群体实际规模为：

第 1 个生产单元（只）= n/R；

第 2~7 个或第 2~3 个生产单元（只）= n；

第 8 个或第 4 个生产单元（只）= n+n(1-R)/R。

4.2.2 各生产单元的配种规模为：

第 1 个生产单元（只）= n/R；

第 2~7 个或第 2~3 个生产单元（只）= n/R；

第 8 个或第 4 个生产单元（只）=［n−n×(1−R)/R+ n/R×(1−R)］=n。

4.2.3　配种后妊娠母羊的饲养规模为：

第 1 个生产单元（只）= n；

第 2~7 个或第 2~3 个生产单元（只）= n；

第 8 个或第 4 个生产单元（只）= nR。

4.2.4　运行效果如表 1：

表 1　生产单元组建方案及运行效果

项目	第 1 生产单元	第 2~7（2~3）生产单元	第 8（4）生产单元
群体规模（只）	n/R	n	n+n（1−R）/R
配种规模（只）	n/R	n / R	n
妊娠羊饲养规模（只）	n	n	nR

4.3　配种和产羔计划安排

根据适繁母羊在特定地理生态条件所表现出的繁殖性能特点，确定方案实施的起始点，并依据业已确定的生产节律、组建生产单元和适宜的配种方法等，制定相对固定的配种和产羔计划。

表 2 为新疆北疆地区两年三产配种和产羔计划。

表 2　两年三产配种和产羔计划

胎次	项目	时间安排			
		生产单元 1	生产单元 2	生产单元 3	生产单元 4
第 1 胎	配种	第 1 年 07 月	第 1 年 09 月	第 1 年 11 月	第 2 年 01 月
	妊娠	第 1 年 07 月至第 1 年 12 月	第 1 年 09 月至第 2 年 02 月	第 1 年 11 月至第 2 年 04 月	第 2 年 01 月至第 2 年 06 月
	分娩	第 1 年 12 月	第 2 年 02 月	第 2 年 04 月	第 2 年 06 月
	哺乳	第 1 年 12 月至第 2 年 02 月	第 2 年 02 月至第 2 年 04 月	第 2 年 04 月至第 2 年 06 月	第 2 年 06 月至第 2 年 08 月
	断奶	第 2 年 02 月	第 2 年 04 月	第 2 年 06 月	第 2 年 08 月

（续表）

胎次	项目	时间安排			
		生产单元 1	生产单元 2	生产单元 3	生产单元 4
第 2 胎	配种	第 2 年 03 月	第 2 年 05 月	第 2 年 07 月	第 2 年 09 月
	妊娠	第 2 年 03 月至第 2 年 08 月	第 2 年 05 月至第 2 年 10 月	第 2 年 07 月至第 2 年 12 月	第 2 年 09 月至第 3 年 02 月
	分娩	第 2 年 08 月	第 2 年 10 月	第 2 年 12 月	第 3 年 02 月
	哺乳	第 2 年 08 月至第 2 年 10 月	第 2 年 10 月至第 2 年 12 月	第 2 年 12 月至第 3 年 02 月	第 3 年 02 月至第 3 年 04 月
	断奶	第 2 年 10 月	第 2 年 12 月	第 3 年 02 月	第 3 年 04 月
第 3 胎	配种	第 2 年 11 月	第 3 年 01 月	第 3 年 03 月	第 3 年 05 月
	妊娠	第 2 年 11 月至第 3 年 04 月	第 3 年 01 月至第 3 年 06 月	第 3 年 03 月至第 3 年 08 月	第 3 年 05 月至第 3 年 10 月
	分娩	第 3 年 04 月	第 3 年 06 月	第 3 年 08 月	第 3 年 10 月
	哺乳	第 3 年 04 月至第 3 年 06 月	第 3 年 06 月至第 3 年 08 月	第 3 年 08 月至第 3 年 10 月	第 3 年 10 月至第 3 年 12 月
	断奶	第 3 年 06 月	第 3 年 08 月	第 3 年 10 月	第 3 年 12 月

5　实施要求

5.1　母羊选择

用于两年三产的母羊应具备常年发情、多胎多羔的特性。

可供选择的有：小尾寒羊、湖羊，德国肉用美利奴羊，多浪羊（多胎型）、策勒黑羊，以及引进良种肉羊与此类羊及地方肉羊品种的杂交一代（F_1）母羊等。

小尾寒羊按 GB/T 22909、湖羊按 GB 4631、多浪羊按 DB 65/T 2710 标准要求选择。

5.2　公羊选择

以引进良种肉羊为佳。供选择的品种有：萨福克、德国肉用美利奴、道塞特、特克赛尔、杜泊羊等。

5.3　杂交组合选择

5.3.1　黑头萨福克♂×小尾寒羊（湖羊/德美羊/多浪羊（多胎型）/策勒黑

羊）♀。

5.3.2　杜泊羊（特克赛尔、道塞特）♂×小尾寒羊（湖羊，德国肉用美利奴羊）♀。

5.3.3　黑头萨福克♂×F1♀。

5.4　饲养管理

5.4.1　母羊不同生理时期日粮保持营养全价和较高饲养水平（平均混合精料≥500g/s. d）。

5.4.2　实施羔羊早期断奶，羔羊断奶日龄≤60d。

5.5　关键配套技术

5.5.1　同期发情技术

有利于集中配种和产羔、生产管理和肉羊批量生产。常用的方法有阴道海绵栓法和 PG 肌肉注射法。非繁殖季节做同期发情处理采用前者，繁殖季节做同期发情处理采用后者为宜。操作方法按 NY 1571—2007 第 8. 1. 1 条执行。

5.5.2　人工授精技术

是一项常规生产技术，也是规模化舍饲养羊两年三产频密繁育不可或缺的技术之一，可有效提高受胎率、降低自然配种母羊空怀率（15%～20%）。操作方法按 DB 65/T—2016 执行。

5.5.3　羔羊代乳粉人工育羔技术

羔羊代乳粉即根据母羊乳汁主要成分人工配制的代替羊乳的粉状饲料。利用羔羊代乳粉进行育羔是实施两年三产频密繁育生产模式必需的关键技术。操作方法按《代乳粉育羔技术操作规程》执行。

5.6　配种时间的选择

5.6.1　原则

应避免在最寒冷和最炎热的时间产羔。前者不利于羔羊成活和生产管理，后者则影响羔羊生长。

5.6.2　北疆

避免在最寒冷的 1 月、2 月和最炎热的 7 月、8 月产羔。

5.6.3　南疆

避免在最寒冷的 12 月、1 月和最炎热的 6 月、7 月产羔。

6　饲料与日粮

6.1　精饲料

常用精饲料有玉米、豆类、豆粕（饼）、菜籽粕、棉籽粕、麸皮和高粱、大麦、燕麦等谷物及其加工副产品。粉碎后按配方比例混合。对有毒饼类饲料应脱毒，对豆类饲料应蒸煮或焙炒。

6.2 粗饲料

6.2.1 常用的粗饲料有苜蓿、青（鲜干）草、秸秆、树叶、青贮和微贮等。加工调制后与精料混合再饲喂。

6.2.2 饲草要多种搭配。调制禾本科干草要在抽穗期刈割，豆科牧草要在花蕾期至开化期刈割，晒至含水量在15%以下，并切铡或粉碎长度为0.5~1.5cm贮藏。喂前拌湿或与精料混合饲喂。

6.2.3 农作物秸秆切铡成1.5~2.5cm长的碎节，制作成微贮或氨化饲料后饲喂。

6.2.4 青贮玉米除单贮外，可与豆科牧草、禾本科牧草、块根、块茎及糠麸、糟、渣类饲料混贮。

6.3 矿物质添加剂饲料

6.3.1 符合《饲料和饲料添加剂管理条例》的规定，禁止使用骨粉、肉骨粉、鲜蚌等动物源性饲料，禁止添加使用β-兴奋剂类（瘦肉精）、激素类（玉米赤霉醇）、催眠镇静类及其他国家禁止使用的药物和饲料添加剂。

6.3.2 保证质量，含与产品说明书相一致的常量和微量元素。

6.3.3 应注意产地、质量和所含有效成分。

6.4 日粮

6.4.1 根据多胎羊不同生理阶段的营养需要，结合当地的饲料资源，因地制宜配制日粮配方。

6.4.2 严禁饲喂霉烂变质、冰冻、农药残毒污染严重和未经处理发芽的马铃薯等有毒饲草料。

7 种羊的饲养管理

7.1 肉用种公羊的饲养管理

7.1.1 非采精配种期营养

成年种公羊在日喂配合精料≥0.5kg，其余为中等品质各类粗饲料为宜，保持中等膘情即可。

7.1.2 采精配种期营养

日喂配合精料1kg，并可日补鸡蛋2~4枚或鲜奶1kg。补喂青贮或胡萝卜等多汁饲料2~3kg，优质鲜干草自由采食。

7.1.3　采精配种期管理

成年公羊每日配种或采精 2~4 次，每周休息 2d，每天上午驱赶运动、下午逍遥运动，运动时间不少于 2h。初配种公羊要单独拴系饲养管理，耐心调教，预防产生恶癖。

7.2　种母羊的饲养管理

母羊按空怀期、妊娠期、产褥期、哺乳期分阶段进行饲养管理。

7.2.1　日常管理

日常饲养管理按 NY 677 和 NY/T 5151 执行。

7.2.2　特别管理

7.2.2.1　妊娠后期

注意维生素饲料、矿物质饲料的补给，每只日喂青贮饲料 1kg 左右，防止产后瘫痪；预防缺硒症，在缺硒地区可在饲料中加亚硒酸钠维生素 E，或给母羊肌肉注射 3mL 亚硒酸钠维生素 E；禁止接种疫苗。

7.2.2.2　分娩期

7.2.2.2.1　分娩前 3~5d 停止青贮饲料供给，转入产羔圈。产羔圈温度冬季 5~10℃，夏季≤25℃为宜。

7.2.2.2.2　分娩后，给母羊饮用麸皮盐水（麸皮 0.1~0.2kg，盐 10~15g，碳酸钙 5~10g，温水 1.0~1.5kg）或益母草温热红糖水（益母草 25g，水 150g，煎成水剂后再加红糖 100g，水 300g），每日 1 次，连服 2~3d，当天不喂精料，仅给优质苜蓿干草。

8　羊场环境与建筑物布局

8.1　环境要求

8.1.1　羊场环境应符合 GB/T 18407.3 规定的原则，选择地势高燥、土质结实，排水通风良好的地点。

8.1.2　羊场周围 3km 以内无化工厂、肉羊品加工厂、皮革厂、屠宰场及畜牧场等污染源。羊场距离城镇、居民区和公共场所 1km 以上，距交通要道 300m 以上。羊场周围要有围墙或防疫沟，并建绿镪隔离带。养殖小区要统一规划，合理布局。

8.1.3　粪便发酵处理应符合 GB 7959 的规定。

8.2　建筑物布局

8.2.1　羊场布局遵守人畜分离的原则，分生活办公区、饲草料贮存加工区、养殖生产区和粪便堆存加工区。

8.2.2 生活办公室应位于羊舍的上风位，饲草料贮存加工区处于前者下风位或与之平行，养殖生产区要布置在管理区的下风或侧风位，粪便、废弃物堆存加工区应布置在最下风位。

8.3 羊舍建设

8.3.1 原则

应按品种、年龄、性别、生产阶段设计羊舍，实行分段饲养的工艺。羊舍（圈）的设计应符合肉羊生产要求。地面、墙、棚应便于消毒、清洁卫生要求。应保持通风良好、采光符合要求、空气中有毒有害气体含量应符合 NY/T 388 的规定。

8.3.2 标准化羊舍

8.3.2.1 冷季西北风向长轴南北向、南偏东 30°~40°。

8.3.2.2 双列式羊舍大小 60m×10m×4m，檐高 2m。

8.3.2.3 建筑材料砖混墙钢架梁彩钢顶。

8.3.2.4 通风每间舍顶设直径 15~20cm 通风孔一个，通风管高出屋顶 1.0~1.5m，顶部加防雨帽，进行自然通风；在通风孔处安装风扇，实行机械负压通风；气候较温暖的地区可安装自动通风装置。

8.3.2.5 透光在每间羊舍的两侧檐墙上开设窗户。活动窗户距地面 1.2~1.5m，窗户面积占墙体面积 15%~20%；每间屋顶顺坡安装 30~40cm 太阳板一道，两侧坡可错开安装。

8.3.2.6 北疆地区冬季防雾阳面太阳板檐墙端离墙留出 1.5~2.0cm 空隙，太阳板屋顶端留 10~15cm 空隙。

8.3.2.7 地面饲养的母羊和后备羊圈舍，对面山墙开设 3 个门。中间者为进料门，以 TMR 机进出通畅为度；两侧为清粪机械进出口。

8.3.2.8 舍内隔栏以钢管和金属网制成。采食侧隔栏固定，羊床隔栏以活动为好便于机械化清粪。

8.3.2.9 自动饮水系统安装在采食槽对面的檐墙上，选用饮水碗可避免浪费、舍内潮湿。

8.3.2.10 TMR 机械饲喂舍内饲喂道 3.0~3.2m。

8.3.2.11 地面凹槽饲槽，口宽 15~20cm，深 10~15cm，挡料墙高出槽面 15~20cm。

8.3.2.12 产羔圈羊床以硬质 2cm×2cm 方木条漏缝地板为宜，板条间距 1.0~1.5cm。

8.3.2.13 床面高出运动场地面 10~15cm，距挡料墙顶端 35~45cm，距贮粪槽地面 30~35cm。

8. 3. 2. 14　粪便清理机械每日早晚各一次；人工清理视季节、存粪量和生产管理需要而定。

9　卫生防疫

9. 1　及时清除污物，保持舍内清洁卫生。

9. 2　羊舍及用具消毒符合 GB/T 16569 的规定。

9. 3　兽药使用按照 NY 5030 进行。

9. 4　羊群的防疫应符合 GB 16549 的规定。

9. 5　防疫器械在接种前后消毒。

附件 6　动物粪便虫卵、幼虫诊断盒使用说明书

动物粪便虫卵诊断盒和肺丝虫幼虫诊断盒由国家绒毛用羊产业技术体系专项资金资助，由国家绒毛用羊产业技术体系寄生虫病防控岗位科学家、新疆畜牧科学院兽医研究所王光雷研究员及刘志强、努尔等研究人员开发的新产品。动物粪便虫卵诊断盒的国家实用新型专利号为：201020287944.9；肺丝虫幼虫诊断盒的国家实用新型专利号为：201020506910.4。

本诊断盒可用于羊、牛、猪、马、犬、兔、家禽及野生动物的吸虫病、绦虫病、消化道线虫病、肺丝虫病、球虫病的诊断，可为正确使用驱虫药品提供科学依据。同时也可用于寄生虫病的监测。下面介绍动物粪便虫卵诊断盒和肺丝虫幼虫诊断盒的使用方法。

1. 漂浮法

漂浮法主要用于动物粪便中线虫虫卵和绦虫虫卵的诊断。操作方法如下：

（1）打开《动物粪便虫卵诊断盒》，取出试管架和饱和盐水瓶。

（2）用镊子将 2g 粪样放入烧杯中，加饱和盐水 20mL，用搅棒充分搅拌。然后用纱网将漂浮物捞出。

（3）通过滤网将充分搅拌的粪液过滤到试管内，液面略高于试管口。

（4）将盖玻片轻放在试管上，静置 20min。

（5）将盖玻片移至载玻片上，然后放到显微镜下进行观察鉴定。看见虫卵，与动物粪便虫卵模式图进行对照，即可做出诊断结果。

2. 沉淀法

沉淀法主要用于动物粪便中吸虫虫卵的诊断。操作方法如下：

（1）用镊子将 2g 粪样放入烧杯中，加入常水 20mL，用搅棒充分搅拌。

（2）通过滤网将充分搅拌的粪液过滤到试管内。

（3）静置 20min，弃上清液，约留 2~3mL；然后再往试管内加满常水。

（4）静置 20min，弃上清液，约留 2~3mL；

（5）用吸管轻轻从上往下吸出1.5~2.5mL，试管内剩约0.5mL。

（6）充分摇动试管，并将剩余液体吸入吸管中，滴加到载玻片上。

（7）将盖玻片移至载玻片上，然后放到显微镜下进行观察鉴定。看见虫卵，与动物粪便虫卵模式图进行对照，即可做出诊断结果。

3. 肺丝虫幼虫的诊断

操作方法如下：

（1）打开肺丝虫幼虫诊断盒，取出漏斗架及器皿。

（2）取15粒（15g）粪样，用纱布包裹并系紧，然后放在漏斗中。

（3）往漏斗内加入40℃温水，以不溢出为宜，放置30min。

（4）用止水夹夹住胶管，然后取下胶管下方的小试管。

（5）用吸管轻轻从液面的上方向下吸出液体，弃之，使试管内剩余0.5~1mL液体。

（6）用吸管吸取剩余部分，滴加到载玻片上，然后盖上盖玻片。

（7）放到显微镜下观察，如发现游动的虫体，便可做出诊断。

根据显微镜的观察结果，可决定是否进行驱虫；有寄生虫虫卵或幼虫就进行驱虫，没有虫卵或幼虫就不必驱虫；还可根据虫卵或幼虫的鉴定结果，选择特效药对动物进行驱虫，避免盲目投药，浪费人力、物力和财力。

动物粪便虫卵模式图
摘自《家畜寄生虫学》

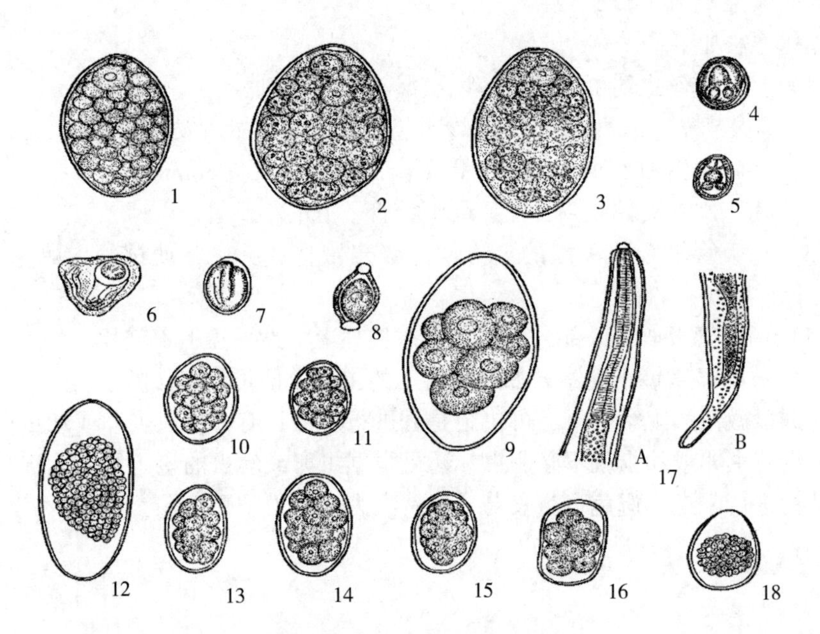

图1　羊粪便中的寄生虫虫卵

1. 肝片吸虫卵；2. 大片吸虫卵；3. 前后盘吸虫卵；4. 双腔吸虫卵；5. 胰阔盘吸虫卵；6. 莫尼茨绦虫卵；7. 乳突类圆线虫卵；8. 毛首线虫卵；9. 钝刺细颈线虫卵；10. 奥斯特线虫卵；11. 捻转血矛线虫卵；12. 马歇尔线虫卵；13. 毛圆形线虫卵；14. 夏伯特线虫卵；15. 食道口线虫卵；16. 仰口线虫卵；17. 丝状网尾线虫幼虫：A. 前端，B. 尾端；18. 小型艾美尔球虫卵。

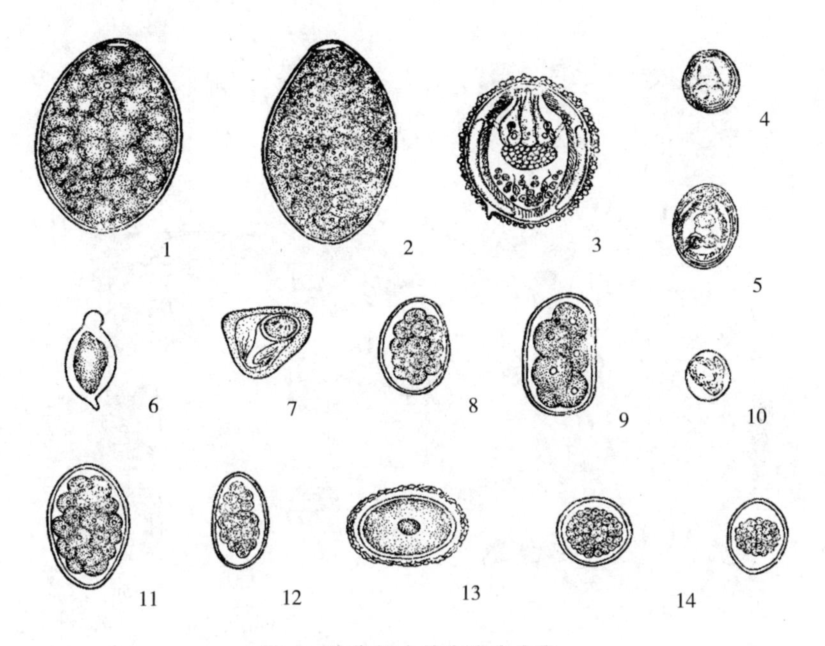

图2　牛粪便中的寄生虫虫卵

1. 大片吸虫卵；2. 前后盘吸虫卵；3. 日本分体吸虫卵；4. 双腔吸虫卵；5. 胰阔盘吸虫卵；6. 鸟毕吸虫卵；7. 莫尼茨绦虫卵；8. 食道口线虫卵；9. 仰口线虫卵；10. 吸吮线虫卵；11. 指形长刺线虫卵；12. 古柏线虫卵；13. 犊牛新蛔虫卵；14. 艾美尔球虫。

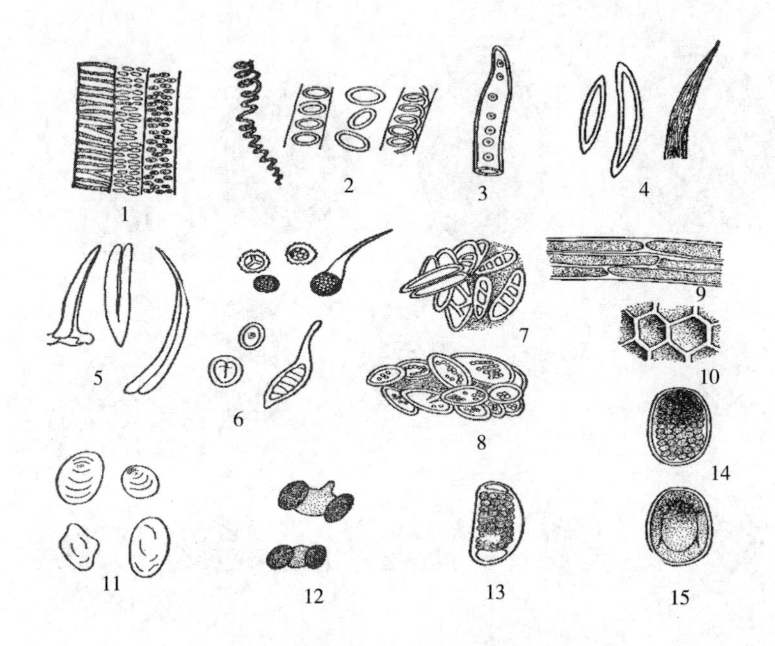

图 3　畜禽粪便中常见的物体

1～10. 植物的细胞和孢子（1. 植物的导管：梯纹，网纹，孔纹；2. 螺纹和环纹；3. 管胞；4. 植物纤维；5. 小麦的颖毛；6. 真菌的孢子；7. 谷壳的一些部分；8. 稻米胚乳；9、10. 植物的薄壁细胞）；11. 淀粉粒；12. 花粉粒；13. 植物线虫的一种虫卵；14. 螨卵（未发育的卵）；15. 螨卵（已发育的卵）。

参考文献

白杰. 2007. 新疆策勒黑羊和多浪羊多胎候选基因的研究［D］. 石河子：石河子大学.
陈伯华. 2004. 青贮饲料的感官评价与利用［J］. 山西农业，11：034.
陈晓涛，等. 2003. 德国美利奴羊在新疆的应用前景［J］. 草食家畜，1：9-10.
程瑞禾，闫玉琴. 2001. 湖羊多胎性及其利用［J］. 中国草食动物，S1：230-231.
刁其玉. 2009. 肉羊饲养实用技术［M］. 北京：中国农业科学技术出版社.
刁其玉. 2013. 农作物秸秆养羊手册［M］. 北京：化学工业出版社.
高志英，等. 2008. 策勒黑羊选育现状及其对策［J］. 中国畜牧兽医，35（7）：155-156.
高志英，於建国，等. 2007. 多浪羔羊断奶体重和体尺指标及其相关性研究［J］. 草食家畜 2007-4.
侯广田. 2013. 肉羊高效养殖配套技术［M］. 北京：中国农业科学技术出版社.
胡建宏，等. 2000. 秸秆微贮饲料养羊效果研究［J］. 西北农业学报，9（4）：55-57.
姜海涛. 2009. 羊常见寄生虫病的预防措施［J］. 科学种养（10）：46-46.
蒋文生. 2006. 新疆多浪羊品种资源的保护与开发利用［J］，中国草食动物，26（2）：28-30.
蒋中海. 2006. 微贮秸秆饲料试验研究［J］. 安徽农业科学，34（13）：3173-3183.
李萍，2002. 浅谈和田地区策勒黑羊种质资源保护现状与对策［J］. 新疆畜牧业，11：39-41.
李晓锋，等. 2004. 波尔山羊纯种繁育报告［J］. 湖北农业科学，2：94-96.
凌宝明，等. 2006. 奶牛全混合日粮（TMR）饲养技术［J］. 饲料工业，27（3）：50-52.
刘建新，等. 1999. 青贮饲料的合理调制与质量评定标准（续）［J］. 饲料工业，20（4）：3-5，9.
刘坤，等，2008. 白腐真菌菌株共培养降解玉米秸秆的研究［J］. 安徽农业科学，36（4）：1327-1329.
雒有直，1989. 布鲁拉美利奴羊为所有绵羊品种提高产羔率提供了机会［J］. 草食家畜 1989-2.
马法波，等. 2004. 兰德瑞斯与小尾寒羊杂交一代和小尾寒羊肥育对比试验［J］. 中国畜牧杂志（40）：54-55.

马广英，等. 2014. 秸秆与非常规饲草料的黄贮技术［J］. 中国奶牛（8）：12-15.

米热尼沙·库尔班，等，2013. 8月龄策勒黑羊和小尾寒羊公羔消化代谢和屠宰性能的比较，《新疆农业大学学报》，36（3）：173-176.

牛金辉，王光雷. 2013. 科学诊断择时机，羊只驱虫有新法［N］. 新疆科技报，2013-01-30.

潘君乾. 1989. 布鲁拉美利奴羊的历史及杂交利用［J］. 国外畜牧科技（16）2：6-9.

权凯. 2013. 肉羊养殖实用新技术［M］. 北京：金盾出版社.

盛国成. 2006. 小尾寒羊饲养技术［J］. 农村实用科技（3）：28-29.

田允波，等. 1991. 布鲁拉美利奴羊的高繁殖性及利用［J］. 内蒙古畜牧科学（2）：13-19.

王光雷，阿不都努尔. 2012. 羊寄生虫病的综合防治［M］. 乌鲁木齐：新疆科学技术出版社.

王光雷，王玉珏. 2014. 牛寄生虫病综合防治技术［M］. 北京：金盾出版社.

席斌，等. 2007. 我国湖羊的发展现状及前景［J］. 畜牧兽医杂志，26（5）：37-41.

《新疆畜禽品种志》编写委员会. 1985. 新疆畜禽品种志［M］. 乌鲁木齐：新疆农业出版社.

刑延铣. 2008. 农作物秸秆饲料加工与应用［M］. 北京：金盾出版社.

徐雪萍，王光雷，张云峰，等. 2014. 石河子紫泥泉种羊场绵羊吸虫病调查［J］，新疆农垦科技（11）：31-32.

徐焱，等. 2011. 非灭菌条件下平菇接种黄贮对玉米秸秆营养价值的影响［J］. 36（2）：51-53.

许栋. 2008. 综合性防治舍饲羊寄生虫病［J］. 现代畜牧兽医（8）：38-39.

杨涛等. 2006. 饲养条件对波尔山羊超数排卵效果的影响［J］. 安徽农业科学，34（23）：6215，6229.

杨永明，卢德勋. 2001. 青贮饲料调制技术［J］. 饲料博览（4）：31-32.

余汝华. 2004. 玉米秸秆青贮前后营养成分变化规律的研究［D］. 北京：中国农业大学.

张兴隆，李胜利，等. 2002. 全混合日粮（TMR）技术探索及应用［J］. 乳业科学与技术（4）：25-34.

张以芳，罗富成，刘旭川. 微贮饲料发酵剂及微贮饲料技术［J］. 草业科学，17（6）：67-70.

张英杰，刘月琴. 2006. 羔羊快速育肥［M］. 北京：中国农业科学技术出版社.

郑丕留. 1988. 中国羊品种志［M］. 上海：上海科学技术出版社.

中华人民共和国国家质量监督检验检疫总局，中国国家标准化管理委员会.2009. 小尾寒羊：GB/T 22909-2008［S］. 北京：中国标准出版社.

周家敏. 2011. 羊常见寄生虫病的防治［J］. 畜牧与饲料科学，32（2）：124-125.

彩图1-1　小尾寒羊成年公羊

彩图1-2　小尾寒羊成年母羊

彩图1-3　湖羊成年公羊

彩图1-4　湖羊成年母羊

彩图1-5　多浪羊成年公羊

彩图1-6　多浪羊成年母羊

彩图1-7　策勒黑羊成年公羊

彩图1-8　策勒黑羊成年母羊

彩图1-9　德国肉用美利奴成年公羊

彩图1-10　布鲁拉羊成年公羊

彩图1-11　布鲁拉羊成年母羊

彩图1-12　兰德瑞斯羊周岁公羊

彩图1-13　兰德瑞斯羊成年母羊

彩图1-14　波尔山羊成年公羊

彩图1-15　波尔山羊成年母羊

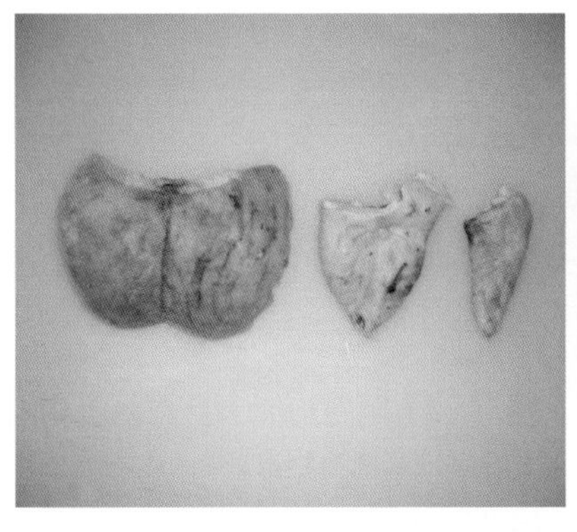

彩图2-1　杂交对土种羊尾脂大小的影响

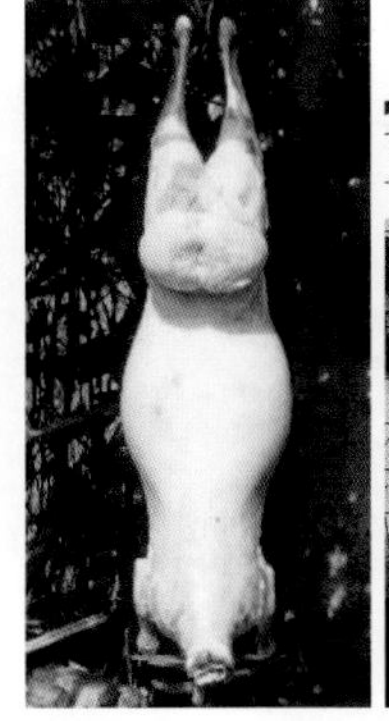

彩图3-1　萨寒F_1与德寒F_1胴体

彩图5-1　地面堆贮

彩图5-2　小型全自动青贮打捆裹膜机与裹膜青贮包

彩图5-3　青贮饲料制作过程

彩图5-4　人工采取青贮料

彩图5-5　取料机采取青贮料

彩图5-6　秸秆联合收割机

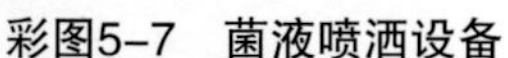

彩图5-7　菌液喷洒设备

彩图5-8　地下固定式TMR搅拌机与投料车

彩图5-9　地下固定式搅拌机立式与卧式螺旋结构

彩图5-10　牵引式TMR搅拌车

彩图5-11　自走式TMR搅拌车

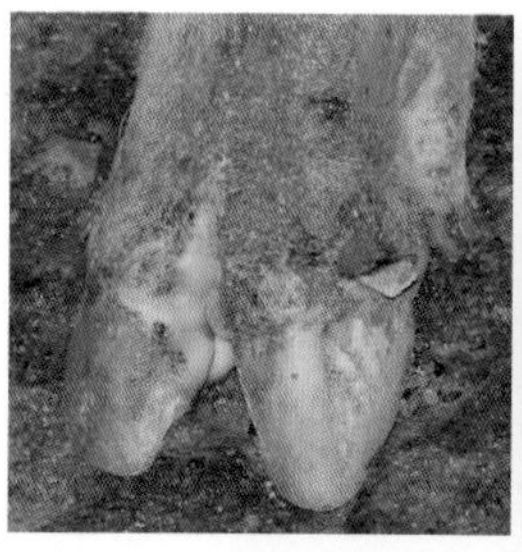

彩图6–1　羊口蹄疫外部症状

彩图6–2　羊肠炭疽病症状标本

彩图6–3　羊李氏杆菌病症状（侧转）

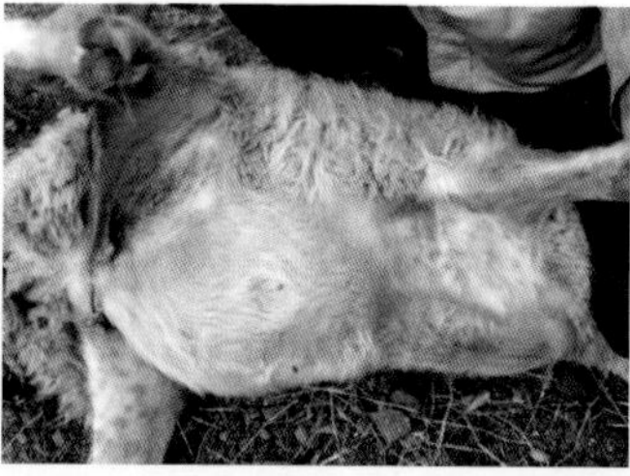
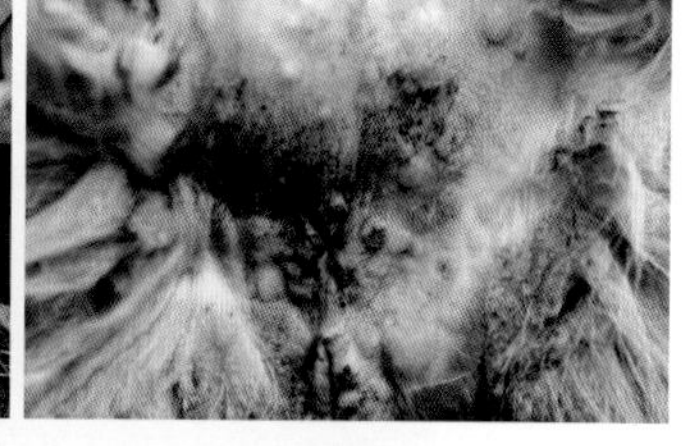

彩图6–4　绵羊四肢内侧和尾下痘疹

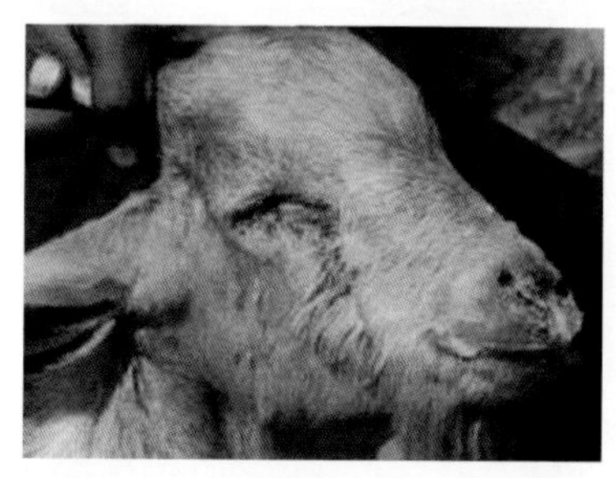

彩图6–5　患羊鼻眼流出脓性黏液

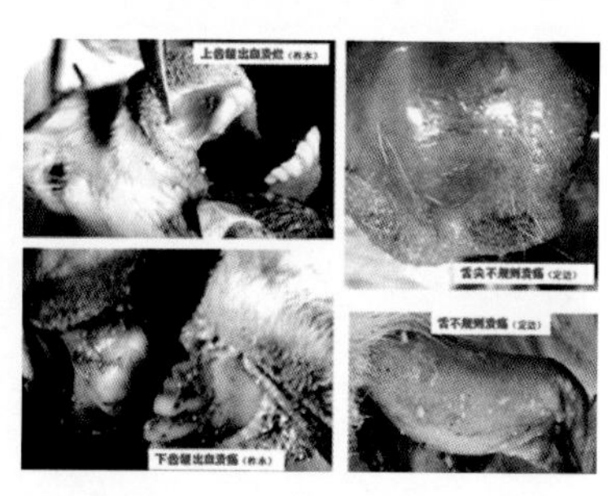

彩图6–6　患羊口腔和舌苔病变

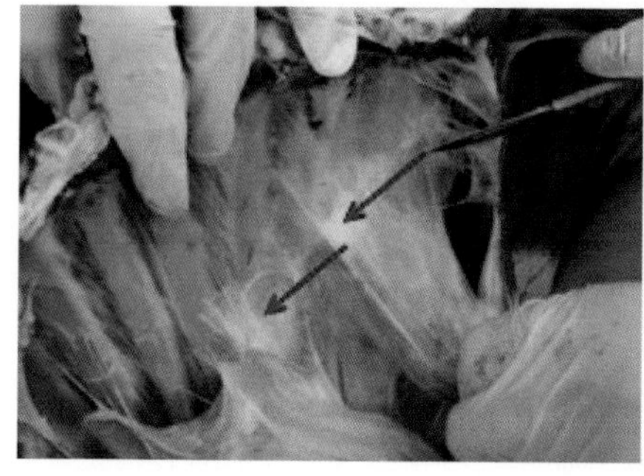
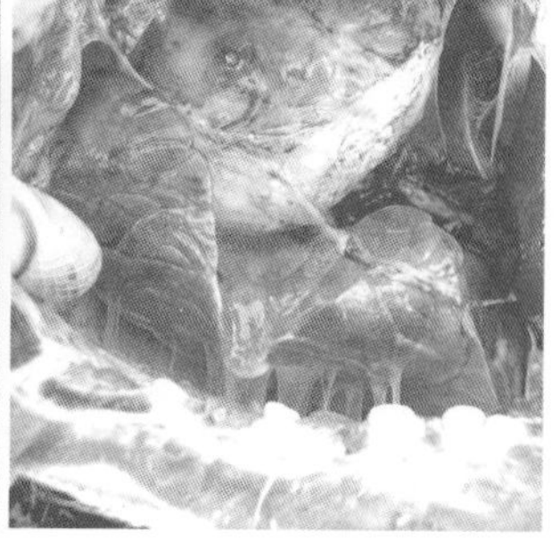

彩图6–7　病羊胸腔内器官组织粘连

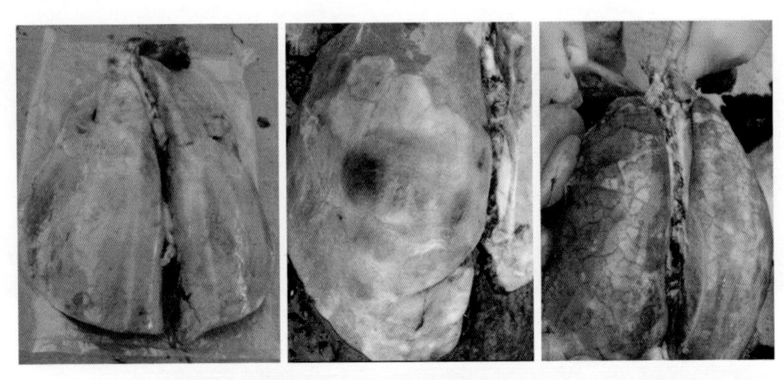

彩图6-8　肺肿胀、病变区突出表面、血管明显网状结构

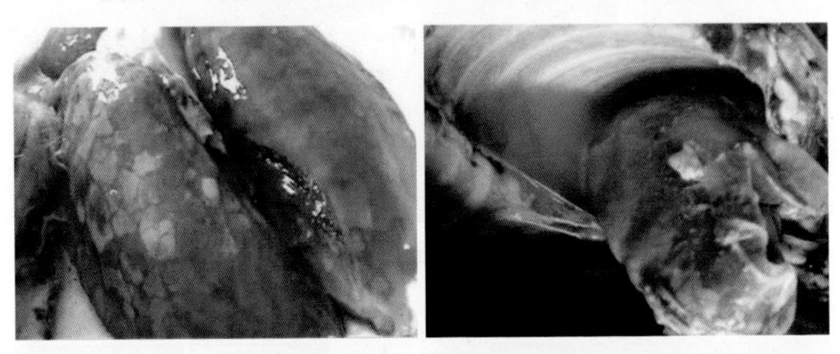

彩图6-9　肺出血呈花斑状、肺表面有纤维素膜

彩图6-10　肺切面大理石样与局部组织坏死

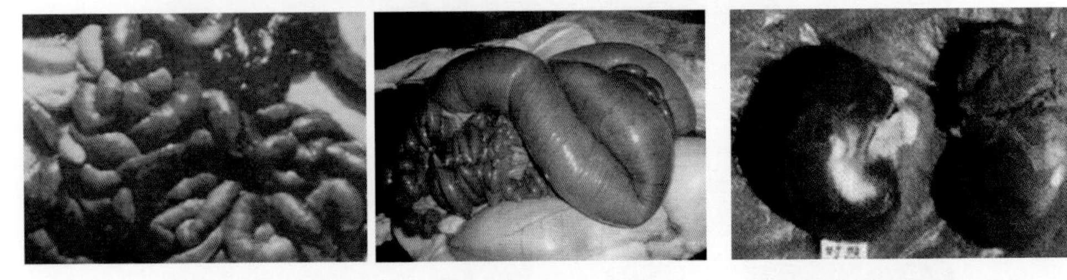

彩图6-11 出血性肠炎和结肠出血

彩图6-12　正常肾（左）与软化肾（右）

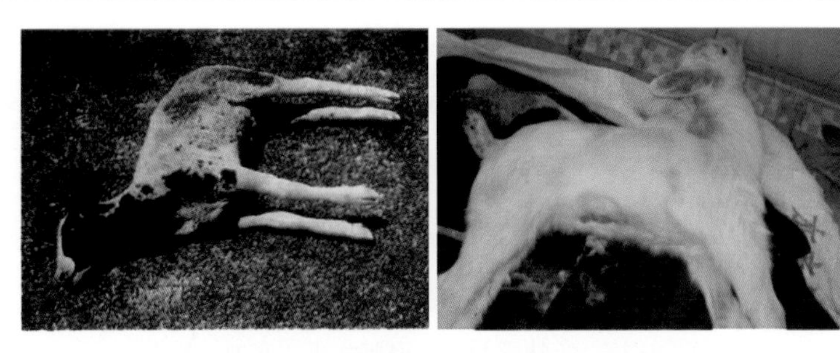

彩图6-13 病羊四肢强直收缩痉挛

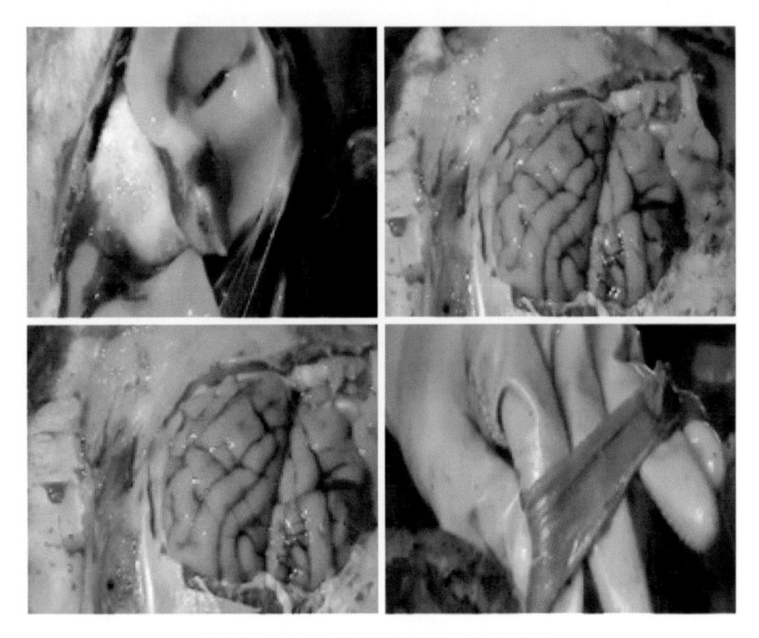

彩图6-14 羊喉咽肿胀与小肠充血

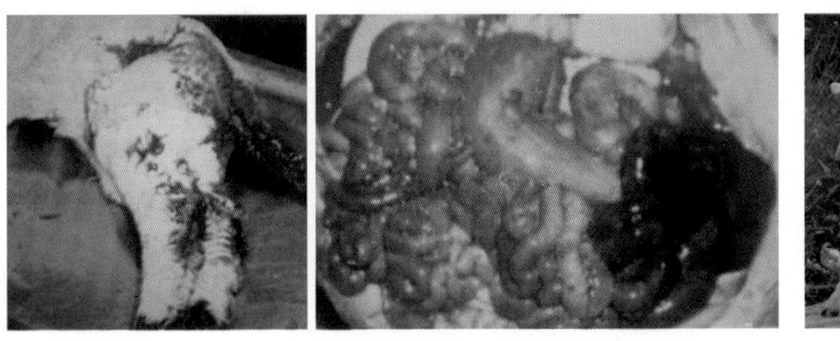

彩图6-15 排出带血稀粪污染后躯、肠充血肿胀

彩图6-16 羔羊四肢僵硬、运步失调

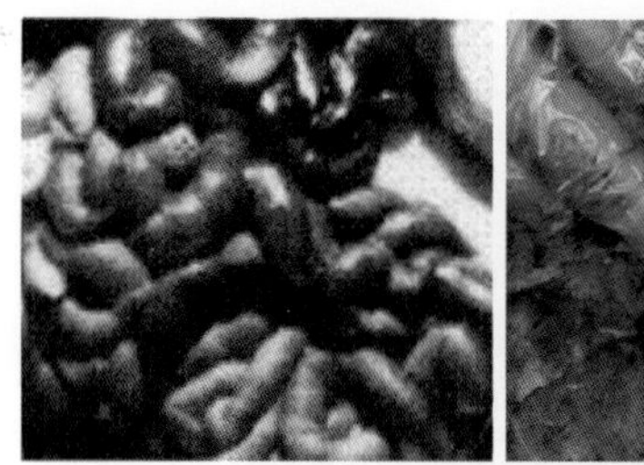
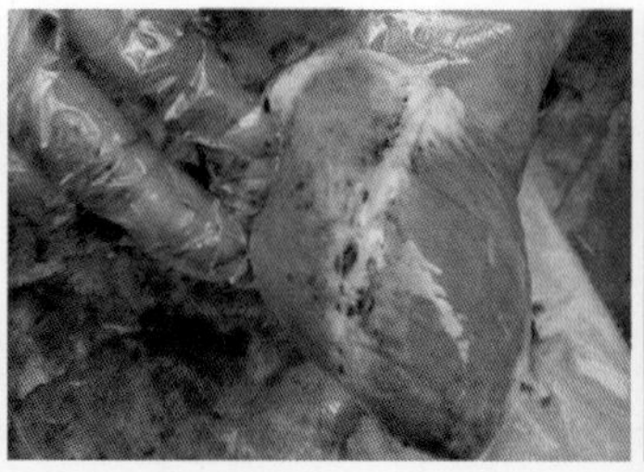
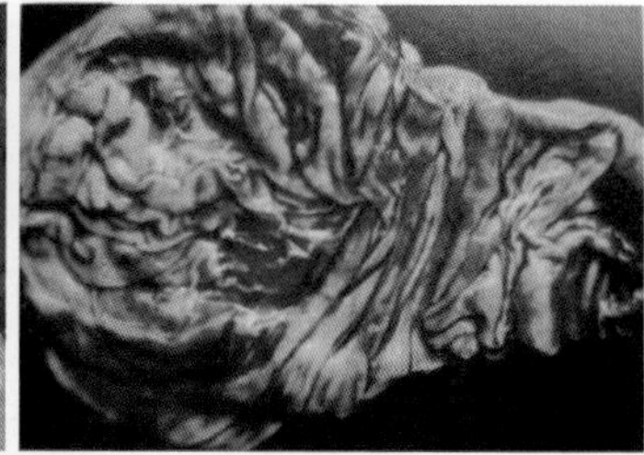

彩图6-17　羊快疫肠道、心脏和真胃充血、出血

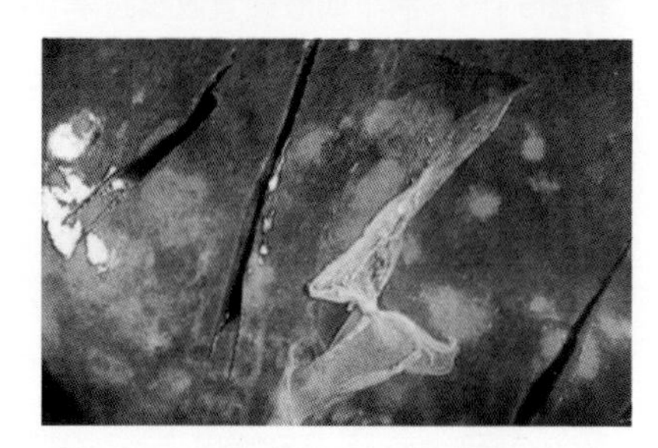

彩图6-18　肝表和实质可见灰黄色坏死病灶

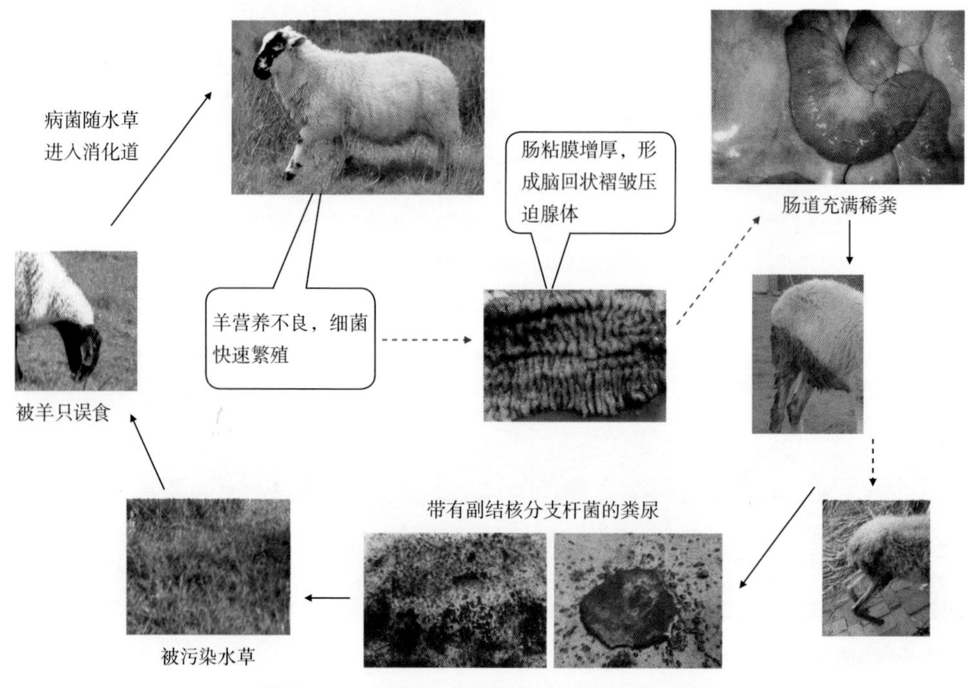

彩图6-19　副结核病感染与病理变化过程示意

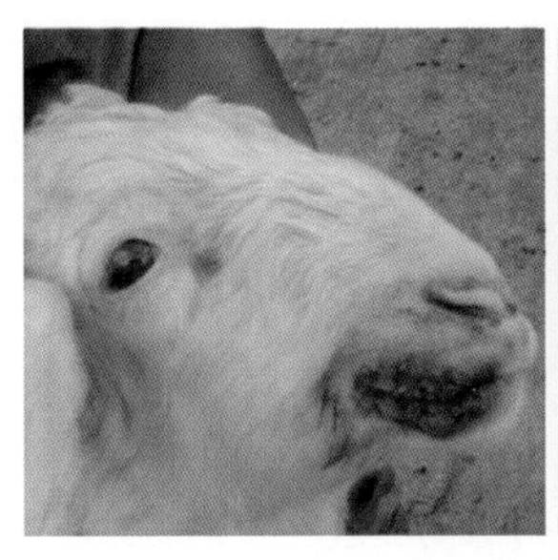

彩图6-20 羊传染性脓疱病——羊口疮

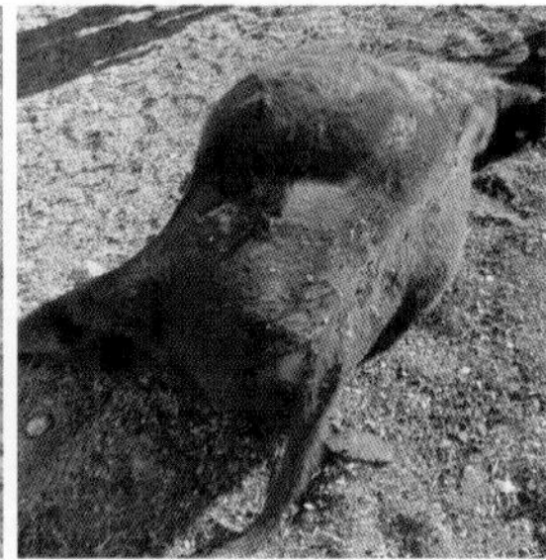

彩图6-21 羊牛急性瘤胃臌气

彩图6-22 衔枚嗳气术

彩图6-23 食道阻塞羊张嘴晃颌、喉咙鼓动吞咽困难

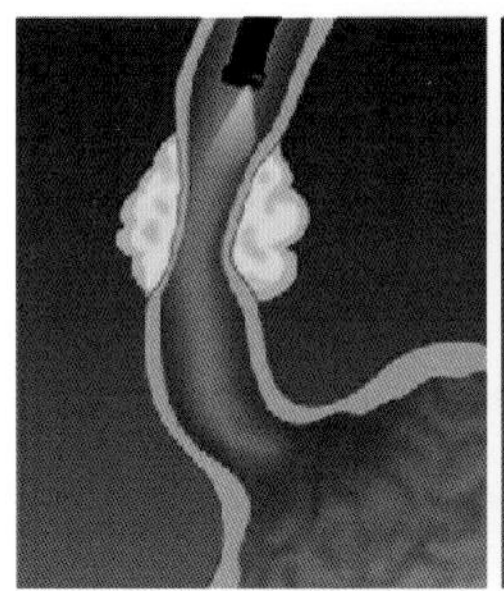
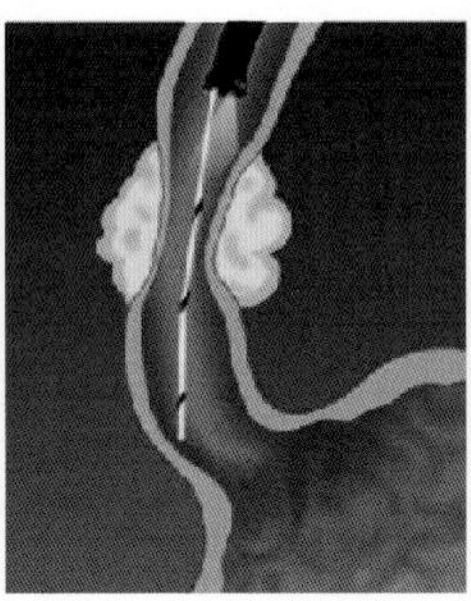
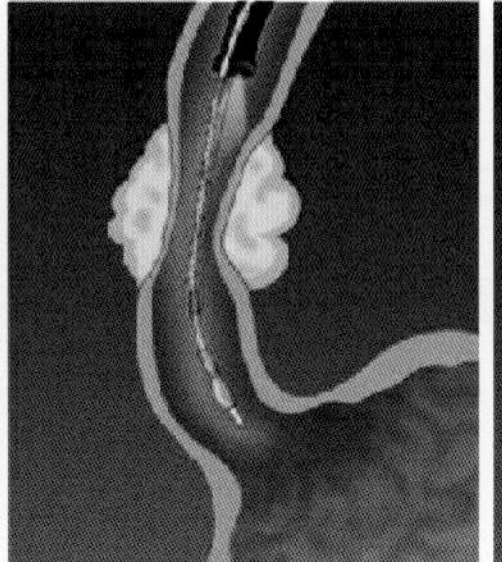
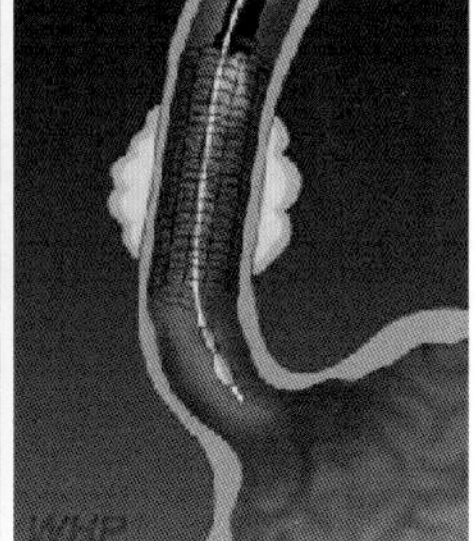

彩图6-24 探送法和吸取法将阻塞物推送瘤胃

彩图6-25　反刍动物瓣胃剖解

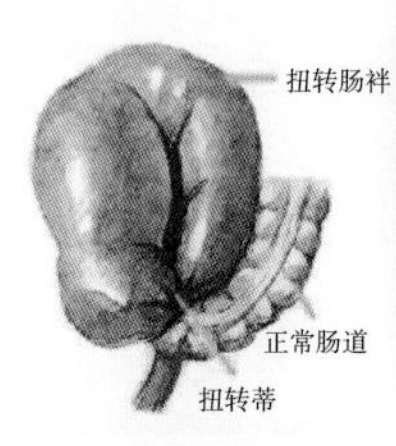

彩图6-26　大肠扭转及大肠出血

彩图6-27　羊鼻孔流出灰色黏液或脓性黏液

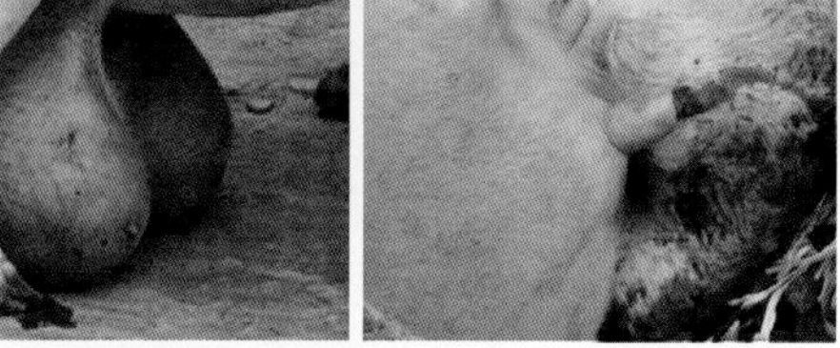

彩图6-28　乳房肿胀发红、乳头紫青出血

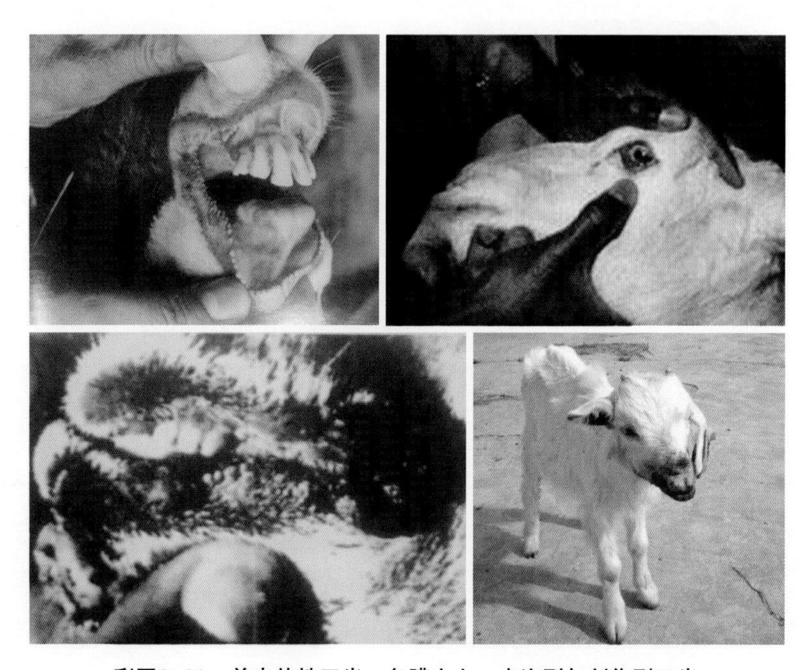

彩图6-29　羊卡他性口炎、角膜充血、水泡型与创伤型口炎

彩图6-30 羔羊佝偻

彩图6-31 病羔羊瘦弱、卧地不起

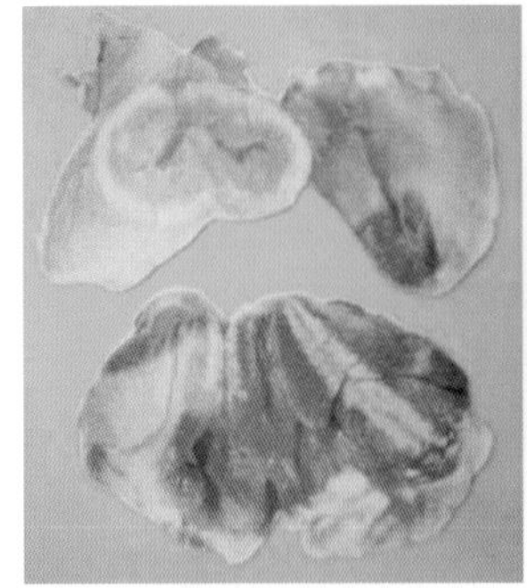

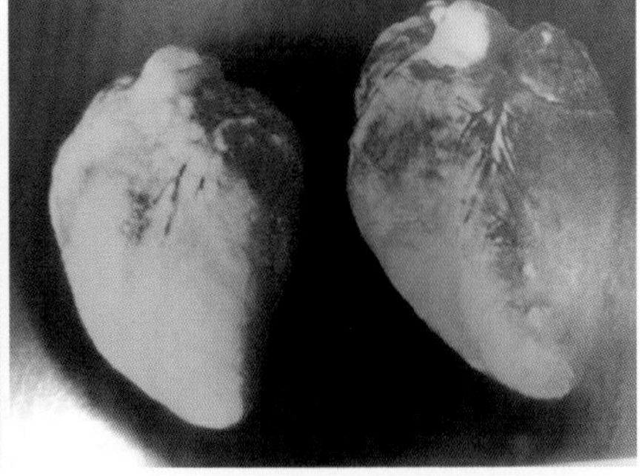

彩图6-32 肌肉和心脏颜色变淡，并有不均匀的淡黄色区域

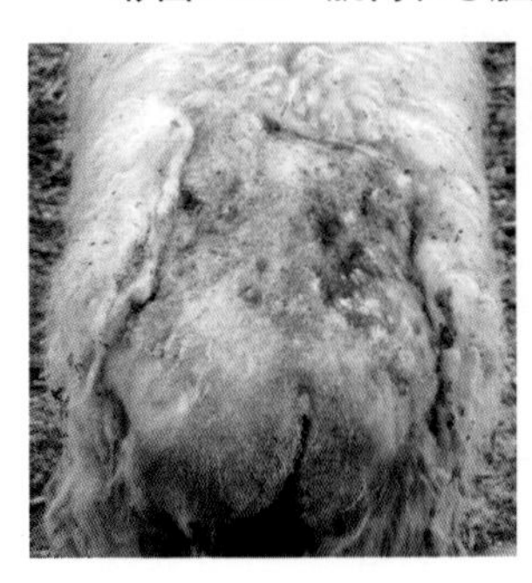

彩图6-33 绵羊增生性皮炎与脱毛

彩图6-34 绵羊啃毛（缺硫）症症状

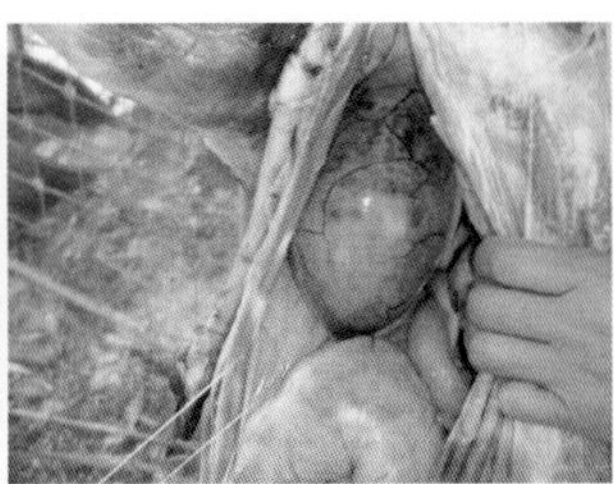

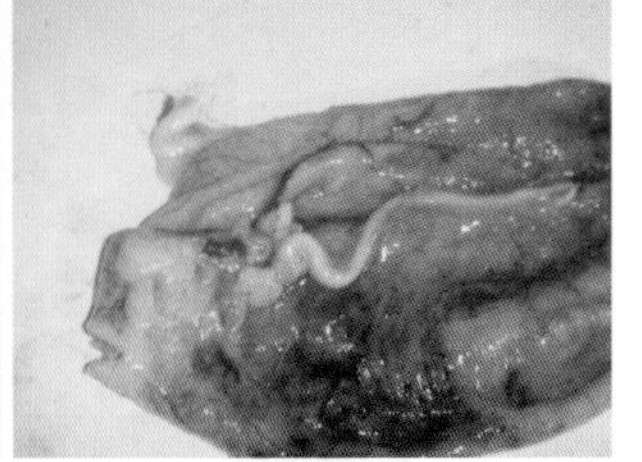

彩图6-35 患羊努责疼痛、排尿困难、膀胱肿胀充血、尿道堵塞

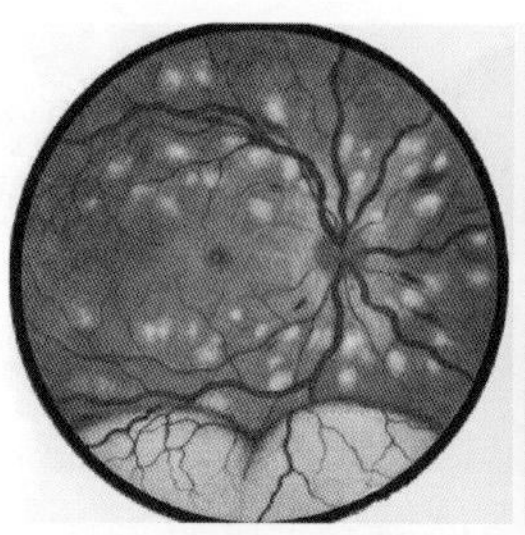

彩图6-36　羊妊娠毒血症视黏膜染黄和肝小叶充血

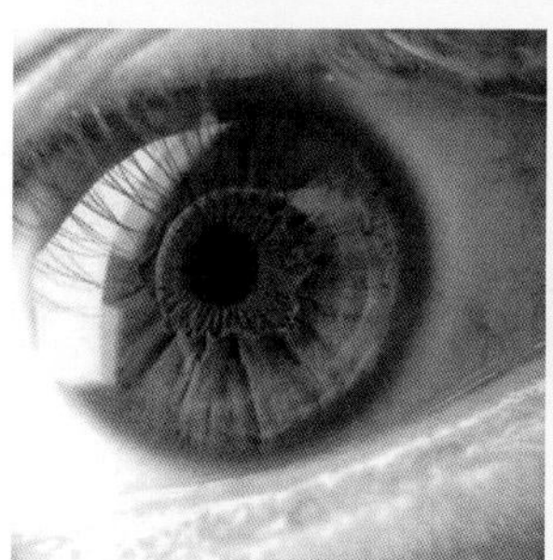

彩图6-37　有机磷中毒羊瞳孔缩小、眼球突出震颤与肺出血点

彩图6-38　马铃薯与发芽马铃薯

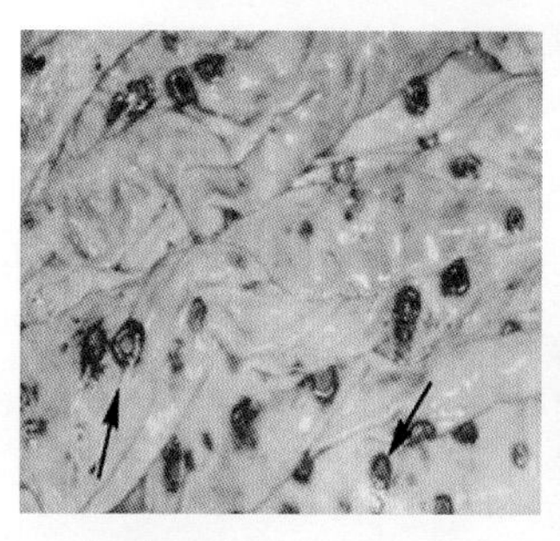

彩图6-39　红色戒指状环形虫体

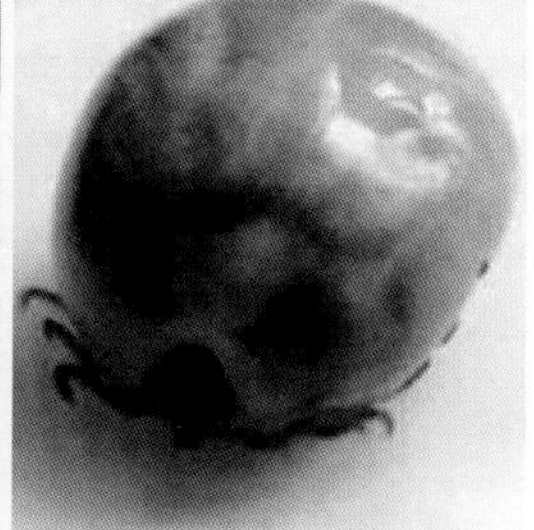

彩图6-40　长角血蜱成虫和若虫

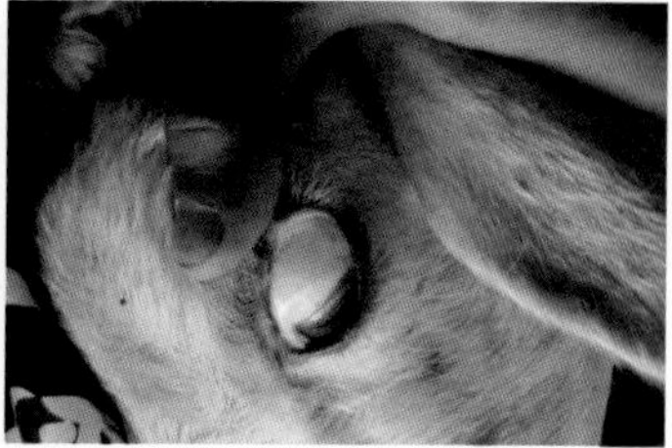

彩图6-41　病羊精神沉郁、结膜由红变为苍白

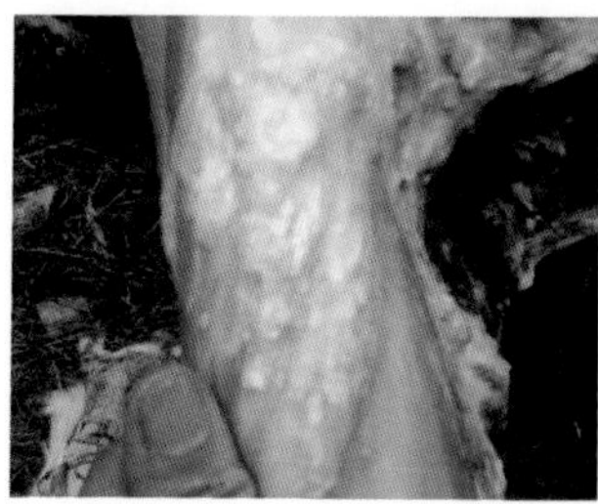
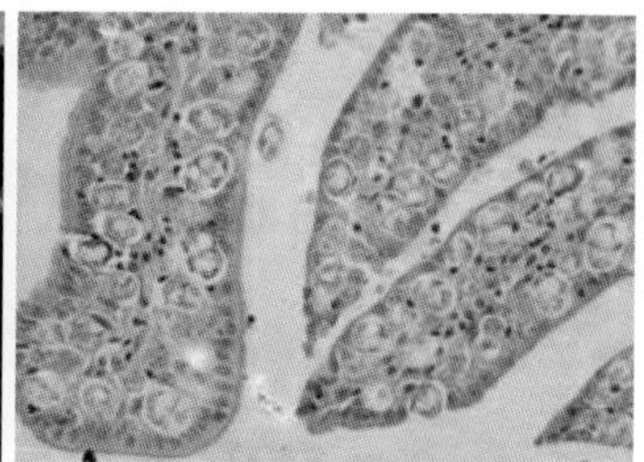

彩图6-42　羊横纹肌中的住肉孢子虫

彩图6-43　患病羊与肠道球虫感染

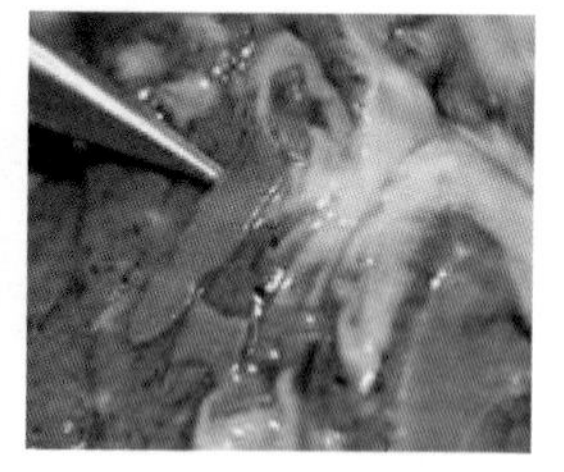

彩图6-44　羊肝脏活体虫（镊子所指）

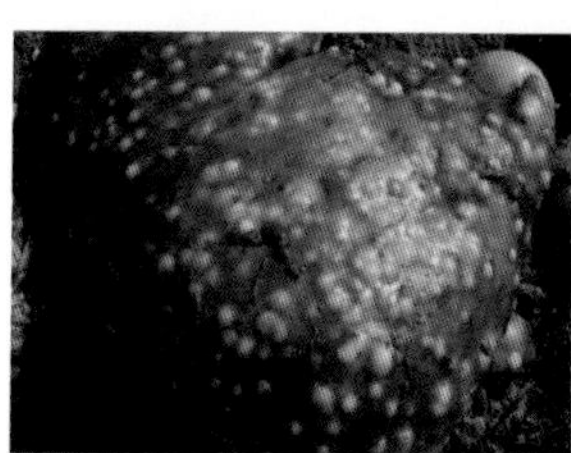
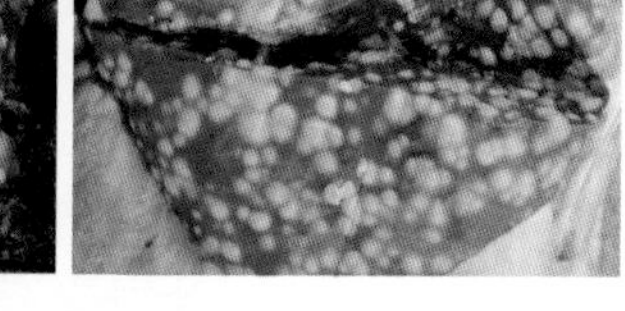

彩图6-45　急性肝片吸虫致死羊及其肝脏病变

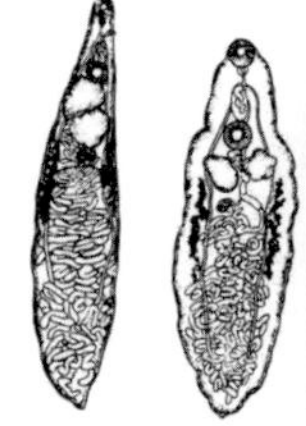

彩图6-46　矛形双腔吸虫与中华双腔吸虫

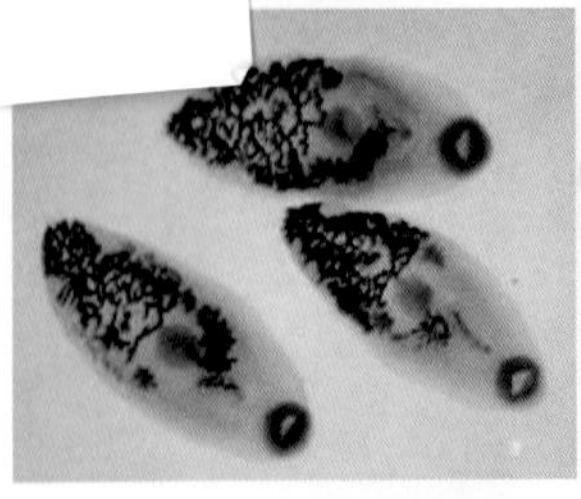
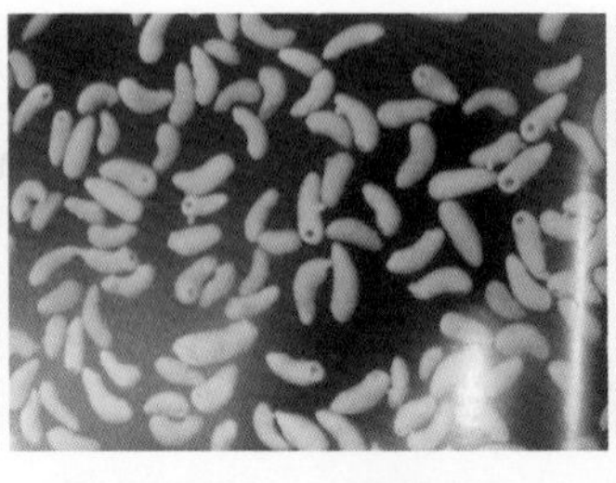
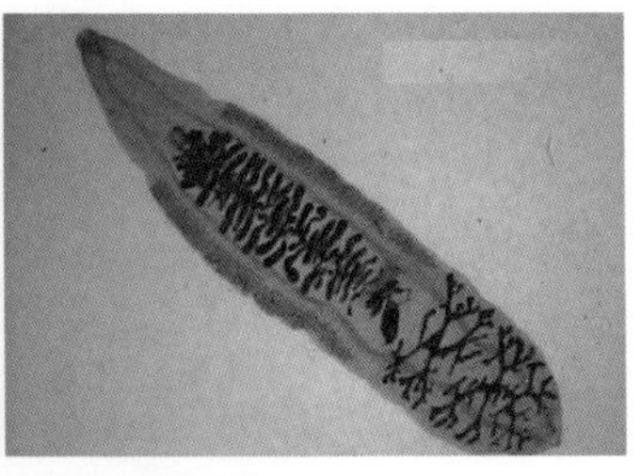

彩图6-47　胰阔盘吸虫、腔阔盘吸虫和华支睾阔盘吸虫

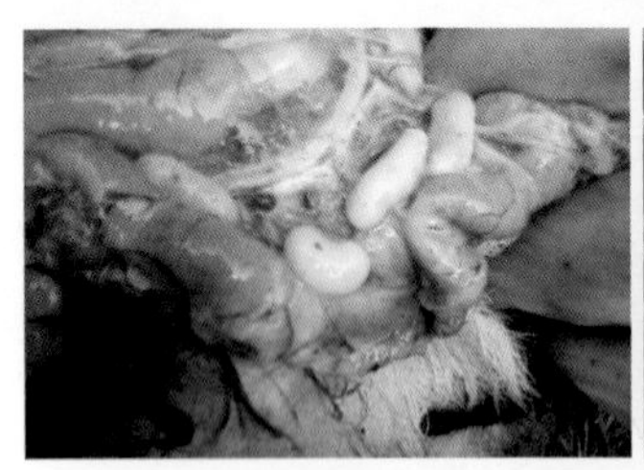
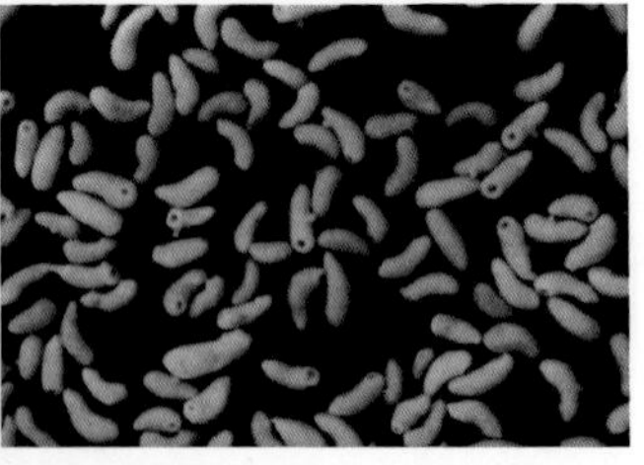

彩图6-48　前后吸盘虫活体与标本

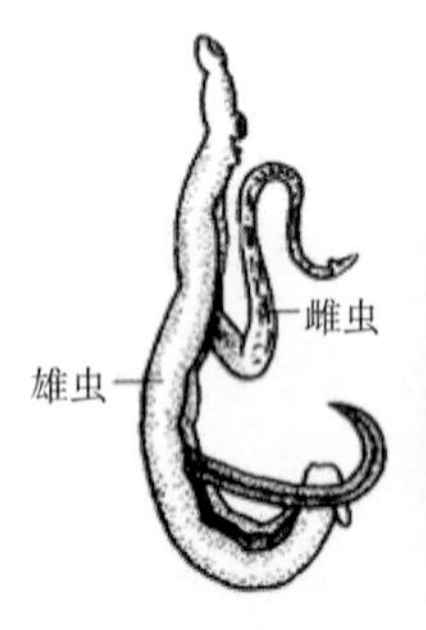

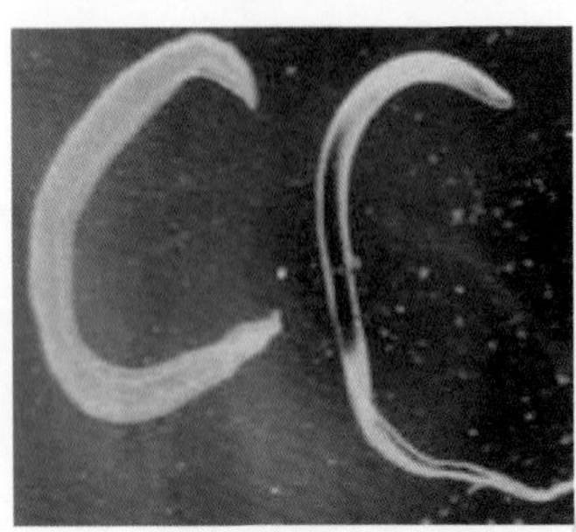
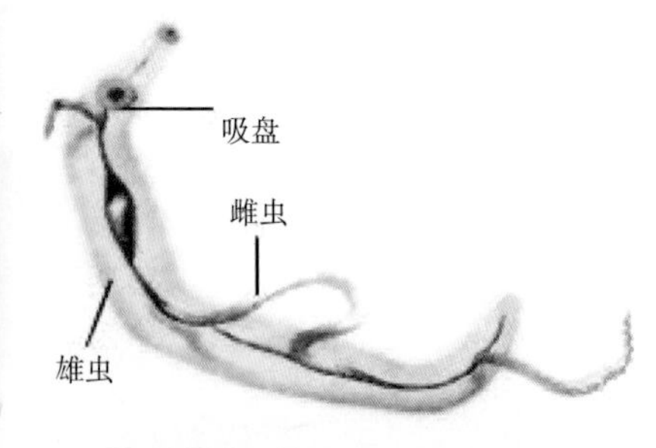

彩图6-49　东毕吸虫C形状与雌雄合抱体

彩图6-50　肺吸虫成虫

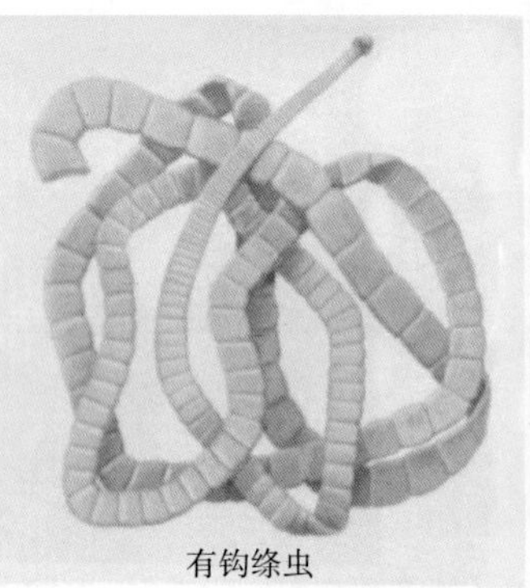

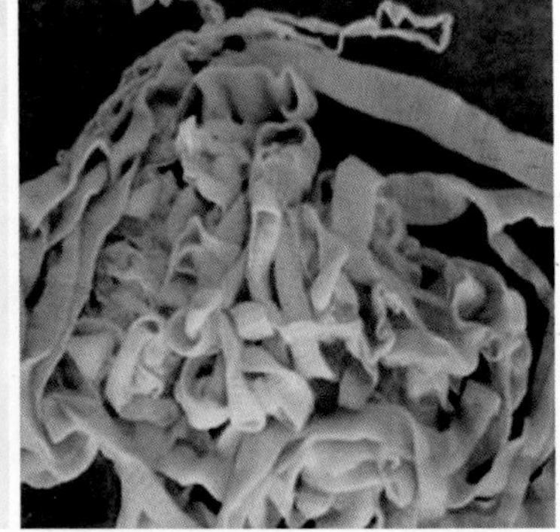

彩图6-51　羊莫尼茨带状绦虫

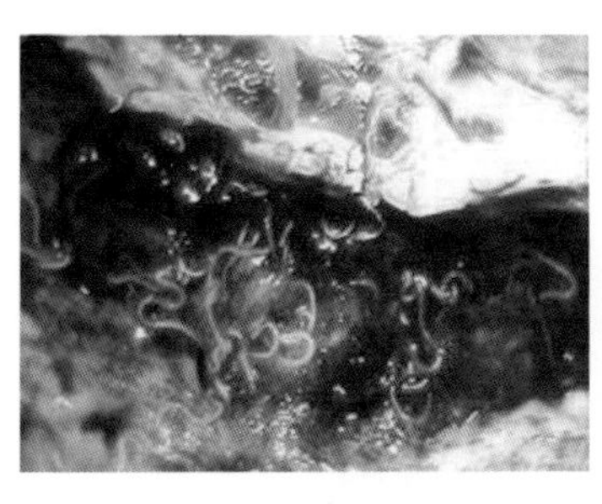

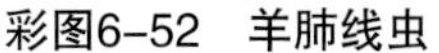

彩图6-52　羊肺线虫

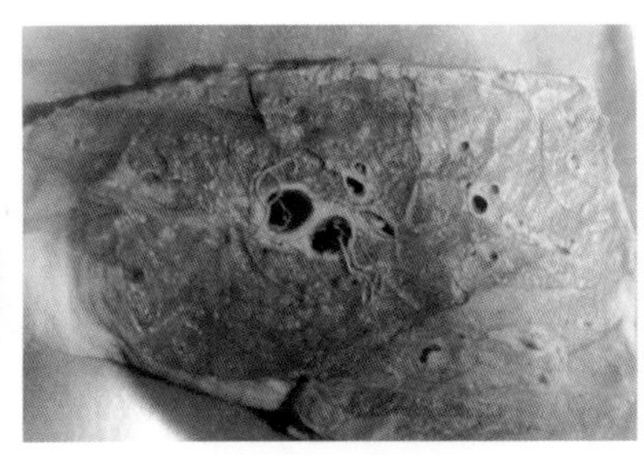

彩图6-53　虫体寄生部位隆起与孔洞

彩图6-54　肝包虫包囊

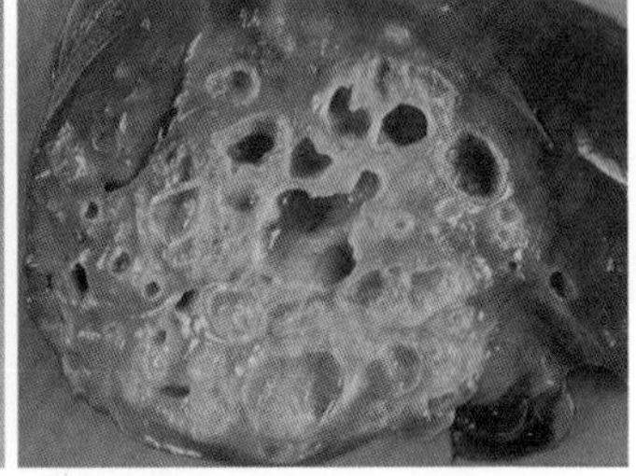

彩图6-55　肝包虫棘球蚴囊泡与受损肝脏标本

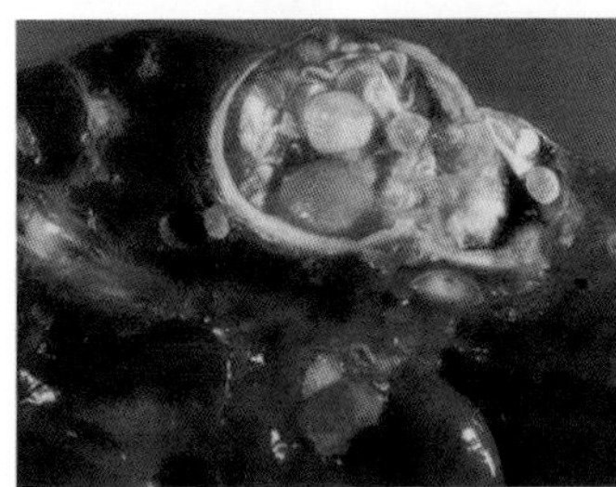

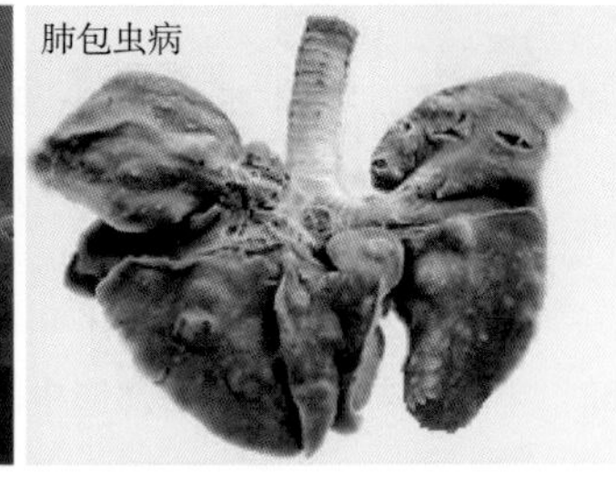

彩图6-56　肺包虫囊泡（破裂）与包虫肺标本

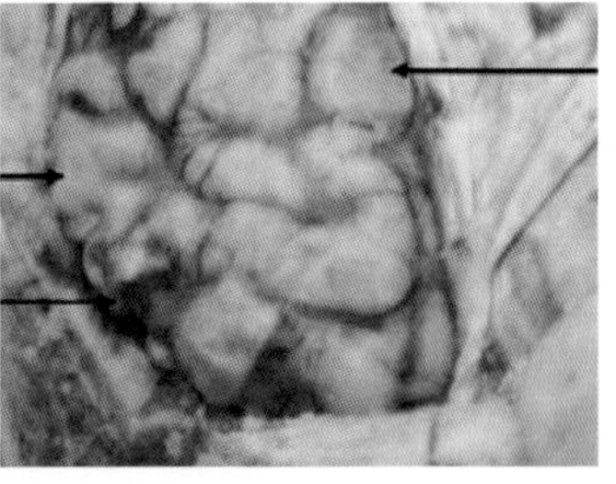

彩图6-57　脑包虫患羊（转圈）与脑包虫囊泡（箭头所指）

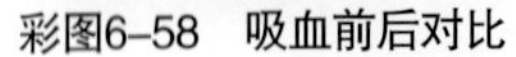

彩图6-58　吸血前后对比

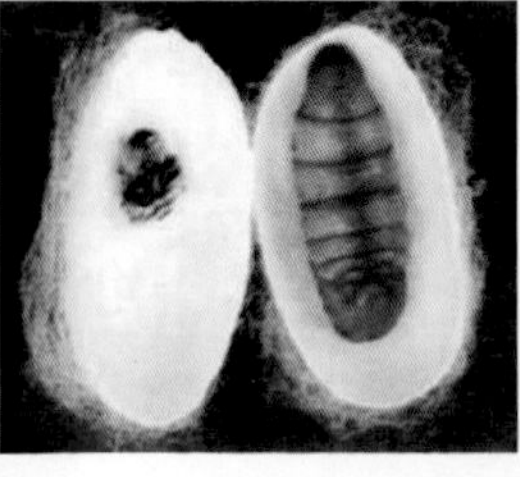
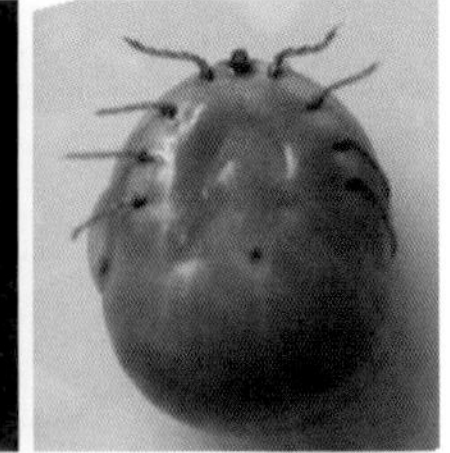

彩图6-59　软蜱成虫、卵和蛹及幼虫

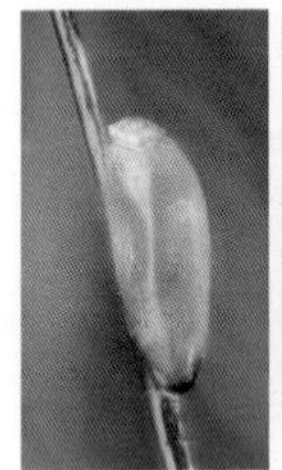
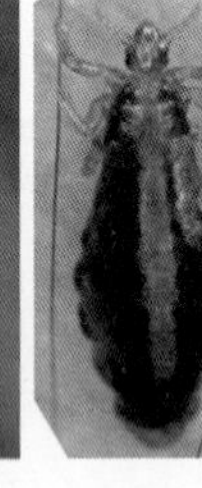

彩图6-60　羊鄂虱的卵、吸血后若虫与成虫

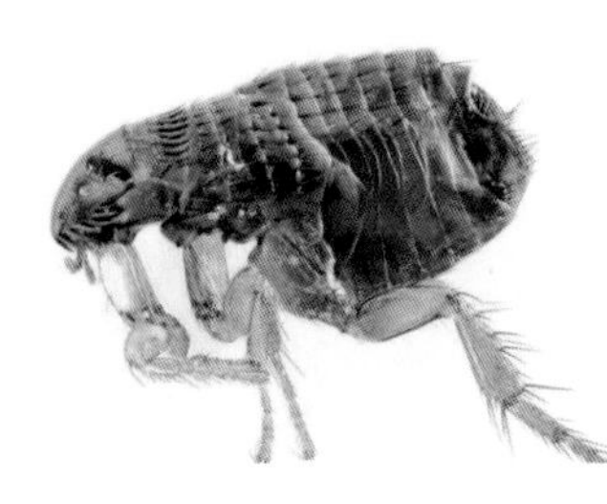

彩图6-61　花蠕形蚤成虫

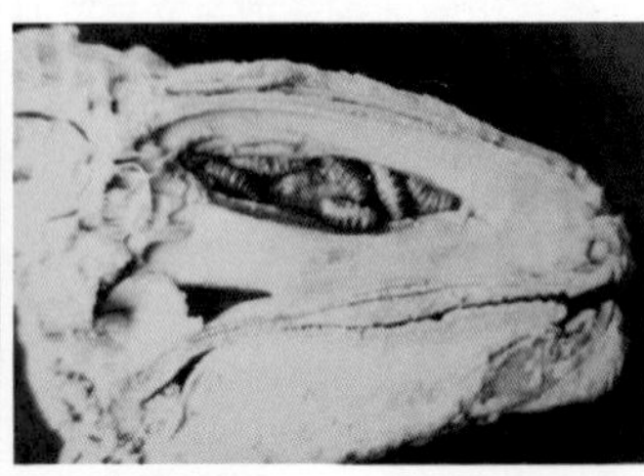
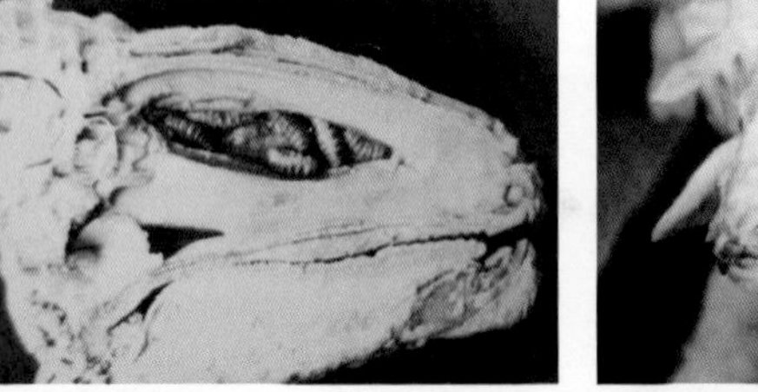

彩图6-62　羊鼻蝇成虫和羊鼻腔鼻窦中的幼虫

彩图6-63　患羊鼻孔流出黏液

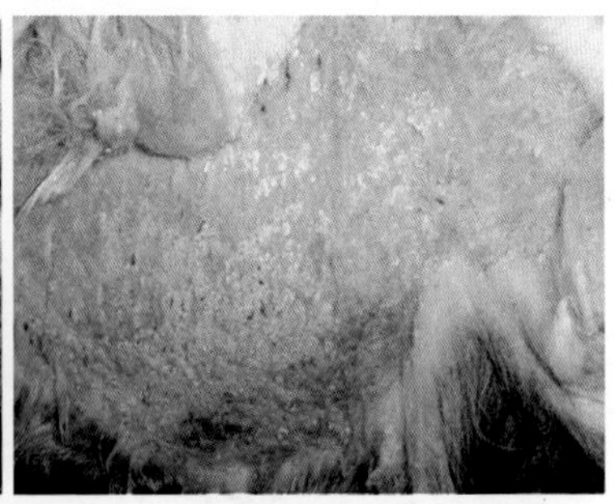

彩图6-64　患病羊被毛脱落、皮肤发红皲裂